河南省水文现代化发展思路与实现途径

岳利军　王冬至　冯　瑛　李永丽　郭德勇　等编著

黄河水利出版社
·郑州·

内容提要

水文是水利工作和经济社会发展的重要支撑，是“水利工程补短板”的重要组成部分，也是“水利行业强监管”的重要基础。“十四五”时期是“水利工程补短板”的集中攻坚期，水文现代化是水利工作的重要支撑。本书打破了长期以来形成的固有思想观念和思维模式，重新审视现有水文基础设施建设思路和运行方式，摒弃过时的技术手段和落后的生产模式，树立技术先进的理念，以新的发展思路为统领，全面提出水文现代化发展思路与实现途径。本书主要内容包括政策研究、思路与途径、建设规划、保障措施等。本书在编写过程中得到了中国工程院院士王复明等专家学者的大力支持。

本书可供从事水利、水文规划设计、水文监测管理工作的技术人员以及相关领域的教学、研究人员阅读参考。

图书在版编目(CIP)数据

河南省水文现代化发展思路与实现途径／岳利军等编著.—郑州：黄河水利出版社，2021.7

ISBN 978-7-5509-3050-6

Ⅰ.①河… Ⅱ.①岳… Ⅲ.①水文工作-现代化建设-研究-河南 Ⅳ.①P33

中国版本图书馆CIP数据核字(2021)第152960号

组稿编辑：王路平 电话：0371-66022212 E-mail：hhslwlp@163.com
田丽萍 66025553 912810592@qq.com

出版社：黄河水利出版社 网址：www.yrcp.com
地址：河南省郑州市顺河路黄委会综合楼14层 邮政编码：450003

发行单位：黄河水利出版社
发行部电话：0371-66026940、66020550、66028024、66022620(传真)
E-mail：hhslcbs@126.com

承印单位：河南匠之心印刷有限公司

开本：787 mm×1 092 mm 1/16

印张：17 彩插：32

字数：490千字

版次：2021年7月第1版 印次：2021年7月第1次印刷

定价：196.00元

序

河南省地处亚热带向暖温带的过渡地区,横跨长江、淮河、黄河、海河四大流域。自1919年河南省设立第一个水文站——三河尖水文站以来,河南水文监测已经走过了百年的历程。随着全球气候变化和经济社会的快速发展,河南省在防洪抗旱、水资源管理、水资源供需方面矛盾日益突出,极端水文事件频繁发生,严重威胁水安全、粮食安全及生态环境安全。党的十九届五中全会提出了提升洪涝干旱、地质灾害等自然灾害防御工程标准,加快江河控制性工程建设,加快病险水库除险加固,全面推进堤防和蓄滞洪区建设,完善国家应急管理体系,提高防灾、减灾、抗灾、救灾能力等重大战略部署。河南省经济社会的快速发展对水资源保障和水利工程的安全高效运行提出了更高的要求。水文是水利工作和经济社会发展的重要支撑,是"水利工程补短板"的重要组成部分,也是"水利行业强监管"的重要抓手,在历年的防汛抗旱减灾、水资源开发利用管理、水生态环境保护、河湖管理、水利工程建设管理等工作中发挥了不可替代的作用。同时,水文服务领域也在不断拓宽,为水利、农业、工业、交通、环保、国防、旅游等领域和社会公众提供公益性服务。"十四五"时期是"水利工程补短板"的集中攻坚期,围绕建设水灾害防控、水资源调配、水生态保护功能一体化的国家水网工程,通过强弱项、提标准,加快建设系统完备、科学合理的水利基础设施体系,解决发展不平衡、不充分的问题,提升国家水安全保障能力。为适应新时代国家治理体系现代化,围绕水利现代化的中心工作,亟须全面提升水文监测、预测预报和服务支撑能力。采用大数据、人工智能、物联网等现代信息技术,推动水利基础设施水文监测系统升级改造,推广自动监测技术,扩大实时在线监测范围,提升水安全智能监测感知能力,加快水文现代化建设,成为水利和经济社会发展的强力抓手和必然选择。

作者长期从事水文新技术研究应用和水文基础设施建设及运行管理工作,亲历了河南水文不同阶段的发展变革,具有丰富的实践经验。作者在专著中用新理念、新视角审视现有水文基础设施建设的短板和运行方式,从政策研究、思路与途径、建设规划、保障措施等方面,全面阐述了实现河南省水文现代化的政策依据、存在问题、基本思路、技术途径、管理模式和预期效果,为河南省中长期水文现代化建设描绘出清晰的蓝图,对推动河南省水文事业可持续发展具有重要作用。

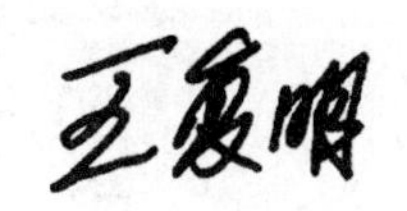

2021年3月8日

前　言

党的十九大报告指出，从2020年到2035年，在全面建成小康社会的基础上，再奋斗15年，基本实现社会主义现代化。2018年2月，水利部印发了《加快推进新时代水利现代化的指导意见》，提出要建设全要素动态感知的水利监测体系、高速泛在的水利信息网络、高度集成的水利大数据中心，大幅提升水利信息化、智能化水平。2018年10月，水利部党组提出了"水利工程补短板、水利行业强监管"的水利改革发展总基调，要求全面提升水旱灾害防御和水资源、水生态、水环境治理能力，实施江河湖库的科学管理，促进人与自然和谐发展。2019年，水利部下发了《关于开展水文现代化建设规划编制工作的通知》，正式启动全国水文现代化建设规划编制工作。

水文是水利工作和经济社会发展的重要支撑，是"水利工程补短板"的重要组成部分，也是"水利行业强监管"的重要基础。推行水文现代化，是践行最严格水资源管理制度，有效应对水旱灾害防御所面临的关键问题的强有力抓手。为了更好地研究新时代对水文事业发展提出的新要求，精准分析河南省水文目前存在的问题，准确把握水文现代化建设的要求，科学选配合适的水文要素自动监测技术和手段，合理编制河南省水文现代化建设规划，统筹考虑水文监测管理改革发展，我们组织编写了《河南省水文现代化发展思路与实现途径》一书，以指导水文建设规划和水文监测管理工作。

本书共分为7章。

第1章全面推进水文现代化，由岳利军、王冬至、冯瑛、李永丽、陈磊、常俊超、李洋等编写。主要内容是：深刻领会十九届五中全会精神，理响新时代水文发展思路，水文现代化规划需求分析等。

第2章水文现代化建设规划项目编制指南，由岳利军、赵彦增、王冬至、李永丽编写。主要内容是：紧扣水文现代化建设的实际，按照"理念超前、技术先进、因地制宜、实事求是"的原则，明确规划编制原则和任务。

第3章建设规划水文站分类方案，由冯瑛、郭德勇、罗清元、王婉婉编写。主要内容是：明确河南省水文站的性质和任务，分别将国家基本水文站划为一、二、三类站和专用水文站，提出国家基本水文站和专用水文站的规划建设特点、建设目标，确定建设原则、重点任务，以指导水文站现代化建设规划"一站一策"方案的编制，对河南省水文现代化建设规划的编制有着十分重要的作用和意义。

第4章水文要素现代化监测方法及实现途径，由王冬至、曹春燕、冯瑛、郭德勇、罗清元等编写。全面、适宜、可行地对水文站水文监测要素、监测方案提出了明确的方法和实现途径，可作为编制水文现代化建设规划的重要依据和技术方案。

第5章建设规划"一站一策"方案编制提纲，由王冬至、曹春燕、冯瑛、罗清元等编写。主要是为保证各类水文站建设规划的编制质量，增强水文站建设规划内容的针对性、先进性和可操作性，切实提高测报现代化水平而编制的规划提纲，提纲明了清晰、针对性和适用性强,对水文站编制“一站一策”建设规划有很好的指导作用。

第6章河南省水文现代化建设规划,由岳利军、王冬至、曹春燕、陈妍、冯瑛、陈磊、彭世想、王威、田浩、李洋、王雨、张旭阳、李永丽等编写。在全面总结河南省水文基础设施建设成效的基础上,充分分析了面临的形势、任务和存在问题,提出了河南省水文现代化建设规划的总体思路、目标任务、重点项目,对“十四五”乃至2035年河南省水文现代化建设规划进行了科学系统的编制,将成为当前和今后一段时期河南省水文现代化建设的重要依据。

第7章河南省水文监测管理改革方案,由岳利军、赵彦增、冯瑛、朱富军、王长普、范留明、李永丽、于艳艳等编写。主要针对水文监测管理的新任务、新变化,改变传统的监测管理方式,解决站网快速发展后的监测管理问题,以“巡测为主、驻测为辅、应急补充”和提升广大基层水文职工的业务技能和生活质量、管好用好专项经费等新的思路和方法,设计了河南省水文监测管理改革的路线图和时间表,用于指导基层水文监测管理改革工作。

本书在编写过程中得到了水利部相关司局领导的大力支持和精准指导,咨询了全国水文行业的专家学者,也得到了河南省内水利和相关行业专家们的支持与帮助,特别是中国工程院王复明院士给予了精心的指导,并专门为此书作序。在此,一并表示诚挚的感谢!

本书在编撰过程中参阅和借鉴了一些技术文献,在此谨向所有参加文献写作的作者表示衷心的感谢!

书中难免存在疏漏和不当之处,敬请读者批评指正。

岳利军

2021年3月

目 录

第1章　全面推进水文现代化

1.1　深刻领会十九届五中全会精神

推动水利现代化是全面建设社会主义现代化国家的重大任务，是解决发展不平衡、不充分问题的重要举措，是推动经济社会高质量发展的必然选择。党的十九届五中全会提出，提升洪涝干旱、地质灾害等自然灾害防御工程标准，加快江河控制性工程建设，加快病险水库除险加固，全面推进堤防和蓄滞洪区建设。完善国家应急管理体系，提高防灾、减灾、抗灾、救灾能力。这充分体现了以习近平总书记为核心的党中央对水利工作的高度重视、对现代化建设规律和水资源管理特征的科学把握。深入学习贯彻党的十九届五中全会关于加快推进水利现代化的重大决策部署，对做好新时期水文工作、推动水文同步实现现代化意义重大。

1.1.1　深刻理解"十四五"现代化的时代特征

1.1.1.1　"十四五"时期经济社会发展指导思想

高举中国特色社会主义伟大旗帜，深入贯彻党的十九大和十九届二中、三中、四中、五中全会精神，坚持以马克思列宁主义、毛泽东思想、邓小平理论、"三个代表"重要思想、科学发展观、习近平新时代中国特色社会主义思想为指导，全面贯彻党的基本理论、基本路线、基本方略，统筹推进经济建设、政治建设、文化建设、社会建设、生态文明建设的总体布局，协调推进全面建设社会主义现代化国家、全面深化改革、全面依法治国、全面从严治党的战略布局，坚定不移地贯彻创新、协调、绿色、开放、共享的新发展理念，坚持稳中求进的工作总基调，以推动高质量发展为主题，以深化供给侧结构性改革为主线，以改革创新为根本动力，以满足人民日益增长的美好生活需要为根本目的，统筹发展和安全，加快建设现代化经济体系，加快构建以国内大循环为主体、国内国际双循环相互促进的新发展格局，推进国家治理体系和治理能力现代化，实现经济行稳致远、社会安定和谐，为全面建设社会主义现代化国家开好局、起好步。

1.1.1.2　"十四五"时期经济社会发展必须遵循的原则

(1)坚持新发展理念。把新发展理念贯穿发展全过程和各领域，构建新发展格局，切实转变发展方式，推动质量变革、效率变革、动力变革，实现更高质量、更有效率、更加公平、更可持续、更为安全的发展。

(2)坚持深化改革开放。加强国家治理体系和治理能力现代化建设，破除制约高质量发展、高品质生活的体制机制障碍，强化有利于提高资源配置效率、有利于调动全社会积极性的重大改革开放举措，持续增强发展动力和活力。

(3)坚持系统观念。加强前瞻性思考、全局性谋划、战略性布局、整体性推进，统筹国内、国际两个大局，办好发展、安全两件大事，坚持全国“一盘棋”，更好地发挥中央、地方和各方面积极性，着力固根基、扬优势、补短板、强弱项，注重防范化解重大风险挑战，实现发展质量、结构、规模、速度、效益、安全相统一。

1.1.1.3 “十四五”时期经济社会发展主要目标

（1）经济发展取得新成效。发展是解决我国一切问题的基础和关键，农业基础更加稳固，现代化经济体系建设取得重大进展。

（2）生态文明建设实现新进步。国土空间开发保护格局得到优化，生产、生活方式绿色转型成效显著，能源资源配置更加合理、利用效率大幅提高，主要污染物排放总量持续减少，生态环境持续改善，生态安全屏障更加牢固，城乡人居环境明显改善。

（3）国家治理效能得到新提升。社会治理特别是基层治理水平明显提高，防范化解重大风险体制机制不断健全，突发公共事件应急能力显著增强，自然灾害防御水平明显提升，发展安全保障更加有力。

（4）改革开放迈出新步伐。

1.1.1.4 “十四五”时期经济社会发展的主要任务

加快发展现代产业体系，推动经济体系优化升级。

（1）发展战略性新兴产业。加快壮大新一代信息技术等产业。推动互联网、大数据、人工智能等同各产业深度融合，防止低水平重复建设。

（2）加强公益性、基础性服务业供给。统筹推进基础设施建设。构建系统完备、高效实用、智能绿色、安全可靠的现代化基础设施体系。系统布局新型基础设施，加快第五代移动通信、工业互联网、大数据中心等建设。

（3）加强水利基础设施建设，提升水资源优化配置和水旱灾害防御能力。

（4）加快数字化发展。加强数字社会、数字政府建设，提升公共服务、社会治理等数字化智能化水平。

（5）建立数据资源产权、交易流通、跨境传输和安全保护等基础制度和标准规范，推动数据资源开发利用。全面深化改革，构建高水平社会主义市场经济体制。加快转变政府职能。加强事中事后监管。健全重大政策事前评估和事后评价制度，提高决策科学化、民主化、法治化水平。推动绿色发展，促进人与自然和谐共生。

（6）坚持“绿水青山就是金山银山”的理念，坚持尊重自然、顺应自然、保护自然，坚持节约优先、保护优先、自然恢复为主，守住自然生态安全边界。

（7）深入实施可持续发展战略，完善生态文明领域统筹协调机制，构建生态文明体系，促进经济社会发展全面绿色转型，建设人与自然和谐共生的现代化。

（8）持续改善环境质量。增强全社会生态环保意识，深入打好污染防治攻坚战。继续开展污染防治行动，建立地上地下、陆海统筹的生态环境治理制度。强化多污染物协同控制和区域协同治理，加强细颗粒物和臭氧协同控制，基本消除重污染天气。治理城乡生活环境，推进城镇污水管网全覆盖，基本消除城市黑臭水体。推进用水权市场化交易。

（9）提升生态系统质量和稳定性。强化河湖长制，加强大江大河和重要湖泊湿地生态保护治理。科学推进荒漠化、石漠化、水土流失综合治理，开展大规模国土绿化行动。加强全球气候变暖对我国承受力脆弱地区影响的观测，完善自然保护地、生态保护红线监管制度,开展生态系统保护成效监测评估。

(10)全面提高资源利用效率。健全自然资源资产产权制度和法律法规,加强自然资源调查评价监测和确权登记。实施国家节水行动,建立水资源刚性约束制度。

1.1.2　准确把握加快水文现代化的基本任务

中国特色社会主义进入新时代,水文工作面临新的更高要求。当前,我们需要认清水文工作面临的新形势,把握新要求,抓住新机遇,推动新发展,以更加全面、及时、准确的水文测报信息为水利工作和经济社会发展提供有力的基础支撑。

1.1.2.1　防范重大风险提出了新要求

习近平总书记在十九届五中全会上指出:要坚持底线思维,增强忧患意识,提高防控能力,着力防范、化解重大风险,保持经济持续健康发展和社会大局稳定。2020 年是全面建成小康社会的收官之年,出现了长江、太湖流域性大洪水和淮河流域性较大洪水。灾害重大风险是黑天鹅事件,有备才能无患。化解灾害重大风险必须贯彻落实党中央“两个坚持、三个转变”的防灾减灾新理念,新理念的核心在于预防,而做好预防的前提就在于精准、可靠、及时的预测预报。水利部党组高度重视水安全风险,鄂竟平部长 2019 年以来就防洪安全特别要求,一定要特别关注流域特大洪水、水库安全、山洪灾害,因为这些灾害都有可能造成群死群伤,直接威胁人民群众生命财产安全。水文要发挥特有专业和工作优势,充实完善水文站网,拓展监测覆盖范围,提高水文测报手段和信息时效性,提升预测预报预警工作水平,为防汛抗旱、防范重大风险提供可靠的支撑。

1.1.2.2　水利改革发展提出了新要求

习近平总书记明确提出“节水优先、空间均衡、系统治理、两手发力”的治水思路。水利部提出了“水利工程补短板、水利行业强监管”的水利改革发展总基调,鄂竟平部长明确要求聚焦防洪安全补短板,突出水旱灾害防御监管,坚决守住水旱灾害防御底线。

统筹解决好新老交织四大水问题,水利工程有明显的短板要补齐,离不开水文的服务支撑;调整人的行为,纠正人的错误行为,加强水利行业监管,同样离不开水文的服务支撑。水文部门要提高思想认识、改变传统观念,调整工作部署,理清水文的基础性业务和支撑性工作思路,认真思考在水文基础性业务上如何提升支撑能力,补齐补强短板,在水文支撑性工作上如何适应更高要求、服务水利强监管,把水文工作重点全面转向服务补短板、强监管,力求把新时代治水管水新要求落实到水文的各项工作中。

1.1.2.3　水文事业发展提出了新要求

贯彻落实中央治水新思路和水利改革发展总基调,需要水文部门提供更加全面、及时、准确的水文测报信息和服务产品,现有的水文测报体系和落后的水文测报手段已难以满足越来越高的要求。当前水文工作的主要矛盾是新时代水利和经济社会发展对水文服务的需求与水文基础支撑能力不足之间的矛盾。当前和今后一段时期,水文事业发展需要以推进水文现代化建设为抓手,以完善站网布局和提升监测能力为主线,以强化水利支撑服务为重点,以深化体制机制改革创新为保障,全面提升现代化水平,以优质的水文服务为水利和经济社会发展提供可靠支撑。水文测报工作是水文服务支撑的基础,要加快建立现代水文测报体系,推进监测覆盖全面化、监测手段自动化、业务处理智能化、服务产品多样化，努力提升水文测报能力和信息服务水平，为统筹解决四大水问题、保障经济社会发展提供有力的支撑。

面对新形势、新任务，目前河南省的水文测报工作还存在明显短板和薄弱环节：一是水文监测覆盖不全。大江大河主要支流、中小河流和大量中小型水库尚存在水文监测空白，水文测报覆盖率尚有明显不足。二是水文监测手段落后。水文基础设施建设标准低，技术装备更新换代缓慢，技术手段总体落后，流量、泥沙等水文要素自动监测率低，流量自动监测率约20%，泥沙基本靠人工监测；应急监测体系不完善，应急监测手段和能力亟待提升。三是水文预报能力不强。2020年河南省水文进行模拟洪水预测327站次，开展实时及滚动预报282站次，发布预警836站次，基本建成大江大河洪水预报体系，但自动化、智能化水平低，准确性和预见期有待进一步提高，尤其是豫北地区洪水预报方案精度不高。四是水文服务水平不高。水文部门虽已通过互联网等方式及时发布实时雨水情信息等，通过各类简报、公报、专报和微信公众号等，向政府部门和社会公众提供水文信息服务，但水文数据深加工不足、服务产品单一、手段落后、受众少、共享程度低等突出问题依然存在。

1.1.3 全面落实加快构建水文新发展格局的决策部署

学习贯彻党的十九届五中全会精神，核心是学懂弄透、学思结合。落实新时代中央治水思路和防灾减灾新理念，践行水利改革发展总基调，对水文测报工作提出了新要求。声、光、电技术和计算机技术的发展，为水文测报工作提供了强有力的现代化手段。随着大数据、人工智能等信息技术与水利业务的深度融合，以及水利改革发展和经济社会发展对水文测报信息需求的不断拓展和提高，更加需要通过深化改革和技术创新，加快建立现代水文测报体系来加以解决。

1.1.3.1 总体目标

实现水文测报现代化，加快建立布局合理、覆盖全面的水文站网体系，技术先进、自动准确的水文监测体系，智能分析、及时精准的信息处理服务体系，大力推进新技术、新设备应用，实现水文监测、数据处理、预测预报预警、信息服务全流程业务的自动化和智能化，水文测报服务全面覆盖政府和社会需求，进一步提高预测预报准确性，延长预见期，满足支撑新时代防汛抗旱减灾和经济社会发展需求。

1.1.3.2 主要任务

全面评估现有水文站网布局和功能，充分考虑技术进步和水文监测方式改革，紧密围绕新时代防汛抗旱减灾需求，补充调整水文监测站点，建立完善覆盖全面、布局合理的水文测报站网体系，实现大江大河及其主要支流水文监测全覆盖，有效控制水文情势；近期填补流域面积200 km^2 以上中小河流水文监测空白，远期覆盖流域面积50～200 km^2 有防洪任务的中小河流；填补中小型水库水文监测空白，支撑水利工程安全监管和防洪安全保障需求；加密旱情监测站网，土壤墒情监测全面覆盖易旱的县级行政区和粮食主产区、雨养农业区。

(1)提升水文监测手段。加快现有各类水文测站更新改造步伐，提升水文设施、设备整体水平和监测能力，创新水文监测手段和方法，充分利用先进声、光、电技术及自动化监测手段,推进新技术、新仪器应用,加快实现水位、流量、泥沙、雨量、蒸发、墒情等全部水文要素自动监测。新建水文测站以在线监测方式为主,对重要水文站通过设立上下游比降断面等方式实现高洪(超标洪水)自动监测,重要报汛水文站和水位站增配卫星传输通道,确保洪水测得到、报得出。加强雷达技术、卫星遥感影像数据等在雨量、地表水体、洪水演进、洪水淹没区、土壤墒情等水文监测分析中的应用。

(2)推进水文监测改革。持续深化水文监测方式改革,大力推进水文巡测,构建以勘测队、县级中心站等为依托的基层业务生产与管理的高效运行机制,实行精兵高效的水文测报工作模式。合理配置应急监测资源,制订完善应急预案,开展应急培训演练,提升水文应急监测能力。积极探索符合水文实际的用人用工机制,将水文测报业务中社会化程度较高的工作实行政府购买服务,将有限的人员编制集中到水文测报业务管理、科技创新、预测预报和社会公共服务等工作中。2016 年河南省水利厅批复《河南省水文监测管理改革方案》以来,水文监测管理改革成为河南省水利厅改革的重要部分。全厅上下齐抓共管,把水文监测管理改革落到了实处,因地制宜,分批推进,目前已正式成立水文测区 56 处,基本实现全省县级行政区域水文服务全覆盖。县级水文测区做到了领导干部到位、职工到位、工作任务到位,各项工作有序开展,服务地方经济社会发展的机制和体制进一步加强,水文的地位和作用体现得更加明显。水文工作的不可替代性决定了必须建立牢固的水文组织体系,强化水文工作职能,保障水文机构完整,增强水文事业发展的活力。河南水文的监测管理改革为全国水文事业的发展提供了新的管理模式,既是管理方式的变革,更是促进水文现代化建设的重要举措。监测管理的改革,包含着工作思路的转变、工作方式的转变、业务技术和服务能力的提升。监测管理改革任重而道远,机构、人员、任务的设置与配备仅是开端,后续管理模式、资金投入、基础设施和人才队伍建设的良性发展,才是改革成败的关键。必须积极探索后续保障机制,坚定不移地将改革进行下去,建立适应新时代发展的水文管理模式。

(3)提高预报服务水平。依托立体化水文监测体系,采用大数据和人工智能等高新技术,建立快速高效的中小河流、中小型水库及山洪灾害自动预报预警和信息发布体系,通过对模型和参数的不断完善优化,提升预报预警预测精度、时效性,延长预见期。统筹考虑大江大河河势控制和河道整治要求,建立完善流域水库群和蓄滞洪区运用等自动预测预报和联合优化调度系统,强化水工程调度洪水预报,实现预报调度一体化。做好旱情监测综合分析,实现旱情监测评估常态化。开发手机端、电脑端快捷便利图形化的水文监测信息和预测预报预警产品,扩大服务覆盖范围,提升服务的手段和水平。

1.1.3.3　保障措施

(1)水文现代化规划编制。规划是思路,是引领,是未来行业发展的美好蓝图。编制水文现代化建设规划,是谋划未来 15 年,特别是“十四五”时期水文事业发展的重大举措,是水文发展的又一重大机遇。水文现代化建设规划,必须打破长期以来形成的固有思想观念和思维模式,重新审视现有水文基础设施建设思路和运行方式,摒弃过时的技术手段和落后的生产模式,树立技术先进的理念,大胆推广应用先进技术手段。到 2025 年,水文现代化建设要取得突破性进展,成为水利行业强监管的有力抓手,水文要素的采集和水文管理将发生翻天覆地的变化。到 2035 年,全面实现水文现代化。

(2)构建严密的组织管理体系。按照新时代机构改革的要求,水文的行业管理划归行政部门负责,河南省水利厅成立了水文水资源管理处,统筹负责指导河南省水文行业管理、水文发展规划的编制、水文基础设施建设管理工作。河南省水文水资源局具体承担水文行业管理,水文发展规划的编制,水文基础设施建设管理和水文要素的监测、整编、分析评价、预警预报等工作。因此,保持和建立水文系统垂直管理的三级体制十分必要,强化构建县级水文服务体系,建立科学、合理的机构和工作机制,稳定队伍,提升形象。

(3)全面推进水文监测管理方式改革。河南水文的监测管理改革已经为全国水文事业的发展提供了新的管理模式,监测管理的改革既是管理方式的变革,更是促进水文现代化建设的重要举措,包含着工作思路的转变、方式的转变、技术和能力的提升,监测管理改革越往后越难,涉及管理模式、资金投入、基础设施建设和人才队伍建设,要坚定不移地将改革进行下去,创造出全新的水文发展模式。

(4)加强人才队伍建设。加强新技术和岗位技能培训,加大在职培训、岗位练兵、交流学习等力度,开展各类水文测报业务技能竞赛,以赛代训、以赛促学,锻炼人才队伍,培育水文职工工匠精神,推进水文首席专家等制度实施,不断增强业务人员专业技能,提高人才队伍素质,优化人才队伍结构,为政治思想过硬、技术水平高超的拔尖人才创造更好的成长环境。

(5)加强水文科技创新,全面实现水文要素监测自动化。加大新技术、新装备的研发和推广应用力度,以问题为导向,以需求为牵引,集中力量对流量、泥沙、蒸发、水温等要素自动监测和中长期预测预报,预报调度一体化等关键技术进行攻关,破解水文现代化进程中的技术瓶颈和技术难题。水文科技创新的关键是资金投入,空想、等、靠都不可能实现水文现代化,加强水文宣传、拓宽水文投入渠道、坚持政策引领,才能实现水文要素监测自动化。

(6)加强水文行业监管。发扬刀刃向内的勇气,加强对水文部门履职尽责、设施设备运行等情况监管,具体涵盖水文测报工作组织保障、站网管理、监测管理、信息采集、情报预报和安全生产等内容,重点加大对水文测报汛前准备、水文监测、水文情报预报、水文设施和监测环境保护等的监督检查力度,确保水文测报各项任务落到实处。

在新的时代,水文人要把初心和使命落实到本职岗位上,落实到一言一行中,发扬新时代“忠诚、干净、担当、科学、求实、创新”的水利精神,为实现“两个一百年”奋斗目标,实现中华民族伟大复兴的中国梦做出应有贡献。

1.2 理响新时代水文发展

水文是水利工作的重要基础和技术支撑,是经济社会发展不可缺少的基础性公益事业。水文作为一切涉水事务的基础性工作,为防汛抗旱、水资源管理、水环境保护、生态修复等经济社会发展提供了重要的基础支撑,在确保防洪安全、粮食安全、生态安全、供水安全等方面发挥着不可替代的作用。

1.2.1 新时代机构改革中水文的定位

在2019年全国水文工作会议上,提出了要准确把握经济社会发展对水文事业发展的新要求，要将工作重心转到“水利工程补短板、水利行业强监管”的水利改革发展总基调上来，要求调整优化水文站网体系建设，全面提升水文监测、预测预报和服务支撑能力，使水文成为水利行业监管的“尖兵”和“耳目”。

当前水文工作的主要矛盾是新时代水利和经济社会发展对水文服务的需求与水文基础支撑能力不足之间的矛盾，围绕水文要素的“水量”和“水质”监测、水文分析评价，围绕新时代水文改革发展必须适应当前我国改革发展的要求，河南省水文必须构建系统完备、科学规范、运行高效的组织管理体系、监测预警体系、分析评价体系、产品服务体系和综合保障体系等五大体系。

河南水文工作与新时代的要求还存在较大差距，主要表现在思想认识不到位、组织体系不健全、宏观规划不清晰、自动在线监测手段差距大、信息服务产品体系没有构建、研究分析能力弱化、综合保障能力不足等。

1.2.2　水文改革发展思路

水文改革发展思路是：深入贯彻“节水优先、空间均衡、系统治理、两手发力”的治水方针，按照“水利工程补短板、水利行业强监管”的水利改革发展总基调，以推进水文现代化建设为抓手，以完善站网布局和提升监测能力为主线，以强化水利监管支撑服务为重点，以深化体制机制改革创新为保障，全面提升现代化水平，以优质的水文服务为水利和经济社会发展提供可靠支撑。

围绕水利工程补短板，一要优化完善水文监测站网。坚持地表水地下水并重、水量水质水生态结合、流域区域兼顾，补齐流域面积 50 km^2 以上有防洪任务的中小河流水文监测站点及小型水库水文监测设施空白，补充行政区界、水源地等水量、水质、水生态监测站点，充实地下水超采区的监测站网，扩大重点区域、重要城市水文信息采集覆盖范围。二要全面提升水文现代化水平。做好水文现代化建设顶层设计，抓好水文测报和信息服务能力建设，充分利用现代技术手段，加快技术装备提质升级，下力气改进水文监测手段和方法，全面推进新技术、新仪器应用，全方位提高水文自动化、智能化、信息化水平。三要持续深化水文改革创新。全面推进水文监测改革，实行精兵高效的水文测报管理模式。加快完善与行政区域相协调的水文机构设置，积极创新水文运行机制，探索新型基层水文管理模式，鼓励社会力量参与水文工作，优化发展水文行业队伍。

围绕水利行业强监管，一要强化水文服务江河湖泊的监管。发挥水文监测点多、线长、面广优势，加强河湖监测与调查工作，及时跟踪河湖变化情况，掌握河湖水系水域岸线等基本特征，推进实现县域水文信息服务全覆盖。要围绕河湖“清四乱”等监管需要，加强河湖水量水质及地下水监测分析评价，预测预警发展变化趋势，为实现河长制、湖长制从“有名”到“有实”转变，为各项任务落实及实施监督考核提供基础支撑。二要强化水文服务水资源的监管。统筹考虑流域区域水资源水环境动态变化，做好跨行政区界断面及最小生态下泄流量控制断面的水量水质监测与分析；在节水目标管理的各项指标确定和监管考核等方面，有针对性地提供动态监测数据和分析评价成果；推进重点水域水生态监测调查和指标分析，加强重点地区地下水监测预警工作，建立水资源承载能力监测预警机制，为推进江河流域水量分配、实施区域用水总量控制、落实生态流量管控和超采区地下水监管等项工作做好水文支撑。三要强化水文服务水工程的监管。加强涉水工程水文监测信息采集,统筹考虑大江大河河势控制和河道整治要求,开展流域性的水库群联合调度和预报等,推进水库水雨情监测预警全覆盖;加强区域性的水资源配置和水量调度监测分析,提升水工程运行调度水文监测预报能力,为跨流域水量配置、水工程建设与运行调度管理等提供技术支撑。

围绕保障补短板与强监管,做好水文管理体制改革。水文作为一个行业和一支体系完整的专业队伍,每个行政区域的水文工作都涉及各区域流域的站网规划和设施建设,技术标准的组织制定和监督实施,以及大量水文测站的运行维护管理等工作;每个行政区域内的水文测站功能,都要服务于跨行政区界的上、下游整个流域水系。2019 年,鄂竟平部长在全国水利工作会议上强调,要从水文在水利和经济社会发展中的基础性作用出发,考虑水文行业体系的整体性特点,理顺水文管理体制,优化水文队伍力量,保证水文职能只能加强不能削弱。当前是一个特殊时期,要按照水利行业强监管的要求,打牢水文这个基础,强化水文工作职能,保障水文机构完整,增强水文事业发展的活力。

1.2.3 水文现代化发展的对策措施

新时代水文改革发展必须适应当前我国改革发展的要求,河南水文必须构建系统完备、科学规范、运行高效的组织管理体系、监测预警体系、分析评价体系、成果服务体系和保障体系。

1.2.3.1 构建严密的组织管理体系

按照新时代机构改革的要求,水文的行业管理将划归行政部门负责,河南省水行政主管部门设立水文水资源处,统筹负责指导河南省水文行业管理、水文发展规划的编制、水文基础设施建设管理。河南省水文水资源局具体承担水文系统管理,水文发展规划编制,水文基础设施建设、管理,水文要素的监测、整编、分析评价、预警预报等工作。河南水文保持以省管为主,建立省、市、县垂直管理的三级体制十分必要。

1.2.3.2 编制河南水文现代化发展规划(2021—2035)

规划是思路,是引领,是未来行业发展的目标和方向。谋划水文中长期发展规划,要站位高远、思路明确,围绕国家和河南省经济社会发展的大局,做好水文发展的文章。必须打破长期以来形成的固有思想观念和思维模式,重新审视水文基础设施建设的思路和运行管理方式,坚决摒弃过时的技术手段和落后的生产模式,树立技术先进的理念,大胆推广应用先进技术手段;必须在充分的调研和分析论证基础上,以新的发展思路为统领,充分利用国内外水文新仪器、新设备、新技术,做好顶层设计,在水文自动化、智能化水平上实现大幅度跨越式提升;必须完善水文监测站网,实现对水量水质计量有要求的点面水文监测全覆盖;必须提升自动监测能力,推进新技术、新装备的研发应用,具备自动监测条件的水文测站推广普及流量、泥沙等要素的自动监测,实现视频远程监控;必须大力推进雷达测雨、卫星遥感、无人机、人工智能等现代装备技术的广泛应用,全面提高水文自动化、智能化水平;必须加大水文监测信息收集力度,提高水文水资源监测预报预警能力。

1.2.3.3 深化水文监测管理改革

河南水文的监测管理改革已经为全国水文事业的发展提供了新的管理模式,既是管理方式的变革,更是促进水文现代化建设的重要举措,建立以县级水文测区为基层单元的水文管理体制,包含着工作思路的转变、方式的转变、技术和能力的提升,监测管理改革越往后越难,涉及管理模式、资金投入、基础设施建设和人才队伍建设,必须坚定不移地将改革进行下去,创造出全新的水文发展模式。

1.2.3.4　建立水文产品服务体系

水文工作在全省各行各业中是独一无二的,既不能取消,也不能取代,更不能封闭垄断。要树立对社会开放的水文、对水利精准服务的水文、对其他部门主动服务的水文发展理念。这就要求必须建立面向不同阶层、不同服务对象的水文产品服务体系。

1.2.3.5　落实综合保障体系

保障体系主要有政策保障、人才保障、经费保障和技术保障等。修订完善《河南省水文条例》,创新水文业务管理模式,推行政府购买社会服务,推进县域水文管理和信息服务。加强高技术人才的引进,在水文分析服务领域发挥高技术人才的作用,吸纳社会力量承担水文相关工作。按照《河南省水文业务定额》落实年度运行维护经费,打通省级水文现代化建设资金投入渠道,解决长期以来水文以中央投入为主、省级被动投入的问题,保障水文设施正常运行维护。

1.3　水文现代化规划需求分析

党的十九大确立了新时代中国特色社会主义基本方略,明确了决胜全面建成小康社会、开启全面建设社会主义现代化国家新征程的宏伟目标。随着经济快速发展和社会文明进步,人们对优质水资源、健康水生态、宜居水环境的需求更加迫切。习近平总书记明确提出"节水优先、空间均衡、系统治理、两手发力"的治水方针,提出"我们的现代化是人与自然和谐共生的现代化",水利部鄂竟平部长指出当前我国治水的主要矛盾已经从人民群众对除水害兴水利的需求与水利工程能力不足的矛盾,转变为人民群众对水资源、水生态、水环境的需求与水利行业监管能力不足的矛盾。水利部党组提出"水利工程补短板、水利行业强监管"的水利改革发展总基调,要求全面提升水旱灾害防御和水资源、水生态、水环境治理能力,实施江河湖库的科学管理,促进人与自然和谐发展。

水文是水利工作和经济社会发展的重要支撑,是"水利工程补短板"的重要组成部分,也是"水利行业强监管"的重要抓手,在历年的防汛抗旱减灾、水资源开发利用管理、生态环境保护、河湖管理、水工程建设管理等工作中发挥了不可替代的作用。同时,水文服务领域也在不断拓宽,进入了为水利、农业、工业、交通、环保、国防、体育、旅游、外交等各个领域和社会公众提供多层次服务的新阶段。为适应新时代、新使命、新思想、新矛盾、新方略,亟待全面提升水文监测、预测预报和服务支撑能力,使水文成为水利行业监管的"尖兵"和"耳目"。

水文现代化必须同国家现代化进程相适应,水文支撑能力必须同实现中华民族伟大复兴的战略需求相适应。河南省水文水资源局依据水利部规划指导思想,按照河南省水利厅党组开展"不忘初心、牢记使命"主体教育的要求,开展水文现代化规划调研工作,从前瞻性、全局性和战略性的角度出发,解放思想,转变观念,打破禁锢,改革创新,强化顶层设计，用现代化发展理念指导水文长远发展，大力推进现代技术和新仪器、新设备的应用，科学谋划建立与时代发展同步的现代水文业务体系。开展水文要素测报典型技术调研，对科学指导水文现代化建设规划编制工作，摸清不同类型区域水文现代化建设的需求，科学制定水文现代化建设的目标、思路、发展方向和重点任务，全面推动水文现代化建设工作具有重大的现实意义和指导作用。

1.3.1 总体情况

1.3.1.1 河南省水文情势概况

河南省地跨淮河、长江、黄河、海河四大流域，总面积 16.7 万 km^2，全省流域面积在 100 km^2 以上的河道共计 560 条，地势西高东低，山区向平原过渡地带很短，气候属于北亚热带和暖温带，具有明显的过渡特征。全省降水主要受台风、切变线和西南低涡的影响，降水年际变化大，年最大降水量与年最小降水量相差 2.6 ~ 4.7 倍，为全国 3 个降水变率最大的地区之一。降水季节分配不均，降水区域分布差异大。全省年平均降水量 780 mm，在地区分布上从南向北递减，南部地区年平均 1 105 mm，北部濮阳市年平均仅 563 mm；全省汛期（6 ~ 9 月）平均降水量约 500 mm，占全年平均降水量的 64%，且主要集中在 7 月、8 月。全省多年平均地表水资源量 312.7 亿 m^3，地下水资源量 204.7 亿 m^3，扣除重复量后全省水资源总量为 413.7 亿 m^3，产水模数 25.0 万 $m^3/(km^2 \cdot a)$。其特点是：地表水资源量不足，只有全国地表水资源的 1.15%，居全国第 21 位，人均、亩均只有全国人均、亩均的 1/6；地区分布不均，南部大于北部，山区大于平原。

1.3.1.2 河南省水文发展现状

1. 机构和人员队伍不断发展

按照河南省机构改革方案和中共河南省委机构编制委员会办公室《关于省水利厅所属部分事业单位机构编制事项调整的通知》，河南省水文的行业管理由河南省水利厅水文水资源管理处负责。河南省水文水资源局主要任务调整为：

（1）负责全省水文水资源监测工作，组织实施全省地表水、地下水的水量水质监测，协调全省重大突发水污染、水生态事件的水文应急监测工作，组织实施水文检测计量器具检定工作。

（2）负责全省水文水资源的情报预报、监测数据整编和资料管理工作；组织实施水文调查评价、水文监测数据统一汇交、水文数据使用审定等制度。

（3）承担水文水资源信息发布有关工作，负责实施水资源调查评价；参与组织编制全省水资源公报，承担水质和地下水月报等编制工作。

（4）负责全省防汛抗旱的水文及相关信息收集、处理、监视、预警以及省内重点防洪地区江河、湖泊和重要水库的暴雨、洪水分析预报。

（5）负责水文信息网络、数据中心的建设和运行管理工作。

（6）依照有关行政法规承担水文测报设施保护工作。负责有关水事纠纷、涉水案件裁决所需水文资料的审定。

（7）承办上级有关部门交办的其他事项。

这次党政机构改革涉及部门职责调整，也使水文成为了防灾减灾、水资源管理、河湖长制管理、水事纠纷仲裁等涉水领域不可替代、不可或缺的重要支撑。同时,水文工作也将成为自然资源部门水资源调查、确权登记管理,生态环境部门水功能区划编制、排污口设置管理、流域水环境保护,农业农村部门农田水利建设管理,应急管理部门防汛减灾等工作的“耳目”和“哨兵”。河南省水文水资源局为全供一类公益性事业单位,明确了水文测验、水文情报预报、水资源调查评价等职能。全省水文系统实行“省、市、测区”三级管理。河南省水文水资源局下设 18 个副处级驻省辖市水文水资源勘测局,党、政关系归省局直管。全省共设置 66 个科级水文测区,归口所在地的市水文水资源勘测局领导,统筹管理各类监测站点和所在地的县级水文服务工作。

截至 2020 年底,河南省水文系统编制 1 164 人,现有水文职工 1 145 人,离退休人员 680 人。在职职工中,专业技术人员 951 人(教授级高级职称 53 人,副高级职称 176 人,中级职称 402 人),管理人员 101 人,其他为工勤人员。全局人才队伍建设在数量、结构和总体素质等方面不断改观,人才培养、发展机制进一步完善,对推动水文现代化建设发挥了重要作用。

2. 水文站网体系日趋完善

根据史料记载,河南省从清代就已经开始现代意义上的水文观测,而建立正规的水文测站则始于民国时期。1919 年 4 月,顺直水利委员会设立陕州(今三门峡)水文站、三河尖水文站,有连续水文观测记录的三河尖水文站,已经积累了 100 余年的实测水文资料。其后,经过 5 次大规模的站网调整,河南省已形成了比较完善的水文基本骨干站网。“十二五”以来,随着国家加强中小河流治理和山洪地质灾害防治工作的开展,中小河流水文监测系统建设作为重要的非工程措施之一,在全省流域面积在 200～3 000 km^2 的中小河流上新建了 241 处水文巡测站、136 处水位站、2 158 处雨量站等一大批专用站。截至 2020 年 12 月底,河南省水文系统共有各类水文监测站网 7 915 处。其中水文站 367 处(其中国家基本水文站 126 处、水文巡测站 241 处),水文中心站 66 处,水位站 168 处(其中人工值守水位站 32 处,遥测水位站 136 处),遥测雨量站 3 571 处,墒情自动监测站 636 处(其中固定站 106 处、移动站 530 处);全省主要河流水库水质监测断面 277 个(包括国家水质重点站 90 个)、大中型水库水质监测断面 27 个、重要饮用水水源地水质监测断面 25 个、大型灌区水质监测断面 259 个,地下水监测井 2 443 眼(其中人工监测井1 723 眼、自动监测井 720 眼),水环境生态流量站 76 处。流量站网密度达到 455 km^2/站,流域面积 200～3 000 km^2 有防洪任务的重点中小河流,水文站控制率达到 100%;雨量站网密度达到 41 km^2/处。市、县、区水文站覆盖率达到 81.7%,雨量站覆盖率达到 100%。

3. 水文基础设施明显改观

经过多年建设,河南省水文基础设施陈旧落后的面貌发生显著变化,整体功能明显加强。水文测验基础设施防洪测洪能力基本达标,测验设施测洪安全隐患基本消除。全省生产业务用房面积、结构、布局更加合理,给水排水、供电、通信等配套设施更加完善,进出交通道路更加便捷,供暖方式更加清洁安全,基层生产生活条件明显改善,职工工作、生活环境面貌焕然一新。

在测验设施设备配置上,河南省现有机械缆道 76 座、在线自动测流缆道 7 处、水平式声学多普勒流速剖面仪(Acoustic Doppler Current Profiler,ADCP)在线自动测流系统 1 套、水位自记平台 477 座、测船(含橡皮艇)81 艘、遥控测船 19 艘、声学多普勒流速仪 86 台、电波流速仪 79 台、测雨雷达系统 1 套、超声波测深仪 10 台、GPS 35 台、全站仪 84 台、生产业务用车 168 辆。此外,省局应急监测队还配置有三维激光移动测量系统、无人机测流系统各 1 套等。这些水文基础设施设备为河南省水文现代化奠定了基本的硬件基础。

在地下水自动监测上,全省 712 眼专用观测井中,配备压力式自记水位计、RTU(远程测控终端)和通信模块 712 台(套),配置 6 要素地下水水质自动监测设备 4 套,建立了省地下水信息管理中心和 18 个市分中心。

在水质监测设施设备配置上,省中心及分中心现有仪器设备 555 台(套),10 万元以上仪器设备 115 台(套)。主要设备有流动分析仪、等离子体原子发射光谱质谱联用仪、离子色谱仪、气相色谱仪、液相色谱仪、气相色谱质谱联用仪、全自动红外测油仪、原子吸收仪、原子荧光仪、TOC 测定仪、微波消解仪等大型仪器及其他附属仪器。

4. 水文服务能力大幅提升

经过多年投资建设,河南水文在监测、预报及信息服务等各方面取得了长足进步,大量先进仪器设备的应用和业务系统研发运用,为持续推进河南省水文现代化提供了坚实的技术支持。

在监测方面,河南省液态降水量、重要监测断面水位、土壤墒情、平原地下水位动态已实现自动测报;ADCP、电波流速仪等现代化测流仪器在全省大部分站点应用,自动在线测流缆道、水平式 ADCP 在部分重要监测断面开展建设试运行,流量测验现代化水平有了一定提高;GPS、全站仪、测深仪等先进测量仪器和技术在河道测量中得到了普遍应用。在监测管理改革中,已经组建完成县级水文测报分中心 56 处,使 78 处国家基本水文站和 147 处水文巡测站实现了测区驻测与巡测相结合管理新模式。全省自上而下成立省应急监测队 1 处,市应急监测队 18 处,配备有遥控测船、ADCP、无人机、桥测车等应急监测设备,通过多年实战及针对性演练,应急监测能力不断增强。特别是在应对淮河干流突发洪水、2016 年“7·19”卫河安阳特大暴雨洪水、豫西山洪灾害、2018 年“温比亚”豫东平原区洪水内涝等突发水事件中,水文系统迅速启动应急测报预案,调遣水文应急监测突击队,在第一时间赶赴现场果断处置,及时提供事发区域各类水文监测信息和分析预测数据,为抗洪抢险减灾指挥决策提供了科学依据。

在信息处理和传输方面,卫星通信、计算机广域网络、GSM 等多种现代通信手段广泛应用,实现了河南省雨水情信息实时传输。2018 年起,河南省遥测雨量全部代替人工观测报汛,雨量站信息通过 GSM 信道直接发至省水情中心,然后由省水情中心转发至国家防办、四大流域机构、相邻省份、各市水情分中心、各县防办等 100 多家单位使用,报汛时段由以前的人工报汛最短 2 小时 1 报,发展成 10 分钟有雨就报,大大增加了信息收集的速度及时效。报汛站由 2010 年的 1 049 处增加到 2018 年的 4 093 处,水情信息量由 2010 年的 8 万份增至 2018 年的 1 600 万份,报汛能力显著增强。

在洪水预报方面,截至 2018 年底,河南省具有开展洪水预报条件的水文站共有 110 处,预报范围覆盖了全省主要河流,241 处中小河流站、78 座重点中型水库也相继建立了预报预警方案,预报方法除常规的经验方案外,新安江模型、分布式新安江模型、地貌单位线、混合产流模型等也在河南省洪水预报中得到应用,及时准确的预报服务为河南省战胜历次大洪水做出了突出贡献。

在水文信息服务方面，围绕水利中心工作，建成了以河南省水文水资源局为中心、18个水文水资源勘测局为二级节点的全省水文防汛计算机网络系统，各单位建成了信息网络机房，配置了防火墙、交换机、服务器、UPS等设备设施，为水文信息化工作的开展提供了适宜的网络环境。建成了河南水文信息网网站群系统、综合办公系统、档案管理系统、水文设施设备管理系统和水文监测人员档案信息管理系统，提高了办公效率和管理水平；建设了应急监测通信系统、防汛会商视频会议系统、水文站网管理系统、水文数据管理服务应用系统、水质监测与评价信息服务系统、水雨情遥测系统、卫星云图接收系统、中小河流预警预报系统、重点水库洪水灾害预警系统、水雨情信息交换系统和中国洪水预报系统，提高了服务防汛减灾、水资源管理、水环境治理的水平；建设了水文远程视频监控系统，实现对全省防汛重点水文站和水位站的水情、水势的实时监控，为各级领导和防汛部门的防汛决策提供了及时、直观、可靠的信息；对历史水文数据进行了全面的录入整理，完善了水文数据库，更好地发挥了水文的基础支撑作用。

1.3.1.3 存在的主要问题

通过多年的不断发展，河南省已逐步建立了覆盖主要江河湖库的水文站网体系，形成了较为完善的水文监测和服务体系，水文在防汛抗旱减灾、水资源管理和保护、生态环境修复、饮水安全保障、水土流失治理和突发性水事件应急处理等方面的服务能力得到明显增强，为国民经济建设和社会发展提供了重要的基础支撑。中国特色社会主义发展进入新时代，水文的支撑服务能力与经济社会发展新理念、中央治水新思想、水利部“水利工程补短板、水利行业强监管”治水总基调、水利部水文司水文现代化建设新思路、职工美好生活新需求等相比，仍然存在不均衡、不充分、现代化程度不高等诸多问题。

1. 站网布局同水利行业强监管仍不完全适应

按照河南省水利厅批复的《河南省水文监测管理改革方案》，在全省设立66处县级水文测区管理机构，目前还有10处没有组建完成，无法完全满足河南省现有108个县级行政区管理和灾害防治水情信息服务需求。现有以防洪为主要服务对象的水文站网布局和功能也不能完全满足河南省水资源管理、水环境监管、水生态监测、水灾害防治等工作的需求。中小型水库监测预警系统不完善，有防洪任务的小型水库水文监测没有全覆盖，目前控制率仅26.0%，难以实现对全省水库防洪、水资源管理的有效监测；淮河支流防洪监测站点布设仍不完善，影响区域洪水预测预报成果精度；50～200 km^2 的河流水文监测体系尚未建立，难以实现对中小河流山洪灾害的有效预测预警；城市水文监测尚处于起步阶段，无法满足为国家节水型城市服务的需求；旱情监测站网不健全、覆盖面小，墒情监测站数量少、可靠性不高，实时动态评估能力不足，旱情预报预警能力尚未形成，无法满足抗旱工作需要。国控地下水监测工程实施后，基本满足国家层面对河南省地下水动态监测的要求，省控地下水监测依然存在短板，无法满足河南省对地下水资源动态管理、合理开发利用的需要。全省水质监测化验能力不足，现有持证检测项目83项，目前仅开展35项，不能满足水利部提出的水质评价109项认证指标的要求。

2. 水文监测技术手段仍存在短板

受河南特殊水沙条件制约，包括固态降水观测设备、水平式ADCP、非接触测流等的新技术、新设备应用仍然较少;蒸发、水温、泥沙等多采用传统方法进行人工监测,自动化仪器设备的应用程度低;受水利工程影响的水文测站缺少在线实时监控设备;业务管理系统功能单一,没有覆盖全部工作流程,水文业务与信息化技术融合发展不够。近年来,虽然对测验方式进行了探索,优化了部分站点测验方法,但绝大部分站点仍需进一步加强分析论证,尤其是需要对已积累30年资料的河道站、水库上游站、偏远山区受人类活动影响较小的山区站点流量进行单值化分析,简化测验手段等。

3. 水文水资源预测预报能力仍有欠缺

河南省中小水库管理、监测、预警预报采用分级负责制,虽建立了河南省洪水预报系统、中型水库预警预报系统,但由于缺乏历史资料,大部分中型水库的预报方案产流为借用,汇流为地貌单位线,预报精度无法保证;部分中型水库因为历史资料条件不具备,未能建立预警预报方案;部分河段水利工程、航运工程建设后,水情、水势发生了重大变化,无法开展水力学演进模型分析计算,洪水预报精度无法保障。全省水质评价和实验室信息管理系统建设薄弱,水质监测信息化建设水平严重滞后。

4. 水文信息服务水平仍有差距

在报汛通信网络方面,现有报汛计算机网络还没有覆盖测区水文局和基层水文站,影响了水文监测数据的报送和信息化项目的顺利开展。在信息存储方面,现有水文信息化采用独立物理服务器模式,计算存储资源分散,资源利用率低且计算资源不可调配扩展而形成性能瓶颈;存储空间独立、分散,不利于运行状态的集中监控管理。在信息管理方面,尚未建立统一的数据存储、管理、交换平台以及统一的应用安全监管平台和省级异地容灾备份平台,数据安全保护与备份管理手段落后,应用系统及数据资源缺乏有效的防护;信息系统安全等级保护和定期安全评估制度尚不完善,无法保障数据的安全。在信息服务范围方面,服务手段较为单一,缺少遥感、信息技术等综合信息技术人才,对原始数据深加工不够,无法向深度、广度上延伸,不能为社会提供更直接、有效的服务。在信息服务方面,各业务应用系统相互独立,建设与发展不均衡,未实现资源共享和业务协同,不能发挥整体优势和规模效益,对社会需求热点问题跟踪研究不够,对水生态文明建设的支撑还不够,不能适应河南省生产需要和经济发展要求。

1.3.2 水文现代化规划目标思路

早在2005年,水利部就提出了水文现代化的概念,印发了《水文现代化建设指导意见》。文件提出我国水文现代化的内涵是:坚持以人为本的理念,遵循人与自然和谐相处的原则,以可持续发展的思路、市场经济的规律和系统发展的理论为指导,以先进的现代化装备为基础,以提高科技应用为支点,以现代化的管理模式为手段,以水文现代化建设促进水利现代化为目标,用先进的科学技术改造和发展传统的水文科技,用现代的理性思维和理念转变传统的水文工作思路,不断创新和改革,在实践中探索为防汛抗旱、水资源管理、生态环境保护、经济社会发展服务的新理论、新方法,为水资源可持续利用提供坚实的技术支撑。

当前,我国发展进入新时代,新时代的水文现代化必须同国家现代化进程相适应,水文支撑能力必须同实现中华民族伟大复兴的战略需求相适应。要深入贯彻落实习近平新时代中国特色社会主义思想和党的十九大精神，坚持"节水优先、空间均衡、系统治理、两手发力"的治水方针，围绕"水利工程补短板、水利行业强监管"水利改革发展总基调，以完善站网布局和增强监测能力为主线，以提升水文监测技术和水文数据加工处理服务为重点，以深化体制机制改革创新为保障，统筹兼顾，依托先进科技手段，做好水文现代化建设顶层设计，构建系统完备、科学规范、运行高效的组织体系，统筹推进水文站网体系、水文监测体系、水文信息服务体系和水文管理运维保障体系建设，着力打造监测手段自动化、信息采集立体化、数据处理智能化、服务产品多样化的现代水文管理模式，为水利工作和经济社会可持续发展提供可靠支撑。

1.3.2.1　规划目标

以问题为导向，广泛采用自动化、信息化、智能化水文监测、传输、处理新技术、新方法，补强补足制约水文现代化的站网、测报和服务短板，建立和完善布局合理、功能完善的水文站网体系，技术先进、快速高效的水文监测体系，自动智能、手段多样的水文信息处理服务体系和管理科学、精兵高效的水文运维体系，实现河南省水文监测手段自动化、信息采集立体化、数据处理智能化、服务产品多样化，为河南省"水利行业强监管"提供高效支撑。

1.3.2.2　规划思路

根据习近平总书记"节水优先、空间均衡、系统治理、两手发力"的治水方针及"水利工程补短板、水利行业强监管"的水利改革发展总基调，依据《水文现代化建设指导意见》，结合河南省水文发展现状，按照水利部对水文现代化建设规划项目的总体部署及要求，确定河南省水文现代化规划建设思路如下：

（1）指标要求：测验方法力争实现自动测报，远程测控；测验方式力争实现"巡测优先、驻巡结合、应急补充"；管理模式力争实现有人看管，无人值守。最大限度地发挥现有编制的作用，探索购买社会服务的新模式，满足大量增加的管理运行任务要求。

（2）技术途径：新建站原则上全部按自动站建设。没有特殊要求的小河站、区域站实现特定水文要素的自动采集、远程可视化监视并与巡测相结合，实现无人值守；有特殊要求的大河干流控制站、省界站等要确保满足各类要求，但驻守人员仅限于现场水文测验，水文资料计算、分析，报汛，整编等各项工作全部集中到水文测区。重点构建以测区水文局为中心，集测区水文测验远程测控，数据接收、分析、处理，各类关系建模，自动报汛，水文资料实时整编等工作于一体的技术体系。

（3）组织架构：在新的机构改革中，按照水文属于公益性一类事业单位的性质，全省水文系统保持行业直管模式，建立三级管理。省水文机构确定为河南省水文水资源局，派驻 18 个市的水文机构确定为河南省××市水文测报中心，66 个测区水文监测机构确定为河南省××县水文测报中心，填补为县级提供水文服务的空白。测区水文机构负责本辖区所有水文要素的监测，开展监测站的运行维护、水文分析计算、水情预测预报、水文信息服务产品制作等工作。建立从上至下的综合业务服务平台，实现多网整合，促进数据深加工，提高数据综合应用范围，丰富水文产品种类，满足社会生产生活中各个方面的需求。

（4）具体措施：针对各类水文要素的监测、分析、评价，水文站建设施行"一站一策"（指对国家基本水文站进行技术升级和改造中，依据测站性质、监测要素、社会需求制定相应的现代化升级改造对策),基本水文测站根据设站目的、功能定位、水沙特性合理确定测报要求与测验任务,进而配套建设相应设施设备、软件硬件,充分利用现代技术手段,使其成为自动化、现代化的强大助力;地下水监测、墒情监测全部实现自动化全监控;水质监测与评价需加大自动化和信息化建设力度,加快省中心与分中心实验室建设,建设与水利需求、与监测和评价任务相适应的现代化大型实验室。

1.3.3 规划重点任务

1.3.3.1 补强测站功能,调整完善站网功能布局

补强现有水文测站短板,对国家基本水文站全面进行提档升级,统筹完善各类水文测站功能,增强为水利行业强监管的水文基础服务能力;填补大江大河主要支流、有防洪任务的中小河流和中小水库水文监测设施空白;健全省界断面监测站网,增设跨市、县界监测断面;加大供水水源地、地下水超采区、水文站网覆盖范围。

根据站网功能与需求,为扩大监测范围、拓展监测项目、细化监测要求,满足河湖、水资源和水工程监管需求,初步设想如下:新建寺湾、郏县、邙山闸、付桥、蛟停湖 5 处大江大河重要控制站,完善淮河支流站网布局;推进郑州十八里河、十七里河、七里河、魏河及许昌清泥河、清潩河、运粮河、饮马河水文监测站,构建郑州、许昌 2 个重点城市防洪排涝水文监测系统;补充建设 50~200 km^2 河流控制站,实现河南省 50 km^2 以上河流水文监测站网全覆盖,加强中小河流防洪工程体系建设;增设 123 处中型水库坝上及坝下(溢洪道)监测断面,填补 1 851 座小型水库水文监测空白;在雨雪频繁地区,新增 600 处雨雪量自动监测站,解决降雪自动监测问题;在平顶山市鲁山县昭平台水库、新乡市辉县市西部、南阳市南召县北部、驻马店市驿城区板桥水库、信阳市商城县鲇鱼山水库分别建设 5 处高分辨雷达区域面雨量自动监测系统,为短历时暴雨监视预警提供技术支撑;新增自动墒情站 581 处、墒情中心 18 处、遥感监测系统 1 处,加密现有自动监测站网(目前 1 县仅 1 处固定监测站),提高墒情信息代表性,以更全面、客观地实时反映全省墒情现状;新建省控地下水自动监测井 799 个,与国家地下水监测井相互补充,加强黄淮海平原、南阳盆地等地质单元以及地下水开发利用程度较高地区地下水动态的实时监控,完善现有地下水监测站网,取代地下水人工监测。

1.3.3.2 提升装备水平,建设现代化水文监测体系

加大新技术推广应用力度,采用现代化技术,提升水文测站装备水平,实现水文要素的自动在线和可视化监测;加强各级水文监测中心综合能力建设,加大现代监测仪器设备配备力度,增强先进的巡测和应急监测装备,提高水文综合监测服务能力;加强县域水文测报中心(中心站)巡测能力建设,扩大水文资料收集和服务范围。

根据"水利行业强监管"需要,按照"一站一策"规划思路对现有水文站进行升级改造。水位、降水、蒸发、气象、水温等观测项目全部更新升级为自动监测,辅以视频实现远程监测。国家重要控制站,省、市界水资源控制监测站,优先采用自动测流缆道,保证测流精度,以便为水旱灾害防治、水资源"三条红线"管理服务提供系统、完整、精确的水文要素信息;对于已积累 30 年资料的河道站、水库上游站、偏远山区受人类活动影响较小的山区站点开展水文测站特性分析,对流量进行单值化分析,简化测验手段;针对暴涨暴落的

中小河流测站，优先通过工程措施实现低水单值化，中高水装备雷达波或侧扫雷达实现在线监测，加强分析论证，最终用水位的自动监测取代流量现场监测；对于泥沙含量不大、断面相对不宽、有一定基流的站点及渠道站，优先装备水平式ADCP实现在线监测。有泥沙测验任务的测站在做好比测分析的基础上，合理装备泥沙在线监测设备。组建专业化的水文应急队伍，配备能够满足水文应急监测要求的设施设备，强化培训演练，提升水文巡测及应急机动能力。力争通过5～10年的时间，使河南省水文系统70%左右的区域站、小河站实现有人看管、无人值守。

1.3.3.3　应用高新技术，构建智能化信息处理服务体系

加快大数据、云计算、人工智能等高新技术与水文业务融合，加快建设覆盖全测区、贯穿全过程的水文业务综合管理平台，实现水文要素采集传输、自动报汛与在线整编全过程信息化，洪水、泥沙、径流等水文水资源预测预报智能化，拓展信息查询、远程会商及监视测控等功能，加强多源信息集成应用，打造公众服务平台，提升河南水文信息化、智能化水平，为河南省综合管理和经济社会发展提供内容丰富、形象直观、快速高效的水文信息服务。

继续深化推进水文监测管理改革，填补10处县级水文监测中心空白。以河南省水利厅批复的水文测区为单元，建立服务于地方经济社会发展的水文监测站网体系，进一步提升满足防汛抗旱减灾、节水型社会建设、水生态文明建设以及民生水利发展等需求的监测能力，基本实现自然水系和行政区域相结合的水文要素监测全覆盖。创新巡测、应急监测、购买社会服务的工作与管理机制，初步建成科学合理的水文监测站网体系、集约高效的水文监测管理体系。

以测区水文测报中心为支点，建立集水文信息收集、分析处理、运行维护等功能为一体的水文测控与运维系统，装备测控设备、视频设备、网络设备、会商设备、巡测车辆、应急设备及后勤保障设备，配备水情传输、接收、纠错、综合处理、查询交换、预报、发布等业务软件，使其承担管辖范围内各水文站点的水文观测设备测量与控制、水文分析计算（建模、整编）、水情信息处理、视频会商决策、水文设施设备维护与巡测及应急机动测验等任务。

1.3.3.4　整合数据资源，提供多样化产品服务

完善水文数据服务系统，深化水文数据加工，按流域区域提供暴雨洪水、江河湖库水量水质、地表和地下水资源时空分布等水文数据服务产品，特别要为水利强监管、监督、考核提供依据；丰富公众生产生活需求类水文服务产品，开发水文水资源信息、情报预报发布等系统，更好地满足经济社会发展和社会公众对水文信息的需求。

加强中长期洪水、径流、旱情预报技术研究。引进水力学模型软件，开展河道沿程大断面测量工作，建立水力学演进模型。继续开展中型水库预警预报方案编制工作。完善现有大江大河洪水预报模型。加快水文信息服务产品开发，升级改造预测预报系统，建设预报预警发布平台，整合现有各类预测预报预警及综合服务平台，建成集气象、实时水雨情、墒情、洪水、径流等功能的一站式预警预报综合服务平台，提升服务社会能力。

做好水文基础研究，修订现有水文站水文特征值及水文手册，编制流域产汇流查算图，为水利工程建设及城建、交通、铁路、工矿等部门的防洪、给水排水工程设计提供水文

依据。

1.3.3.5 完善提高水质监测体系与能力

配备业务管理系统,进一步扩充监测分析能力,使河南省水环境监测中心具备对地表水、地下水参数的分析能力和监测分析成果的自动处理。强化水质应急监测能力建设,配备必要的监测设备,实现对水污染事件的快速响应、应急监测。

1.3.3.6 筹建河南省水文水情教育馆

2016年,习近平总书记指出,文化自信是更基础、更广泛、更深厚的自信,是更基本、更深沉、更持久的力量。坚定文化自信是事关国运兴衰、事关文化安全、事关民族精神独立性的大问题。“求木之长者,必固其根本;欲流之远者,必浚其泉源。”只有文化自信的根牢固了,“四个自信”的大树才能更加枝繁叶茂。

河南省地处中原,是我国唯一地跨长江、淮河、黄河、海河四个大流域的省份,文化遗存集聚的优势独特,根文化、姓氏文化、都城文化、商业文化、汉字文化、功夫文化等中原文化资源极具影响力。河南省境内有小浪底、南水北调中线工程两个特大型水利工程,“一纵四横”(南水北调与四大流域水系)、“南北调配、东西互济”的“中原水网”初具规模,河南水文收集有中原地区旱涝五千年史料,对中华人民共和国成立以来的历次暴雨洪水都有完整的水文记录,特别是闻名世界的“75·8”暴雨洪水有系统、完整的水文实测资料,这些宝贵的历史水情信息在河南省乃至我国兴水利、除水害的治水过程中都发挥了重要作用。同时,河南省是国家的粮食核心区,整个华北地区水资源配置方面的战略地位日益凸显,水文化与中原文化的结合日益紧密。

河南水文历史源远流长,在河南水文发展过程中,虽然在不同历史时期和阶段也进行了一定的水文文化建设,但由于对水文文化理念与认识、历史文脉保护、宣传力度、内涵建设、内容和形式均不够深刻与丰富,水文文化建设不够全面系统,没有连续性,不能适应新时期水文文化发展的需要,更不能满足水文职工日益增长的精神文化需要。

为响应习近平总书记文化建设号召,深度挖掘整理河南水文文化,广泛地普及水文知识,展示河南省水文水情变化规律,更好地传承中原人民治水历史,弘扬水文精神,发挥水文文化在存史、资政、育人等方面重要作用,根据水利部《水文化建设规划纲要(2011—2020年)》和水利部水文司《关于加强水文文化建设的指导意见》,在郑东新区郑州水文中心站建设河南省水文水情教育馆十分必要。河南省水文水情教育馆定位为:展示河南水文发展历程,认识河南省历史暴雨洪水规律,宣传河南水文有影响的人物,展示河南水文对经济社会发展的支撑作用等,使之成为河南省的水情教育基地,也是各级防汛责任人对河南省水情的认知体验基地和青少年科普教育基地。

1.3.4 保障措施

新时代水文发展规划是水文事业发展的纲,纲举才能目张。因此,提出以下建议。

1.3.4.1 加强组织领导

新时代河南水文发展规划是未来河南水利发展的重要工作,是河南省经济社会发展不可或缺的重要技术支撑。水文兴则水利兴,水文稳则水利稳,水文的作用和地位越高水利的地位也越重要。建议高度重视规划编制工作,将水文现代化规划纳入水利发展规划并优先实施，精心组织，周密部署，健全工作机制，确保规划编制工作的顺利开展。

1.3.4.2　深入开展调查研究和需求分析

要根据水利部规划总体要求和重点任务，全面分析水文发展现状，结合河南省水文现代化建设需求和存在问题，开展调查研究和分析论证，特别针对现代技术装备的研发和应用情况，在国内相近行业、高新技术企业和科研单位进行调研，开展需求分析。

1.3.4.3　做好与其他规划的衔接协调

在规划编制过程中，要充分利用已有成果，在以往工作的基础上，进行资料收集与分析等工作。水文现代化规划要与河南水利规划协调一致，按要求提出河南省水文现代化发展规划的目标、任务以及近期规划项目、规模、投资及实施安排等规划建议。

1.3.4.4　保证规划编制质量

规划编制过程中，要充分发挥专家咨询论证的作用，加强对重大问题的把关。广泛吸纳国内外新技术、新仪器，做好规划编制过程中技术咨询、项目审核等工作，切实保证规划质量。

1.3.4.5　落实规划编制经费

将《河南省水文现代化建设规划》编制作为 2019～2020 年河南省水利发展规划的重要任务进行安排，将规划编制经费纳入 2020 年财政预算。

第2章　水文现代化建设规划项目编制指南

2.1　综　述

2020年水文工作会议上提出：补齐水文基础设施短板，提升水文测报和信息服务能力，全面实现水文现代化，有力保障“水利行业强监管”等中心工作，实现水文为水利和经济社会发展提供可靠支撑，是水文事业发展的不竭动力。一是做好《水文现代化建设规划》编制工作。从水文站网体系、监测体系、管理体系、服务体系等全方位入手，进一步研究完善水文现代化建设指标体系，结合新需求调整站网布局，充分应用先进的技术装备和大数据、云计算、人工智能等信息技术，优化细化水文现代化建设的主要任务和内容，编制完成《水文现代化建设规划》，作为“十四五”时期乃至未来15年左右水文现代化建设的指导和依据。认真梳理水文现代化建设的主要任务，努力做到监测站网立体化、监测手段自动化、信息采集立体化、数据处理智能化、服务产品多样化，建立起与时代发展同步的现代水文业务体系。要求将《水文现代化建设规划》编制作为当前工作的重中之重，高位部署、精心谋划、强力推进，确保规划实施时的落细、落实、落地。二是做好项目前期工作。在编制规划的同时，要围绕《全国水文基础设施建设规划(2013—2020年)》内未实施的剩余项目和拟列入《水文现代化建设规划》的“十四五”时期建设的国家基本水文站提档升级、中小型水库水文监测预警设施补充建设、行政区界水资源监测水文站网建设等重点项目，积极推进建设项目立项，压茬推进相关项目前期工作，做好建设项目储备，为落实后续水文项目建设投资创造有利条件。

当前水文工作的主要矛盾是新时代水利和经济社会发展对水文服务的需求与水文基础支撑能力不足之间的矛盾，必须通过深化改革和技术创新，全面推进水文现代化来加以解决。为适应新时代、新使命、新思想、新矛盾、新方略，亟须解放思想、深化改革，树立现代化发展理念，优化完善水文站网体系，强化现代技术和新仪器、新设备应用，全面提升水文监测、预测预报和服务支撑能力，建立与时代发展同步的现代水文业务体系。因此，亟须统筹规划，做好水文现代化建设顶层设计，加快推进水文现代化发展，着力提升水文服务水利工作和经济社会的现代化水平。

为全面提升河南省水文现代化水平，充分利用现代技术手段，加快技术装备提质升级，全面推进新技术、新仪器应用，全方位达到水文要素监测的自动化、智能化、信息化标准。按照水利部《水文现代化规划编制技术大纲》《水文现代化建设技术装备有关要求》和《河南省水文现代化建设水文站分类方案》，充分利用现有的设施设备，结合当今国内国外比较成熟的技术手段、仪器设备和投资估算，编制《河南省水文现代化规划项目建设指导意见》，为《河南省水文现代化建设规划》编制提供基本遵循原则，达到思路清晰、项目选择准确、技术装备选型优化、投资估算合理、实施层次明确的目的。

本指导方案涵盖国家基本一类、二类、三类水文站，专用水文站，雨量站，水位站，墒情监测站，地下水监测站，水质监测站，县级水文巡测基地、市级水文测报中心、省级水文测报中心信息化等所有涉及水利部《水文现代化规划编制技术大纲》中要求的编制内容，用以指导《河南省水文现代化建设规划》的编制工作。

国家基本水文（水位）站和专用水文（水位）站的提档升级建设规划要达到“一站一策”；新建水文监测站点和中小型水库水文自动测报系统建设规划要达到“一站一策”；墒情监测站、地下水监测站、水质监测分中心按照项目分别打捆编制成册；县级水文巡测基地、市级水文测报中心、省级水文测报中心的信息化项目单独编制成册，为规划汇总和项目实施奠定基础。

2.2　规划目标和任务

2.2.1　明确目标

客观分析河南省水文发展与国际前沿、行业内外先进水平之间的差距，立足先进性、科学性、创新性，科学界定水文现代化的内涵，提出河南省水文现代化建设的总体方向，明确发展目标和技术指标，描绘河南省未来水文现代化建设的远景蓝图。

2.2.2　明确任务

2.2.2.1　填补空白

按照水利行业强监管和经济社会发展的最新需求，查找并填补不同类型站网的空白区域，构建布局合理、功能完善的现代化水文站网体系。

2.2.2.2　强化手段

以提升监测能力为原则，以自动化、智能化为目标，适度超前谋划，研究卫星定位、空天遥感、物联网及智能感知、移动宽带网等新技术在水文监测中的应用，分析各类技术手段的适用范围和技术、经济合理性，提出空天地一体化监测应用规划，实现水文监测手段现代化。

2.2.2.3　融合数据

加快大数据、云计算、人工智能等高新技术与水文业务融合，推进智能化水文信息处理服务体系建设，推进水情信息服务平台升级拓展，丰富数据来源，全面提高预测预报、分析评价等水文信息处理工作的智能化水平。

2.2.2.4　提升能力

满足水利监管能力提升、应急响应能力提升、科学决策能力提升和公众服务能力提升的需求，深化数据加工，丰富信息产品，打造多维立体的现代水文业务体系，提升整体服务能力。

2.3　总体建设规划原则

为全面落实“水利工程补短板、水利行业强监管”水利改革发展总基调，转变观念，改革创新,本次现代化规划应以先进技术手段和仪器设备推广应用为重点,以增强水文测报和信息服务能力为目标,加快推进水文现代化建设技术装备配置和应用。根据水利部《水文现代化建设技术装备有关要求》,主要建设规划方案应该遵循以下要求:

(1)水文现代化建设技术装备应按照理念超前、技术先进、因地制宜、实事求是的原则,深入分析论证新技术、新装备的适用范围和使用条件,按国家基本水文测站分类建设标准和为特定目的设立的专用水文测站分类建设标准进行准确定位,制订不同的建设方案。

(2)新建水文测站原则上按自动在线站建设,实现无人值守和自动测报,控制生产业务用房建设规模,尽量减少缆道、测船等大型固定设施建设;改建水文测站或基本水文站提升注重技术手段的提档升级,淘汰落后的基础设施,严控站房、缆道、测船等基础设施的扩建,实现站内信息融合及自动监控平台整合,提高水文站自动化监测水平,并考虑关于现场流量计量及校准的需要。

(3)流量测验技术和设备配置应以在线或自动监测为主。水位流量关系呈单一线的、流量在线监测的或其他符合条件的水文测站,可在全年或部分时段实行流量巡测或间测。推广悬移质泥沙在线自动监测,实现粒度的自动分析,符合条件的水文监测站点,悬移质输沙率可实施巡测或间测。

(4)降水量、水位(含地下水)、水温、水面蒸发量、土壤墒情等水文要素监测,具备条件的应全部采用在线自动监测,并实现单一参数不同量程和区段的传感器拟合集成。对无法实现全年水位、降水等要素在线自动监测的水文测站,汛期应能实现在线自动监测,并根据监测任务不同,选择不同测验精度要求的测验方法及监测传感器。

(5)水质监测在满足分析精度的前提下,应优先使用自动化、批量化分析检测设备,全力提升地表水和地下水水质监测全指标分析能力;积极推进水质实验室信息管理系统和水质数据分析评价系统建设;稳步推进水质在线自动监测和预警预报系统建设。

(6)已实现在线监测且运行稳定、测验精度符合要求的降水量、水面蒸发量、水位、水温等水文要素,在线监测期间取消日常人工并行观测。

(7)在水文测报数据通信与软件平台方面,应推进卫星通信(北斗、水利 VSAT、天通等)、物联网、5G 等应用技术在水文测报数据通信网络的运用,水文监测站及关键节点应考虑主备信道设置并可实现自动切换功能,计算机网络及设备配置应满足数据交换需求,基本水文测站网络应满足视频实时传输要求。应以流域或省为单位统一开发配备水文监测业务管理系统和在线数据处理服务系统,实现测站技术管理、资料整编、情报预报、分析评价等水文数据在线业务处理服务的一体化。

2.4 分类建设规划重点

2.4.1 雨量站

雨量站建设有地面观测场式、地面杆式及建筑物平台式三种形式。地面观测场式主要由雨量计基础、观测场围栏组成;地面杆式采用单杆或双杆支架安装雨量设备;建筑物平台式主要采用水位计观测平台或屋顶安装雨量设备。

基本水文站设置的专用降蒸观测场必须符合《降水量观测规范》(SL 21—2015)规定的有关观测场地要求,已经符合《降水量观测规范》(SL 21—2015)要求的地面观测场不再重复规划建设,仅对设备进行更新改造;地面杆式采用单杆或双杆支架安装雨量设备的全部进行设备更新改造;建筑物平台式采用水位计观测平台或屋顶安装雨量设备的全部进行设备更新改造。

设备配置主要选择翻斗式自记雨量计、融雪雨量计或称重式雨量计 1 套;远程测控终端(RTU)、太阳能电池板及支架(40 W)、蓄电池(100 Ah),并配套通信模块、卫星通信终端及天馈线 1 套,传输信道双保证,保证极端天气条件下信息传输畅通并自动切换。有地面观测场的站点同时配备翻斗式自记雨量计、雨雪量计,并配置 2 套数据传输设备。

经过测算,专用观测场的匡算投资为 21.41 万元(观测场已经达标的核减相应投资),其他安装方式站点按 4 万元估算。雨量站建设内容见表 2-1,雨量站建设典型设计见表 2-2。

表 2-1　雨量站建设内容

序号	建设内容	建设性质	投资估算	说明
第一部分　建筑工程				
一	雨量观测场			
1	标准化观测场			根据实际情况选择其中 1 种
2	立杆雨量平台			
3	屋顶雨量观测平台			
第二部分　仪器设备购置				
一	雨量观测设备			
1	RTU、供电系统、通信单元以及附设			
2	卫星小站			

表 2-2　雨量站建设典型设计

序号	工程或项目名称	单位	观测场式			地面杆式			建筑物平台式		
			数量	单价(万元)	合计(万元)	数量	单价(万元)	合计(万元)	数量	单价(万元)	合计(万元)
第一部分　建筑工程					2.15			0.25			0.05
一	基础设施				2.15			0.25			0.05
1	翻斗式雨量计基础	个	1	0.05	0.05				1	0.05	0.05
2	雨雪量计基础	个	1	0.1	0.1						
3	支架及基础	个				1	0.25	0.25			
4	观测场	处	1	2	2						
5	避雷接地网										

续表 2-2

序号	工程或项目名称	单位	观测场式			地面杆式			建筑物平台式		
			数量	单价（万元）	合计（万元）	数量	单价（万元）	合计（万元）	数量	单价（万元）	合计（万元）
第二部分　仪器设备及安装					13.1			3.05			3.05
一	降水观测设备				9.2			0.2			0.2
1	翻斗式自记雨量计	台	1	0.2	0.2	1	0.2	0.2	1	0.2	0.2
2	雨雪量计	台	1	9	9						
二	报汛通信设备				3.64			2.72			2.72
1	远程测控终端(RTU)	台	2	0.8	1.6	1	0.8	0.8	1	0.8	0.8
2	GSM/GPRS 模块及天馈线	个	2	0.12	0.24	1	0.12	0.12	1	0.12	0.12
3	卫星通信终端及天馈线	套	1	1.8	1.8	1	1.8	1.8	1	1.8	1.8
三	供电电源设备				0.26			0.13			0.13
1	太阳能电池板及支架(40 W)	套	2	0.05	0.1	1	0.05	0.05	1	0.05	0.05
2	交流或直流充电控制器										
3	交流或直流电源避雷器										
4	蓄电池(100 Ah)	块	2	0.08	0.16	1	0.08	0.08	1	0.08	0.08
第一至二部分合计					15.25			3.3			3.1
第三部分　独立费用					4.21			0.48			0.44
1	建设管理费				0.46			0.10			0.09
2	工程监理费				0.61			0.13			0.12
3	科研勘测设计费				1.14			0.25			0.23
4	占地补偿				2.00						
第一至三部分合计					19.46			3.78			3.54
基本预备费					1.95			0.38			0.35
静态投资					21.41			4.16			3.89

2.4.2　水位站

水位站规划建设的重点是：水位、雨量和视频监控设施设备。

水位站监测要素有水位、雨量等。水位观测全部实现自动化，按高、中、低水水位自动监测要求设置相应的自动监测设施设备，一套设备不能满足或多个断面需要监测水位的，可设置多套不同水位级、不同控制断面的水位监测设施设备，实现水位信息的自动采集与传输。水位站的雨量观测建设规划参照 2.4.1 部分。

现有水位、雨量监测设施能够满足设备安装要求的，只进行设备更新改造；现有水位、雨量监测设施不满足设备安装要求的,进行设施的改造或新建,配置相应的设备。

站房、道路、围墙、用水等根据实际需要,按照"进站道路畅通硬化、站房坚固耐用、围墙大门完好、用水用电保证"的原则进行建设规划。

水位观测设施主要有浮子式自记水位计平台、气泡式压力水位计管道敷设、非接触式气介水位计支架、电子编码水尺基础、水尺靠桩等。一般根据《水位观测标准》(GB/T 50138—2010)、《水位观测平台技术标准》(SL 384—2007),以及水文站的水流特性、断面形状、地质条件以及水位的变幅、涨落率等进行选用。

水位观测设施设备应建设直立式水尺,并根据测站特性选择浮子式、雷达式(或超声波式)、气泡式或电子水尺等水位自动观测设施。水位设备根据测站功能和特性选取产品稳定性好、适用性高的自动监测设备,同时建设水位视频监测系统,采用性能可靠的水位图像识别技术设备,以能实现水位远程校核和水势的远程监控。

水位监测设备包括以下几种:

(1)水尺:是必备的、最常用的水位观测设备。人工观读水尺取得最基本的水位数据也可用于校核自记设备观测数据。水尺分为直立式、倾斜式、悬锤式、矮桩式等类型。直立式水尺为常用水尺类型。

(2)浮子式水位计:是我国应用最多的水位计,其技术成熟、运行稳定可靠、故障少且容易处理、维护简单方便,不易受外界条件影响,适用范围广,多用于含沙量小、漂浮物少、水位涨落比较慢的河流。浮子式水位计需建设自记水位井,对于河岸较陡测站,需建设岛岸式水位计平台,主要由栈桥、测井及仪器室组成;对于河岸相对较缓的测站,若采用岛岸式水位计平台,则栈桥长度大,相应投资较大,综合考虑经济、安全、适用及设施管护等因素,则采用岛式水位计平台,岛式水位计平台由水位测井、进水管、仪器室组成。设置在水位代表性好、不易淤积、主流稳定的位置,并应避开回水和受水工建筑物影响的位置;测井不应干扰水流的流态,应能记录水位全变幅。

(3)气泡式压力水位计:具有高量程、高精度的特点,适用于有可能结冰或淤塞的河道、水库水位观测。不需建井,只需在水下和岸上仪器之间安装专用电缆、通气管及仪器房。

(4)非接触式水位计:主要有超声波和雷达两类。超声波水位计在测量水位时,不与水体接触,也称非接触超声波水位计,但超声波在空气中传播衰减很快,所以该类水位计量程不宜太大,且有气温影响声速的问题,需要修正;雷达式水位计性能稳定,在工作范围内精度高,且基本不需要维护。非接触式水位计均需建设自记水位计支架。

(5)电子编码水尺:有触点式、电容式与电感式几种。其特点是准确度高,且不受水位测量范围的影响,但野外环境影响稳定性,适用浅水位监测而且要定时检查清理接触点,并且电子编码水尺的安装布线有一定的难度,设备在野外作业稳定性差。

(6)视频监控设备:主要有支撑基础、固定杆架、摄像头、通信传输模块等。

水位站建设内容见表2-3。

目前,水位站自动监测建设技术较为成熟,大多使用直立式水位观测平台配置浮子式水位计或悬臂式水位观测平台配置雷达式水位计或管道敷设配置气泡式压力水位计,表2-4为三种水位站建设典型设计,投资匡算分别是61.16万元、42.21万元、49.86万元。

规划建议:混凝土结构水位观测平台浮子式水位计的站点60万元,其他设施的按50万元,需要配置多套水位计平台的可根据实际需要增加投资,视频监控系统按基本断面1处7万元控制,站房、道路、围墙、用水等按需要控制投资,总体按单站不超过20万~40万元控制。水位站建设内容见表2-3,水位站建设典型设计见表2-4。

表2-3　水位站建设内容

序号	建设内容	建设性质	说明
	第一部分　建筑工程		
一	水位观测设施		
1	雷达式水位计平台		只能选择其中2种设施,如果现有设施运行良好,可选择1种,并依据高水、低水监测需求选择,满足全量程监测
2	浮子式水位计平台		
3	气泡式水位计平台		
4	人工水尺设施(含水尺路、水尺桩、专用水准点、水尺安装)		依据现有水尺设施状况决定是否选择
二	雨量观测场		
1	标准化观测场		大河控制站原则上必须建设标准化观测场,在不具备场地条件下,才能建设非标准观测场,前者均不具备情况下才能选择后者
2	立杆雨量平台		
3	屋顶雨量观测平台		
三	基础设施改建		
1	基础设施改建(水、电、道路、房屋等工程供水设施)	改建	依据实际选择
1.1	用水	改建	依据实际选择
1.2	用电	改建	依据实际选择
1.3	道路	改建	依据实际选择
1.4	站房	改建	依据实际选择
	第二部分　仪器设备购置		
一	水位观测设备		
1	雷达式水位计(RTU、供电系统、通信单元以及附设)		依据本表第一部分设施选择,前后一致
2	浮子式水位计(RTU、供电系统、通信单元以及附设)		依据本表第一部分设施选择,前后一致
3	气泡式水位计(RTU、绝淤器、供电系统、通信单元以及附设)		依据本表第一部分设施选择,前后一致
三	视频监控		
四	雨量设备		可参照雨量站配置填写
五	单值化分析		

表 2-4　水位站建设典型设计

序号	工程或项目名称	单位	气泡式水位计			浮子式水位计			雷达式水位计		
			数量	单价（万元）	合计（万元）	数量	单价（万元）	合计（万元）	数量	单价（万元）	合计（万元）
第一部分　建筑工程					15			27			7
一	水位观测设施				15			27			7
1	水准点	个	3	0.2	0.6	3	0.2	0.6	3	0.2	0.6
2	水尺	根	7	0.15	1.05	7	0.15	1.05	7	0.15	1.05
3	直立型水位自记平台	座				1	25	25			
4	悬臂型水位自记平台	座							1	5	5
5	气泡式水位计水位观测平台	座	1	13	13						
6	设施设备防雷及接地网	套	1	0.35	0.35	1	0.35	0.35	1	0.35	0.35
第二部分　仪器设备及安装					18.01			15.61			19.51
一	降水观测设备				0.16			0.16			0.16
1	翻斗式自记雨量计	台	1	0.16	0.16	1	0.16	0.16	1	0.16	0.16
二	水位观测设备				15		12.6	12.6		16.5	16.5
1	气泡式水位计	台	1	5	5						
2	浮子式水位计	台				1	2.6	2.6			
3	雷达式水位计	台							1	6.5	6.5
4	水尺视频自动识别系统	台	1	10	10	1	10	10	1	10	10
三	报汛通信设备				2.85			2.85			2.85
1	远程测控终端(RTU)	台	1	0.8	0.8	1	0.8	0.8	1	0.8	0.8
2	GSM/GPRS 模块及天馈线	个	1	0.12	0.12	1	0.12	0.12	1	0.12	0.12
3	卫星通信终端及天馈线	套	1	1.8	1.8	1	1.8	1.8	1	1.8	1.8
4	太阳能电池板及支架(40 W)	套	1	0.05	0.05	1	0.05	0.05	1	0.05	0.05
5	交流或直流充电控制保护器										
6	交流电源避雷器及接地										
7	蓄电池(100 Ah)	块	1	0.08	0.08	1	0.08	0.08	1	0.08	0.08
第一至二部分合计					33.01			42.61			26.51
第三部分　独立费用					12.32			12.99			11.86
1	建设管理费				1.32			1.70			1.06
2	工程监理费				0.99			1.28			0.80
3	科研勘测设计费				0.01			0.01			0.01
4	占地补偿				10.00			10.00			10.00
第一至三部分合计					45.33			55.60			38.37
基本预备费					4.53			5.56			3.84
静态投资					49.86			61.16			42.21

2.4.3 国家基本水文站一类站(大河重要控制站)

规划建设的重点是:流量、水位、雨量、蒸发、泥沙和视频监控设施设备。

雨量观测设置标准雨量蒸发观测场,配置雨雪量计、蒸发自动监测系统。雨量观测设施建设规划参照2.4.1部分。

水位测验采用双备份:建设浮子式水位自动监测系统和雷达(或气泡)式水位自动监测系统,确保高、中、低各级水位全部实现自动监测。现有水位监测设施能够满足设备安装要求的,只进行设备更新改造;现有水位监测设施不满足设备安装要求的,进行设施的改造或新建,并配置相应的设备。水位自动监测建设规划参照2.4.2部分。

流量监测采用双备份:所有测流缆道全部改造成自动测流系统,满足测洪标准以内常规水量的监测;配置侧扫雷达或ADCP测流系统满足中高水和应急流量监测的需要。具体设备配置参照本书第4章。

泥沙和水质监测按照自动监测和人工取样两种方式配置仪器设备。

站房、道路、围墙、用水用电等根据实际需要,按照“进站道路畅通硬化、站房坚固耐用、围墙大门完好、用水用电保证”的原则进行建设规划。投资按照80万元进行估算。

视频监控系统按基本断面1处7万元进行投资估算(多断面水文站,每增加1个断面增加2万元)。

流量自动监测具体方法和实现途径见本书第4章。

大河重要控制站建设内容见表2-5

表2-5 大河重要控制站建设内容

序号	建设内容	建设性质	说明
第一部分 建筑工程			
一	水位观测设施		
1	雷达式水位计平台		只能选择其中2种设施,如果现有设施运行良好,可选择1种,并依据高水、低水监测需求选择,满足全程监测
2	浮子式水位计平台		
3	气泡式水位计平台		
4	人工水尺设施(含水尺路、水尺桩、专用水准点、水尺安装)		依据现有水尺设施状况决定是否选择
二	雨量观测场		
1	标准化观测场		大河控制站原则上必须建设标准化观测场,在不具备场地条件下,才能建设非标准观测场,前者均不具备情况下才能选择后者
2	立杆雨量平台		
3	屋顶雨量观测平台		
三	水温		
1	水温自动监测平台		
四	流量监测设施		

续表 2-5

序号	建设内容	建设性质	说明
1	自动在线缆道		只能选择2种
2	ADCP 测流系统		
3	侧扫雷达平台		
4	底座式 ADCP		
五	泥沙测验设施		
1	泥沙在线监测平台		有此要素时选择
六	自动蒸发土建安装		
1	自动蒸发土建安装		有此要素时选择
七	水质监测设施		
1	水质监测设施		有此要素时选择
八	基础设施改建		
1	基础设施改建(水、电、道路、房屋等工程供水设施)	改建	依据实际选择
1.1	用水	改建	依据实际选择
1.2	用电	改建	依据实际选择
1.3	道路	改建	依据实际选择
1.4	站房	改建	依据实际选择
1.5	避雷设施及接地网		
第二部分　仪器设备购置			
一	水位观测设备		
1	雷达式水位计(RTU、供电系统、通信单元以及附设)		依据本表第一部分设施选择,前后一致
2	浮子式水位计(RTU、供电系统、通信单元以及附设)		依据本表第一部分设施选择,前后一致
3	气泡式水位计(RTU、绝淤器、供电系统、通信单元以及附设)		依据本表第一部分设施选择,前后一致
二	流量测验设备		
1	自动在线缆道设备(自动控制平台、流速仪、测速雷达、电波流速仪、供电系统、软件等)		依据上述在线监测流量设施选择
2	自动测流桁架(测速雷达、电波流速仪、供电系统、软件等)		依据上述在线监测流量设施选择
3	侧扫雷达平台(自动控制平台、侧扫雷达、供电系统、软件等)		依据上述在线监测流量设施选择
	…		
三	泥沙测验设备		
四	蒸发设备		

续表 2-5

序号	建设内容	建设性质	说明
五	雨量设备		
六	水质设备		
七	其他仪器设备		
1	测量设备	购置	
2	测验设备	购置	
八	其他设备		
1	视频监测系统	购置	
2	网络设备	购置	含防火墙、路由器、交换机
3	服务器	购置	
4	柴油发电机组	购置	
5	变压器(30 kVA)	购置	
6	电源避雷器及交流稳压器		

2.4.4 国家基本水文站二类站(重要水文站)

规划建设的重点是:流量、水位、雨量、蒸发和视频监控设施设备。

雨量观测设置标准雨量蒸发观测场,配置雨雪量计、蒸发自动监测系统。雨量观测设施建设规划参照2.4.1部分。

水位测验:基本断面建设浮子式水位自动监测系统和雷达(或气泡)式水位自动监测系统,确保高、中、低各级水位全部实现自动监测。现有水位监测设施能够满足设备安装要求的,只进行设备更新改造;现有水位监测设施不满足设备安装要求的,进行设施的改造或新建,更新配置水位监测设备。有流量监测要求的其他断面,建设浮子式水位自动监测水位系统和雷达(或气泡)式水位自动监测系统,确保能控制水位流量变化,全部实现用水位推算流量。水位自动监测建设规划参照2.4.2部分。

流量监测主要是建筑物泄水的监测,采用水位流量法推算确定流量,并配置高水、中低水2套测流系统,满足建筑物泄水流量率定和超标准洪水大流量泄水的应急流量监测要求。

站房、道路、围墙、用水等根据实际需要,按照“进站道路畅通硬化、站房坚固耐用、围墙大门完好、用水用电保证”的原则进行建设规划。投资按照50万元估算。

视频监控系统按基本断面1处7万元(多断面水文站,每增加1个断面增加2万元)进行估算。

流量自动监测具体方法和实现途径见本书第4章。

重要水文站建设内容见表2-6。

表2-6 重要水文站建设内容

序号	建设内容	建设性质	说明
	第一部分 建筑工程		
一	水位观测设施		
1	雷达式水位计平台		只能选择其中2种设施,如果现有设施运行良好,可选择1种,并依据高水、低水监测需求选择,满足全程监测。多个断面时可以选择多套
2	浮子式水位计平台		
3	气泡式水位计平台		
4	人工水尺设施(含水尺路、水尺桩、专用水准点、水尺安装)		依据现有水尺设施状况决定是否选择
二	雨量观测场		
1	标准化观测场		原则上必须建设标准化观测场,在不具备场地条件下,才能建设非标准观测场,前者均不具备情况下才能选择后者
2	立杆雨量平台		
3	屋顶雨量观测平台		
三	水温		
1	水温自动监测平台		
四	流量监测设施		
1	侧扫雷达平台		根据实际需要选取其中1种
2	桁架测速雷达		
3	底座式ADCP平台		
五	自动蒸发土建安装		
1	自动蒸发土建安装		有此要素时选择
六	水质监测设施		
1	水质监测设施		有此要素时选择
七	基础设施改建		
1	基础设施改建(水、电、道路、房屋等工程供水设施)	改建	依据实际选择
1.1	用水	改建	依据实际选择
1.2	用电	改建	依据实际选择
1.3	道路	改建	依据实际选择
1.4	站房	改建	依据实际选择
1.5	避雷设施及接地网		
	第二部分 仪器设备购置		
一	水位观测设备		
1	雷达式水位计(RTU、供电系统、通信单元以及附设)		依据本表第一部分设施选择,前后一致
2	浮子式水位计(RTU、供电系统、通信单元以及附设)		依据本表第一部分设施选择,前后一致

续表 2-6

序号	建设内容	建设性质	说明
3	气泡式水位计(RTU、绝淤器、供电系统、通信单元以及附设)		依据本表第一部分设施选择,前后一致
二	流量测验设备		
1	ADCP 测流系统		
2	手持式 ADCP		依据上述在线监测流量设施选择
3	底座式 ADCP		依据上述在线监测流量设施选择
4	桁架式测速雷达		依据上述在线监测流量设施选择
5	侧扫雷达平台(自动控制平台、侧扫雷达、供电系统、软件等)		依据上述在线监测流量设施选择
三	蒸发设备		
四	雨量设备		
五	水质设备		有此要素时选择
六	其他仪器设备		
1	测量设备	购置	
2	测验设备	购置	
七	其他设备		
1	视频监测系统	购置	
2	网络设备	购置	含防火墙、路由器、交换机
3	服务器	购置	
4	柴油发电机组	购置	
5	变压器(30 kVA)	购置	
6	电源避雷器及交流稳压器		

2.4.5 国家基本水文站三类站(一般水文站)

规划建设的重点是:流量、水位、雨量和视频监控设施设备。

雨量观测设置标准雨量蒸发观测场,配置雨雪量计、蒸发自动监测系统。雨量观测设施建设规划参照 2.4.1 部分。

水位测验:基本断面建设浮子式水位自动监测系统和雷达(或气泡)式水位自动监测系统,确保高、中、低各级水位全部实现自记传输。现有水位监测设施能够满足设备安装要求的,只进行设备更新改造;现有水位监测设施不满足设备安装要求的,进行设施的改造或新建,配置相应的设备。对于大型水库、闸坝站等有流量监测要求的其他断面,建设浮子式水位自动监测系统和雷达(或气泡)式水位自动监测系统,确保能控制水位流量变化,全部实现用水位推算流量。水位自动监测建设规划参照 2.4.2 部分。

流量监测采用水工建筑物方式开展中小流量在线监测,也可以采用修建桁架等过河设施进行雷达在线测流;应急流量监测由测区水文中心或市级水文测报中心负责,进行相应的仪器设备配置。

站房、道路、围墙、用水等根据实际需要，按照“进站道路畅通硬化、站房坚固耐用、围墙大门完好、用水用电保证”的原则进行建设规划。水文站基础设施（包括围墙、大门、用水、用电、进站道路等）的维修更新，投资按照 30 万元估算。

视频监控系统按基本断面 1 处 7 万元（多断面水文站，每增加 1 个断面增加 2 万元）进行估算。

流量自动监测具体方法和实现途径见本书第 4 章。

一般水文站建设内容见表 2-7

表 2-7　一般水文站建设内容

序号	建设内容	建设性质	说明
	第一部分　建筑工程		
一	水位观测设施		
1	雷达式水位计平台		只能选择其中 2 种设施，如果现有设施运行良好，可选择 1 种，并依据高水、低水监测需求选择，满足全程监测。多个断面时可以选择多套
2	浮子式水位计平台		
3	气泡式水位计平台		
4	人工水尺设施（含水尺路、水尺桩、专用水准点、水尺安装）		依据现有水尺设施状况决定是否选择
二	雨量观测场		
1	标准化观测场		原则上必须建设标准化观测场，在不具备场地条件下，才能建设非标准观测场，前者均不具备情况下才能选择后者
2	立杆雨量平台		
3	屋顶雨量观测平台		
三	水温		
1	水温自动监测平台		根据实际任务填写
四	流量监测设施		
1	水工建筑物		低水流量监测
2	过河桁架		中高水监测
五	水质监测设施		
1	水质监测设施		有此要素时选择
六	基础设施改建		
1	基础设施改建（水、电、道路、房屋等工程供水设施）	改建	依据实际选择
1.1	用水	改建	依据实际选择
1.2	用电	改建	依据实际选择
1.3	道路	改建	依据实际选择
1.4	站房	改建	依据实际选择
1.5	避雷设施及接地网		
	第二部分　仪器设备购置		
一	水位观测设备		

续表 2-7

序号	建设内容	建设性质	说明
1	雷达式水位计(RTU、供电系统、通信单元以及附设)		依据本表一中设施选择,前后一致
2	浮子式水位计(RTU、供电系统、通信单元以及附设)		依据本表一中设施选择,前后一致
3	气泡式水位计(RTU、绝淤器、供电系统、通信单元以及附设)		依据本表一中设施选择,前后一致
二	流量测验设备		
1	水工建筑物设备		
2	雷达实时测流设备		依据上述在线监测流量设施选择
三	雨量设备		
四	水质设备		有此要素时选择
五	其他仪器设备		
1	测量设备	购置	
2	测验设备	购置	
六	其他设备		
1	视频监测系统	购置	
2	网络设备	购置	
3	柴油发电机组	购置	
4	变压器(30 kVA)	购置	
5	电源避雷器及交流稳压器		

2.4.6 专用水文站

规划建设的重点是:流量、水位、雨量和视频监控设施设备。

现有水位、雨量监测设施能够满足设备安装要求的,只进行设备更新改造;现有水位、雨量监测设施不满足设备安装要求的,进行设施的改造或新建,更新配置相应的设备。站房、道路等根据实际需要,按照“进站道路畅通、站房坚固耐用”的原则进行建设规划。

雨量观测设置在水位自记台上,设备配置雨雪量计和相应的通信模块。雨量观测设施建设规划参照 2.4.1 部分。

水位观测全部实现自动化,按高、中、低水水位自动监测要求设置相应的自动监测设施设备,一套设备不能满足监测水位的,可设置不同水位级水位监测设施设备,实现水位信息的自动采集与传输。水位自动监测建设规划参照 2.4.2 部分。

流量监测采用巡测方式进行,现有设备能满足监测需要的,不再新增设备;由于水毁、设备老化等原因需要更新的,配置相应的设备;流量采用单值化分析成果推算,定期进行成果分析校正。流量巡测由测区水文中心或市级水文测报中心负责,设备仪器进行相应配置。

站房、道路等根据实际需要，按照“进站道路畅通、站房坚固耐用”的原则进行建设规划。投资按照 5 万元估算。

视频监控系统按基本断面 1 处 7 万元进行估算。

专用水文站建设内容见表 2-8。

表 2-8　专用水文站建设内容

序号	建设内容	建设性质	说明
	第一部分　建筑工程		
一	水位观测设施		
1	雷达式水位计平台		原则上利用现有设施，只列新增设备
2	浮子式水位计平台		
3	气泡式水位计平台		
4	人工水尺设施(含水尺路、水尺桩、专用水准点、水尺安装)		依据现有水尺设施状况决定是否选择
二	雨量观测场		
1	屋顶雨量观测平台		
三	基础设施改建		
1	基础设施改建(水、电、道路、房屋等工程供水设施)	改建	依据实际选择
1.1	道路	改建	依据实际选择
1.2	站房	改建	依据实际选择
1.3	避雷设施及接地网		
	第二部分　仪器设备购置		
一	水位观测设备		
1	雷达式水位计(RTU、供电系统、通信单元以及附设)		依据本表第一部分设施选择，前后一致
2	浮子式水位计(RTU、供电系统、通信单元以及附设)		依据本表第一部分设施选择，前后一致
3	气泡式水位计(RTU、绝淤器、供电系统、通信单元以及附设)		依据本表第一部分设施选择，前后一致
二	雨量设备		
三	视频监测系统		
1	视频监测系统	购置	

2.4.7 县级水文巡测基地

规划建设的重点是:对县级水文巡测基地进行必要的巡测设备、信息接收处理服务设备配置。设备配置达到能够承担本辖区专用水文站流量监测和水文应急监测的要求。仪器设备配置标准参照水利部有关规定。

严格控制新增生产业务用房,原则上各县级水文巡测基地利用水文中心站现有生产业务用房,不再规划新建生产业务用房。

巡测车辆、巡测设备及应急监测设备采用标准化配置,主要包括巡测车、工具车、ADCP、侧扫雷达、电波流速仪、桥测设备、小型无人遥控船等巡测设备,GPS、全站仪等测绘设备,远程防汛视频会商系统等防汛通信设备以及应急移动、照明工具等。

县级巡测基地与市级水文测报中心合并办公的,远程防汛视频会商系统与市级测报中心共用,不再进行建设规划。

生产业务用房按单价 0.3 万/m^2 进行估算。围墙、道路、院内硬化、绿化、用水、用电等根据实际需要,按照"进站道路畅通硬化、站房坚固耐用、围墙大门完好、用水用电保证、通信网络畅通"的原则进行规划。

县级水文巡测基地建设内容见表 2-9。

表 2-9 县级水文巡测基地建设内容

序号	建设内容	建设性质	说明
一	基础设施		
1	生产业务用房	新建	
2	附属设施	新建	
二	技术装备		
1	巡测交通工具		
	巡测车	购置	
	工具车	购置	
2	测流设备		
	电波流速仪		
	ADCP	购置	
	手持 ADCP	购置	
	声学多普勒流速流向仪	购置	
	小型无人遥控船	购置	
	桥测设备	购置	
	电磁流速仪	购置	
	测算仪	购置	
	橡皮充气船(含操舟机)	购置	
	便携式自动测沙仪	购置	

续表 2-9

序号	建设内容	建设性质	说明
	雨量率定仪	购置	
3	测绘设备		
	激光测距仪	购置	
	回声测深仪(单频)	购置	
	回声测深仪(手持)	购置	
	GPS(1 +2)(国产)	购置	
	全站仪(1″)	购置	
	水准仪	购置	
	无人机	购置	微型,用于传送前方水情信息
4	通信与数据传输设备		
	卫星电话	购置	
	对讲机	购置	
	计算机网络系统	购置	
	远程防汛视频会商系统	购置	
5	其他设施设备		
	应急抛绳器	购置	
	移动应急电源	购置	
	户外作业安全用品套装	购置	
	抢险照明灯	购置	

2.4.8　市级水文测报中心

规划建设的重点是:对市级水文应急监测队进行必要的巡测设备、信息接收处理服务设备配置。配置标准参照水利部有关规定进行建设规划。

市级水文测报中心以提升应急监测能力为主,严格控制新增生产业务用房。除现有业务生产用房面积未达到水利部《水文基础设施建设及技术装备标准》(SL 276—2006),需要新建、改建外,原则上其他水文测报中心不再规划新建生产业务用房。

各测报中心应急监测设备采取“基础设备配置标准化兼顾辖区水情特性”的方式进行配置。主要配置包括巡测车、工具车、ADCP、电波流速仪、水陆两用测船、无人机激光雷达系统等巡测设备,GPS、全站仪等测绘设备,远程防汛视频会商系统等防汛通信设备以及应急移动,照明工具等。

生产业务用房按 0.3 万/m^2 单价进行估算,围墙、道路、院内硬化、绿化、用水用电等根据实际需要,按照“进站道路畅通硬化、站房坚固耐用、围墙大门完好、用水用电保证、通信网络畅通”的原则进行建设规划。

市级水文测报中心建设内容见表 2-10。

表 2-10　市级水文测报中心建设内容

序号	建设内容	建设性质	说明
一	基础设施		
1	生产业务用房	新建	
2	附属设施	新建	
二	技术装备		
1	巡测交通工具		
	巡测车	购置	
	工具车	购置	
2	测流设备		
	电波流速仪		
	ADCP	购置	
	手持 ADCP	购置	
	应急测流无人机	购置	
	声学多普勒流速流向仪	购置	
	小型无人遥控船	购置	
	桥测设备	购置	
	电磁流速仪	购置	
	测算仪	购置	
	水陆两用测船	购置	
	橡皮充气船(含操舟机)	购置	
	便携式自动测沙仪	购置	
	水位雨量应急监测一体机	购置	
3	测绘设备		
	激光测距仪	购置	
	回声测深仪(双频)	购置	
	GPS(1+2)(国产)	购置	
	无人机激光雷达系统	购置	
	三维激光扫描仪(手持式)	购置	
	全站仪(1″)	购置	
	水准仪	购置	
	无人机	购置	微型,用于传送前方水情信息
4	通信与数据传输设备		
	卫星电话	购置	
	对讲机	购置	
5	其他设施设备		
	应急抛绳器	购置	
	移动应急电源	购置	
	户外作业安全用品套装	购置	
	抢险照明灯	购置	

2.4.9　省级水文测报中心

规划建设的重点由省局按照水利部有关标准规定进行统一规划建设。

2.5　中小型水库水文监测

2.5.1　监测目的

贯彻“节水优先、空间均衡、系统治理、两手发力”新时代治水方针，积极践行“水利工程补短板、水利行业强监管”的治水总基调，补充完善中小型水库水文监测站网体系，提升中小型水库的水文信息监测能力，为中小型水库水文监测、防洪调度、预警预报提供基础数据支撑和技术支持。具体监测目标如下：

（1）补充、完善中小型水库上游配套降水量站建设，满足中小型水库水文预警预报对降水量信息的需求。

（2）补充、完善中小型水库坝前水位站和出库控制站建设，实现中小型水库坝前水位监测的全覆盖，并对重点中小型水库出库流量进行监测，实现水库水情信息的自动监测和传输。

2.5.2　监测方案

规划建设的重点是：雨量、水位、流量和视频监控设施设备及预警指标方案编制。

（1）中小型水库上游降水量观测方案：分析研究中小型水库上游降水量站的现状及存在问题，根据《水文站网规划技术导则》（SL 34—2013）及水文预警预报的需求，补充、完善上游降水量站。降水量的监测主要采用翻斗式雨量计自动监测。

（2）中小型水库坝前水位观测方案：分析区域内中小型水库坝前水位观测的现状及存在问题，补充、完善中小型水库坝前水位站的建设，实现对区域内中小型水库坝前水位监测的全覆盖。坝前水位观测以雷达式水位计、气泡式水位计或浮子式水位计自记观测方式为主，通过在库区的临水建筑物或新建水位计平台，配置相应自记水位计，实现对坝前水位的自动监测。

（3）中小型水库出库流量测验方案：根据中小型水库的实际需求（如下游有重要防洪任务或灌溉任务的中小型水库），建设出库控制站，实现对出库流量的自动监测。出库流量的测验方案主要采用雷达波测流系统、水平 ADCP、时差法在线测流。

（4）中小型水库预警指标方案编制。

2.5.3　典型配置及投资

针对坝前水位站的水位观测采用气泡式水位计、浮子式水位计及雷达式水位计三种监测方案做典型设计，其相应的投资估算分别为 70.93 万元、82.24 万元、49.16 万元，综合考虑坝前水位站投资可按 80 万元估算。具体测算见表 2-11。

对出库控制站流量测验，分别基于雷达波测流系统、水平 ADCP 和时差法三种在线测

表 2-11　坝前水位站典型设计

序号	工程或项目名称	单位	气泡式水位计			浮子式水位计			雷达式水位计		
			数量	单价（万元）	合计（万元）	数量	单价（万元）	合计（万元）	数量	单价（万元）	合计（万元）
	第一部分　建筑工程				22.25			29.25			17.25
一	水位观测设施				22.25			29.25			17.25
1	水准点	个	3	0.2	0.6	3	0.2	0.6	3	0.2	0.6
2	水尺	根	7	0.15	1.05	7	0.15	1.05	7	0.15	1.05
3	直立型水位自记平台	座				1	20	20			
4	悬臂型水位自记平台	座							1	8	8
5	气泡式水位计水位观测平台	座	1	13	13						
6	设施设备防雷	套	1	0.35	0.35	1	0.35	0.35	1	0.35	0.35
7	供电线路	km	0.5	10	5	0.5	10	5	0.5	10	5
8	通信线路	km	0.5	4.5	2.25	0.5	4.5	2.25	0.5	4.5	2.25
9	防雷设施及接地网										
	第二部分　仪器设备及安装				18.01			15.61			19.51
一	降水观测设备				0.16			0.16			0.16
1	翻斗式自记雨量计	台	1	0.16	0.16	1	0.16	0.16	1	0.16	0.16
二	水位观测设备				5		2.6	2.6		6.5	6.5
1	气泡式水位计	台	1	5	5						
2	浮子式水位计	台				1	2.6	2.6			
3	雷达式水位计	台							1	6.5	6.5

续表 2-11

序号	工程或项目名称	单位	气泡式水位计			浮子式水位计			雷达式水位计		
			数量	单价（万元）	合计（万元）	数量	单价（万元）	合计（万元）	数量	单价（万元）	合计（万元）
三	报汛通信设备				2.85			2.85			2.85
1	远程测控终端(RTU)	台	1	0.8	0.8	1	0.8	0.8	1	0.8	0.8
2	通信模块	个	1	0.12	0.12	1	0.12	0.12	1	0.12	0.12
3	卫星通信终端及天馈线	套	1	1.8	1.8	1	1.8	1.8	1	1.8	1.8
4	太阳能电池板及支架(40 W)	套	1	0.05	0.05	1	0.05	0.05	1	0.05	0.05
5	蓄电池(100 Ah)	块	1	0.08	0.08	1	0.08	0.08	1	0.08	0.08
四	视频监控系统				10			10			10
1	视频监控系统	套	1	10	10	1	10	10	1	10	10
第三部分　临时工程					20			25			5
1	临时工程	项	1	20	20	1	25	25	1	5	5
第一至三部分合计					60.26			69.86			41.76
第四部分　独立费用					4.22			4.90			2.93
1	建设管理费				2.40			2.79			1.67
2	工程监理费				1.81			2.10			1.25
3	科研勘测设计费				0.01			0.01			0.01
第一至四部分合计					64.48			74.76			44.69
基本预备费					6.45			7.48			4.47
静态投资					70.93			82.24			49.16

流方法进行典型设计。采用雷达波测流系统,投资估算分别为113.76万元和116.28万元;采用水平ADCP,投资估算分别为103.18万元和115.77万元;采用时差法,投资估算分别为107.02万元、157.40万元和232.97万元。综合考虑出库站有流量测验的站点,投资可按120万元估算,断面较宽采用时差法的投资可以放大到160万元。

具体投资测算分别见表2-12～表2-14。

表2-12　出库控制站(雷达波测流系统测流方案)典型设计

序号	工程或项目名称	单位	自行走式雷达波测流系统			固定式雷达波测流系统		
			数量	单价(万元)	合计(万元)	数量	单价(万元)	合计(万元)
	第一部分　建筑工程				50.07			45.07
一	测验河段基础设施				4.17			4.17
1	断面标志牌	个	3	0.15	0.45	3	0.15	0.45
2	断面标志杆	个	6	0.12	0.72	6	0.12	0.72
3	测站标志	个	1	0.5	0.5	1	0.5	0.5
4	测验码头及护岸	项	1	2.5	2.5	1	2.5	2.5
二	水位观测设施				6.4			6.40
1	水尺	根	7	0.15	1.05	7	0.15	1.05
2	悬臂型水位自记平台	座	1	5	5	1	5	5
2	设施设备防雷	套	1	0.35	0.35	1	0.35	0.35
三	流量测验设施				25			20
1	雷达波固定式表面测流支架	座				1	20	20
2	雷达波自行走式表面测流支架	处	1	25	25			
四	供电及通信设施				14.5			14.5
1	供电线路	km	1	10	10	1	10	10
2	通信线路	km	1	4.5	4.5	1	4.5	4.5
	第二部分　仪器设备及安装				40.25			47.25
一	降水观测设备				1.4			1.4
1	翻斗式自记雨量计	台	1	1.4	1.4	1	1.4	1.4
二	水位观测设备				6			6
1	雷达式水位计	台	1	6	6	1	6	6
三	报汛通信设备				2.85			2.85
1	远程测控终端(RTU)	台	1	0.8	0.8	1	0.8	0.8
2	通信模块	个	1	0.12	0.12	1	0.12	0.12
3	卫星通信终端及天馈线	套	1	1.8	1.8	1	1.8	1.8

续表 2-12

序号	工程或项目名称	单位	自行走式雷达波测流系统			固定式雷达波测流系统		
			数量	单价（万元）	合计（万元）	数量	单价（万元）	合计（万元）
4	太阳能电池板及支架(40 W)	套	1	0.05	0.05	1	0.05	0.05
5	蓄电池(100 Ah)	块	1	0.08	0.08	1	0.08	0.08
四	流量测验设备				25			32
1	固定式雷达波测流系统	套				1	32	32
2	自行走式雷达波测流系统	套	1	25	25			
五	视频监控系统				5			5
1	视频监控系统	套	1	5	5	1	5	5
第一至二部分合计					90.32			92.32
第三部分　独立费用					13.10			13.39
1	建设管理费				3.61			3.69
2	工程监理费				2.72			2.78
3	科研勘测设计费				6.77			6.92
第一至三部分合计					103.42			105.71
基本预备费					10.34			10.57
静态投资					113.76			116.28

表 2-13　出库控制站(水平 ADCP 测流方案)典型设计

序号	工程或项目名称	单位	断面宽度小于 90 m			断面宽度在 90～300 m		
			数量	单价（万元）	合计（万元）	数量	单价（万元）	合计（万元）
第一部分　建筑工程					45.07			45.07
一	测验河段基础设施				4.17			4.17
1	断面标志牌	个	3	0.15	0.45	3	0.15	0.45
2	断面标志杆	个	6	0.12	0.72	6	0.12	0.72
3	测站标志	个	1	0.5	0.5	1	0.5	0.5
4	测验码头及护岸	项	1	2.5	2.5	1	2.5	2.5
二	水位观测设施				6.4			6.4
1	水尺	根	7	0.15	1.05	7	0.15	1.05
2	悬臂型水位自记平台	座	1	5	5	1	5	5
3	设施设备防雷	套	1	0.35	0.35	1	0.35	0.35

续表 2-13

序号	工程或项目名称	单位	断面宽度小于 90 m			断面宽度在 90 ~ 300 m		
			数量	单价（万元）	合计（万元）	数量	单价（万元）	合计（万元）
三	流量测验设施				20			20
1	ADCP 安装平台	座	1	20	20	1	20	20
四	通信供电设施				14.5			14.5
1	供电线路	km	1	10	10	1	10	10
2	通信线路	km	1	4.5	4.5	1	4.5	4.5
第二部分　仪器设备及安装					36.85			46.85
一	水位观测设备				6			6
1	雷达式水位计	台	1	6	6	1	6	6
二	报汛通信设备				2.85			2.85
1	远程测控终端(RTU)	台	1	0.8	0.8	1	0.8	0.8
2	GSM/GPRS 模块	个	1	0.12	0.12	1	0.12	0.12
3	卫星通信终端及天馈线	套	1	1.8	1.8	1	1.8	1.8
4	太阳能电池板及支架(40 W)	套	1	0.05	0.05	1	0.05	0.05
5	蓄电池(100 Ah)	块	1	0.08	0.08	1	0.08	0.08
三	流量测验设备				18			28
1	水平 ADCP	套	1	18	18	1	28	28
四	视频监控系统				10			10
1	视频监控系统	套	1	10	10	1	10	10
第一至二部分合计					81.92			91.92
第三部分　独立费用					11.88			13.33
1	建设管理费				3.28			3.68
2	工程监理费				2.46			2.76
3	科研勘测设计费				6.14			6.89
第一至三部分合计					93.80			105.25
基本预备费					9.38			10.52
静态投资					103.18			115.77

表 2-14　出库控制站(时差法测流方案)典型设计

序号	工程或项目名称	单位	断面宽度 100 m 以内			断面宽度 200 m 以内			断面宽度 300 m 以内		
			数量	单价(万元)	合计(万元)	数量	单价(万元)	合计(万元)	数量	单价(万元)	合计(万元)
第一部分　建筑工程					24.72			24.72			24.72
一	测验河段基础设施				4.17			4.17			4.17
1	断面标志牌	个	3	0.15	0.45	3	0.15	0.45	3	0.15	0.45
2	断面标志杆	个	6	0.12	0.72	6	0.12	0.72	6	0.12	0.72
3	测站标志	个	1	0.5	0.5	1	0.5	0.5	1	0.5	0.5
4	测验码头及护岸	项	1	2.5	2.5	1	2.5	2.5	1	2.5	2.5
二	水位观测设施				6.05			6.05			6.05
1	水尺	根	7	0.1	0.7	7	0.1	0.7	7	0.1	0.7
2	悬臂型水位自记平台	座	1	5	5	1	5	5	1	5	5
3	设施设备防雷	套	1	0.35	0.35	1	0.35	0.35	1	0.35	0.35
三	通信及供电设施				14.5			14.5			14.5
1	供电线路	km	1	10	10	1	10	10	1	10	10
2	通信线路	km	1	4.5	4.5	1	4.5	4.5	1	4.5	4.5
第二部分　仪器设备及安装					60.25			100.25			160.25
一	降水观测设备				1.4			1.4			1.4
1	翻斗式自记雨量计	台	1	1.4	1.4	1	1.4	1.4	1	1.4	1.4
二	水位观测设备				6			6			6
1	雷达式水位计	台	1	6	6	1	6	6	1	6	6

续表 2-14

序号	工程或项目名称	单位	断面宽度 100 m 以内			断面宽度 200 m 以内			断面宽度 300 m 以内		
			数量	单价（万元）	合计（万元）	数量	单价（万元）	合计（万元）	数量	单价（万元）	合计（万元）
三	报汛通信设备				2.85			2.85			2.85
1	远程测控终端(RTU)	台	1	0.8	0.8	1	0.8	0.8	1	0.8	0.8
2	GSM/GPRS 模块	个	1	0.12	0.12	1	0.12	0.12	1	0.12	0.12
3	卫星通信终端及天馈线	套	1	1.8	1.8	1	1.8	1.8	1	1.8	1.8
4	太阳能电池板及支架(40 W)	套	1	0.05	0.05	1	0.05	0.05	1	0.05	0.05
5	蓄电池(100 Ah)	块	1	0.08	0.08	1	0.08	0.08	1	0.08	0.08
四	流量测验设备				40			80			140
1	时差法超声波河渠测量仪	套	1	40	40	1	80	80	1	140	140
五	视频监控系统				10			10			10
1	视频监控系统	套	1	10	10	1	10	10	1	10	10
	第一至二部分合计				84.97			124.97			184.97
	第三部分　独立费用				12.32			18.12			26.82
1	建设管理费				3.40			5.00			7.40
2	工程监理费				2.55			3.75			5.55
3	科研勘测设计费				6.37			9.37			13.87
	第一至三部分合计				97.29			143.09			211.79
	基本预备费				9.73			14.31			21.18
	静态投资				107.02			157.40			232.97

2.6　其他项目建设

墒情站建设,地下水站建设,水质监测分中心建设和县级水文中心(含相应的水文测站)、市级水文测报中心、省级水文测报中心的信息化建设规划分别根据水利部《水文现代化建设技术装备有关要求》进行打捆标准建设规划。

第3章　建设规划水文站分类方案

3.1　概　述

根据水利部水文司下发的《关于抓紧开展水文项目前期工作的通知》,抓紧开展水文项目的现场勘察、建设方案论证、仪器设备选型、前置条件办理等有关前期工作准备事项,做好充足的项目储备。

因此,分析论证水文站重要程度、监测项目、监测条件、现代化监测手段和实现途径,对开展规划编制有重要意义。为加快推进河南省水文现代化建设规划前期工作,指导测站理清水文站功能定位,特制订建设规划水文站分类方案。

3.2　分类目的和依据

3.2.1　分类目的

根据国家基本水文站和专用水文站的作用、监测要素和监测方式,按照新的监测管理理念,进行水文站分类,以达到规划建设项目目标明确、项目设置基本统一、建设标准基本一致。

分析河南省国家基本水文站和专用水文站承担的监测任务,从监测体系、管理体系、服务体系等全方位入手,提出河南省水文现代化建设的站网分级分类标准,明确水文站分类标准和水文要素自动监测指标;按照水文现代化建设技术装备要求,以实现水位、雨量、泥沙、蒸发及大部分流量在线自动监测为最终目标,明确各类水文站现代化建设方向、建设重点和建设方案。水文站分类为建设方案论证、仪器设备选型、“一站一策”规划建设方案编制奠定基础。

3.2.2　分类范围

此次河南省水文现代化建设规划共涉及《全国水文基础设施建设规划(2013—2020年)》中的结转项目及2021~2035年新规划建设项目,共包括新改建各类站点12 589处、监测中心(基地)140处、水文信息服务系统9处。按照2019年水利部《关于抓紧开展水文项目前期工作的通知》的精神,水文现代化规划近期建设重点项目主要包括:一是《全国水文基础设施建设规划(2013—2020年)》结转项目,其中包括大江大河水文监测系统建设项目中的沙颍河及洪汝河洼地治理基地项目、国家墒情监测系统等。主要建设内容为新建沙颍河及洪汝河洼地基地各1处;改建墒情监测站106处,新建墒情监测站619处、墒情监测中心18处、墒情综合实验站1处。二是拟列入《水文现代化建设规划》“十四五”期间建设重点项目。其中，以国家基本水文站提档升级、中小型水库水文监测预警设施补充建设、行政区界水资源监测水文站网建设、水文监测中心建设等项目为重点，包括改建国家基本水文站117处、水位站15处；新建中小河流水文站67处、水位站16处、雨量站1 100处，改建中小河流水文站248处、水位站120处、雨量站1 892处；新建郑州城市水文监测站；新建市界水文站85处，改建市界水文站2处；新建地下水监测井1 592眼；新建三门峡地下水监测分中心1处；新建、改建县级水文巡测基地65处；改建省水质监测中心和9处地市水质监测分中心，新建开封、平顶山、焦作、三门峡4处水质监测分中心；改建省级应急监测队1处、地市级应急监测队18处；新建省级水文遥感监测中心1处，信息化基础设施提升完善、水文信息服务业务系统、水文数据服务平台等。

3.2.3　分类依据

《中华人民共和国水文条例》；

《河南省水文条例》；

《水文站网规划技术导则》（SL 34—2013）；

《水文巡测规范》（SL 195—2015）；

《河流流量测验规范》（GB 50179—2015）；

《关于印发水文现代化建设技术装备有关要求的通知》（办水文〔2019〕199号）；

《关于印发水文现代化建设规划编制工作大纲的函》（水总规〔2019〕604号）；

《河南省水文监测管理改革方案》（豫水管〔2016〕60号）；

《测站任务书》；

《水工建筑物测流及堰槽测流规范》（SL 537—2011）。

3.3　分类原则

3.3.1　功能定位

按照水利部水利水电规划设计总院《关于印发水文现代化建设规划编制工作大纲的函》（水总规〔2019〕604号）要求，此次水文现代化建设规划项目按照功能定位划分为十九类。其中，依据《关于抓紧开展水文项目前期工作的通知》精神，此次列入“十四五”期间建设重点项目，且需要按照“一站一策”开展编制工作的分别为：国家基本水文站提档升级改造、行政区界水资源监测水文站网建设、中小型水库水文监测预警设施补充建设、县级水文巡测基地建设、市级水文监测中心建设等五类。

河南省水文站网名录一览表见附表1。

3.3.2　水文站分类

依据《中华人民共和国水文条例》第四十五条，“国家基本水文测站”及“专用水文测站”定义为：国家基本水文测站，是指为公益目的统一规划设立的对江河、湖泊、渠道、水库和流域基本水文要素进行长期连续观测的水文测站；专用水文测站，是指为特定目的的设立的水文测站。

3.3.2.1 国家基本水文站

按照《河流流量测验规范》(GB 50179—2015)中的规定,国家基本水文站精度类别划分标准如表 3-1 所示。

表 3-1 各类精度的水文站的划分标准

精度类别	测验精度要求	测站主要任务	集水面积(km^2)	
			湿润地区	干旱、半干旱地区
一类精度站	应达到现有测验手段和方法所能取得的可能精度	收集探索水文特征值在时间上和沿河长的变化规律所需长系列样本和经济社会所需要的资料	≥3 000	≥5 000
二类精度站	可按测验条件拟定	收集探索水文特征值沿河长和区域的变化规律所需具有代表性的系列样本和经济社会所需要的资料	<10 000,≥200	<10 000,≥500
三类精度站	应达到设站任务对使用精度的要求	收集探索小河在各种下垫面条件下的产、汇流规律和径流变化规律,以及水文分析计算对系列代表性要求和经济社会所需资料	<200	<300

《河流流量测验规范》(GB 50179—2015)明确:流域或省级水文机构可根据基本水文站的重要性、资料用途、服务需求和测验难度等因素,对测站精度类别进行调整。当水文测站受测站控制和测验条件的限制难以达到原有精度要求时,可降低一个精度类别,但不应低于三类精度。

根据《关于印发水文现代化建设技术装备有关要求的通知》,"流域、省级水文部门应根据防汛抗旱、水资源管理、水生态环境保护等经济社会发展需求,重新评估现有水文测站任务和功能,优化和调整水文测站测验项目"。分析论证河南省 126 处国家基本水文站测验任务书,依据各测站设站目的及站点重要性,结合《河南省水文监测管理改革方案》,结合水利部提出的"改建水文测站应注重技术手段的提档升级,淘汰落后的基础设施,严控站房、缆道、测船等基础设施的扩建,提高自动化监测水平"的指导意见,将国家基本水文站按照重要性及设站目的、服务功能划分为国家基本水文站一类站(大河重要控制站)、二类站(重要水文站)、三类站(一般水文站)。

(1)国家基本水文站一类站(大河重要控制站)划分原则:

①豫南地区集水面积在 3 000 km^2 以上,其他地区集水面积在 5 000 km^2 以上的大河干流河道站。

②大江大河(河流流域面积 3 000 km^2 以上)省界控制站。

③大江大河的重要河段、重点防洪区、重要城市水文监测控制站。

④重要水功能区、水资源保护区和水土流失区水文监测控制站。

国家基本水文站一类站水文要素监测项目明确为:雨量、水位、流量、单沙、输沙率、蒸发、水温、冰情、水文调查等。

(2)国家基本水文站二类站(重要水文站)划分原则:

①集水面积在 500 km^2 以上的河道站。

②大型水库及水闸控制站。

③集水面积大于或等于 1 000 km^2 的省界河流上,省界以上集水面积超过河流流域面积的 15%,有水资源管理、保护需要的省界控制站。

④市界、县界控制站。

⑤重要防洪控制站。

⑥具备水资源管理、流域水环境、水资源保护功能的水文站。

国家基本水文站二类站水文要素监测项目明确为:雨量、水位、流量、蒸发(仅限于水库水文站)、水温(仅限于水库水文站)、水文调查等。

(3)国家基本水文站三类站(一般水文站)划分原则:

①集水面积在 500 km^2 以下的河道站。

②流域面积在 1 000 km^2 以上的河流上游控制站。

③水库入库站。

④新建水文站。

国家基本水文站三类站水文要素监测项目明确为:雨量、水位、流量。

(4)现有国家基本水文站划分方案:

按照分类划分原则,对河南省 126 处国家基本水文站进行分类划分。

国家基本水文站分类详见表 3-2。

表 3-2　国家基本水文站分类

勘测局	一类站	二类站	三类站	小计(处)
信阳	息县、淮滨、潢川、蒋集、竹竿铺、北庙集	南湾、石山口、五岳、泼河、鲇鱼山、平桥、龙山、长台关	新县、裴河、谭家河、大坡岭	18
驻马店	班台、桂李、庙湾、遂平、泌阳	板桥、薄山、宋家场、桂庄、五沟营、夏屯、杨庄、新蔡、沙口	立新、芦庄、驻马店、王勿桥	18
许昌		白沙、化行、大陈		3
平顶山	汝州	昭平台、白龟山、孤石滩、燕山、石漫滩	鸡冢、许台、下孤山、中汤	10
漯河	漯河、何口	马湾		3
周口	周口、槐店	黄桥、玄武、沈丘、扶沟	周堂桥、钱店、周庄、石桥口	10
郑州		尖岗、常庄、中牟	告成、新郑	5
商丘	永城	砖桥、黄口	睢县、孙庄、李集、段胡同	7

续表 3-2

勘测局	一类站	二类站	三类站	小计(处)
南阳	荆紫关、西峡、急滩、唐河、南阳	鸭河口、赵湾、社旗、内乡	白牛、留山、棠梨树、青华、半店、李青店、白土岗、口子河、米坪、西坪、平氏	20
新乡	合河	黄土岗、汲县、宝泉	八里营、朱付村、大车集	7
焦作		修武	何营	2
济源		河口村	济源	2
安阳	天桥断、安阳、五陵	小南海、内黄	横水	6
鹤壁	淇门	盘石头、刘庄	新村	4
濮阳	元村集、濮阳	南乐、范县		4
开封		大王庙	邸阁、西黄庄	3
洛阳	紫罗山		涧河	2
三门峡		窄口	朱阳	2
合计	30	53	43	126

3.3.2.2 国家基本水位站

将涉及建设规划的国家基本水位站，按照雨量、水位全部采用在线自动监测的统一标准进行提档升级建设。

国家基本水位站水文要素监测项目明确为：雨量、水位。

3.3.2.3 专用水文站

专用水文站是为特定监测目的设立的水文测站。因此，对涉及规划建设的行政区界水文资源、水生态监测水文站网及中小型水库水文监测预警设施补充建设的水文站、水位站，按照功能及建设目的，均定义为专用水文站。

根据《关于印发水文现代化建设技术装备有关要求的通知》中“新建水文测站原则上按照自动站建设，实现无人值守和自动测报，控制征地建房规模，减少缆道、测船等大型固定设施建设”的规定，专用水文站建设标准较为统一，不再分类。根据专用水文站的功能定位，监测项目规定如下：

行政区界水文资源监测专用水文站监测项目：雨量、水位、流量。

中小型水库水文监测专用水位站监测项目：雨量、水位。

第4章　水文要素现代化监测方法及实现途径

4.1　水文站监测要素及监测方法

4.1.1　流量测验

流量测验方法通常有流速仪法、水面流速法、比降—面积法、建筑物测流法、多普勒流速剖面仪(ADCP)法、桥测法、超声波时差法、雷达波测流系统等。各种方法均需建设相应的设施和技术装备,通过测量有关要素计算断面流量。

4.1.1.1　流速仪法

流速仪法是指用流速仪测量断面上一定数量测点流速,推算断面流速分布并结合断面面积测算流量。目前,流速仪法在全国运用范围较广,精度较高。需要建设如水文缆道、水文测船、水文测桥等渡河设施设备。对于重要水文站应借助缆道或者钢结构桁架等渡河设施牵引流速仪测流,作为其他在线设备测流的比测率定手段。

4.1.1.2　水面流速法

水面流速法是通过先测量水流表面流速及断面水位,再推算断面平均流速,结合断面资料来推求流量的方法。常用的有水面浮标测流法、电波流速仪法、光学流速仪法、非接触微波测流仪法等。目前较为普遍的是采用电波流速仪法,利用雷达波流速测验设备进行流速水位监测以实现流量测验。

4.1.1.3　比降—面积法

比降—面积法测流是根据测验河段实测的水位、断面等资料,通过观测上下游2个断面的水位和断面面积等要素,利用水力学公式计算河段瞬时流量的方法。适用于流速仪法和浮标法渡河测流困难以及水位涨落急剧或水位变化引起过水面面积、流量变化太大等情况。通常需要上下游建设2套水位观测设施设备,并定期测量断面。

4.1.1.4　建筑物测流法

建筑物测流法适用于测验河段已建有水工泄水建筑物或有条件建设量水建筑物的测站,通过观测建筑物上下游水位及闸位等,利用相应水力学公式计算断面流量。水文站断面附近无已建水工建筑物,专门新建量水建筑物投资较大,或对于流量变化大、泥沙含量高等水文站均不宜采用该方法。山溪性河流,断面不宽,可以采用此类方法建设巴歇尔测流槽或无喉道测流堰槽等设施通过水位推流。

4.1.1.5　多普勒流速剖面仪(ADCP)法

走航式ADCP基于声学多普勒频移原理测量剖面流速。仪器在渡河过程中通过固定频率的脉冲测量航速、水深和各垂线剖面上多单元测点流速,获得断面流速分布,利用二维积分计算断面流量的河道流量测验技术,可采用渡河设施设备牵引三体船和专用测船遥控自航等方式渡河。

水平式ADCP通过测量断面一定宽度的某流层剖面流速分布,获得特征指标流速,建立特征指标流速与断面平均流速的关系计算断面流量。一般可将仪器安装在岸边固定支架上,实施连续监测。为了提高测验精度,可以在支架上安装若干个探头,也可用一个探头沿支架上下移动,测得不同水深流层的特征流速。该方法适用于水流含沙量较小的测站。

坐底式ADCP通过测量断面某一条或几条垂线上多个单元测点流速,获得特征指标流速,建立特征指标流速与断面平均流速的关系计算断面流量。坐底式ADCP安装在水底,由固定支架固定。一般宜采用自容式安装方式,能保证ADCP本身不易晃动,能够保证数据测量的准确性,这是它最好的特点。但是这种安装方式对设备维修维护要求较高,且仅适用于较为稳定的河床。

4.1.1.6 桥测法

通过利用测站附近交通桥梁或自建测桥,采用桥测设备开展流量测验。新建水文站测站附近有交通桥梁,一般应采用此类方法以节省投资。选作桥上测流的河段应顺直稳定,断面沿程变化均匀。河段的长度宜大于洪水时主河槽宽的3倍,河段内无暗礁、深潭、跌水等阻碍正常水流的现象发生;选作桥上测流测站断面水流较集中,无分流、岔流、回流、死水等现象发生;水流流向与桥轴线的垂直线夹角不宜超过10°,特殊情况下不宜超过18°;桥墩上游2~5 m范围内水流较平稳,无急剧的壅浪漩涡;桥梁过水断面与天然河道断面大小基本相应;宜选择端头圆形墩的桥梁布置流量测验。

4.1.1.7 超声波时差法

超声波时差法流量自动监测技术是按流动方向对角安装一对换能器。声波在静水中传播时有一恒定的速度。此传播速度会随水温、盐度、含沙量发生一些变化,但当水流状况一定时,此传播速度是一定的。由于水流速度的影响,在顺水传播时实际速度大于声速,逆水传播时实际速度小于声速,由此建立了顺、逆传播时间差与水流速度的数学公式。通过超声波时差法流速仪器测得顺、逆流方向的传输时间,在测量距离固定的情况下便可算出测线平均流速,故称为时差法。用无线时差法流量仪进行断面流速、流向的测量,其中的流量数据由超声波时差法流量计主机计算得出。

超声波时差法现场施工量比非接触测流工程量大,一般用于无桥梁为设备依托的测流断面。

4.1.1.8 雷达波测流系统

雷达波测流系统流量测验通过多普勒原理测量,雷达向水面发射信号,水面反射的信号通过频谱分析计算出水面流速。通过模拟确定得出转换系数 k 得出断面平均流速,通过测量的大断面得出断面面积,进而求取流量。雷达波测流系统分为固定式雷达波测流系统和自行走式雷达波测流系统,固定式雷达波测流系统可固定于桥上或通过架设简易缆道固定于缆道之上,自行走式雷达波测流系统一般是通过架设简易缆道,将设备固定于缆道之上。雷达波测流系统一般用于中高水流量测验,且河道断面不宜过宽。

以上几种流量测验方法,均为目前常规测验方式,当断面出现极小流量时,还需配备涉水测流设备。

流量测验可根据水文测站功能和特性,选用声学多普勒流速剖面仪法(定点式 ADCP 和走航式 ADCP);雷达测速,包括侧扫雷达、雷达波点流速仪、电波流速仪、微波流速仪测法;声学时差法;比降面积法;图像识别技术,包括卫星遥感和高分辨率图像测流;水工建筑物与堰槽测流。中泓最大水面流速小于 0.2 m/s 或流量小于 0.5 m^3/s 的流量测验,在没有水资源管理、生态流量监测特殊需求的情况下,其流量测验精度和频次可按旬、月径流量误差不超过 10% 来控制,具体的测验精度和频次由流域、省级水文部门根据实际需求确定。洪水量级超过本站正常测洪能力范围的,可选用非接触式水面测速新技术(雷达、微波、无人机等)和比降面积法。

4.1.2　泥沙监测

在泥沙测验方面可采用基于光学、同位素、声学、机械等原理的含沙量测验仪器和基于光学、声学等原理的粒度分析仪器。含沙量小于 0.50 kg/m^3 时,测验精度和频次由流域、省级水文部门根据实际需求确定。

4.1.3　水质监测

在水质监测方面,水质采样和现场调查应加强多参数便携式水质监测设备、水质自动采样器、视频采集设备、卫星定位终端、红外测距仪、无人机、遥控船等仪器设备的配置,样品运输车船应同步配备水质样品低温贮藏设备。根据需求配备移动实验室等应急监测设备,水质实验室检测分析应优先采用全自动前处理装置、流动注射/连续流动分析仪、离子色谱、电感耦合等离子体发射光谱、电感耦合等离子体质谱、液相色谱、液相色谱-质谱、气相色谱、气相色谱-质谱等自动化、批量化仪器设备,并推广应用藻类在线分析仪、流式细胞仪等水生生物监测新装备,有条件的应探索应用卫星遥感、无人机等技术开展水体富营养化指标和藻类监测,推进相关预警预测技术研究。

4.1.4　水面蒸发测验

水面蒸发测验目前为人工定时定点监测,在提升改造中应全部采用自动记录仪完成。

4.1.5　水温监测

水温监测目前为人工定时定点测量,在提升改造中全部采用水温自动记录仪完成。

4.2　水文站流量测验的实现途径

根据水利部水文司下发的《水文现代化建设技术装备有关要求》,新建水文站宜按巡测站建设,实现无人值守和自动测报,应严格控制征地及建房规模,减少大型固定设施建设,不宜再建设浮标及缆道。

具备在线监测条件的测站,应建设自动在线监测设施。通过河道或断面整治可实现自动在线监测的测站,宜开展测验河段河道或断面整治等工程措施。

改建水文测站应注重技术升级,淘汰落后的基础设施,控制站房、缆道、测船等基础设施的扩建规模。符合巡测条件的测站,宜按巡测方式开展测验建设基础设施。

目前水文站雨量、水位、蒸发均可实现在线自动监测。降水观测通过自记仪器和通信设备配置,实现雨量信息的自动采集与传输;水位观测主要采用浮子式水位计、雷达式水位计、气泡式水位计三种方式并辅以视频水尺水位识别实现水位自动观测;流量采用HADCP、VADCP,雷达波定点表面测流、侧扫雷达测流等在线设备并辅以走航式 ADCP 进行比测率定实现流量在线监测;桥测法利用现有桥梁或自建钢桁架桥梁固定雷达波测流设备,并辅以流速仪或 ADCP 桥上比测率定实现流量在线;河道断面规整或已有护砌,断面宽度 300 m 之内条件较好的测站可以使用超声波时差法进行在线流量监测;小河站或断面不宽的测站也可以使用测流堰槽或者通过断面渠道化整治配以水位观测设备或采用上、下游各安装一台自记水位计通过比降面积法实现在线水位监测并推算流量。

泥沙测验可以采用 OBS、同位素及红外测沙仪实现泥沙在线监测。

4.2.1 遥控缆道流速仪法测流

采用遥控缆道流速仪法测流的测站,需要建设缆道,并配置远程遥控平台、视频监控系统等设备。典型设计分别按气泡式水位计、浮子式水位计和雷达式水位计 3 种形式进行测算,估算投资分别为 341. 27 万元、353. 37 万元、333. 08 万元,建议规划使用遥控缆道自动测流的测站匡算统一按照 350 万元考虑。遥控缆道流速仪法典型设计见表 4-1。

表 4-1 遥控缆道流速仪法典型设计

序号	工程或项目名称	单位	气泡式水位计			浮子式水位计			雷达式水位计		
			数量	单价(万元)	合计(万元)	数量	单价(万元)	合计(万元)	数量	单价(万元)	合计(万元)
	第一部分 建筑工程				138. 84			150. 84			130. 84
一	测验河段基础设施				4. 17			4. 17			4. 17
1	断面标志牌	个	3	0. 15	0. 45	3	0. 15	0. 45	3	0. 15	0. 45
2	断面标志杆	个	6	0. 12	0. 72	6	0. 12	0. 72	6	0. 12	0. 72
3	测站标志	个	1	0. 5	0. 5	1	0. 5	0. 5	1	0. 5	0. 5
4	测验码头及护岸	项	1	2. 5	2. 5	1	2. 5	2. 5	1	2. 5	2. 5
二	水位观测设施				14. 05			26. 05			6. 05
1	水尺	根	7	0. 1	0. 7	7	0. 1	0. 7	7	0. 1	0. 7
2	直立型水位自记平台	座				1	25	25			
3	悬臂型水位自记平台	座							1	5	5
4	气泡式水位计水位观测平台	座	1	13	13						
5	设施设备防雷	套	1	0. 35	0. 35	1	0. 35	0. 35	1	0. 35	0. 35
三	降水观测设施				0. 62			0. 62			0. 62
1	降水观测场	处	1	0. 62	0. 62	1	0. 62	0. 62	1	0. 62	0. 62

续表 4-1

序号	工程或项目名称	单位	气泡式水位计			浮子式水位计			雷达式水位计		
			数量	单价（万元）	合计（万元）	数量	单价（万元）	合计（万元）	数量	单价（万元）	合计（万元）
四	流量测验设施				50			50			50
1	遥控自动缆道	座	1	50	50	1	50	50	1	50	50
五	生产业务用房				65			65			65
1	生产业务用房	m^2	250	0.2	50	250	0.2	50	250	0.2	50
2	缆道房	m^2	60	0.25	15	60	0.25	15	60	0.25	15
六	附属设施				5			5			5
第二部分　仪器设备及安装					132.65			130.25			134.15
一	降水观测设备				1.4			1.4			1.4
1	翻斗式自记雨量计	台	1	1.4	1.4	1	1.4	1.4	1	1.4	1.4
二	水位观测设备				5			2.6			6.5
1	气泡式水位计	台	1	5	5						
2	浮子式水位计	台				1	2.6	2.6			
3	雷达式水位计	台							1	6.5	6.5
三	报汛通信设备				2.85			2.85			2.85
1	远程测控终端（RTU）	台	1	0.8	0.8	1	0.8	0.8	1	0.8	0.8
2	GSM/GPRS 模块	个	1	0.12	0.12	1	0.12	0.12	1	0.12	0.12
3	卫星通信终端及天馈线	套	1	1.8	1.8	1	1.8	1.8	1	1.8	1.8
4	太阳能电池板及支架（40 W）	套	1	0.05	0.05	1	0.05	0.05	1	0.05	0.05
5	蓄电池（100 Ah）	块	1	0.08	0.08	1	0.08	0.08	1	0.08	0.08
四	缆道测流设备				49.7			49.7			49.7
1	缆道测流控制系统	套	1	16	16	1	16	16	1	16	16
2	常规流速仪	套	3	0.4	1.2	3	0.4	1.2	3	0.4	1.2
3	铅鱼	个	1	0.5	0.5	1	0.5	0.5	1	0.5	0.5
4	测深仪	个	1	2	2	1	2	2	1	2	2
5	走航式 ADCP	套	1	30	30	1	30	30	1	30	30
五	泥沙设备				53.4			53.4			53.4
1	采样器	个	2	16	32	2	16	32	2	16	32
2	电子天平	个	1	1	1	1	1	1	1	1	1
3	烘箱	个	1	0.4	0.4	1	0.4	0.4	1	0.4	0.4
4	现场测沙仪	台	1	20	20	1	20	20	1	20	20

续表 4-1

序号	工程或项目名称	单位	气泡式水位计			浮子式水位计			雷达式水位计		
			数量	单价（万元）	合计（万元）	数量	单价（万元）	合计（万元）	数量	单价（万元）	合计（万元）
六	测量设备				20.3			20.3			20.3
1	水准仪	台	1	8	8	1	8	8	1	8	8
2	全站仪	台	1	10	10	1	10	10	1	10	10
3	测距仪	台	1	2	2	1	2	2	1	2	2
4	探照灯	台	1	0.3	0.3	1	0.3	0.3	1	0.3	0.3
第一至二部分合计					271.49			281.09			264.79
第三部分　独立费用					38.76			40.16			37.82
1	建设管理费				10.69			11.08			10.43
2	工程监理费				8.02			8.31			7.82
3	科研勘测设计费				20.05			20.77			19.56
第一至三部分合计					310.25			321.25			302.80
基本预备费					31.02			32.12			30.28
静态投资					341.27			353.37			333.08

4.2.2　桥测实现在线测流

桥测法通过利用测站附近交通桥梁或自建测桥，采用桥测设备开展流量测验。新建水文站测站附近有交通桥梁，一般宜采用此类方法以节省投资。

4.2.2.1　分类及适用条件

采用桥测实现测流主要分为利用现有桥梁及新建桥梁或桁架式钢结构构筑物两种方式。《水文基本术语和符号标准》（GB/T 50095—2014）注释，水文测桥为进行水文测验作业的工作桥，是水文测验设备的重要载体，可用来集成安装流量、水位、泥沙、水质监测等测验设备。测桥一般上人不多，主要满足测验人员和测验设备荷载需求，可宽可窄，按需确定。

根据河流特性（防洪和测洪水位）、河道地形、河床（岸坡）地质条件、断面宽度等特点，确定测桥形式、跨度、跨数、材料，以及栏杆、滑轨、绞车等附属设施布置情况。个别测站可能会根据测流方案，在测桥上合适位置设置滑轨，悬吊铅鱼测流，并配备绞车和控制台。

4.2.2.2　设施建设形式

利用原有桥梁，需要对原有桥梁进行调查论证，根据要求，选作桥上测流的河段应顺直稳定，断面沿程变化均匀，且河段长度与水流特征符合方法要求。

新建水文测桥根据结构形式分钢筋混凝土测桥和钢结构测桥。

（1）钢筋混凝土测桥一般采用 T 形梁板式桥，桥宽 1 ~ 2 m，具有稳定性强、耐久性好的特点,缺点是一般跨度不大,单跨跨度不超过 10 m。

(2)钢结构测桥据多年经验可以分为钢梁式桥、桁架式桥、悬索式桥和斜拉式桥。钢结构测桥具有跨度大、便于施工、相对经济的特点,缺点是后期需要定期维护(防锈、连接件处理等)。

钢梁式桥:主要是采用两根槽钢或者工字钢作为主要传力结构,上面铺设横杆和桥面,参见图 4-1。钢梁式桥一般跨度设计不超过 10 m,结构简单,施工方便,比较经济。

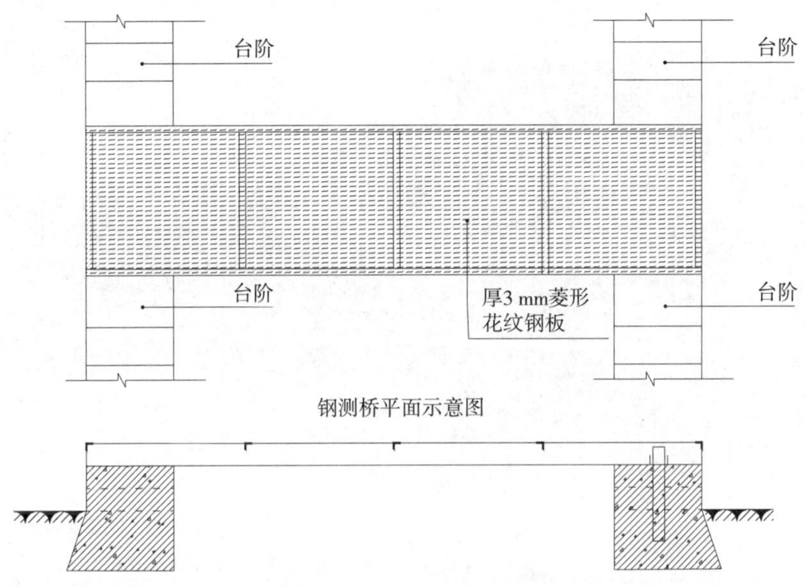

图 4-1　钢梁式桥平面示意图

桁架式桥:采用钢管桁架或者型钢桁架作为传力体系,上部设置桥面板和栏杆(对于部分大跨度桥可以根据使用情况,采用桁架腹部设置人行通道),跨度一般不小于 15 m,最大跨度上人桥面为 25 m,最大跨度不上人桥面 45 m,参见图 4-2。

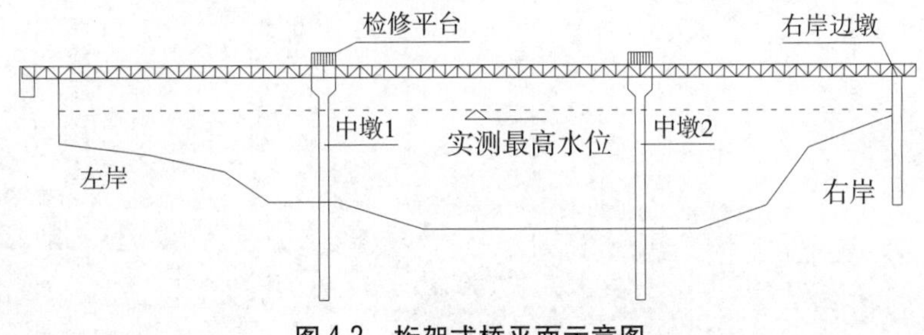

图 4-2　桁架式桥平面示意图

悬索斜拉桥:目前国内水文测站运用较少,但仅有少部分地区运用,设计时可通过跨度限制、增加桥面体系刚度,减小振动对设备稳定性影响,参见图 4-3。

图 4-4 ~ 图 4-7 为部分新建桥梁图片。

4.2.2.3　典型配置及投资

桥测法典型方案及配置标准,自建测桥优先考虑使用雷达水位计。在不考虑生产业务用房建设的情况下,经测算,使用气泡式水位计、浮子式水位计和雷达式水位计测流桥

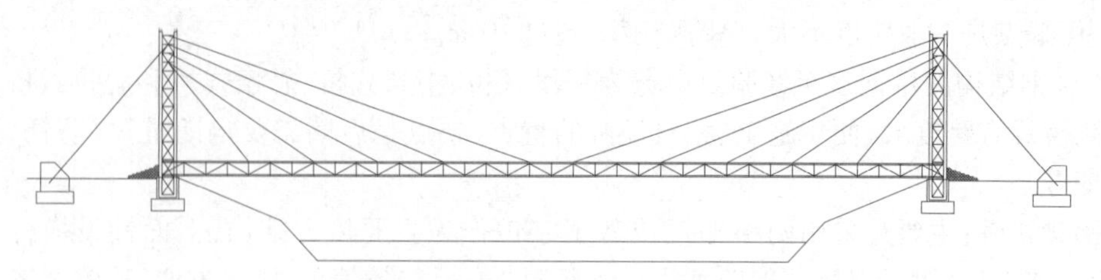

图 4-3　悬索斜拉桥平面示意图

图 4-4

图 4-5

图 4-6

图 4-7

上固定的方案，估算投资分别为 235.93 万元、247.27 万元、227.11 万元，建议规划匡算 250 万元，采用自建测桥并使用雷达式水位计的站点测桥按 20 ~ 60 m 计算，匡算投资 480 万 ~ 900 万元，规划建议按照桥长匡算投资在 500 万 ~ 1 000 万元。水文站在线测流桥测法典型设计见表 4-2。

表 4-2　水文站在线测流桥测法典型设计

序号	工程或项目名称	单位	气泡式水位计			浮子式水位计			雷达式水位计		
			数量	单价（万元）	合计（万元）	数量	单价（万元）	合计（万元）	数量	单价（万元）	合计（万元）
	第一部分　建筑工程		2	10.5	34.07	2	10.5	46.07	2	10.5	226.07
一	测验河段基础设施				4.17			4.17			4.17
1	断面标志牌	个	3	0.15	0.45	3	0.15	0.45	3	0.15	0.45
2	断面标志杆	个	6	0.12	0.72	6	0.12	0.72	6	0.12	0.72
3	测站标志	个	1	0.5	0.5	1	0.5	0.5	1	0.5	0.5
4	测验码头及护岸	项	1	2.5	2.5	1	2.5	2.5	1	2.5	2.5
二	水位观测设施				14.4			26.4			6.4
1	水尺	根	7	0.15	1.05	7	0.15	1.05	7	0.15	1.05
2	直立型水位自记平台	座				1	25	25			
3	悬臂型水位自记平台（支架加基础）	座							1	5	5
4	气泡式水位计水位观测平台	座	1	13	13						
5	设施设备防雷	套	1	0.35	0.35	1	0.35	0.35	1	0.35	0.35
三	降水观测设施				5			5			5
1	降水观测场(4 m×6 m)	处	1	5	5	1	5	5	1	5	5
四	流量、泥沙测验设施				10.5			10.5			10.5
1	雷达波定点表面流速仪支架	座	1	0.5	0.5	1	0.5	0.5	1	0.5	0.5
2	泥沙在线安装平台	座	1	10	10	1	10	10	1	10	10
3	测桥	m									
五	生产业务用房										
1	生产业务用房	m^2									
六	附属设施										
	第二部分　仪器设备及安装				153.25			150.25			154.25
一	降水观测设备				0.16			0.16			0.16
1	翻斗式自记雨量计	台	1	0.16	0.16	1	0.16	0.16	1	0.16	0.16
二	水位观测设备				15			12			16
1	气泡式水位计	台	1	5	5						
2	浮子式水位计	台				1	2	2			
3	雷达式水位计	台							1	6	6
4	水尺自动识别系统	套	1	10	10	1	10	10	1	10	10
三	报汛通信设备				2.85			2.85			2.85
1	远程测控终端(RTU)	台	1	0.8	0.8	1	0.8	0.8	1	0.8	0.8
2	GSM/GPRS 模块	个	1	0.12	0.12	1	0.12	0.12	1	0.12	0.12
3	卫星通信终端及天馈线	套	1	1.8	1.8	1	1.8	1.8	1	1.8	1.8
4	太阳能电池板及支架(40 W)	套	1	0.05	0.05	1	0.05	0.05	1	0.05	0.05
5	蓄电池(100 Ah)	块	1	0.08	0.08	1	0.08	0.08	1	0.08	0.08

续表 4-2

序号	工程或项目名称	单位	气泡式水位计			浮子式水位计			雷达式水位计		
			数量	单价(万元)	合计(万元)	数量	单价(万元)	合计(万元)	数量	单价(万元)	合计(万元)
四	流量测验设备				101.2			101.2			101.2
1	桥测车及附属测流设备	辆	1	36	36	1	36	36	1	36	36
2	常规流速仪	套	3	0.4	1.2	3	0.4	1.2	3	0.4	1.2
3	走航式 ADCP	套	1	30	30	1	30	30	1	30	30
4	雷达波定点表面流速仪	套	1	32	32	1	32	32	1	32	32
5	测深仪	个	1	2	2	1	2	2	1	2	2
五	泥沙设备				21.64			21.64			21.64
1	采样器	个	2	0.12	0.24	2	0.12	0.24	2	0.12	0.24
2	电子天平	个	1	1	1	1	1	1	1	1	1
3	烘箱	个	1	0.4	0.4	1	0.4	0.4	1	0.4	0.4
4	在线测沙仪	台	1	20	20	1	20	20	1	20	20
六	测量设备				12.4			12.4			12.4
1	水准仪	台	1	0.1	0.1	1	0.1	0.1	1	0.1	0.1
2	全站仪	台	1	10	10	1	10	10	1	10	10
3	测距仪	台	1	2	2	1	2	2	1	2	2
4	探照灯	台	1	0.3	0.3	1	0.3	0.3	1	0.3	0.3
第一至二部分合计					187.32			196.32			180.32
第三部分　独立费用					27.16			28.47			26.14
1	建设管理费				7.49			7.85			7.21
2	工程监理费				5.62			5.89			5.41
3	科研勘测设计费				14.05			14.72			13.52
第一至三部分合计					214.48			224.79			206.46
基本预备费					21.45			22.48			20.65
静态投资					235.93			247.27			227.11

4.2.3　HADCP 实现在线测流

表 4-3 为采用 HADCP 在线测流的典型方案及配置标准，分别使用气泡式水位计、浮子式水位计及雷达式水位计，采用走航式 ADCP 进行比测和率定。生产业务用房考虑 60 m^2 放置必要的仪器，经测算投资估算分别为 291.60 万元、334.42 万元、282.78 万元，建议规划采用 HADCP 在线测流的水文站匡算投资按 320 万元考虑。水文站在线测流 HADCP 法典型设计见表 4-3。

表 4-3　水文站在线测流 HADCP 法典型设计

序号	工程或项目名称	单位	气泡式水位计			浮子式水位计			雷达式水位计		
			数量	单价(万元)	合计(万元)	数量	单价(万元)	合计(万元)	数量	单价(万元)	合计(万元)
第一部分　建筑工程					70.57			107.57			62.57
一	测验河段基础设施				4.17			4.17			4.17
1	断面标志牌	个	3	0.15	0.45	3	0.15	0.45	3	0.15	0.45

续表 4-3

序号	工程或项目名称	单位	气泡式水位计			浮子式水位计			雷达式水位计		
			数量	单价（万元）	合计（万元）	数量	单价（万元）	合计（万元）	数量	单价（万元）	合计（万元）
2	断面标志杆	个	6	0.12	0.72	6	0.12	0.72	6	0.12	0.72
3	测站标志	个	1	0.5	0.5	1	0.5	0.5	1	0.5	0.5
4	测验码头及护岸	项	1	2.5	2.5	1	2.5	2.5	1	2.5	2.5
二	水位观测设施				14.4			51.4			6.4
1	水尺	根	7	0.15	1.05	7	0.15	1.05	7	0.15	1.05
2	直立型水位自记平台	座				1	50	50			
3	悬臂型水位自记平台	座							1	5	5
4	气泡式水位计水位观测平台	座	1	13	13						
5	设施设备防雷	套	1	0.35	0.35	1	0.35	0.35	1	0.35	0.35
三	降水观测设施				5			5			5
1	降水观测场	处	1	5	5	1	5	5	1	5	5
四	流量测验设施				30			30			30
1	ADCP 安装平台	座	1	30	30	1	30	30	1	30	30
五	生产业务用房				12			12			12
1	生产业务用房	m^2	60	0.2	12	60	0.2	12	60	0.2	12
六	附属设施	项	1	5	5	1	5	5	1	5	5
第二部分　仪器设备及安装					160.95			157.95			161.95
一	降水观测设备				11.4			11.4			11.4
1	翻斗式自记雨量计	台	1	1.4	1.4	1	1.4	1.4	1	1.4	1.4
2	自动蒸发站	套	1	10	10	1	10	10	1	10	10
二	水位观测设备				15			12			16
1	气泡式水位计	台	1	5	5						
2	浮子式水位计	台				1	2	2			
3	雷达式水位计	台							1	6	6
4	水尺自动识别系统	套	1	10	10	1	10	10	1	10	10
三	报汛通信设备				2.85			2.85			2.85
1	远程测控终端(RTU)	台	1	0.8	0.8	1	0.8	0.8	1	0.8	0.8
2	GSM/GPRS 模块	个	1	0.12	0.12	1	0.12	0.12	1	0.12	0.12
3	卫星通信终端及天馈线	套	1	1.8	1.8	1	1.8	1.8	1	1.8	1.8
4	太阳能电池板及支架(40 W)	套	1	0.05	0.05	1	0.05	0.05	1	0.05	0.05
5	蓄电池(100 Ah)	块	1	0.08	0.08	1	0.08	0.08	1	0.08	0.08
四	流量测验设备				86			86			86
1	固定式 ADCP	套	1	25	25	1	25	25	1	25	25
2	走航式 ADCP	套	1	30	30	1	30	30	1	30	30
3	遥控船	个	1	25	25	1	25	25	1	25	25
4	测深仪	个	1	6	6	1	6	6	1	6	6
五	泥沙设备				25.4			25.4			25.4

续表 4-3

序号	工程或项目名称	单位	气泡式水位计			浮子式水位计			雷达式水位计		
			数量	单价（万元）	合计（万元）	数量	单价（万元）	合计（万元）	数量	单价（万元）	合计（万元）
1	采样器	个	2	2	4	2	2	4	2	2	4
2	电子天平	个	1	1	1	1	1	1	1	1	1
3	烘箱	个	1	0.4	0.4	1	0.4	0.4	1	0.4	0.4
4	在线测沙仪	台	1	20	20	1	20	20	1	20	20
六	测量设备				20.3			20.3			20.3
1	水准仪	台	1	8	8	1	8	8	1	8	8
2	全站仪	台	1	10	10	1	10	10	1	10	10
3	测距仪	台	1	2	2	1	2	2	1	2	2
4	探照灯	台	1	0.3	0.3	1	0.3	0.3	1	0.3	0.3
第一至二部分合计					231.52			265.52			224.52
第三部分　独立费用					33.57			38.50			32.56
1	建设管理费				9.26			10.62			8.98
2	工程监理费				6.95			7.97			6.74
3	科研勘测设计费				17.36			19.91			16.84
第一至三部分合计					265.09			304.02			257.08
基本预备费					26.51			30.40			25.71
静态投资					291.60			334.42			282.78

4.2.4　HADCP + VADCP 实现在线测流

表4-4为HADCP + VADCP在线测流的典型方案及配置标准，分别使用气泡式水位计、浮子式水位计及雷达式水位计，采用1个HADCP加2个VADCP，利用走航式ADCP进行比测和率定。生产业务用房考虑60 m^2 放置必要的仪器，经测算投资分别为587.59万元、658.75万元、578.77万元，建议规划采用HADCP + VADCP在线测流的水文站匡算投资按620万元考虑。水文站在线测流HADCP + VADCP法典型设计见表4-4。

表4-4　水文站在线测流HADCP + VADCP法典型设计

序号	工程或项目名称	单位	气泡式水位计			浮子式水位计			雷达式水位计		
			数量	单价（万元）	合计（万元）	数量	单价（万元）	合计（万元）	数量	单价（万元）	合计（万元）
第一部分　建筑工程					70.57			130.07			62.57
一	测验河段基础设施				4.17			26.67			4.17
1	断面标志牌	个	3	0.15	0.45	3	0.15	0.45	3	0.15	0.45
2	断面标志杆	个	6	0.12	0.72	6	0.12	0.72	6	0.12	0.72
3	测站标志	个	1	0.5	0.5	1	0.5	0.5	1	0.5	0.5
4	测验码头及护岸	项	1	2.5	2.5	1	25	25	1	2.5	2.5
二	水位观测设施				14.4			51.4			6.4

续表 4-4

序号	工程或项目名称	单位	气泡式水位计			浮子式水位计			雷达式水位计		
			数量	单价（万元）	合计（万元）	数量	单价（万元）	合计（万元）	数量	单价（万元）	合计（万元）
1	水尺	根	7	0.15	1.05	7	0.15	1.05	7	0.15	1.05
2	直立型水位自记平台	座				1	50	50			
3	悬臂型水位自记平台	座							1	5	5
4	气泡式水位计水位观测平台	座	1	13	13						
5	设施设备防雷	套	1	0.35	0.35	1	0.35	0.35	1	0.35	0.35
三	降水观测设施				5			5			5
1	降水观测场	处	1	5	5	1	5	5	1	5	5
四	流量测验设施				30			30			30
1	HADCP 安装平台	座	1	30	30	1	30	30	1	30	30
五	生产业务用房				12			12			12
1	生产业务用房	m^2	60	0.2	12	60	0.2	12	60	0.2	12
六	附属设施	项	1	5	5	1	5	5	1	5	5
第二部分 仪器设备及安装					395.95			392.95			396.95
一	降水观测设备				11.4			11.4			11.4
1	翻斗式自记雨量计	台	1	1.4	1.4	1	1.4	1.4	1	1.4	1.4
2	自动蒸发站	套	1	10	10	1	10	10	1	10	10
二	水位观测设备				15	2	12	12	2	16	16
1	气泡式水位计	台	1	5	5						
2	浮子式水位计	台				1	2	2			
3	雷达式水位计	台							1	6	6
4	水尺自动识别系统	套	1	10	10	1	10	10	1	10	10
三	报汛通信设备				2.85			2.85			2.85
1	远程测控终端(RTU)	台	1	0.8	0.8	1	0.8	0.8	1	0.8	0.8
2	GSM/GPRS 模块	个	1	0.12	0.12	1	0.12	0.12	1	0.12	0.12
3	卫星通信终端及天馈线	套	1	1.8	1.8	1	1.8	1.8	1	1.8	1.8
4	太阳能电池板及支架(40 W)	套	1	0.05	0.05	1	0.05	0.05	1	0.05	0.05
5	蓄电池(100 Ah)	块	1	0.08	0.08	1	0.08	0.08	1	0.08	0.08
四	流量测验设备				261			261			261
1	HADCP	套	1	25	25	1	25	25	1	25	25
2	VADCP	套	2	25	50	2	25	50	2	25	50
3	VADCP 专用安装浮筒	套	2	42	84	2	42	84	2	42	84
4	GPS 罗经	套	2	15	30	2	15	30	2	15	30
5	数据接收处理与查询系统	套	1	15	15	1	15	15	1	15	15
6	走航式 ADCP	套	1	30	30	1	30	30	1	30	30
7	遥控船	个	1	25	25	1	25	25	1	25	25
8	测深仪	个	1	2	2	1	2	2	1	2	2

续表 4-4

序号	工程或项目名称	单位	气泡式水位计			浮子式水位计			雷达式水位计		
			数量	单价（万元）	合计（万元）	数量	单价（万元）	合计（万元）	数量	单价（万元）	合计（万元）
五	泥沙设备				85.4			85.4			85.4
1	采样器	个	2	2	4	2	2	4	2	2	4
2	电子天平	个	1	1	1	1	1	1	1	1	1
3	烘箱	个	1	0.4	0.4	1	0.4	0.4	1	0.4	0.4
4	在线测沙仪	台	2	40	80	2	40	80	2	40	80
六	测量设备				20.3			20.3			20.3
1	水准仪	台	1	8	8	1	8	8	1	8	8
2	全站仪	台	1	10	10	1	10	10	1	10	10
3	测距仪	台	1	2	2	1	2	2	1	2	2
4	探照灯	台	1	0.3	0.3	1	0.3	0.3	1	0.3	0.3
第一至二部分合计					466.52			523.02			459.52
第三部分　独立费用					67.65			75.84			66.63
1	建设管理费				18.66			20.92			18.38
2	工程监理费				14.00			15.69			13.79
3	科研勘测设计费				34.99			39.23			34.46
第一至三部分合计					534.17			598.86			526.15
基本预备费					53.42			59.89			52.62
静态投资					587.59			658.75			578.77

4.2.5　电波流速仪法在线测流

电波流速仪法是利用电波流速仪测量水面流速，通过水面流速系数的换算推求水面流速，再通过断面资料，计算断面流量。这类仪器包括微波、光波及雷达波等各种波段的电磁仪器。在水面较宽的河流采用电波流速仪法测流，需要借助渡河设施安装设备，在宽度较小的河流、渠道采用电波流速仪法测流，可以在岸边架设支架安装仪器。测量过程中电波流速仪类设备不直接接触水流，测量过程不受含沙量、漂浮物的影响，具有操作安全、测量时间短、速度快的特点。但是此类设备的使用需要进行大量的率定和比测工作。

表 4-5 为采用电波流速仪法在线测流的典型方案及配置标准，水位监测分别使用气泡式水位计、浮子式水位计及雷达式水位计，测流采用雷达波点流速表面测流（自走式双轨）、雷达波点流速支架单固定点表面测流、雷达波多固定点点流速表面测流、面流速表面测流（高频雷达实时在线）等 4 种方式，均配置走航 ADCP 进行比测和率定。生产业务用房仅考虑雷达波点流速表面测流（自走式双轨）和雷达波多固定点点流速表面测流需要架设简易渡河设施的站点 60 m^2 放置必要的仪器。经测算投资估算分别为 255.08 万元、199.66 万元、258.06 万元、332.79 万元，建议规划采用电波（雷达波）流速仪表面在线测流的水文站匡算投资统一按 250 万元考虑，使用侧扫雷达的站点按 350 万元考虑。电波流速仪（雷达波）法在线测流典型设计见表 4-5。

表 4-5　电波流速仪(雷达波)法在线测流典型设计

序号	工程或项目名称	单位	雷达波点流速表面测流(自走式双轨)			雷达波点流速支架单固定点表面测流			雷达波多固定点点流速表面测流			面流速表面测流(高频雷达实时在线)		
			数量	单价(万元)	合计(万元)	数量	单价(万元)	合计(万元)	数量	单价(万元)	合计(万元)	数量	单价(万元)	合计(万元)
	第一部分　建筑工程				55.57			20.57			50.57			21.57
一	测验河段基础设施				4.17			4.17			4.17			4.17
1	断面标志牌	个	3	0.15	0.45	3	0.15	0.45	3	0.15	0.45	3	0.15	0.45
2	断面标志杆	个	6	0.12	0.72	6	0.12	0.72	6	0.12	0.72	6	0.12	0.72
3	测站标志	个	1	0.5	0.5	1	0.5	0.5	1	0.5	0.5	1	0.5	0.5
4	测验码头及护岸	项	1	2.5	2.5	1	2.5	2.5	1	2.5	2.5	1	2.5	2.5
二	水位观测设施				1.4			1.4			6.4			6.4
1	水尺	根	7	0.15	1.05	7	0.15	1.05	7	0.15	1.05	7	0.15	1.05
2	悬臂型水位自记平台	座							1	5	5	1	5	5
3	钢管浮子式水位计台	座												
4	设施设备防雷	套	1	0.35	0.35	1	0.35	0.35	1	0.35	0.35	1	0.35	0.35
三	降水观测设施				5			5			5			5
1	降水观测场	处	1	5	5	1	5	5	1	5	5	1	5	5
四	流量测验设施				25			5			15			1
1	雷达波固定点表面测流支架	座				1	5	5	1	15	15			
2	雷达波自走式表面测流支架	处	1	25	25									
3	高频(侧扫)雷达河流监测仪安装支架	处										1	1	1
五	生产业务用房				15						15			
1	生产业务用房	m^2	60	0.25	15				60	0.25	15			
六	附属设施				5			5			5			5

续表 4-5

序号	工程或项目名称	单位	雷达波点流速表面测流（自走式双轨）			雷达波点流速支架单固定点表面测流			雷达波多固定点点流速表面测流			面流速表面测流（高频雷达实时在线）		
			数量	单价（万元）	合计（万元）	数量	单价（万元）	合计（万元）	数量	单价（万元）	合计（万元）	数量	单价（万元）	合计（万元）
第二部分　仪器设备及安装					146.95			137.95			154.95			243.29
一	降水观测设备				1.4			1.4			1.4			1.4
1	翻斗式自记雨量计	台	1	1.4	1.4	1	1.4	1.4	1	1.4	1.4	1	1.4	1.4
二	水位观测设备				15			12			16			16
1	气泡式水位计	台	1	5	5									
2	浮子式水位计	台				1	2	2						
3	雷达式水位计	台							1	6	6	1	6	6
4	水尺自动识别系统	套	1	10	10	1	10	10	1	10	10	1	10	10
三	报汛通信设备				2.85			2.85			2.85			2.85
1	远程测控终端(RTU)	台	1	0.8	0.8	1	0.8	0.8	1	0.8	0.8	1	0.8	0.8
2	GSM/GPRS 模块	个	1	0.12	0.12	1	0.12	0.12	1	0.12	0.12	1	0.12	0.12
3	卫星通信终端及天馈线	套	1	1.8	1.8	1	1.8	1.8	1	1.8	1.8	1	1.8	1.8
4	太阳能电池板及支架(40 W)	套	1	0.05	0.05	1	0.05	0.05	1	0.05	0.05	1	0.05	0.05
5	蓄电池(100 Ah)	块	1	0.08	0.08	1	0.08	0.08	1	0.08	0.08	1	0.08	0.08
四	流量测验设备				82			76			89			189
1	走航式 ADCP	套	1	30	30	1	30	30	1	30	30	1	30	30
2	雷达波固定站表面测流	套	1	25	25	1	19	19	1	32	32	1	32	32
3	高频(侧扫)雷达河流监测仪	套										1	100	100

续表 4-5

序号	工程或项目名称	单位	雷达波点流速表面测流（自走式双轨）			雷达波点流速支架单固定点表面测流			雷达波多固定点点流速表面测流			面流速表面测流（高频雷达实时在线）		
			数量	单价（万元）	合计（万元）	数量	单价（万元）	合计（万元）	数量	单价（万元）	合计（万元）	数量	单价（万元）	合计（万元）
4	遥控船	个	1	25	25	1	25	25	1	25	25	1	25	25
5	测深仪	个	1	2	2	1	2	2	1	2	2	1	2	2
五	泥沙设备				25. 4			25. 4			25. 4			21. 64
1	采样器	个	2	2	4	2	2	4	2	2	4	2	0. 12	0. 24
2	电子天平	个	1	1	1	1	1	1	1	1	1	1	1	1
3	烘箱	个	1	0. 4	0. 4	1	0. 4	0. 4	1	0. 4	0. 4	1	0. 4	0. 4
4	在线测沙仪	台	1	20	20	1	20	20	1	20	20	1	20	20
六	测量设备				20. 3			20. 3			20. 3			12. 4
1	水准仪	台	1	8	8	1	8	8	1	8	8	1	0. 1	0. 1
2	全站仪	台	1	10	10	1	10	10	1	10	10	1	10	10
3	测距仪	台	1	2	2	1	2	2	1	2	2	1	2	2
4	探照灯	台	1	0. 3	0. 3	1	0. 3	0. 3	1	0. 3	0. 3	1	0. 3	0. 3
第一至二部分合计					202. 52			158. 52			205. 52			264. 86
第三部分　独立费用					29. 37			22. 99			29. 08			37. 68
1	建设管理费				8. 10			6. 34			8. 02			10. 39
2	工程监理费				6. 08			4. 76			6. 02			7. 80
3	科研勘测设计费				15. 19			11. 89			15. 04			19. 49
第一至三部分合计					231. 89			181. 51			234. 60			302. 54
基本预备费					23. 19			18. 15			23. 46			30. 25
静态投资					255. 08			199. 66			258. 06			332. 79

4.2.6　声学时差法在线测流

声学时差法采用超声波进行流量测验。声学流量计设备换能器需要安装在河道两岸上下游之间选择,两个合适的固定位置,根据两个固定点之间声波顺水和逆水传播所需时间推算水流速度。声学时差法设备分为有线传输和无线传输两种,无线连接主要用于河宽较大或两岸间不具备架设线缆条件的河段。有线超声波时差法由换能器、岸上测流控制器、信号电缆、电源组成。

表 4-6 为采用声学时差法在线测流的典型方案及配置标准,分别使用气泡式水位计、浮子式水位计及雷达式水位计,断面宽度 100 m、200 m 及 300 m 投资估算分别为 255. 19 万元、326. 32 万元、427. 33 万元,建议规划匡算分别按 250 万元、320 万元和 420 万元考虑。声学时差法在线测流典型设计见表 4-6。

4.2.7　水位在线推流

4. 2. 7. 1　**测流堰**

测流堰测流是通过测量有关水力要素,利用水力学公式计算出断面流量的一种流量测量方法。

1. 分类及适用条件

测流堰一般分为薄壁堰、薄壁缺口堰、宽顶堰、三角形剖面堰、平坦 V 形堰等形式。

薄壁堰的堰口加工要特别注意,它适合在有良好保养条件、能保证堰顶不致受损的环境下使用,宜用于需要高精度的实验站、径流试验小区、人工渠道以及抽水试验和工矿城市排污等。三角形薄壁堰特别适合于施测非常小的流量。三角形薄壁堰和矩形薄壁堰都可预制构件安装。

宽顶堰相对来说工程量大,但坚固耐用,宜用于能够定期清淤除草的矩形河槽上。圆缘宽顶堰的测流范围和淹没比都比较恰当,适合中小型河流。V 形宽顶堰的测流幅度大,既适用于小河,也适用于落差小的人工渠道。

三角形剖面堰适用于水头损失小、测流精度要求高的天然河道。它有一个良好的非淹没限,测流范围大,坚固耐用,且可在挟沙河流上运行。这种堰型在相当大的水头和流量范围内,流量系数是一个常数。从其测流精度看,它是一个良好的测流建筑物。

平坦 V 形堰的测流幅度非常大,既能测低水,也能测高水,特别适用于暴涨暴落的山溪性河流。因为它不需要做补充的低水测流设施,所以当用水平堰顶施测低水流量达不到要求时,宜采用这种堰型。但因是三维堰,施工质量较难掌握。

2. 各类测流堰的基本性能

(1)可利用的水头差。薄壁堰需要足够的水头差,以保证有完全通气的自由水舌;宽顶堰可用于较小的水头差,允许淹没条件下运用的堰可用于更小的水头差。

(2)测流范围和应用范围。薄壁堰用于施测小流量,其中三角形薄壁堰用于施测更小的流量。宽顶堰和三角形剖面堰用于施测大流量。平坦 V 形堰的测流幅度更大。几种标准堰的测流范围及应用限制见表 4-7。

表 4-6　声学时差法在线测流典型设计

序号	工程或项目名称	单位	断面宽度 100 m 以内			断面宽度 200 m 以内			断面宽度 300 m 以内		
			数量	单价（万元）	合计（万元）	数量	单价（万元）	合计（万元）	数量	单价（万元）	合计（万元）
	第一部分　建筑工程				58. 22			80. 22			100. 22
一	测验河段基础设施				34. 17			54. 17			84. 17
1	断面标志牌	个	3	0. 15	0. 45	3	0. 15	0. 45	3	0. 15	0. 45
2	断面标志杆	个	6	0. 12	0. 72	6	0. 12	0. 72	6	0. 12	0. 72
3	测站标志	个	1	0. 5	0. 5	1	0. 5	0. 5	1	0. 5	0. 5
4	测验河段整治	处	1	30	30	1	50	50	1	80	80
5	测验码头及护岸	项	1	2. 5	2. 5	1	2. 5	2. 5	1	2. 5	2. 5
二	水位观测设施				14. 05			16. 05			6. 05
1	水尺	根	7	0. 1	0. 7	7	0. 1	0. 7	7	0. 1	0. 7
2	直立型水位自记平台	座				1	15	15			
3	悬臂型水位自记平台	座							1	5	5
4	气泡式水位计水位观测平台	座	1	13	13						
5	设施设备防雷	套	1	0. 35	0. 35	1	0. 35	0. 35	1	0. 35	0. 35
三	降水观测设施				5			5			5
1	降水观测场	处	1	5	5	1	5	5	1	5	5
四	流量测验设施										
五	生产业务用房										
1	生产业务用房	m^2		0. 2			0. 2			0. 2	
六	附属设施				5			5			5

续表 4-6

序号	工程或项目名称	单位	断面宽度 100 m 以内			断面宽度 200 m 以内			断面宽度 300 m 以内		
			数量	单价（万元）	合计（万元）	数量	单价（万元）	合计（万元）	数量	单价（万元）	合计（万元）
	第二部分　仪器设备及安装				149. 99			186. 99			250. 99
一	降水观测设备				1. 4			1. 4			1. 4
1	翻斗式自记雨量计	台	1	1. 4	1. 4	1	1. 4	1. 4	1	1. 4	1. 4
二	水位观测设备				15			12			16
1	气泡式水位计	台	1	5	5						
2	浮子式水位计	台				1	2	2			
3	雷达式水位计	台							1	6	6
4	水尺自动识别设备	台	1	10	10	1	10	10	1	10	10
三	报汛通信设备				2. 85			2. 85			2. 85
1	远程测控终端（RTU）	台	1	0. 8	0. 8	1	0. 8	0. 8	1	0. 8	0. 8
2	GSM/GPRS 模块	个	1	0. 12	0. 12	1	0. 12	0. 12	1	0. 12	0. 12
3	卫星通信终端及天馈线	套	1	1. 8	1. 8	1	1. 8	1. 8	1	1. 8	1. 8
4	太阳能电池板及支架（40 W）	套	1	0. 05	0. 05	1	0. 05	0. 05	1	0. 05	0. 05
5	蓄电池（100 Ah）	块	1	0. 08	0. 08	1	0. 08	0. 08	1	0. 08	0. 08
四	流量测验设备				97			137			197
1	走航式 ADCP	套	1	30	30	1	30	30	1	30	30
2	遥控船	个	1	25	25	1	25	25	1	25	25
3	时差法超声波河渠测量仪	套	1	40	40	1	80	80	1	140	140
4	测深仪	个	1	2	2	1	2	2	1	2	2

续表 4-6

序号	工程或项目名称	单位	断面宽度 100 m 以内			断面宽度 200 m 以内			断面宽度 300 m 以内		
			数量	单价（万元）	合计（万元）	数量	单价（万元）	合计（万元）	数量	单价（万元）	合计（万元）
五	泥沙设备				21.64			21.64			21.64
1	采样器	个	2	0.12	0.24	2	0.12	0.24	2	0.12	0.24
2	电子天平	个	1	1	1	1	1	1	1	1	1
3	烘箱	个	1	0.4	0.4	1	0.4	0.4	1	0.4	0.4
4	在线测沙仪	台	1	20	20	1	20	20	1	20	20
六	测量设备				12.1			12.1			12.1
1	水准仪	台	1	0.1	0.1	1	0.1	0.1	1	0.1	0.1
2	全站仪	台	1	10	10	1	10	10	1	10	10
3	测距仪	台	1	2	2	1	2	2	1	2	2
第一至二部分合计					208.21			267.21			351.21
第三部分　独立费用					23.78			29.44			37.27
1	建设管理费				6.56			8.12			10.28
2	工程监理费				4.92			6.09			7.71
3	科研勘测设计费				12.30			15.23			19.28
第一至三部分合计					231.99			296.65			388.48
基本预备费					23.20			29.67			38.85
静态投资					255.19			326.32			427.33

表 4-7　测流堰的测流范围及应用限制

堰槽形式	尺寸				流量幅度（m^3/s）		计算流量的不确定度范围（%）	几何限制	非淹没限（%）	说明
	堰高 P（m）	堰宽 b（m）	边坡	堰长 L（m）	最大	最小				
三角形薄壁堰	0.6	1.3		0.375	1.8	0.001	1～3	$H/P \leqslant 2$	水舌下通气	$\theta=90°$
矩形薄壁堰（全宽）	0.2	1			0.67	0.005	1～4	$H/P \leqslant 2$	水舌下通气	
	1	1			7.7	0.005	1～4	$H/P \leqslant 2$	水舌下通气	
矩形薄壁堰（收缩）	0.2	1			0.45	0.009	1～4	$H/P \leqslant 2$	水舌下通气	
	1	1			4.9	0.009	1～4	$H/P \leqslant 2$	水舌下通气	
锐缘矩形宽顶堰	0.2	1		0.8	0.26	0.03	3～5	$H/P \leqslant 1.5$	80	
	1	1		2	3.07	0.13	3～5	$H/P \leqslant 1.5$	80	
圆缘矩形宽顶堰	0.15	1		0.6	0.18	0.03	3～5	$H/P \leqslant 1.5$	66	
	1	1		5	3.13	0.1	3～5	$H/P \leqslant 1.5$	66	
V 形宽顶堰	0.3			1.5	0.45	0.007	3～5	$1.5 < H/P < 3$	80	$\theta=90°$
	0.15			1.5	1.68	0.01	3～5	$1.5 < H/P < 3$	80	$\theta=90°$
三角形剖面堰	0.2	1			1.17	0.01	2～5	$H/P \leqslant 3.5$	70	
	1	1			13	0.01	2～5	$H/P \leqslant 3.5$	70	
平坦 V 形堰	0.2	4	1:10		5	0.014	2～5	$H/P \leqslant 2.5$	74	
	1	80	1:40		630	0.055	2～5	$H/P \leqslant 2.5$	74	

注：H 为上游总水头；θ 为堰口角。

4.2.7.2　测流槽

1. 分类及使用条件

测流槽主要适用于较小河流或人工河渠施测流量，宜用于高精度连续流量测验。各类测流槽均适用于基本水文站、实验站和灌排渠道的流量测验。

相对于测流堰而言，测流槽用于测量较大的流量，更适合于有泥沙输移的河道，特别是有推移质输沙的河段。测流槽按喉道长短可分为长喉道槽和短喉道槽。长喉道槽按喉道截面形状又分为矩形测流槽、梯形测流槽和 U 形喉道测流槽；短喉道槽可分为巴歇尔测流槽和孙奈利测流槽。

矩形测流槽：槽的尺度较易于适应河道的大小，很容易安装在矩形河槽上。矩形测流槽建筑比较简单，有侧收缩的、底收缩或驼峰形的、既有侧收缩又有底收缩的三种类型。

梯形测流槽：适用的场合与矩形测流槽相似，适用于在较大水流变幅内精度要求较高的测流情况。

U 形喉道测流槽：主要用于污水管道和其他未满管流的水流测量。

巴歇尔测流槽和孙奈利测流槽:能在自由流和淹没流条件下运行,可用于水流稳定或缓慢变化的明渠和灌渠上。巴歇尔测流槽的一个最大优点是在高淹没系数且低水头损失的情况下,能正常、顺利地运行,故该槽尤其适用于河床比降小的渠道的水流测量。但是该槽设计复杂,且喉道和出口段全长均应加深河床。

长喉道单值化测流槽:可在含沙量较大的河流上应用,这种槽由于喉道长,可使水流平稳流出,从而便于建立水位流量关系,同时施工技术要求也不高,具有一定的排沙(悬移质)能力,在窄河道水流测量方面具有很强的适应性。目前,水文上常采用长喉道单值化测流槽。

2. 断面布设

测流槽对水流产生垂直或平面的约束控制作用,上下游进出口和底部,均不应有明显冲淤变化和障碍阻塞,进水段应有造成缓流条件的顺直河槽。河槽的顺直段长度不宜小于过水断面总宽的3倍。

测流断面宜设在建筑物下游河(渠)道整齐、顺直,水流平稳的河(渠)段上,测流断面距消能设备末端的距离应不小于消能设备距堰闸距离的5倍。

3. 结构形式及典型设计

测流槽一般采用钢筋混凝土现浇形式。根据河渠均匀流的谢才-曼宁公式和《水工建筑物与堰槽测流规范》(SL 537—2011)相关要求设计。首先根据保证率或者要测到的低水流量确定低水测流槽的设计流量,一般测站会根据高、中、低水分别拟订不同的测验方案,测流槽一般用于中低水测流,比测之后可根据单值化推流。中高水时采用其他方式测验,但需保证测流槽安全,所以还要根据中高水时的流速、冲刷深度、地质资料等因素,确定测流槽的设计参数,例如齿墙的深度、底板的厚度、是否需要岩石锚杆等。

设计流量确定后,计算过水截面尺寸,进而根据河道特征,确定测流槽的收口段、顺直段和扩散防冲段的长度,翼墙宽度、高度,底板厚度等尺寸。

测流槽一般要将分散水流汇聚集中,方便测流,因此收口段和翼墙往往会比河床高,避免跑水,高度需确定设计流量后通过计算得来。

4.2.7.3 断面渠道化整治

对于平原区河流,测验河段一般选取具备一定顺直长度,河底较平整、比降较小且沿河长变化不大(基本一致)的河段。当对河段边坡实施人工护砌,且两岸护砌采用的材料和施工工艺相同时,可达到同水位下水面宽基本不变、糙率沿河长也基本一致的效果。如果河底冲淤变化不大,则同一水位下的水深、比降、水面宽、糙率等水力要素基本不变,即测验河段基本接近棱柱形河槽。由水力学原理可知,通常在棱柱形河槽内,水流受河槽控制,河段内基本可形成均匀流,断面水位流量关系基本呈单一线。在均匀流条件下,河段内任意断面水流形态基本相同,水流相对平稳,岸边流量系数基本不变,在不同断面施测流量均有相同的代表性,因此有利于减少单次流量测验误差,提高单次流量测验成果质量。单一的水位流量关系有利于减少流量测验次数,减轻外业劳动强度,且在实施水文巡测的情况下亦能保证流量(水量)测验的成果质量。对于受变动回水和洪水涨落影响的棱柱形河槽,由于比降的变化,水位流量关系虽不是单一曲线,但可以采用落差指数方法推流。

对于山区河流，由于河道多蜿蜒曲折，一般情况下河底比降变化较大，多跌水、比降急降、河底凸出岩石等影响水流现象，选取河道顺直段较长且河底比降、糙率沿河长基本不变的测验河段比较困难。若要得到稳定的水位流量关系，不仅需要进行护岸，而且在大多数情况下还需要对河槽进行护砌整治，来达到上述效果。根据《河流流量测验规范》的有关规定，可以对测验河段进行人工断面整治，从而减少流量测验次数，减轻外业劳动强度，且能保证流量(水量)测验成果质量。

断面整治分为全断面及边坡护砌两种。对于断面较宽的站点可以只对两岸边坡做护砌，采用M10浆砌石护坡，护坡厚400 mm，下设200 mm厚碎石垫层和一层土工布($300\ g/m^2$)，基础截面1 000 mm×1 000 mm。对山区站点或断面较窄的站点，可使用全断面整治，即护坡并护底，做法同上，见图4-8。

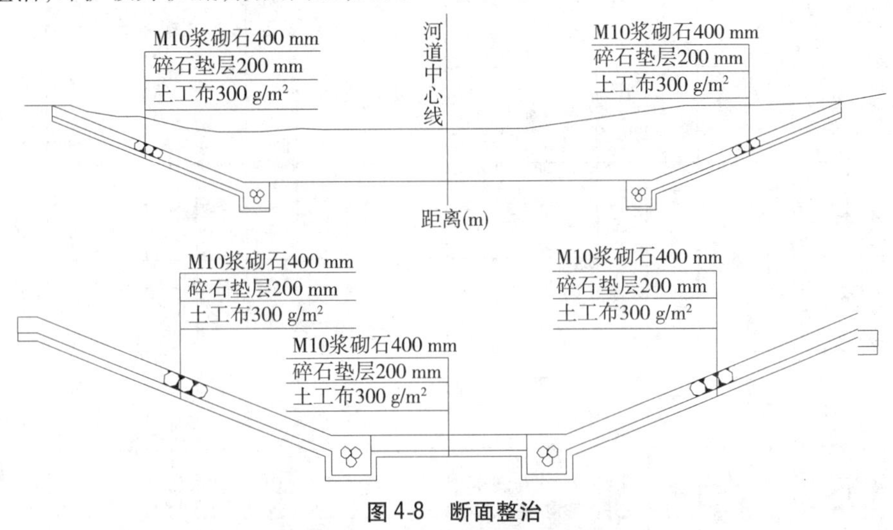

图4-8 断面整治

4.2.7.4 典型配置及投资

以测流槽及断面整治作为典型进行投资测算。测流槽典型设计分4种方案，分别是宽度5 m以内的测流、宽度10 m以内的测流槽、宽度50 m以内的全断面渠道化、宽度200 m以内的全断面渠道化。估算投资分别为162.36万元、200.15万元、256.82万元、445.74万元，建议规划匡算分别为150万元、200万元、250万元、450万元。水位在线推流法典型设计详见表4-8。

4.2.8 比降面积法在线推流

比降面积法测流主要实用于河道顺直、河槽稳定、糙率易于确定的河流。需要的设施设备较少，但流量测验精度受糙率的选用影响较大。比降面积法是在上下游建设2处水位自记设备，在线推流。典型设计按水位设施及水位自记仪器分别使用气泡式水位计管道敷设，气泡式水位计；混凝土自立式水位观测平台，浮子式水位计；钢管式浮子式水位计安装平台，浮子式水位计；钢管支架雷达式水位计4种方案进行估算。投资估算分别为346.24万元、368.91万元、331.12万元、327.81万元，综合分析规划建议采用比降面积法推流的测站匡算投资按350万元计算。比降面积法在线推流典型设计详见表4-9。

表 4-8　水位在线推流法典型设计

序号	工程或项目名称	单位	测流槽（宽度 5 m 以内）			测流槽（宽度 10 m 以内）			全断面渠道化（宽度 50 m 以内）			全断面渠道化（宽度 200 m 以内）		
			数量	单价（万元）	合计（万元）	数量	单价（万元）	合计（万元）	数量	单价（万元）	合计（万元）	数量	单价（万元）	合计（万元）
第一部分　建筑工程					33. 69			63. 69			108. 69			258. 69
一	测验河段基础设施				1. 67			1. 67			1. 67			1. 67
1	断面标志牌	个	3	0. 15	0. 45	3	0. 15	0. 45	3	0. 15	0. 45	3	0. 15	0. 45
2	断面标志杆	个	6	0. 12	0. 72	6	0. 12	0. 72	6	0. 12	0. 72	6	0. 12	0. 72
3	测站标志	个	1	0. 5	0. 5	1	0. 5	0. 5	1	0. 5	0. 5	1	0. 5	0. 5
二	水位观测设施				6. 4			6. 4			6. 4			6. 4
1	水尺	根	7	0. 15	1. 05	7	0. 15	1. 05	7	0. 15	1. 05	7	0. 15	1. 05
2	悬臂型水位自记平台	座	1	5	5	1	5	5	1	5	5	1	5	5
3	设施设备防雷	套	1	0. 35	0. 35	1	0. 35	0. 35	1	0. 35	0. 35	1	0. 35	0. 35
三	降水观测设施				0. 62			0. 62			0. 62			0. 62
1	降水观测场	处	1	0. 62	0. 62	1	0. 62	0. 62	1	0. 62	0. 62	1	0. 62	0. 62
四	流量测验设施				25			55			100			250
1	测流槽	处	1	25	25	1	55	55						
2	断面渠道化整治	项							1	100	100	1	250	250
五	生产业务用房													
1	生产业务用房													
六	附属设施													

续表 4-8

序号	工程或项目名称	单位	测流槽（宽度 5 m 以内）			测流槽（宽度 10 m 以内）			全断面渠道化（宽度 50 m 以内）			全断面渠道化（宽度 200 m 以内）		
			数量	单价（万元）	合计（万元）	数量	单价（万元）	合计（万元）	数量	单价（万元）	合计（万元）	数量	单价（万元）	合计（万元）
第二部分	仪器设备及安装				102. 39			102. 39			102. 39			102. 39
一	降水观测设备				1. 4			1. 4			1. 4			1. 4
1	翻斗式自记雨量计	台	1	1. 4	1. 4	1	1. 4	1. 4	1	1. 4	1. 4	1	1. 4	1. 4
二	水位观测设备				5			5			5			5
1	雷达式水位计	台	1	5	5	1	5	5	1	5	5	1	5	5
三	报汛通信设备				2. 85			2. 85			2. 85			2. 85
1	远程测控终端(RTU)	台	1	0. 8	0. 8	1	0. 8	0. 8	1	0. 8	0. 8	1	0. 8	0. 8
2	GSM/GPRS 模块	个	1	0. 12	0. 12	1	0. 12	0. 12	1	0. 12	0. 12	1	0. 12	0. 12
3	卫星通信终端及天馈线	套	1	1. 8	1. 8	1	1. 8	1. 8	1	1. 8	1. 8	1	1. 8	1. 8
4	太阳能电池板及支架（40 W）	套	1	0. 05	0. 05	1	0. 05	0. 05	1	0. 05	0. 05	1	0. 05	0. 05
5	蓄电池(100 Ah)	块	1	0. 08	0. 08	1	0. 08	0. 08	1	0. 08	0. 08	1	0. 08	0. 08
四	流量测验设备				59. 4			59. 4			59. 4			59. 4
1	常规流速仪	套	3	0. 4	1. 2	3	0. 4	1. 2	3	0. 4	1. 2	3	0. 4	1. 2
2	流速测算仪	个	2	0. 6	1. 2	2	0. 6	1. 2	2	0. 6	1. 2	2	0. 6	1. 2
3	测深仪	个	1	2	2	1	2	2	1	2	2	1	2	2
4	走航式 ADCP	套	1	30	30	1	30	30	1	30	30	1	30	30
5	遥控船	个	1	25	25	1	25	25	1	25	25	1	25	25
五	泥沙设备				21. 64			21. 64			21. 64			21. 64

续表 4-8

序号	工程或项目名称	单位	测流槽（宽度 5 m 以内）			测流槽（宽度 10 m 以内）			全断面渠道化（宽度 50 m 以内）			全断面渠道化（宽度 200 m 以内）		
			数量	单价（万元）	合计（万元）	数量	单价（万元）	合计（万元）	数量	单价（万元）	合计（万元）	数量	单价（万元）	合计（万元）
1	采样器	个	2	0. 12	0. 24	2	0. 12	0. 24	2	0. 12	0. 24	2	0. 12	0. 24
2	电子天平	个	1	1	1	1	1	1	1	1	1	1	1	1
3	烘箱	个	1	0. 4	0. 4	1	0. 4	0. 4	1	0. 4	0. 4	1	0. 4	0. 4
4	在线测沙仪	台	1	20	20	1	20	20	1	20	20	1	20	20
六	测量设备				12. 1			12. 1			12. 1			12. 1
1	水准仪	台	1	0. 1	0. 1	1	0. 1	0. 1	1	0. 1	0. 1	1	0. 1	0. 1
2	全站仪	台	1	10	10	1	10	10	1	10	10	1	10	10
3	测距仪	台	1	2	2	1	2	2	1	2	2	1	2	2
第一至二部分合计					136. 08			116. 08			211. 08			361. 08
第三部分　独立费用					11. 52			15. 87			22. 39			44. 14
1	建设管理费				3. 18			4. 38			6. 18			12. 18
2	工程监理费				2. 38			3. 28			4. 63			9. 13
3	科研勘测设计费				5. 96			8. 21			11. 58			22. 83
第一至三部分合计					147. 6			181. 95			233. 47			405. 22
基本预备费					14. 76			18. 20			23. 35			40. 52
静态投资					162. 36			200. 15			256. 82			445. 74

表4-9　比降面积法在线推流

序号	工程或项目名称	单位	气泡式水位计			混凝土浮子式水位计			钢管式浮子式水位计			雷达式水位计		
			数量	单价（万元）	合计（万元）	数量	单价（万元）	合计（万元）	数量	单价（万元）	合计（万元）	数量	单价（万元）	合计（万元）
第一部分　建筑工程					176.24			200.24			170.24			160.24
一	测验河段基础设施				4.17			4.17			4.17			4.17
1	断面标志牌	个	3	0.15	0.45	3	0.15	0.45	3	0.15	0.45	3	0.15	0.45
2	断面标志杆	个	6	0.12	0.72	6	0.12	0.72	6	0.12	0.72	6	0.12	0.72
3	测站标志	个	1	0.5	0.5	1	0.5	0.5	1	0.5	0.5	1	0.5	0.5
4	测验码头及护岸	项	1	2.5	2.5	1	2.5	2.5	1	2.5	2.5	1	2.5	2.5
二	水位观测设施				28.45			52.45			22.45			12.45
1	水尺	根	14	0.15	2.1	14	0.15	2.1	14	0.15	2.1	14	0.15	2.1
2	直立型水位自记平台	座				2	25	50	2	10	20			
3	悬臂型水位自记平台	座										2	5	10
4	气泡式水位计水位观测平台	座	2	13	26									
5	设施设备防雷	套	1	0.35	0.35	1	0.35	0.35	1	0.35	0.35	1	0.35	0.35
三	降水观测设施				0.62			0.62			0.62			0.62
1	降水观测场	处	1	0.62	0.62	1	0.62	0.62	1	0.62	0.62	1	0.62	0.62
四	流量测验设施				126			126			126			126
1	测验河段整治	处	1	126	126	1	126	126	1	126	126	1	126	126
五	生产业务用房				12			12			12			12
1	生产业务用房	m^2	60	0.2	12	60	0.2	12	60	0.2	12	60	0.2	12
六	附属设施				5			5			5			5

续表 4-9

序号	工程或项目名称	单位	气泡式水位计			混凝土浮子式水位计			钢管式浮子式水位计			雷达式水位计		
			数量	单价（万元）	合计（万元）	数量	单价（万元）	合计（万元）	数量	单价（万元）	合计（万元）	数量	单价（万元）	合计（万元）
第二部分	仪器设备及安装				106.15			100.15			100.15			108.15
一	降水观测设备				0.16			0.16			0.16			0.16
1	翻斗式自记雨量计	台	1	0.16	0.16	1	0.16	0.16	1	0.16	0.16	1	0.16	0.16
二	水位观测设备				10			4			4			12
1	气泡式水位计	台	2	5	10									
2	浮子式水位计	台				2	2	4	2	2	4			
3	雷达式水位计	台										2	6	12
三	报汛通信设备				2.85			2.85			2.85			2.85
1	远程测控终端(RTU)	台	1	0.8	0.8	1	0.8	0.8	1	0.8	0.8	1	0.8	0.8
2	GSM/GPRS 模块	个	1	0.12	0.12	1	0.12	0.12	1	0.12	0.12	1	0.12	0.12
3	卫星通信终端及天馈线	套	1	1.8	1.8	1	1.8	1.8	1	1.8	1.8	1	1.8	1.8
4	太阳能电池板及支架（40 W）	套	1	0.05	0.05	1	0.05	0.05	1	0.05	0.05	1	0.05	0.05
5	蓄电池(100 Ah)	块	1	0.08	0.08	1	0.08	0.08	1	0.08	0.08	1	0.08	0.08
四	流量测验设备				59.4			59.4			59.4			59.4
1	常规流速仪	套	3	0.4	1.2	3	0.4	1.2	3	0.4	1.2	3	0.4	1.2
2	流速测算仪	个	2	0.6	1.2	2	0.6	1.2	2	0.6	1.2	2	0.6	1.2
3	测深仪	个	1	2	2	1	2	2	1	2	2	1	2	2
4	走航式 ADCP	套	1	30	30	1	30	30	1	30	30	1	30	30

续表 4-9

序号	工程或项目名称	单位	气泡式水位计			混凝土浮子式水位计			钢管式浮子式水位计			雷达式水位计		
			数量	单价（万元）	合计（万元）	数量	单价（万元）	合计（万元）	数量	单价（万元）	合计（万元）	数量	单价（万元）	合计（万元）
5	遥控船	个	1	25	25	1	25	25	1	25	25	1	25	25
五	泥沙设备				21.64			21.64			21.64			21.64
1	采样器	个	2	0.12	0.24	2	0.12	0.24	2	0.12	0.24	2	0.12	0.24
2	电子天平	个	1	1	1	1	1	1	1	1	1	1	1	1
3	烘箱	个	1	0.4	0.4	1	0.4	0.4	1	0.4	0.4	1	0.4	0.4
4	在线测沙仪	台	1	20	20	1	20	20	1	20	20	1	20	20
六	测量设备				12.1			12.1			12.1			12.1
1	水准仪	台	1	0.1	0.1	1	0.1	0.1	1	0.1	0.1	1	0.1	0.1
2	全站仪	台	1	10	10	1	10	10	1	10	10	1	10	10
3	测距仪	台	1	2	2	1	2	2	1	2	2	1	2	2
第一至二部分合计					282.39			300.39			270.39			268.39
第三部分　独立费用					32.37			34.98			30.63			29.62
1	建设管理费				8.93			9.65			8.45			8.17
2	工程监理费				6.70			7.24			6.34			6.13
3	科研勘测设计费				16.74			18.09			15.84			15.32
第一至三部分合计					314.76			335.37			301.02			298.01
基本预备费					31.48			33.54			30.10			29.80
静态投资					346.24			368.91			331.12			327.81

第5章 建设规划“一站一策”方案编制提纲

为确保规划编制质量，增强各类水文站和县、市级水文中心站建设规划编制内容的针对性、先进性和可操作性，切实提高测报现代化水平，补足水文测验方式方法传统老化、自动监测能力低下的短板，增强规划编制的深度，特制订“一站一策”规划方案编制提纲。

本方案适用于国家基本水文站和专用水文站。对于水位站建设规划的编制，可参照本方案编制提纲执行。

5.1 基本情况

5.1.1 测站位置

简要说明测站类别、所属勘测局、设站时间、地点位置、经纬度、所在河流、集水面积等，并附测站位置图。

5.1.2 河段特点

简要说明测验河段情况，包括顺直河长、河槽稳定及控制情况，断面岔流、串沟、回流及缓流(表面流速低于0.3 m/s)出现情况等，测站高、中、低水控制方式，历史最高水位和最低水位，河段地质地貌情况，上下游水利工程情况，是否行船及其频度，河段桥梁情况(桥面距离平水期的大致高度)等。附测验河段实景图至少3张，图片应能全面反映河段特点。

5.1.3 断面情况

说明断面布设情况及测流断面宽度，提供大断面资料。附2000年以来或建站后受附近水利工程影响以来6个代表年(丰、平、枯各2年)汛前大断面、最高洪水位实测断面、断面冲刷极值(最大冲刷、最高淤积)套绘图1张。

5.1.4 水沙特性

主要考虑与测验方案、设施布设及设备装备等直接相关的水沙特性。说明洪水特性；冲淤变化情况；高、中、低水流分布情况(提供分布图表)；水位流量关系情况；单沙测验方法，单断沙关系代表性情况；在2000年以来或建站后受附近水利工程影响以来选取6个代表年(丰、平、枯各2年),分别统计代表年度内基流(低水)、中高水的天数和相应流量,低含沙量的天数(应结合测站实际分析论证)。

5.2　测站定位及测验方案

5.2.1　测站定位

说明设站目的,结合长系列资料积累情况,按照流域治理及强监管等新要求和规划建设水文站分类方案,对测站功能进行评价,论证测站地位和作用,明确主要为水灾害防御、水资源管理、生态保护等哪些工作服务,确定测站新定位。

5.2.2　测验任务新要求

按照测站功能定位,在做好资料分析的基础上,积极与上级相关技术部门沟通协调,明确测验任务新要求,以水灾害防御为主的测站应梳理低水监测任务新要求,以水资源管理为主的测站应梳理高洪监测任务新要求,对生态流量监测及浅水小流量监测任务新需求等;适应水利强监管,哪些水文要素什么时候要加强监测等。

5.2.3　测验方案确定

按照测站新定位和任务新要求,结合水沙特性,适度超前,依照第4章水文要素监测现代化方法及实现途径,充分利用先进测报技术手段,强化管理和技术并重,分要素、分时段确定测验方案和通信传输方案,力争全面实现水文信息采集自动化、信息传输网络化、信息处理智能化、信息服务多样化。

5.2.3.1　水位

可结合实际合理选择布设相应长期自记水位计,力争实现全天候、全时段、全量程在线监测;若单一设备不能实现全量程、全天候,可分时段和分区段选择多种设备,如冰期可采取观测井内加热配套自记水位计或岸边安装加热式电子水尺等实现在线监测;若单纯依靠设备不能满足全天候要求,应从管理措施入手,论证委托观测或巡测的可能性等。

5.2.3.2　流量

对于水位流量关系单一线部分,优先通过水位推流,辅以巡测设备实现定期、定点人工校测。

对于非单一线部分水文测站,应结合其各自水沙特性,充分考虑测流设备的适用性,分类、分级确定测流方案,配置必要的测流设备和设施。暴涨暴落的山溪河流测站低水可通过建设测流槽、测流堰或河道整治等工程措施实现单值化;高水可装备雷达波或侧扫雷达实现在线监测,辅以远程监控测量水深或借助断面推算。常年有一定基流和水深的大河站，应充分考虑 HADCP、VADCP、走航式 ADCP、雷达波类表面流速设备、远程操控缆道测流系统等相关设备实用性搭配，分时段论证在线或自动测流的实现程度。若依靠工程措施和设备均不适宜，应结合测站新定位，加强分析各级流量的精度要求，从管理措施着手，分时段论证放宽监测要求（比降面积法、指标流速法、落差指数法等）、巡测、间测的可行性，条件适宜时也可考虑设立必要的辅助测流断面。

5.2.3.3 泥沙

结合各级含沙量年内分布，优先考虑低含沙期巡测的可能性；论证高含沙期间委托取沙、在线测沙设备等多种方案的可行性。泥沙在线监测设备装备方案应充分分析泥沙横向分布，做好代表线选取工作。

5.2.3.4 降水

可结合实际选择相应自记降水观测设备，保证全天候在线监测。有常年观测任务的测站，应优先考虑兼容观测固态降水的观测设备，并根据测站对资料收集的需求，选择不同分辨率和测验精度的传感器。

5.2.3.5 蒸发

可结合实际选择相应蒸发自动观测设备，保证全天候在线监测，并安装 E601 蒸发器备测，以便人工校准和复核自动监测蒸发站的精度；冬季有观测任务测站，应结合测站新定位，分析累计观测的可行性。

5.2.3.6 气象、水温

可结合实际选择相应要素的观测设备，按照各要素监测规范要求实现在线监测。

5.2.3.7 其他要素

若测站涉及水质水生态任务，可按巡测管理，装备相应仪器设备。

5.2.3.8 视频监控

应围绕站院安全、河势及水位远程校核监视、设施设备安全运行等合理布设视频监控设备。

5.2.3.9 通信传输方案

测站各类要素前端采集信息直接传至所属水文测控中心，驻测站应同时传至本站存储和显示，测站人工测验要素或校准处理数据应可通过测站服务器上传至所属水文测控中心。

水情等文本数据优先采用移动通信信道，北斗卫星信道备份；视频数据优先采用有线网络传输方案，可结合属地网络情况选取专网或固定 IP 商务宽带，移动通信信道备份。各类信道应优先保证水情信息安全有效传输，主备信道应可实现自动切换。

5.3 现状与存在问题

5.3.1 现状

主要说明测站任务书规定各水文要素监测设施设备建设及运行情况、网络现状及传输方案等，以及测站属地移动通信、网络、供电、供水、交通等现有外部条件情况。

5.3.2 存在问题

对照测验方案，结合现状及外部条件，逐要素、有针对性地分析存在的问题和不足。对于现有站点提档升级的，主要分析各水文要素现有监测方式、设施是否能满足水文现代化目标，总结不足之处，尤其是流量等核心监测要素，要叙述本站单值化成果情况，以便对号施策。

5.4 建设目标与任务

5.4.1 建设目标

根据前述明确的测站定位和拟订的测验方案，确定建设目标，明确建成后的管理模式和测验方法。管理模式包括驻测、巡测、驻巡结合等，巡测应说明巡测方案，驻巡结合应明确驻巡时间划分及划分依据等。测验方法包括自动测报和人工测报，不能达到自动测报时应分要素、分时段说明自动化程度。

5.4.2 建设任务

在分析当前设施设备能否继续支撑拟订测验方案的基础上，对照测验方案，结合测站建设外部条件，补短板，强弱项，分要素提出本次建设任务和需求，初步提出主要设施的布设方案，主要设备初步选型及装备方案，配套通信组网方案等。主要技术手段见表5-1。

5.5 投资估算

结合以往造价指标和测站实施难度，适当扩大系数，初步估算投资规模，预备费按10%计取。

表 5-1　主要技术手段一览表(供参考,不限定)

类别	测验项目	设备和技术	优点	局限性	适用条件	实现功能目标
测验设备	水位监测	雷达式水位计	可靠性高,非接触水体	游荡性河道易脱流,冰期无法观读	需要较为稳定的断面	水位自动监测
		气泡式水位计	观读范围大,安装简单	传感器要沉入水中,高泥沙河流中使用易堵塞气泡孔	水位年变幅大,且精度要求较高的低含沙量断面	水位自动监测
		视频自动识别水尺	结合人工水尺板进行图像识别,后端处理,适用度好	精度相对较低,需要进行视频系统安装,受光线影响较大,水尺板经常污浊,将大大降低其观测精度	作为其他水位计的补充,适用于能安装摄像头视频传输且仍需要放置临时水尺的断面	水位自动监测
		电子水尺	安装便捷,优先考虑非陡涨陡落断面、水体较好的断面	高含沙水流水位变动频繁或急剧时由于泥沙及水中杂质黏连特性导致无法实时响应,可靠性有待提高,对水质有一定要求	非长期观测断面; 非陡涨陡落断面; 水体较好的断面	水位自动监测
		浮子式水位计	可靠性高,稳定	配套设施建设烦琐,对断面稳定性有一定要求	雷达式水位计无法使用且有观测井的断面	水位自动监测
		冰期建议方案	(1)依托自记观测井,结合电子水尺、雷达式水位计; (2)岸边安装加热式电子水尺			
	气象监测	双翻斗式雨量计	可靠性高,稳定,大雨强下表现良好	小降水量时一致性不高,干燥地区需要考虑浸润误差		液态降水自记

续表 5-1

类别	测验项目	设备和技术	优点	局限性	适用条件	实现功能目标
测验设备	气象监测	称重式雨雪量计	可观测固态降水，小降水量表现良好	大雨强稳定性较差，多暴雨区无法使用，成本较高	有固态降水且天数较多，无大雨强地区，不适于遥测	液态、固态降水自记
		融雪式雨量计	冬季固态降水适用	消融会有蒸发误差出现	有固态降水且天数较多，功率大，不适于遥测	液态、固态降水自记
		光学式降水监测系统	非接触，全自动免维护，误差因素小	成本较高	将来考虑方向，还有待比测分析	液态、固态降水自记
		全自动蒸发监测系统	精度高，全自动，受地表温度影响小，自动抵消蒸发池水面波浪和水体热胀冷缩对蒸发数据的影响	仪器安装烦琐	基本可用于E601适用的场地	蒸发量自记
		气象六要素（六要素是气温、气压、湿度、风向、风速和总辐射）	集成度高，非机械结构，适用度高，体积小	—	大多数需要观测气象的地区	气象自记
		岸温水温	自动观测	—	大多数需要观测水温的地区	水温自记
	流量巡测	走航式 ADCP（含沙量）	精度高、自动化程度高、对断面要求低、测验速度快、过程可重现、可测全断面流量	高含沙或大波浪时无法使用、需要有渡河设施设备	频率 600 kHz：最小水深 30～50 cm，走航最大含沙量 10 kg/m³，垂线测流最大含沙量 25 kg/m³。 频率 1 200 kHz：最小水深 20 cm 左右，走航极限最大含沙量小于 8 kg/m³	高中低水、低含沙量高精度流量巡测
		SVR 手持雷达枪	非接触，携带方便，测量速度快	只能观读水面点流速，精度低，受操作和环境影响较大	适用于应急抢测，非固定断面的快速巡测，需要有过河设施	快速抢测、巡测

续表 5-1

类别	测验项目	设备和技术	优点	局限性	适用条件	实现功能目标
测验设备	流量在线监测	雷达波类非接触测流系统（多探头）	非接触，适用于泥沙河流、中高水测流	冲淤变化较大的断面无法适用，同时不适用于低流速测流	固定、稳定且水面流速代表性好的断面，且有长期连续监测需求	全天候流量连续、定时在线监测
		雷达波类非接触测流系统（自行走）	非接触，适用于泥沙河流、中高水测流	受缆道因素影响较大，冲淤变化较大的断面无法适用，同时不适用于低流速测流	固定、稳定的断面快速监测	流量定时、遥控在线监测
		雷达波类非接触测流系统（侧扫雷达）	非接触，无须建设过河设施	成本高，具体情况未知	正处于比测阶段	全天候流量连续、定时在线监测
		水平式 ADCP	精度高、自动化程度高、测验速度快、过程可重现、可实现流量在线监测	需要断面稳定、有稳固的入水设施，对断面宽度也有一定要求，不适合于宽浅型河流的测量断面	低含沙时期较长，断面有监测任务的且河道无摆动的断面	低含沙量流量较高精度的定时在线监测
		远程操控缆道测流系统	传统缆道升级以视频监控为基础的远程测控系统： （1）铅鱼打深，流速仪测速，解决了中低水测流问题。 （2）铅鱼打深、流速仪和雷达测速三种工作模式，需建设测控中心，实现测流全覆盖。 （3）铅鱼打深、ADCP 测深测速、雷达测速三种工作模式，需要建设测控中心，实现了高精度测流全覆盖	系统较为复杂，对各环节操作要求较高，远程控制需要有稳定的网络环境	网络条件较好，且有完整的过河缆道设施，可以实现三种方式测流，是传统缆道的升级，在洪水中可代替浮标实现抢测	断面控制，在线设备率定，相控阵 ADCP 自动测流，低中水远程测验，高水洪峰抢测

续表 5-1

类别	测验项目	设备和技术	优点	局限性	适用条件	实现功能目标
测验设备	泥沙监测	同位素在线测沙仪	点含沙量实现自动直接观读，含沙量过程实现控制	同位素源安全需要保护，对所处位置垂线含沙量代表性要求较高，低水期、枯水期和冰期无法适用	有人看护、断面条件较好的地区	泥沙单沙过程在线监测
		振动式测沙仪				
	水下地形绘制	多波束测深仪	可生成水下河段的三维地形图，精度高，效果好	成本高，对测验人员有相关的技术要求，安装烦琐		水下地形测绘，河段流场分析
	冰期	电磁流速仪	集成度高，操作简单，实用性强，功耗低，封冻期应用开孔小，可测冰花流速，且不挂冰	半自动，需要人工进行测验	封冻断面，需要开冰孔测流断面	搭配手钻式打冰器，可大幅减轻冰上作业强度
		无人机系统（无人机冰情观测、无人机测流系统）	高空拍摄，冰情直观，测流无须人员涉水作业	受天气影响较大，无法在4～5 级以上风力情况下运行	有冰情观测任务的测站，有冰期流量观测任务的测站	对河段冰情有更宏观的认识，更好地把握凌情变化，极大减轻未封冻断面流量测验强度
通信网络	有线传输方案（可结合属地网络实际选取）	村村通	价格低，易接入，有互联网出口	无固定 IP，不能通过内网进行信息交换	不宜作为水情网络通信	可通过运营商升级为固定 IP 商务宽带
		固定 IP 商务宽带	价格低，易接入，具有固定 IP，有互联网出口，同时可以组建 VPN 满足内网的应用	相对专线不稳定	需配备相应的网络及网络安全设备进行组网	满足数据传输； 满足视频在线； 满足设备在线监控； 跨区域延迟低的情况下实现设备远程遥控

续表 5-1

类别	测验项目	设备和技术	优点	局限性	适用条件	实现功能目标
通信网络	有线传输方案(可结合属地网络实际选取)	专线	具有固定 IP,延迟低、保障率高、稳定、安全性高	价格高,无互联网出口	需配备相应的网络及网络安全设备,组网	满足大量数据安全、快速传输
	无线传输方案	移动通信	运行维护费用一般,稳定可靠	受地域限制,某些区域无信号	可传输视频,但不稳定	采集设备数据传输; 信号稳定时可满足视频监控需求
		短波电台	运行维护费用低,短距离内不受地域限制	受环境影响较大,稳定性差,数据传输速率低	主要用于近距离传输,远距离传输需要建设中继站	站内采集设备数据传输
		卫星通信	稳定可靠,不受地域限制	运行维护费用高,带宽有限		报文、测站数据整合传输

第 6 章　河南省水文现代化建设规划

按照新时期“节水优先、空间均衡、系统治理、两手发力”十六字治水方针，水利部提出了“水利工程补短板、水利行业强监管”的水利改革发展总基调。推动水利现代化是全面建设社会主义现代化国家的重大任务，是解决发展不平衡、不充分问题的重要举措，是推动经济社会高质量发展的必然选择。水文作为水利工作和经济社会发展的重要支撑，是“水利工程补短板”的重要组成部分，是“水利行业强监管”的重要基础。2019 年，全国水利工作会议强调要调整优化水文站网体系建设，全面提升水文监测、预测预报和服务支撑能力，使水文成为水利行业监管的“尖兵”和“耳目”。

6.1　现状与形势

6.1.1　现状及成效

近年来，河南省水文部门以习近平新时代中国特色社会主义思想为指导，深入贯彻落实习近平总书记关于治水工作的重要论述和重要指示批示精神，按照党中央、国务院的重大决策部署，积极践行“节水优先、空间均衡、系统治理、两手发力”的治水思路，深入落实“水利工程补短板、水利行业强监管”的水利改革发展总基调及河南省“四水同治”战略部署，围绕积极提升水文基础支撑能力，进行了一系列水文基础设施工程建设，水文站网进一步充实完善，水文基础设施和技术装备总体水平大幅提升，水文监测和服务能力显著增强，在防汛抗旱减灾、水资源管理保护、水生态环境修复、饮用水安全保障、水土流失治理和突发性水事件应急处置等方面发挥了重要作用，为国民经济建设和社会发展提供了重要支撑和保障。

6.1.1.1　现状

1. 水文站网

根据史料记载，河南省从清代就已经开始现代意义上的水文观测，而建立正规的水文测站则始于中华民国时期，1919 年在淮河干流设立第一个水文站——三河尖水文站。中华人民共和国成立后，经过五次大规模的站网调整，河南省已形成了比较完善的水文基本骨干站网。“十二五”以来，随着国家加强中小河流治理和山洪地质灾害防治工作的开展，中小河流水文监测系统建设作为重要的非工程措施之一，在全省 200 ~ 3 000 km^2 中小河流上新建了 241 处水文巡测站、136 处水位站、2 158 处雨量站等一大批专用水文站。

截至 2018 年底，河南省水文系统共有各类水文监测站网 7 376 处。其中，水文站 367 处(其中国家基本水文站 126 处、水文巡测站 241 处)、水文中心站 66 处、水位站 168 处(其中人工值守水位站 32 处、遥测水位站 136 处)、遥测雨量站点 3 876 处、墒情自动监测站 106 处；水质监测站 277 个；地下水监测井 2 516 眼(其中人工监测井 1 695 眼、自动监测井 821 眼)。水文站、雨量站、地下水监测站站网密度分别为 22.0 站/万 km^2、202 站/万 km^2、150.7 站/万 km^2。监测要素主要有水位、流量、降水、蒸发、水质、泥沙、地下水、冰情、水温、墒情等,初步形成了种类齐全、功能较为完善的水文站网体系。

1)江河防洪方面

河南省流域面积 3 000 km^2 及以上的河流有 27 条,已基本实现水文监测全覆盖。流域面积 200~3 000 km^2 有防洪任务的中小河流有 205 条,其中有重点防洪任务的 164 条中小河流均布设了水文站点,基本形成了中小河流水文站网监测体系。全省 27 座大型水库和 121 座中型水库已实现了水文监测全覆盖,2 510 座小型水库中 2 435 座还没有水文监测预警设施。全省暂未开展城市水文监测预警工作。

2)水资源方面

目前,河南省已开展 80 个市、县界断面水资源监测(其中市界 18 处、县界 62 处),地下水监测站点 1 695 处,基本形成覆盖全省主要平原区的地下水监测站网。

3)水环境水生态方面

河南省现有地表水水质监测断面 221 个,对国家基本水文站和全省重要的水源地进行水量水质同步监测。

4)科学实验和基础研究方面

河南省现有郑州水文实验站 1 处,主要开展径流实验、蒸发实验、节水示范、海绵城市研究等水文实验研究。

2. 水文监测能力

经过多年建设,河南省水文基础设施陈旧落后的面貌发生了显著变化,整体功能明显加强。水文测验基础设施防洪测洪标准基本达标,测验设施测洪安全隐患基本消除,测验设施测洪和防洪能力大大提高。全省生产业务用房面积、结构、布局更加合理,给水排水、供电、通信等配套设施更加完善,进出交通更加便捷,供暖方式更加清洁安全,基层生产生活条件明显改善,职工工作生活环境面貌焕然一新。

近年来,随着现代科技的进步与发展,先进的科学技术和仪器设备在水文领域不断应用,河南省水文监测现代化水平得到提升,超过 90% 水文测站的雨量、水位等水文要素实现了自动监测,先进的流量、水质、泥沙监测仪器得到应用,地理信息系统、遥感系统、全球定位系统等现代技术的应用逐步扩展。

1)水文测站监测能力

目前,河南省水文部门管理的 367 处水文测站中,驻测站 88 处、驻巡结合站 38 处、巡测站 241 处,巡测比例达到 76.0% 以上。

测验设施设备配置方面:河南省现有机械缆道 76 座、在线自动测流缆道 7 处、水平式 ADCP 在线自动测流系统 1 套、水位自记平台 477 座、测船(含橡皮艇)81 艘、遥控测船 19 艘、声学多普勒流速仪 86 台、电波流速仪 79 台、测雨雷达系统 1 套、超声波测深仪 10 台、GPS 35 台、全站仪 84 台、生产业务用车 168 辆。此外,河南省省级水文应急监测队还配置有三维激光移动测量系统、无人机测流系统各 1 套。这些水文基础设施设备为河南省水文现代化奠定了基本的硬件基础。

地下水监测方面:通过国家地下水监测工程,建设了 712 处自动监测站,建立了省地下水信息管理中心和17个市分中心,实现对全省主要平原区地下水动态实时监测。

监测要素方面:全省液态降水量、重要监测断面水位、墒情、主要平原地下水动态已实现自动测报;ADCP、电波流速仪等现代化测流仪器在全省大部分站点应用,自动在线测流缆道、水平式ADCP在部分重要监测断面开展建设试运行,流量测验现代化水平有了一定提高;GPS、全站仪、测深仪等先进测量仪器和技术在河道测量中得到普遍应用。

从总体监测手段看,水文站、水质站自动监测率偏低。

2)水文巡测基地监测能力

全省现已组建1处省级水文巡测基地、18处地市级水文巡测基地、37处县级水文测报分中心(水文巡测基地),78处国家基本水文站和147处水文巡测站实现了测区驻测与巡测相结合管理新模式。各级水文巡测基地配置了流速仪、超声波测深仪、多普勒流速剖面仪、全站仪等各类仪器设备1 200台(套),基本能满足巡测要求。

3)水质监测能力

全省已建成省级水质监测中心1处,市级水质监测分中心9处,省中心及分中心现有仪器设备555台(套),10万元以上仪器设备115台(套)。主要设备有流动分析仪、等离子体原子发射光谱质谱联用仪、离子色谱仪、气相色谱仪、液相色谱仪、气相色谱质谱联用仪、全自动红外测油仪、原子吸收仪、原子荧光仪、TOC测定仪、微波消解仪等大型仪器及其他附属仪器。

按照《地表水环境质量标准》(GB 3838—2002)、《地下水质量标准》(GB/T 14848—2017)、《生活饮用水卫生标准》(GB 5749—2006)不重复监测指标158项要求,省级水质中心平均监测能力83项,市级分中心平均监测能力41～53项,水质化验室检测能力仍显不足,还有9个地级市缺少水质化验分中心。

4)水文应急监测能力

全省自上而下成立省水文应急监测队1处,市水文应急监测队18处,配备有ADCP、遥控测船、无人机、桥测车等应急监测设备,通过多年实战及针对性演练,水文应急监测能力不断增强,特别是在应对淮河干流突发洪水、2016年"7·19"卫河安阳特大暴雨洪水、豫西山洪灾害、2018年"温比亚"豫东平原区洪水内涝等突发水事件中,水文系统迅速启动应急测报预案,调遣水文应急监测突击队,在第一时间赶赴现场果断处置,及时提供事发区域各类水文监测信息和分析预测数据,为抗洪抢险减灾指挥决策提供了科学依据。

3.水文信息服务

在信息处理和传输方面,卫星通信、计算机广域网络、GSM等多种现代通信手段广泛应用,实现了全省雨水情信息实时传输。2018年起全省遥测雨量全部代替人工观测报汛,雨量站信息通过GSM信道直接发至省水情中心,然后由省水情中心转发至国家防办、四大流域机构、相邻省份、各市水情分中心、各县防办等100多家单位使用,报汛时段由以前的人工报汛最短2小时1报,发展成10分钟有雨即报,大大增加了信息收集速度及时效。报汛站由2012年的1 049处增加到2018年的3 876处,信息量由2012年的8万份增至2018年的1 600万份,报汛能力显著增强。

在洪水预报方面,截至2018年底,河南省具有开展洪水预报条件的水文站共有110个,预报范围覆盖了全省主要河流,241个中小河流站、78个重点中型水库也相继建立了预报预警系统。预报方法除常规的经验方案外,新安江模型、分布式新安江模型、地貌单位线、混合产流模型等也在河南省洪水预报中得到应用,及时准确的情报预报服务为河南省战胜历次大洪水做出了突出贡献。

在水文信息服务方面,围绕水利中心工作,建成了以河南省水文水资源局为中心、18个水文水资源勘测局为二级节点的全省水文防汛计算机网络系统,各单位建成了信息网络机房,配置了防火墙、交换机、服务器、UPS等设备,为水文信息化工作的开展提供了适宜的网络环境。建成了由河南省水文水资源局、18处市级水文水资源勘测局、34处水文站组成的远程视频防汛会商系统;建成了河南水文信息网网站群系统、综合办公系统、档案管理系统、水文设施设备管理系统和水文监测人员档案信息管理系统,提高了办公效率和管理水平;建设了应急监测通信系统、水文站网管理系统、水文数据管理服务应用系统、水质监测与评价信息服务系统、水雨情遥测系统、卫星云图接收系统、中小河流预警预报系统、重点水库洪水灾害预警系统和水雨情信息交换系统,提高了服务防汛减灾、水资源管理、水环境治理的水平;为实现对全省防汛重点水文站和水位站的水情、水势的实时监控,建设了水文远程视频监控系统,为各级领导和防汛部门的防汛决策提供了及时、直观、可靠的依据。对历史水文数据进行了全面的录入整理,完善了水文数据库,更好地发挥了水文的基础支撑作用。

4. 水文管理

1)创新管理模式和运行方式

积极推进水文监测管理改革。河南省水文系统自2014年启动水文测报管理改革工作,经过3年的不断调研、征询意见、邀请专家指导,编制完成《河南省水文监测管理改革方案》。2016年8月19日,河南省水利厅对方案进行了批复,成为全国水文系统首家通过主管部门行政审批的水文监测管理改革方案,得到了水利部的肯定与表扬。《河南省水文监测管理改革方案》将全省划分为65个水文测区,建立了以"巡测为主、驻测为辅、应急补充"的水文监测新模式,可以最大限度地满足大量增加的水文监测任务和服务县级经济社会发展的需要,保障水文事业良性发展,拓展水文服务和发展空间。

2)水文标准体系开始建立

在部颁标准的基础上,结合河南省社会经济发展现状,出台了《河南省水文业务定额》、《水文数据整理汇编标准》(DB41/T 1599—2018)、《地下水监测站建设与验收技术规范》(DB41/T 1850—2019)、《地下水自动监测井保护装置设计与安装规范》(DB41/T 1971—2020)等地方行业标准4项,初步建立起河南省水文地方行业标准体系。

3)水文技术装备研发应用

广泛引进先进技术,超声波、激光雷达和多普勒效应等技术在全省逐步推广,在河口村、五陵等站点开展了流量在线监测试点。自主研发了流量自动监测技术、视频浮标测流系统、简易缆道桥测车等测验设施设备。

4)人才培养

河南省水文水资源局高度重视人才队伍建设,不断推进培训教育的深度和广度,通过近几年的不懈努力,呈现出"四注重四增强"的特点,即:注重理念更新,对职工教育工作重要性的认识普遍增强;注重制度配套,管理的科学化、规范化程度得到增强;注重能力建设,职工教育的针对性和时效性得到增强;注重职工教育结果使用,专业技术人员参训的内动力有所增强。使干部职工的教育培养、成长进步走上良性发展轨道,人才结构和职工整体素质与水文现代化建设形势相适应,基本满足水文改革与发展对职工素质的要求,为实现水文现代化提供人才保障和智力支持。

近年来,河南省水文职工的文化素质和技能有了明显的提高,全省水文系统现有职工1 129人,其中专业技术人员884人,占全省职工总人数的78.3%。其中,教授级高级职称58人,副高级职称215人,中级职称436人。现有"河南省优秀专家"1人、全国"防汛抗旱专家"1人、"河南省十大三农科技领军人物"1人、"河南省首席科普专家"1人、"河南省青年科技人才"1人、"河南省水利青年科技专家"2人。入选国家科学技术奖励评审专家库3人、"河南省科技专家库"27人。

6.1.1.2　建设成效

近十年来,河南省水文建设项目总投资共计约8亿元。通过中小河流水文监测系统建设工程、大江大河水文监测系统建设工程和国家地下水监测建设工程等项目建设,水文站网得到充实完善,水文基础设施和技术装备总体水平得到大幅提升,水文监测和服务能力显著增强。水文工作在防汛抗旱减灾、水资源管理保护、生态环境修复、饮水安全保障、水土流失治理和突发性水事件应急处置等方面发挥了重要作用,为国民经济建设和社会发展提供了重要支撑和保障。

1. 水文站网体系日趋完善

通过中小河流水文监测系统建设工程、大江大河水文监测系统建设工程、国家地下水监测建设工程等项目,河南省水文站网不断得到充实完善。与2012年相比,水文站、雨量站、地下水监测站站网密度分别由7.5站/万 km^2、102.9站/万 km^2、101.5站/万 km^2 提高到22.0站/万 km^2、202站/万 km^2、150.7站/万 km^2;水位站由32处增加到168处。水文站网数量成倍增加,站网密度明显提高,站点布局进一步完善,水文监测空白得到弥补,水文站网整体功能得到增强,初步形成了较为完善的水文站网体系。

2. 水文监测能力持续提升

经过多年建设,河南省水文基础设施陈旧落后的面貌发生了显著变化,整体功能明显增强。水文测验基础设施防洪测洪标准基本达标,测验设施测洪安全隐患基本消除。雨量站、重要监测断面水位、墒情和主要平原区地下水动态已实现自动测报;ADCP、电波流速仪等测流仪器在全省大部分站点应用,自动在线测流缆道、水平式ADCP在部分重要监测断面开展建设试运行,流量测验自动化水平有了一定提高;GPS、全站仪、测深仪等先进测量仪器和技术在河道测量中得到普遍应用。截至2018年底,巡测车辆168辆,较2012年增加4.6倍;多普勒流速剖面仪86套,较2012年增加56.4%;电波流速仪70套,较2012年增加3.94倍;超声波测深仪12套,较2012年增加20%;全站仪84套,较2012年增加2.82倍。水文测报能力显著提高。

3. 水文巡测基地建设取得突破

河南省现有省级水文巡测基地1处、市级水文巡测基地18处、县级水文测报分中心(水文巡测基地)37处,已实现市级行政区覆盖率100%,县级基地覆盖率56.9%,省、市、县三级管理体制初步建立。依托县级基地,78处国家基本水文站和147处水文巡测站实现了测区驻测与巡测相结合的管理新模式;各级水文巡测基地均已配置流速仪、超声波测深仪、多普勒流速剖面仪、全站仪等各类仪器设备,基本满足巡测工作要求。

4. 水质监测中心得到充实

河南省现有省级水质监测中心 1 处、市级水质监测分中心 9 处,实现市级行政区水质监测分中心覆盖率 50%。省中心及分中心现有仪器设备 555 台(套),其中 10 万元以上仪器设备 115 台(套)。与 2012 年相比,原子吸收分光光度计由 10 台增加到 20 台,原子荧光光度计由 6 台增加到 15 台,气相色谱仪由 1 台增加到 10 台,离子色谱仪由 2 台增加到 12 台,红外测油仪由 2 台增加到 14 台;流动注射分析仪、液相色谱仪、电子耦合等离子发射光谱仪、电子耦合等离子质谱仪、气相色谱质谱联用仪、微波消解仪、全自动电位滴定仪、全自动固相萃取仪等先进分析设备实现从无到有,提高了全省的水质分析监测能力。

按照《地表水环境质量标准》(GB 3838—2002)、《地下水质量标准》(GB/T 14848—2017)、《生活饮用水卫生标准》(GB 5749—2006),省级水质监测中心认证检测项目 83 项,市级水质监测分中心认证检测项目 41 ~ 53 项,基本满足现阶段地表水质常规监测要求。

5. 水文应急监测体系初步建立

河南省自上而下成立省水文应急监测队 1 处、市水文应急监测队 18 处,配备有三维激光移动测量系统、无人机测流系统、遥控测船、ADCP、无人机、桥测车等水文应急监测专业技术装备,初步构建了从上至下的河南水文应急监测体系。通过多年实战及针对性演练,水文应对涉水事件的应急响应能力、现场监测能力和服务水平不断提升。特别是在应对淮河干流突发洪水、2016 年“7 · 19”卫河安阳特大暴雨洪水、豫西山洪灾害、2018 年“温比亚”豫东平原区洪水内涝、2020 年史灌河洪水等突发水事件中,水文系统迅速启动应急测报预案,调遣水文应急监测突击队,第一时间赶赴现场果断处置,及时提供事发区域各类水文监测信息和分析预测数据,为抗洪抢险减灾指挥决策提供了科学依据。

6. 水文信息服务水平不断提高

河南省现有水文基础数据库、实时雨水情数据库、地下水自动监测数据库各 1 个,为防汛抗旱减灾、工程设计、水资源管理、调度与保护、生态修复、环境保护、科学研究、交通运输、农业、水利发电等方面提供长系列水文历史信息及实时的雨水情信息,取得了较为明显的社会效益和经济效益。

通过近年来水文基础设施工程建设,全省报汛站由 2012 年的 1 049 处增加到 2018 年的 3 876 处。随着卫星通信、计算机广域网络、GSM 等多种现代通信手段广泛应用,实现了全省雨水情信息实时传输,为国家防办、四大流域机构、相邻省份、各市水情分中心、各县防办等 100 多家单位提供及时的雨水情信息,每年提供的信息量由 2012 年的 8 万份增至 2018 年的 1 600 万份,报汛能力显著增强。截至 2018 年底,具有开展洪水预报条件的水文站 110 处,预报范围覆盖全省主要河流;241 处中小河流站、78 个重点中型水库相继建立了预报预警系统。洪水预测预报预见期由 1 ~ 2 d 延长到 3 ~ 4 d,水情预报精度明显提升。水情预警发布从无到有,基本实现了省级逐步向市、县两级延伸。开展了枯水期水情信息和土壤墒情报送工作,墒情综合评估分析进一步规范化和日常化。

围绕水利中心工作,建成了以河南省水文水资源局为中心、18 个水文水资源勘测局为二级节点的全省水文防汛计算机网络系统；建成了由省、市及国家重要水文站组成的远程视频防汛会商系统；建成了河南水文信息网网站群系统、综合办公系统、档案管理系统、水文设施设备管理系统和水文监测人员档案信息管理系统，提高了办公效率和管理水平；建设了应急监测通信系统、水文站网管理系统、水文数据管理服务应用系统、水质监测与评价信息服务系统、水雨情遥测系统、卫星云图接收系统、中小河流预警预报系统、重点水库洪水灾害预警系统和水雨情信息交换系统，提高了服务防汛减灾、水资源管理的水平；建设了水文远程视频监控系统，实现了对全省防汛重点水文站和水位站的水情、水势的实时监控，为各级领导和防汛部门的防汛决策提供了及时、直观、可靠的依据。

此外，水文部门高度重视水文信息服务，不断丰富水文信息服务内容，提升水文信息服务手段，及时向政府部门和社会公众提供水文信息服务。在服务途径上，开展了包括短信群发、微信平台、水文 App 等多样化的信息发布途径，拓展了服务覆盖范围。在服务内容上，针对不同对象的服务需求，深化水文信息产品加工，有针对性地生产不同水文信息产品，开发各类水文信息数字化产品，向政府部门和社会公众提供丰富直观的水文信息服务。

7. 水文管理取得新突破

通过理顺机构建制、推进双重管理和水文测区改革，河南省水文监测管理模式取得了重大突破，保障了河南省水文事业的良性发展，拓展了水文服务和发展空间。截至2018年底，现有省级水文机构1个、市级水文机构18个，县级水文机构37个，实现了省、市、县三级管理运行体系，初步建立了“巡测为主、驻巡结合、应急补充”的水文监测管理新模式。

在部颁标准的基础上，结合河南省社会经济发展现状，实施了《河南省水文业务定额》《水文数据整理汇编标准》(DB41/T 1599—2018)、《地下水监测站建设与验收技术规范》(DB41/T 1850—2019)《地下水自动监测井保护装置设计与安装规范》(DB41/T 1971—2020)等地方标准4项，河南省水文地方标准体系得到初步建立。

广泛引进超声波、激光、雷达和多普勒效应等先进监测技术，在河口村、五陵等15处站点开展了远程自动测流系统、垂线流速分布模型、侧扫雷达、固定点雷达波等多种不同形式的流量在线监测系统的试点应用。自主研发了流量自动监测技术、视频浮标测流系统等测验设施设备，同时，在无人机、遥控船、三维激光扫描等仪器应用方面进行了积极探索。

6.1.2　面临形势

进入新时代，以习近平总书记为核心的党中央着眼于生态文明建设全局，明确了“节水优先、空间均衡、系统治理、两手发力”的治水思路。水利部党组做出我国治水的主要矛盾转变为人民群众对水资源、水生态、水环境的需求与水利行业监管能力不足之间的矛盾的研判，提出了“水利工程补短板、水利行业强监管”的水利改革发展总基调。今后一个时期，是我国坚决打赢三大攻坚战，努力实现从第一个百年目标向第二个百年目标成功跨越的重要时期。水利改革发展总基调的逐步推进和经济社会的快速发展，对作为重要基础和支撑的水文工作提出了新的更高的要求。

6.1.2.1 新内涵:中央治水思路对水文现代化建设赋予新内涵

河南省处于我国南北气候的过渡地带,水问题由来已久。党的十八大以来,中央提出了一系列治国理政新理念、新思想、新方略,明确了“五位一体”总体布局和“四个全面”战略布局,确立了创新、协调、绿色、开放、共享发展理念,明确了“节水优先、空间均衡、系统治理、两手发力”的治水思路。治水思路的转变赋予水文工作新的内涵。围绕节水优先,要加强行政区界断面及引退水监测,支撑最严格水资源管理和河湖长制监督考核,推进节水型社会建设。围绕空间均衡,把水资源作为最大的刚性约束,坚持以水定城、以水定地、以水定人、以水定产,深入开展水资源、水生态、水环境评估分析研究,为走绿色、可持续的高质量发展之路提供监督管理依据。围绕系统治理,进一步完善水量、水质、泥沙、降水、地下水、水生态等站网布设,综合利用山水林田湖草沙等监测信息、调查和分析评价成果,为系统治理提供信息支撑。围绕两手发力,全面健全水文监测网络体系,提供及时、准确、完整、有效的监测数据和分析评价成果,为各级水行政主管部门监管职能的高效发挥提供基础支撑。

6.1.2.2 新要求:国家战略对河南省水文工作提出了新要求

河南省地处中原,一带一路、黄河流域生态保护和高质量发展、长江经济带、淮河生态经济带、中原经济区建设、粮食核心区建设、郑州国家中心城市建设、乡村振兴等国家战略,为河南省水安全保障体系建设提出了更高的要求,带来了重大的机遇,同时面临着严峻的挑战。对防洪保安全、优质水资源、健康水生态、宜居水环境、先进水文化的需求更加迫切,对作为强监管的重要基础的水文工作提出了更高的要求。水资源作为国民经济和社会发展最大的刚性约束,水文作为重要的基础性公益事业,要服从和服务于国家发展战略,从实现中华民族永续发展的战略高度,做好水资源量和质的全面监测与预测预警工作,为水旱灾害防御、水资源配置、水资源保护和河湖健康保障等做好服务,为中华民族伟大复兴提供有力的基础支撑。

6.1.2.3 新任务:水利改革发展总基调明确了水文未来工作的新任务

河湖水系是水资源的重要载体,也是新老水问题体现最为集中的区域。新时期,水利部明确提出了“水利工程补短板、水利行业强监管”的水利改革发展总基调,全面提升水旱灾害防御和水资源、水生态、水环境综合治理能力,实施江河湖库的科学管理。强监管成为当前和今后一个时期总基调的主调,要求水文切实解放思想,转变发展理念,广泛采用现代化信息技术,补齐补强水文站网、监测能力和服务水平等三方面短板,全面提升水文现代化水平,更好地服务强监管工作。这就需要围绕“水资源、水环境、水生态、水灾害”四水同治,拓展服务范围,补充完善水文监测站点,调整已有站网功能,运用现代化监测技术和手段,提升监测能力和预测预报预警能力,深化水文数据加工,有效提供水量、水质、水生态等多样化产品,为河湖监管、水资源节约集约利用、水环境保护、水生态修复和水灾害防御提供决策支撑。

6.1.2.4 新机遇:九大基础设施网络建设提供了水文发展新机遇

党的十九大报告指出要“加强水利、铁路、公路、水运、航空、管道、电网、信息、物流等基础设施网络建设”,指明了水利发展方向,为水文基础设施网络建设提供了新的发展机遇。2019 年 9 月 18 日,习近平总书记在听取河南省委、省政府工作汇报的会议上明确指示，河南省要“构建兴利除害的现代水网体系”。2020年国民经济和社会发展第十四个五年规划中第四条明确提出“构建系统完备、高效实用、智能绿色、安全可靠的现代化基础设施体系”“加强水利基础设施建设，提升水资源优化配置和水旱灾害防御能力”。水文是防灾减灾、水资源管理、河湖长制管理、水事纠纷仲裁等涉水领域不可替代、不可或缺的重要支撑，是水利行业的“耳目”与“哨兵”，更是河南省“十四五”水安全保障的重要组成部分。随着现代化的水网体系建设，河南水文要紧跟国家、河南省发展步伐，加强自身能力建设，努力建成集约高效、先进实用的现代化水文监测体系。

6.1.2.5　新方案：现代技术发展提供了水文现代化建设的新方案

当前，迅猛发展的科学技术为水文信息的高效采集、传输、处理、分析、预测和预报提供了先进快捷的现代化解决方案，融合不同技术手段，国内外探索推出各类声、光、电以及遥感、视频解析、无人机等监测技术手段和相关产品，部分产品已投产应用，为水文现代化提供了必要的技术储备。有效利用新技术、新方法是实现水文现代化的关键，这就要求水文充分结合实际，采取“水文＋新技术”方案，加快新设备、新产品的适应性研究，强化研发比测投产，提高水文测报水平，分要素、分时段实现水文信息采集、传输、处理的自动化、智能化和信息化。

6.1.2.6　新优势：“四水同治”全面推进带来了河南水文发展新优势

2018年9月，河南省人民政府印发《关于实施四水同治加快推进新时代水利现代化的意见》；12月，河南省委、省政府召开实施“四水同治”加快推进新时代河南水利现代化动员大会，提出全省上下必须站在贯彻落实习近平生态文明思想、践行新发展理念的高度，充分认识统筹解决水资源、水生态、水环境、水灾害问题的紧迫性和重要性，积极回应人民群众所思所想所盼，加快实施四水同治，推进水利现代化，为中原更加出彩提供坚实的水安全保障。2019年4月，河南省人民政府办公厅印发《河南省四水同治2019年度工作方案》，提出水资源利用效率和效益进一步提高，地下水超采得到进一步控制，河湖管控能力进一步增强，主要河道防洪减灾能力进一步提升，农村基层防汛预报预警体系进一步完善的建设目标。目前全省正在全面推进“四水同治”，为水文现代化建设带来了新优势。

6.1.3　存在问题

河南省是人口大省，特殊的自然地理和气候条件以及发展阶段，决定了河南省治水任务繁重、治水难度较大的特性，伴随着经济下行压力加大，发展与保护的矛盾日益突出，极端天气事件增多，导致水安全风险防范和应对难度日益加大。随着人民群众对防洪保安全、优质水资源、健康水生态、宜居水环境、先进水文化提出更高需求，治水主要矛盾发生变化，河南省水文支撑水安全保障仍存在不少差距和短板弱项。

6.1.3.1　站网布局仍不平衡、不完善

河南省地跨长江、淮河、黄河、海河四大流域，其中长江流域面积2.72万km^2，占全流域面积的2%，占全省国土面积的16%；淮河流域面积为8.83万km^2，占全流域面积的33%，占全省国土面积的53%；黄河流域面积3.62万km^2，占全流域面积的5%，占全省国土面积的22%；海河流域面积为1.53万km^2，占全流域面积的6%，占全省国土面积的9%。河南省境内河流众多，流域面积50 km^2以上河流共1 030条，流域面积100 km^2以

上河流共560条，主要河流有“两干二十五支”，即黄河、淮河干流和3 000 km^{2}以上的沙颍河等25条重要支流，其中淮河流域重要支流最多共12条。200~3 000 km^{2}的中小河流共242条，长江流域单位面积上河流条数最多为17.3条/万km^2，黄河流域最少仅10.5条/万km^2。河南省现有各类水库2 658座，其中大型水库27座（含小浪底、西霞院）、中型水库121座、小型水库2 510座，大中型水库控制省内流域面积5.18万km^2，占河南省国土面积的31%，防洪总库容155.89亿m^3，兴利总库容139.27亿m^3，其中大型水库控制省内流域面积占山丘区总面积的39%；黄河流域大中型水库分布密度最小，仅为7座/万km^2。全省天然湖泊数量极少，8个1 km^{2}以上湖泊面积之和占全省国土面积的0.1‰。河南省河湖情况统计见表6-1。河湖水系及工程分布见图6-1、图6-2。

表6-1　河南省河湖情况统计

名称			海河流域	黄河流域	淮河流域	长江流域	合计
流域面积	河南省内（万km^2）		1.53	3.62	8.83	2.72	16.70
	省内占比		9%	22%	53%	16%	100%
	流域占比		6%	5%	33%	2%	—
主要河流（条）	流域面积>10 000 km^2		2	3	4	2	11
	10 000 km^2>流域面积>3 000 km^2		1	3	9	3	16
	3 000 km^2>流域面积>200 km^2		24	38	133	47	242
	200 km^2>流域面积>100 km^2		22	68	150	51	291
	小计		49	112	296	103	560
湖库	大型水库	数量（座）	2	7	15	3	27
		控制省内流域面积（万km^2）	0.28	1.03	1.23	0.34	2.88
		省内流域面积占比	18%	28%	14%	13%	17%
		防洪库容（亿m^3）	3.00	103.77	30.78	3.29	140.84
		兴利库容（亿m^3）	3.49	78.81	31.12	8.90	122.32
	中型水库	数量（座）	18	20	56	27	121
		控制省内流域面积（万km^2）	0.30	0.50	0.70	0.47	1.97
		省内流域面积占比	20%	14%	8%	17%	12%
		防洪库容（亿m^3）	2.19	1.78	7.95	3.13	15.05
		兴利库容（亿m^3）	2.89	2.16	8.11	3.79	16.95
	天然湖泊	水面面积大于>1 km^{2}数量（个）			8		8
		水面面积（km^2）			17.33		17.33

现有以防洪为主要服务对象的水文站网布局和功能不能完全满足河南省水资源管理、水环境监管、水生态监测、水灾害防治等工作的需求。从水系空间分布来看，3 000 km^{2}以上大江大河与3 000 km^{2}以下中小河流防洪监测体系布局不平衡。经过多年建设，大江大河骨干站网已实现重点防洪区域水文监测全覆盖，中小河流水文监测率63.6%。中小型水库水文监测覆盖率不足，全省121座中型水库、2 510座小型水库中，仅75座建有水文监测预警设施，监控率仅3%，远低于全国38.4%的监测覆盖率。列入全国66处重要城市防洪预警监测体系的郑州市和许昌市城市防洪监测体系尚未建立，无法

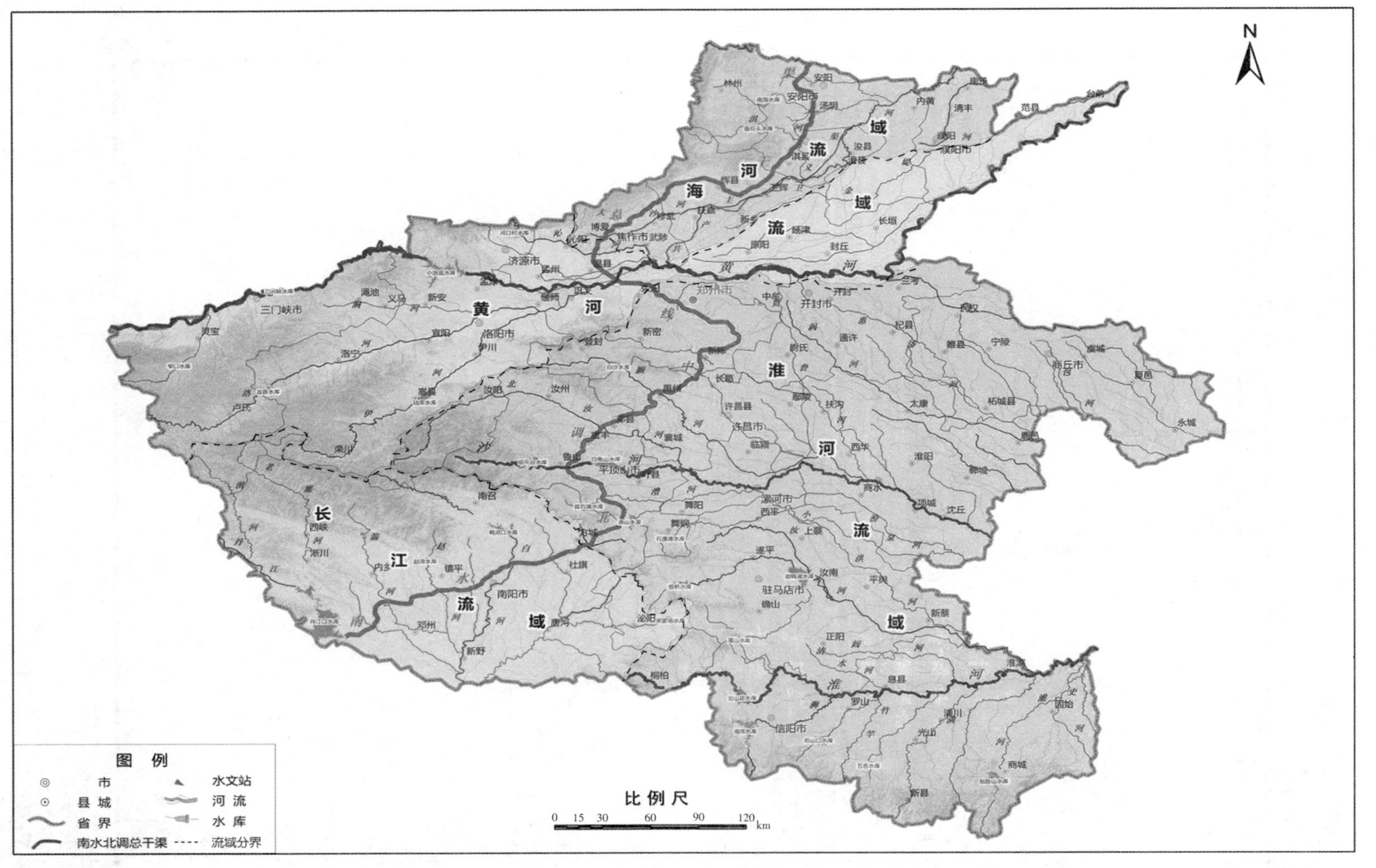

图6-1　河南省现状河湖水系

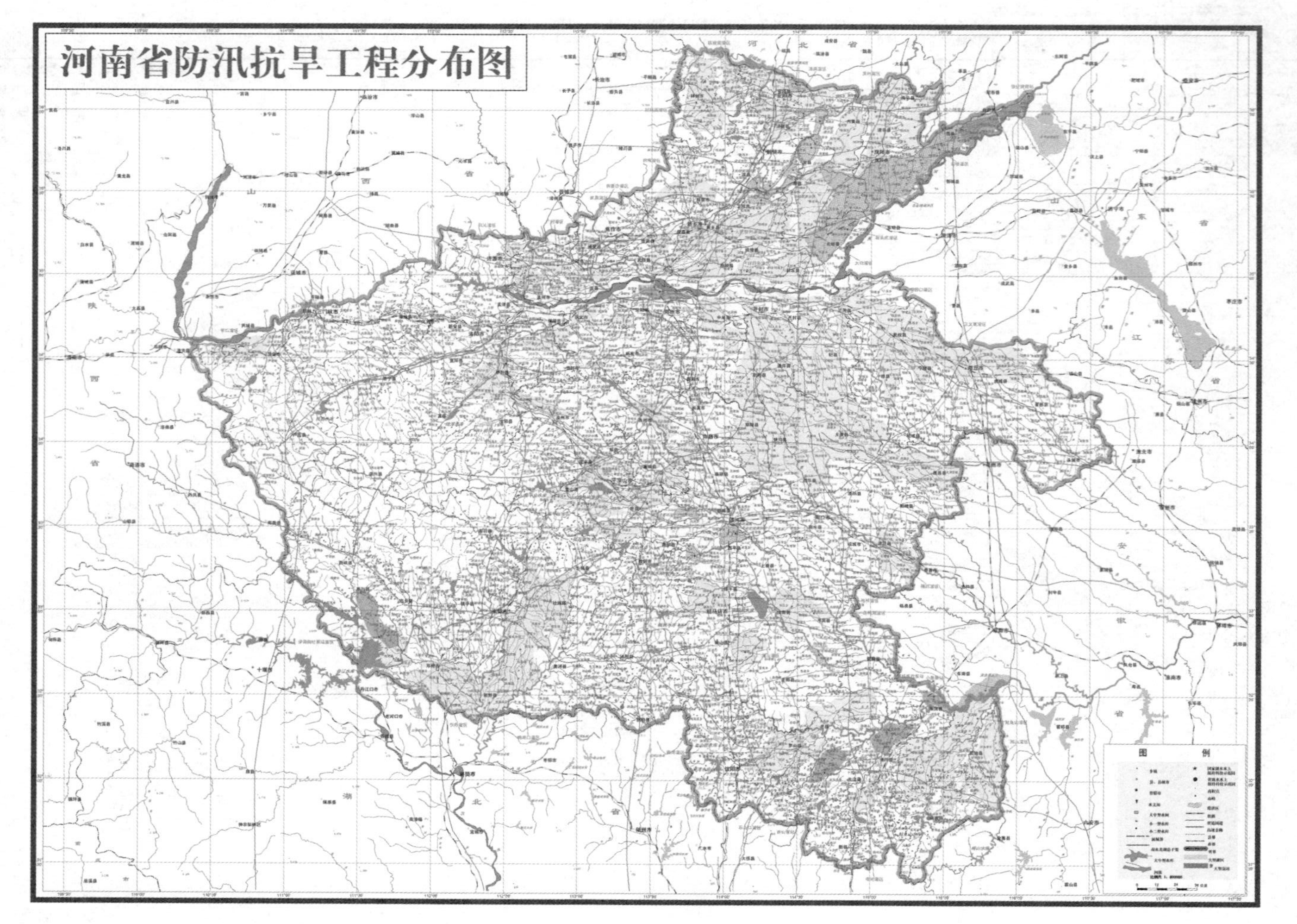

图6-2　河南省防汛抗旱工程分布

满足防洪预警需要。市、县级行政区界水资源监测断面布设不完善，无法满足水事务磋商、水生态监管的需求。地下水自动监测站网不足，目前仅能满足国家层面对河南省主要平原区地下水动态监测的基本要求，超采区等特殊类型区地下水自动监测站网密度低，不能实现全省对地下水资源动态管理和合理开发利用的需要。

6.1.3.2　水文监测能力较现代化要求存在差距

受河南省特殊水沙条件制约，国家基本水文站网能力提升建设相对滞后，国家基本站的自动化程度、在线可视化等监测能力存在明显差距。水文测报技术手段总体落后，目前在全省 126 处国家基本水文站、241 处专用水文站中，实现在线监测的仅 15 处，覆盖率约为 4.1%，低于全国 10% 的平均水平，与流量监测现代化的要求相距甚远。泥沙、蒸发、水温等水文要素监测依然依靠人工，技术手段落后。水文信息传输主要依靠公网，大部分承担报汛任务的水文测站缺乏信息传输备份方式，偏远山区、通信信号弱的水文站难以保障在极端情况下的水文信息传输。县级水文巡测基地建设滞后，基于未来水文监测业务管理的发展方向，亟待进一步完善基地布局，提升日常巡测及应急响应能力。水质监测(分)中心尚未实现市级行政区全覆盖，现有 10 个水质监测机构在仪器设备配置、人员和检测能力方面仍未达到相关规范标准要求；省级、市级监测中心的应急装备缺乏、监测能力不足，难以有效应对突发涉水事件的应急监测。

6.1.3.3　水文信息服务水平亟待加快提升

现有基础设施提供的计算资源、存储资源服务能力不足，成为新的业务需求背景下信息服务的瓶颈之一；水文综合数据库尚未建立，水文数据资源的规范性不足，已有水文数据采集和存储多采用分散建设方式，数据库形式异构，缺乏数据汇集与数据交换管理平台。现有水文业务系统多停留在基础数据管理方面，深加工程度不高，缺少支撑水资源管理考核和洪水、径流等预报的深加工专题产品。遥感信息智能提取、大数据应用、决策模型等数据处理和信息提取专业应用系统空白，无法有效为“四水同治”提供强有力的支撑。水文图集、水文计算手册等工程水文计算工具实时性较弱，不能满足极端涉水应急处置需要和适应工程水文计算的需求。

6.1.3.4　水文发展保障能力不足

中小河流水文监测系统、山洪灾害预警等一系列重大项目相继实施，河南省水文站网得到一定发展，站点由 2012 年的 4 275 处发展到目前的 7 320 处。面对成倍增长的站网，监测和运行维护管理任务异常繁重，尽管实施了河南省水文监测管理改革，但人才队伍机构不尽合理，人才队伍素质有待提高；水文相关标准不尽完善，部分标准已经无法适应水文现代化发展的要求；标准化管理有待加强，事业单位改革任务依然繁重；运行维护管理经费不足，无法保证设施设备完好性、水文监测频次完整性和监测成果可靠性。

6.2　总体思路

6.2.1　指导思想

以习近平新时代中国特色社会主义思想为指导，深入贯彻“节水优先、空间均衡、系统治理、两手发力”治水新思路，牢牢把握习近平总书记视察河南重要讲话及在黄河流域生态保护和高质量发展座谈会重要讲话精神，积极践行“水利工程补短板、水利行业强监管”的水利改革发展总基调，围绕河南省委、省政府“四水同治”战略部署，紧扣河南省水利发展方向，以提升水文支撑强监管能力为目标，以构建现代水文业务体系为主线，以完善站网布局为基础，以提升监测预报预警能力为抓手，以加快科技攻关为驱动，以改革创新水文管理模式为保障，转变建设与发展理念，推动建立和完善与时代发展同步的现代化水文站网体系、水文监测体系、水文信息服务体系及水文管理体系，全面推进河南省水文现代化，为河南省社会经济发展和建设造福人民的幸福河提供水文支撑与保障。

6.2.2 基本原则

(1)坚持问题导向，突出重点。水文现代化建设是一项动态的系统工程，涉及多个方面，需统筹考虑水文工作各个方面和水文业务各个环节，全面推进现代化建设，全方位提高现代化水平。以问题为导向，尽快解决水文监测手段落后和水文数据处理服务水平低两个突出短板，实现水文全要素监测自动化、业务服务智能化。

(2)坚持技术先进，实用高效。提升水文服务和支撑保障水平是水文现代化建设的出发点和落脚点。大力推进先进技术手段和新仪器、新设备在水文监测中的应用，提高水文监测预警预报的现代化水平，提高工作效率，解放生产力，避免低水平重复建设。

(3)坚持因地制宜，实事求是。在推进水文现代化建设过程中，从河南省不同区域的实际情况出发，结合当地自然地理、气候条件和河流特性，因地制宜，分类施策。深入分析论证新技术、新设备适用条件，推行适宜项目所在区域和河流特点的水文现代化发展模式，施行“一站一策”“一中心一策”。

(4)坚持创新驱动，提升能力。按照深化水利改革的要求，进一步推进水文监测管理改革。树立现代化发展理念，试点先行，全面推进。依靠科技创新和管理创新，充分利用先进的技术手段，提高水文信息采集、传输、处理和服务水平，切实提高水文支撑保障水资源监管、江河湖泊监管、水利工程监管、水土保持监管和水安全风险防控的能力，实现水文管理体系与能力的现代化。

(5)坚持系统规划，分期实施。认真落实中央，河南省委、省政府对水利工作的要求，准确把握水文发展方向，分析水文基础设施存在的短板，自上而下做好顶层设计，统筹规划。按照国家投资政策和计划安排，分期分步实施规划内容。

6.2.3 规划依据及水平年

6.2.3.1 规划依据

(1)《关于开展水文现代化建设规划编制工作的通知》(水利部水文规函〔2019〕15号)；

(2)《关于印发水文现代化建设规划编制工作大纲的函》(水利部水总规〔2019〕604号)；

(3)《中华人民共和国水文条例》；

(4)《水文站网规划技术导则》(SL 34—2013);

(5)《水利部办公厅关于印发水文现代化建设技术装备有关要求的通知》(办水文〔2019〕199 号);

(6)《水文基础设施建设及技术装备标准》(征求意见稿);

(7)《水环境监测规范》(SL 219—2013);

(8)《水利部印发关于审核水文监测改革指导意见的通知》(水文〔2016〕275 号);

(9)《水利部关于印发加快推进新时代水利现代化的指导意见的通知》(水规计〔2018〕39 号);

(10)《河南省人民政府关于实施四水同治加快推进新时代水利现代化的意见》(豫政〔2018〕31 号);

(11)《河南省四水同治建设规划》;

(12)《河南省水文现代化规划指导意见》。

6.2.3.2　规划水平年

现状水平年为 2018 年,近期规划水平年为 2025 年,远期规划水平年为 2035 年。

6.2.4　规划目标和指标

6.2.4.1　规划目标

1.总体目标

通过“十四五”和后续十年时间建设,基本实现水文现代化。建立与河南省经济社会发展和生态文明建设要求相适应、与河南省水利现代化进程相协调的布局合理、立体覆盖的水文站网体系;技术先进、自动可靠的水文监测体系;智能智慧、及时精准的水文信息服务体系。打造技术上与时代发展同步、服务能力上与时代需求相适应的现代水文体系。实现水文监测、数据处理、预测预报和分析评价全流程业务的自动化和智能化,水文服务全面满足行业和社会需求,提升水文服务能力和质量,满足支撑解决生态文明建设和经济社会发展的需求。

(1)水文站网补空白。优化完善站网布局和测站功能,补齐主要监测对象、监测要素、监管业务的空白,扩大监测覆盖范围,构建空天地一体化的立体水文站网体系。

(2)水文监测自动化。广泛应用卫星定位、空天遥感、物联网及智能感知、移动宽带网等先进技术手段和新仪器、新设备,加大遥感遥测、视频监测等技术在水文监测中的应用力度,破解流量、泥沙等水文要素在线自动监测的技术难题,推进水文信息采集的多源互补,全面实现水文要素自动化监测。

(3)水文信息服务智能化。应用大数据、云计算、人工智能等技术,建成统一的集水文业务管理、水文数据处理为一体的功能强大的水文业务系统,实现水文监测、预测预报和分析评价全流程业务的自动化和智能化,信息服务产品多样化。

2.近期目标

到 2025 年,河南省水文现代化建设取得突破性进展。覆盖行业和社会需求的水文站网初具规模,主要监测要素自动在线监测基本实现,水文综合业务系统与服务平台投入使用,水文成为水利行业强监管的有力抓手,为全省生态保护和高质量发展、中原经济区建设提供基础支撑。

(1)水文站网体系。补齐流域面积200~3 000 km^2 中小河流水文监测空白,提高中小河流洪水监测预警预报能力;填补中小型水库水文监测预警预报空白,支撑水利工程安全监测和防洪安全保障需求;完善市级行政区界水资源监测站网,满足行政区域间水事务磋商、水生态监管的需求;加密地下水超采区、生态补水区、漏斗区及南水北调中线、黄河南北两岸平原等重点地区站网密度;建成与水资源、水环境、水生态管理和保护相适应的水质、水生态监测站网;开展郑州市防洪排涝城市水文站网布局建设。

(2)水文监测体系。广泛采用声、光、电先进技术手段和新仪器、新设备,全面加快水文监测提档升级,水位、雨量、蒸发、水温、墒情、地下水等水文要素全面实现自动化监测,推动流量自动在线监测;水文站、水位站视频监控有效覆盖;省级水质监测中心达到标准规定的全指标检测能力,重要生态控制断面监测全覆盖,形成实验室监测、移动监测与自动在线监测相结合,基础信息监测与实时预警监控相结合的水质监测体系;提升市级巡测基地应急响应能力,实现县级行政区巡测基地全覆盖,构建"巡测为主、驻巡结合、应急补充"的水文监测新体系。

(3)水文信息服务体系。加强水文业务系统和信息服务平台开发。应用大数据、云计算、人工智能等技术,建成国家水文数据库省级节点,建设覆盖从水文信息采集、传输、存储、处理以及分析评价、预警预报等全流程、全业务的水文综合业务系统与服务平台,深度挖掘水文信息,实现水文服务产品的多样化;依托国家水文信息服务平台,积极推广雷达技术、卫星遥感影像数据在河南省雨量、土壤墒情、水文预报等水文监测分析中的应用;水情信息20分钟内传输到各级灾害防御部门,水文预报总体合格率达到95%,实时水文信息服务覆盖县级行政区。

3.远期目标

到2035年,基本实现水文现代化。水文站网布局不断优化,实现重要县级行政区界、重点防洪排涝城市水文等监测对象全覆盖;基本实现各类水文要素的自动在线和可视化监测;市级水质监测分中心全覆盖;提升大数据、人工智能等新技术在水文预报预测和分析评价中的创新应用水平;建成集数据处理、预测预报和分析评价等功能于一体的智能化水文信息处理服务体系,实现信息处理智能化;开发内容丰富、形象直观的水文信息服务产品,提升水文服务供给的质量和效益;水文管理体系不断完善,水文发展保障有力,水文事业持续健康发展。

6.2.4.2 规划指标

河南省水文现代化指标体系依据水文发展现状和水文现代化建设总体要求,遵循先进性、科学性、代表性和可操作的原则,按照现状、近期、远期三个阶段,动态评估河南省水文现代化建设进程。结合水文现代化含义,统筹考虑水文发展重要因素及评价指标,此次规划按照水文站网、水文监测能力、信息服务能力、管理能力四个主要方面入手,围绕全面、及时、可靠、准确、先进、共享等目标,按照约束性和一般性两大类,筛选有典型代表性的水文现代化指标。河南省水文现代化规划指标体系见表6-2。

表6-2　河南省水文现代化规划指标体系

序号	分类	指标	属性	现状	近期	远期
1	水文站网	大江大河和重要支流水文监测覆盖率(%)	约束性	100	100	100
2		200~3 000 km^2 有防洪任务中小河流水文监测控制率(%)	约束性	80	100	100
3		中小水库水文监测覆盖率(%)	约束性	3	100	100
4		重要江河湖库水质监测覆盖率(%)	约束性	55	100	100
5		河流市界断面水文监测覆盖率(%)	约束性	33.2	100	100
6		河流县界断面水文监测覆盖率(%)	预期性	23.1	25	75
7	水文监测能力	流量自动监测率(%)	约束性	4.1	80	100
8		地下水位自动监测率(%)	预期性	28	100	100
9		悬移质泥沙自动监测率(%)	预期性	0	50	100
10		市级行政区划水文巡测基地建设覆盖率(%)	预期性	100	100	100
11		县域水文监测机构(含中心站)建成比例(%)	预期性	56.9	100	100
12		市级水质监测中心建成率(%)	预期性	50	100	100
13		省级水质监测中心水质检测指标覆盖率(%)	约束性	45.1	100	100
14		重大突发性水事件水文应急响应时效(h)	预期性	6	3	2
15	服务能力	实时信息汇集到各级指挥机构历时(min)	约束性	20	20	15
16		水质实验室信息管理系统覆盖率(%)	预期性	10	100	100
17		水文预报总体合格率(%)	约束性	72.5	95	100
18		水文信息公众服务能力	预期性	不足	基本满足	完全满足
19	管理能力	巡测比例(%)	预期性	86.3	100	100
20		县级行政区域实时水文信息服务覆盖率(%)	预期性	56.9	100	100
21		地下水监测信息服务时效性	预期性	逐月	逐日	实时

注：1. 水文站网方面指标1~6的监测覆盖，是指通过布设水文测站，实现对流域或区域相关水文要素的基本掌握。

2. 大江大河是指流域面积大于3 000 km^2 的河流。

3. 生态流量控制断面主要包括列入《第一批41条重点河湖生态流量保障目标》明确的83个主要控制断面。

4. 水文监测能力方面指标7~14，自动监测率指涉及该要素监测的测站中采用自动监测的测站数占比。市级行政区划水文巡测基地建设覆盖率是指全省市级行政区中，有巡测基地的占比；县域水文监测机构（含中心站）建成比例是指全省县级行政区中，有水文监测机构（含中心站）的占比。

市级水质监测中心建成率，同上；省级水质监测中心水质检测指标覆盖率（%）是指水质监测中心开展监测的指标数（实际检测能力）占地表水和地下水水质标准全指标总数的比例。

重大突发水事件水文应急监测响应时效是指重大突发水事件发生后启动应急响应并按要求开展水文应急监测的历时。

5. 管理能力方面指标19~21，巡测比例是指以巡测为主的测站数占比；县级行政区域实时水文信息服务覆盖率是指可获得实时水文信息的县级行政区占比；地下水监测信息服务时效性是指可获取地下水监测信息的时间周期。

6.3　水文站网体系建设

聚焦水文服务领域的监测空白和新增需求，加快优化站网布局，完善站网综合功能，坚持地表水地下水、水量水质水生态结合，大力推进支撑防汛抗旱减灾、水资源管理与保护、水环境水生态和经济社会发展等不同需求的水文水资源站网体系建设。

6.3.1　大江大河及其支流水文监测站网

河南省流域面积在3 000 km^2 以上的河流共有27条，所有大江大河干流均已布设水文站（包含流域机构在河南省境内设立的站点），形成了较为完善的骨干河流站网体系，基本满足河南省在大江大河的防汛抗旱减灾、水资源管理等方面的需求。

此次大江大河及其支流水文监测站网建设以提升监测能力，满足河南省防汛抗旱减灾、水资源管理与保护的服务新需求为主要目标，远期规划改建出山店水库水文站1处。主要建设内容包括降水、水位、流量、水温、蒸发在线监测设施建设，配备降水、水位、流量、水温、蒸发监测设备及数据传输系统、远程视频监控设备。

6.3.2　中小河流水文监测站网

河南省流域面积200～3 000 km^2 的河流242条，经过多年建设，目前已在154条河流上设置有水文站（包括流域机构设立的站点），在粉红江等9条河流上仅设置有水位站，剩余79条河流仅布设有雨量站。水文站主要监测方式为巡测，由管辖的水文站或市水文水资源勘测局负责。中高水水位实现自动在线监测，流量仍以人工监测为主，自动化程度较低。

此次中小河流水文监测站网建设将填补流域面积200～3 000 km^2 中小河流水文站网空白，有防汛抗旱、供水以及水资源、水环境保护要求的设置水文站；重点防护区、重要防护目标上游设置水位站，预警预见期至少30 min，满足应急处置需要；配套雨量站按中小河流集水面积布设5～12处。通过新建水文站、水位站、雨量站，实现中小河流水文监测全覆盖，对现有已建中小河流监测站点进行现代化改造，提高对中小河流洪水的预报预警能力，满足中小河流洪水灾害防御需求。

规划近期新建水文站67处、水位站16处、雨量站1 100处，用以填补中小河流监测空白区及加密重点防护区站网；改建中小河流水文站248处（包含涧山口、贺道桥等8处中小河流水位站因防洪需要升级水文站）、水位站114处、雨量站1 892处，实现中小河流水文要素自动监测，信息传输双配套。主要建设内容包括雨量、水位、流量监测设施建设，配备降水、水位、流量监测设备及数据传输系统、远程视频监控设备等。中小河流水文监测站网规划建设站点统计见表6-3。

规划实施后，原中小河流站网、新建站网加上长虹渠等32条河流上新建行政区界站可兼中小河流控制站。河南省242条中小河流将有239条河流上有水文站控制，东风渠、桐河、清水河等3条河流有水位站控制，可实现全覆盖目标。

表 6-3　中小河流水文监测站网规划建设站点统计

序号	城市名称	水文站(处)		水位站(处)		雨量站(处)	
		新建	改建	新建	改建	新建	改建
1	安阳	3	11	9	3	98	70
2	鹤壁		7	3			44
3	济源	1	4		1		25
4	焦作		16		3	13	56
5	开封	1	5		3	111	64
6	洛阳	3	17		18		208
7	漯河	1	6		5	55	34
8	南阳	10	36		9	235	251
9	平顶山		8		21	64	165
10	濮阳	1	8		1	28	20
11	三门峡	5	12		17		185
12	商丘	10	11		2	214	107
13	新乡	2	25	3	1	26	122
14	信阳	12	24				101
15	许昌	4	12		2	3	53
16	郑州		12		27	6	89
17	周口	6	16		1	120	91
18	驻马店	8	18	1		115	193
19	晋城					12	4
20	随州						6
21	长治						3
22	孝感						1
合计		67	248	16	114	1 100	1 892

注:全部为近期建设。

6.3.3　中小水库水雨情监测预警站网

河南省目前有各类水库 2 658 座,其中大型水库 27 座(含小浪底、西霞院)、中型水库 121 座、小型水库 2 510 座。按照目前水文监测情况,大型水库实现了水文监测全覆盖,中型水库实现了报汛站点全覆盖;小型水库有水文监测的仅 75 处,监控率仅 3%,尚有2 435座小型水库仍处于水文监测空白[涉及小(1)型 524 座、小(2)型 1 911 座],尚缺少实时、有效的雨水情监测信息,水库运行管理、安全管理得不到有效支撑。

此次中小水库水雨情监测预警设施建设将填补中小水库水文监测空白,实现中小水库水雨情监测预警设施全覆盖,支撑水利工程安全监管和满足防洪安全保障需求。

按照小(1)型水库坝上水位雨量一体化设施 1 处、库区雨量监测设施 2 处;小(2)型水库坝上水位雨量一体化设施1处、库区雨量监测设施1处的最低要求,规划远期对2 435座小型水库坝上进行降水量、水位一体化设施建设,库区配套新建雨量站1 447处,改建雨量站1 240处。主要建设内容包括自记雨量计、水位计、数据传输系统、远程视频监控设备、水文预报预警系统软件等。中小水库水雨情监测预警站网规划建设站点统计见表6-4。

表6-4 中小水库水雨情监测预警站网规划建设站点统计

序号	城市名称	水雨情监测预警站(座)	雨量站(处)	
		新建	新建	改建
1	南阳	469	462	168
2	信阳	900	500	223
3	驻马店	169	43	121
4	三门峡	148	136	65
5	洛阳	139	53	111
6	平顶山	139	41	69
7	商丘	18		7
8	周口		55	2
9	安阳	148	12	78
10	郑州	118	66	93
11	新乡	38	13	68
12	开封	3		5
13	许昌	57	52	46
14	焦作	35	1	58
15	漯河			4
16	鹤壁	38	11	27
17	濮阳			22
18	济源	16		42
19	晋城		1	29
20	随州			1
21	长治		1	
22	六安			1
合计		2 435	1 447	1 240

规划实施后,河南省将实现各类水库水文监测设施全覆盖,为全省水库运行调度管理提供及时的水雨情信息,为安全度汛奠定基础。

6.3.4 重点防洪排涝城市水文监测站网

随着城市化进程的不断加快,城市建设规模迅猛发展,但与之形成鲜明对比的是,城市排水能力越来越不适应,城市内涝屡屡出现。2017年7月30日,郑州市暴雨,城区出现严重内涝，部分路段积水深度达 30 cm，造成过往车辆抛锚，交通大面积拥堵。8 月 18 ~ 19 日，洛阳、漯河出现区域性暴雨天气，导致城市内涝严重，部分区域停水停电。2018 年8 月 17 ~ 19 日，受台风“温比亚”影响，商丘、周口等地出现严重的城乡内涝，部分城市电力短暂中断、列车晚点、航班延迟或取消。河南省暂无城市水文监测站，因此，加强城市防洪排涝水文站网布设，建设城市暴雨内涝监测预报预警系统，已迫在眉睫。

根据水利部《关于开展城市水文试点工作有关情况的通报》要求，在全国 62 个重点城市开展城市防洪排涝水文监测预警设施建设，以满足重点城市洪涝灾害防御需求。河南省郑州市和许昌市隶属于全国 62 个城市水文试点城市。

此次重点防洪排涝城市水文监测站网建设将按照水利部统一进度安排，近期规划新建郑州市、远期规划新建许昌市城市防洪排涝水文监测站网系统。主要建设内容包括在主城区段河流、湖泊、供水水源地、城市道路渍水区建设水文监测设施，配备测雨雷达，降水量、水位、流量监测设备，信息传输处理设备，视频监视设备以及城市水文信息服务系统等。

6.3.5　行政区界断面水文监测站网

为落实国务院《关于实行最严格水资源管理制度的意见》和中央办公厅、国务院办公厅《关于全面推行河长制的意见》，水利部印发了《第一批 41 条重点河湖生态流量保障目标》，将河湖生态流量保障工作作为实行最严格水资源管理制度、全面推行河湖长制的重要内容。河南省境内现有流域面积 200 km^2 以上河流涉及市界断面 103 处、县界断面239 处。目前，各类水文站点中按照一站多功能原则，可兼作为行政区界站的一共有 80 处，其中市界 18 处、县界 62 处。

为配合跨市界、县界河流控制断面和生态流量控制断面水量监督考核，对有水资源保护需求或水资源供需矛盾突出的河流，在相关行政区界设置水文监测断面，填补省内市界及县界水资源考核断面水文监测空白，建立比较完善的行政区界水文水资源监测站网。近期规划新建市界站 85 处，改建市界站 2 处；远期规划新建县界站 122 处，改建县界站 4 处。至规划期末，加上现有水文站点中可兼作市界监测站点的 18 处，县界监测站的 62 处，全省市界水文站将达到 103 处，覆盖率达到 100%；县界水文站将达到 184 处，覆盖率达到 77.0%。主要建设内容包括水位、流量监测平台，配备自记水位计、自动测流系统、数据传输系统、远程视频监控设备等。行政区界断面水文监测站网规划建设站点统计见表 6-5。

表 6-5　行政区界断面水文监测站网规划建设站点统计

序号	城市名称	近期(市界)(处)		远期(县界)(处)	
		新建	改建	新建	改建
1	安阳	3		7	
2	邯郸	1			
3	鹤壁	3		4	
4	济源	3			

续表 6-5

序号	城市名称	近期(市界)(处)		远期(县界)(处)	
		新建	改建	新建	改建
5	焦作	3		4	
6	开封	11		6	
7	聊城	1			
8	洛阳	3		3	
9	漯河	10		1	
10	南阳	3		11	
11	平顶山	6		7	
12	濮阳	3		5	
13	三门峡	2		1	
14	商丘	5		15	3
15	新乡	4		16	1
16	信阳	2		11	
17	许昌	3	2	4	
18	郑州	2		9	
19	周口	8		10	
20	驻马店	9		8	
合计		85	2	122	4

6.3.6 地下水监测站网

截至2018年底,河南省共有地下水人工监测井1 695眼(包含城市控制井458眼),自动监测井821眼,人工监测井占比为67.4%。地下水人工监测存在监测设备陈旧落后,使用简易皮尺监测,监测数据精度不高;监测站点分散,靠人工定时现场测量,难以提高监测效率和频次;现有人工井基本为生产用井,非专用监测井;地下水监测法规不健全,一些监测点被随意填埋、毁坏致使数据不能连续形成长系列;委托费用标准低、用工矛盾突出等问题。急需采用自动监测全面替代人工监测。

按照《地下水监测规范》(SL 183—2005),地下水井监测密度平原区10~15眼/10^3 km^2,山丘区8~10眼/10^3 km^2,超采区15~30眼/10^3 km^2。河南省地下水超采区面积4.44万km^2,此次规划围绕满足地下水超采区治理与监管、河湖生态补水和重大水利工程生态效益评价、水生态修复与保护、水环境治理等需求,用地下水自动监测站点替代人工监测站点,以准确掌握超采区地下水位与水量变化情况,支撑水资源管理、地下水资源保护工作。规划实施后,将基本形成一个布局合理、覆盖全面、技术先进的自动化地下水监测站网体系,满足对全省一般类型区和各种特殊类型区的地下水监测。

近期规划新建1 592眼专用地下水自动监测井,主要建设内容包括观测井建设,配备一体化水位水温计、数据传输系统等。地下水监测站网规划建设站点统计见表6-6。

表 6-6　地下水监测站网规划建设站点统计

序号	城市名称	地下水监测站(眼)
1	安阳	61
2	鹤壁	18
3	济源	13
4	焦作	44
5	开封	100
6	洛阳	60
7	漯河	52
8	南阳	111
9	平顶山	52
10	濮阳	51
11	三门峡	32
12	商丘	179
13	新乡	121
14	信阳	146
15	许昌	59
16	郑州	63
17	周口	222
18	驻马店	208
合计		1 592

注:全部为近期建设。

6.3.7　江河湖库水质在线监测站网

河南省现有地表水水质监测断面 277 个,全部为人工采样监测站点。现有地表水水质监测断面建立在《河南省水功能区划》基础上,与水功能区联系密切,部分重要江河湖库水质站点分布不足。河流不同区段水质情况变化较大,以基本水文站断面进行控制的水质监测断面设置不合理,新增水库尚未纳入监测范围。因此,需要对地表水水质监测断面进行调整,对新增加需求的河流水库水质监测点进行补充,实现重要江河湖库水质监测全覆盖。

按照水利部全国整体控制要求,规划在国家重要饮用水水源地、行政区界断面、重要江河湖库等区域开展水质自动监测能力建设,实现水质自动监测站全覆盖。河南省共有 17 处地表水水源地列入了国家重要饮用水水源地名录,分别是:林州市弓上水库水源地、鹤壁市盘石头水库水源地、平顶山市白龟山水库水源地、许昌市北汝河水源地、漯河市澧河水源地、商丘市郑阁水库水源地、光山县泼河水库水源地、信阳市南湾水库水源地、固始县史河水源地、周口市沙河官坡饮用水水源地、驻马店市板桥水库水源地、郑州市黄河水源地、开封市黄河水源地、新乡市黄河水源地、濮阳市黄河水源地、渑池县西段村水库水源地和灵宝市卫家磨水库水源地。2014 年,根据《国家水资源监控能力建设项目实施方案(2012—2014)》的有关要求,河南省开始实施水源地在线监测,目前,17 处地表水国家重要饮用水水源地已经全部实现水质在线监测。河南省 17 处地表水国家重要饮用水水源地基本情况见表 6-7。

表 6-7 河南省 17 处地表水国家重要饮用水水源地基本情况一览表

所属流域(片)	水源地名称	水源地类型	供水目标城市(省辖市)	所属行政区
海河流域	弓上水库水源地	水库	安阳市	安阳市
	盘石头水库水源地	水库	鹤壁市	鹤壁市
淮河流域	白龟山水库水源地	水库	平顶山市	平顶山市
	许昌市北汝河水源地	河道	许昌市	许昌市
	漯河市澧河水源地	河道	漯河市	漯河市
	郑阁水库水源地	水库	商丘市	商丘市
	泼河水库水源地	水库	光山潢川	信阳市
	南湾水库水源地	水库	信阳市	信阳市
	固始县史河水源地	河道	固始县	信阳市
	周口市沙河官坡饮用水水源地	河道	周口市	周口市
	板桥水库水源地	水库	驻马店市	驻马店市
黄河流域	郑州市黄河水源地	河道	郑州市	郑州市
	开封市黄河水源地	河道	开封市	开封市
	新乡市黄河水源地	河道	新乡市	新乡市
	濮阳市黄河水源地	河道	濮阳市	濮阳市
	西段村水库水源地	水库	三门峡市	三门峡市
	卫家磨水库水源地	水库	三门峡市	三门峡市

远期规划新建 29 处重要市界断面水质自动监测站,加强重点区域市界水质监测管理。江河湖库水质在线监测站网规划建设站点统计见表 6-8。

表 6-8 江河湖库水质在线监测站网规划建设站点统计

序号	城市名称	市界(处)	县界(处)
1	安阳	3	
2	鹤壁	2	
3	济源	2	
4	焦作		
5	开封	1	
6	洛阳	2	
7	漯河	1	
8	南阳		1
9	平顶山	1	

续表 6-8

序号	城市名称	市界(处)	县界(处)
10	濮阳	1	
11	三门峡		
12	商丘	2	
13	新乡		
14	信阳	1	1
15	许昌	4	
16	郑州	1	
17	周口	6	
18	驻马店		
合计		27	2

注:全部为近期建设。

6.3.8　江河湖库水生态监测站网

在河南省水文监测中,水生态监测尚属空白。规划在重要饮用水水源地、重大水利工程影响区、重点水生态环境敏感区等区域布设水生态监测站。在现有水文测站的基础上,根据水生态监测的需要,对现有水文站设施设备进行升级改造,开展水生态监测能力建设。

近期规划新建水生态监测站 10 处,全部为水库水生态监测站,分别为信阳市南湾水库、驻马店市板桥水库、平顶山市白龟山水库、郑州市尖岗水库、南阳市鸭河口水库、洛阳市陆浑水库、鹤壁市盘石头水库、舞钢市石漫滩水库、济源市河口村水库、信阳市出山店水库,全部采用人工取样监测。江河湖库水生态监测站网规划建设站点统计见表 6-9。

表 6-9　江河湖库水生态监测站网规划建设站点统计

序号	测站名称	流域	河流	所属行政区	说明
1	南湾水库	淮河	浉河	信阳市	大型水库
2	板桥水库	淮河	汝河	驻马店市	大型水库
3	白龟山水库	淮河	沙河	平顶山市	大型水库
4	尖岗水库	淮河	贾鲁河	郑州市	
5	鸭河口水库	长江	白河	南阳市	大型水库
6	陆浑水库	黄河	伊河	洛阳市	大型水库
7	盘石头水库	海河	淇河	鹤壁市	大型水库
8	石漫滩水库	淮河	滚河	平顶山市	大型水库
9	河口村水库	黄河	沁河	济源市	大型水库
10	出山店水库	淮河	淮河	信阳市	大型水库

注:全部为取样监测点,近期建设。

6.4 水文监测体系建设

全面深化水文监测方式改革,在“一站一策”“一中心一策”现代化监测方案分析的基础上,充分利用与时代同步的先进技术及信息化手段,持续补齐监测短板,努力实现水文要素监测自动化、智能化、立体化。不断推进以无人值守为主体的自动测报模式和精兵高效的现代管理模式,构建技术先进、准确及时的水文监测体系,更好地为防洪安全保障、河湖监管、水资源监管、水利工程监管等水利行业强监管及经济社会发展提供基础支撑。

6.4.1 水文测站

河南省现有国家基本水文站126处、水位站19处,雨量及水位观测要素94.2%已实现自动测报,流量、泥沙、蒸发、水温等水文要素以人工观测为主,无法满足《水文现代化技术装备有关要求》中全要素在线监测的要求。国家基本水文站网为水文站网中的骨干站网,是水文资料收集、防汛抗旱、水资源管理中信息数据最重要的来源,应优先实现水文现代化。

本次规划近期要全面实现雨量、水位、蒸发、水温、墒情、地下水位等水文要素的自动化监测;流量自动化监测率达到80%;泥沙自动监测率提高至50%;大幅提升水文站、水位站视频监控有效覆盖率;巡测比例提升至80%以上。

规划远期雨量、水位、地下水、墒情等站点全面采用自动在线监测方式;流量、水质、泥沙等站点根据各站实际和可行性,配备自动监测设施设备。配备远程视频等监测设备,实行在线值守和在线监测,提高流量实时在线监测站的比例,推进水文测站在线可视化监测。根据测站功能和服务需求,提高对高水、中水、低水等不同(水位)流量级的水文监测能力,发展和推广多手段、多方法监测技术,提升对水资源、水环境、水生态等的服务支撑能力。

规划期内拟加强新仪器、新设备、新技术的应用,实施自动监测。降水量、水位均采用在线监测,配置视频监控;配备现代化测流设备,针对地区特点和水文特性选择在线流量仪器,对于河道断面稳定、常年有水的少沙河流,配备ADCP、雷达波测流等;对于河道经常摆动断面,实施规整断面或高低水分级分别进行自动测验;对于多沙河流的流量在线测验,配备雷达波、时差法流量计等进行试验观测,根据适用程度确定测验方式;根据测站实际情况,选配泥沙在线监测系统、冰情自动监测设备、冰下流量测验设备等。减少水文驻测站、扩大巡测范围,实现有人看管、在线值守的测验模式,积极推动“驻巡结合、巡测优先、测报自动、应急补充”的水文测报体系建设。实现雨量、水位100%自动采集、自动报汛、在线整编;逐步开展蒸发及其观测辅助项目(气象要素)自动监测。提高流量在线监测站的比例,增加实时视频监测手段,部分水文站实现泥沙在线监测。

6.4.1.1 流量在线监测升级

本次规划通过水文站监测能力升级,推进流量的全过程、全自动在线监测,重点加强低水测验能力,保证中高水测验精度,提高高洪流量测验时效。流量在线监测可根据水文测站功能和特性,选用声学多普勒流速剖面仪法、雷达测速(包括侧扫雷达、点雷达、电波流速仪、微波流速仪测法)、声学时差法、比降面积法、图像识别技术(包括卫星遥感和高分辨率图像测流、水工建筑物和堰槽测流)等。

在设备选择上,中高水流量可以优先采用 ADCP(HADCP、VADCP)设备在线监测,利用现有桥梁或自建钢桁架测桥及缆索设施安装表面流速测流设备,已有护砌或河道断面规整且断面宽度 300 m 之内条件较好的需要测量精准的测站可以使用超声波时差法设备,已有流速仪缆道的重要基本水文站可以利用远程遥控系统,实现缆道远程自动化无人测验。

国家基本水文站应充分考虑每种测验方法的适用性,因站施策,针对性、个性化选择流量自动监测方案;中小河流、行政区界等专用水文站实现流量自动在线监测。针对同时承担生态基流小流量监测和洪水监测任务的断面,采用两种及以上组合流量测验解决方案,例如:监测基流可选择工程法测流,监测洪水可采用非接触式雷达测验技术及装备。

低水流量监测满足渠化条件的测流断面进行河道断面渠道化整治,建设低水测流堰槽,利用水力学法推流,实现单值化在线推流。高洪水流量监测或者洪水量级超过测站正常测洪能力范围的,优先选用非接触式水面测速新技术(电波流速仪、雷达波、侧扫雷达测流)等在线设备,实现流量在线监测,还可选择配置无人机测流。在已经布设光纤及视频监视系统的水文站,辅助使用视频图像解析测流手段。在特殊困难条件下,可通过建设比降上、下断面自记水位计,利用比降面积法实现在线推流。

6.4.1.2　泥沙在线监测升级

考虑泥沙人工观测受天气影响明显、洪水时期观测困难,测量受到采样方法与采样仪器的限制,实验室分析时效性差等问题,本次规划推进各水文站泥沙在线监测升级。

目前,悬移质泥沙在线监测方式主要为单点在线监测。设备主要有光电测沙仪、超声波测沙仪、振动式测沙仪、同位素测沙仪、称重式测沙仪等,每种设备均不同程度存在局限条件,各站结合实际情况分析,选择在线测沙仪的设备类型和设置位置。

6.4.1.3　水位在线监测升级

本次规划新建、改建水文站点全部实现水位自动在线监测。1 套设备不能满足全量程观测或多个断面监测的,设置多套不同水位级、不同控制断面的水位监测设施设备,实现水位信息的自动采集与传输;增加配置图像法水位自动识别系统;水位信息传输采取一主一备双信道方式,重点站点配置北斗卫星传输信道。

6.4.1.4　降水量自动监测升级

基本水文站建设标准化地面降雨(蒸发)观测场,已经符合规范要求的地面观测场不再重复规划建设,仅对设备进行更新改造;专用站可采用地面杆式及建筑物平台式形式。

降水观测设备配置主要选择翻斗式自记雨量计、融雪雨量计或称重式雨量计;远程测控终端(RTU)太阳能电池板及支架,蓄电池,并配套 GSM/GPRS 模块、重要站点配置卫星通信终端(北斗)及天馈线,实现降水量观测的实时在线及遥测远传。基本水文站地面观测场应同时配备翻斗式自记雨量计、融雪雨量计或称重式雨量计,并配置两套数据传输设备。蒸发观测配置蒸发自动监测设备、使用 E601 蒸发器人工定期校核。水面蒸发自动观测设备观测桶宜使用玻璃钢材质,在监测水面上方不得设置任何影响水面面积的装置,降水量观测精度要达到 0.1 mm。

按照以基本水文站现代化升级改造为示范,引领水文监测站点现代化建设的思路,近期规划改建国家基本水文站117处、水位站15处;远期规划改建国家基本水文站9处、水位站3处。

6.4.2 水文巡测基地

河南省水文系统已实现全省18处市级水文机构全覆盖,《河南省水文监测管理改革方案》明确全省范围内设立65处县级水文巡测基地,实现全省县级水文巡测基地全覆盖。目前,除鲁山县县级水文巡测基地外,其余县级水文机构的生产业务用房已解决,不再征地建房。水文监测管理改革推进顺利,西平等37处县级基地(2018年前已批复数量)已正式开展工作。

本次规划围绕水利改革发展总基调和水文现代化要求,对现有已批复的37处县级水文巡测基地配备先进完善的巡测工具和巡测设备,加快水文巡测基地现代化能力建设,扩大水文资料收集和服务范围,提高巡测能力和水文监测服务综合能力。完善全省县级水文巡测基地布局,完成剩余28处县级水文巡测基地组建,构建省、市、县三级水文监测管理模式,大力推广应用先进技术手段和装备,增强水文巡测能力。

规划近期新建郑州等28处县级水文巡测基地的仪器设备配置,改建现有的37处县级水文巡测基地的仪器设备配置。主要建设内容包括对65处县级水文巡测基地进行必要巡测及信息接收处理服务设备配置,提高县级基地巡测能力,扩大信息收集范围,提升县域水文管理和信息服务能力,推进水文与地方沟通融合。水文巡测基地规划建设情况统计见表6-10。

表6-10 水文巡测基地规划建设情况统计

序号	城市名称	新建(处)	改建(处)
1	安阳	2	1
2	鹤壁	1	1
3	济源		1
4	焦作		1
5	开封	3	
6	洛阳	3	1
7	漯河	1	2
8	南阳		6
9	平顶山	2	1
10	濮阳		3
11	三门峡	2	1
12	商丘		3
13	新乡	4	1
14	信阳	3	5
15	许昌	1	1

续表 6-10

序号	城市名称	新建(处)	改建(处)
16	郑州	3	1
17	周口		4
18	驻马店	3	4
合计		28	37

注:全部为近期建设。

6.4.3　水文应急监测

水文应急监测已经成为经济社会发展对水文监测工作的迫切要求。按照平战结合原则配置装备和设备,统筹省级及市级水文巡测生产任务和业务范畴,建立覆盖市级行政区域的水文应急监测队。省级水文应急监测队突出“全”,主要装备大型高精尖设备及通信指挥、后勤保障设备等;市级水文应急监测队突出“快”,主要装备先进、快速、便携、机动的应急设备,现场通信设备,单兵装备及后勤保障设备等。完善各级应急监测预案,有效提升溃口、决堤、分洪、水污染以及超标洪水等突发事件快速反应能力。

近期规划改建省级水文应急监测队和 18 处市级水文应急监测队的设施设备配置,加强基地应急监测能力,增配先进的雨量、水位、流量、墒情、水质、测绘等应急监测装备,提高水文监测应急机动能力。

6.4.4　水质监测中心

按照河南省水利发展的要求,结合水资源、水环境、水生态监测的需求,优化水质监测分中心布局。通过新改建水质监测(分)中心,使得省级水质监测中心满足三项标准检测能力;市级水质监测分中心根据承担任务情况满足基本项目检测能力;各级水质监测中心结合实际需求,向水生态监测方面进行拓展。

近期规划新建开封、平顶山、焦作、三门峡 4 处水质监测分中心,改建省级水质监测中心和 9 处市级水质监测分中心。主要建设内容包括开展实验室达标建设,配备先进的分析检测仪器设备。远期规划新建郑州、濮阳、鹤壁、漯河、济源 5 处水质监测分中心,最终实现市级分中心全覆盖。

规划实施后,省级水质监测中心和各市级水质监测分中心实验室环境设施和检测技术装备达到《水环境监测实验室分类定级标准》(SL 684—2014)、《地表水环境质量标准》(GB 3838—2002)、《地下水质量标准》(GB/T 14848—2017)、《生活饮用水水源水质标准》(CJ 3020—93)等要求。省级水质监测中心具备地表水、地下水、生活引用水水质三项标准全项目检测能力;市级水质监测分中心根据承担任务,达到基本项目检测能力;各实验室现代化和信息化水平得到显著提升,实现实验室管理信息系统的全覆盖。

6.4.5　水文立体监测

现有水文监测手段还存在不少短板,监测项目还不够完善,特别是在洪水灾害监测、旱情墒情监测评估、水资源利用监督、水生态与水环境保护监测、河湖库岸线与水面监督管理等方面还不能适应“强监管”的需要,亟待从传统的以固定站点和断面为主的监测模式,向监测点、线、面并行覆盖,卫星、雷达、无人机、地面站点、水下监测设施等空天地一体化、多手段的立体监测体系发展。近年来,卫星遥感应用、无人机技术、雷达技术、视频监控和高精度 GNSS(卫星导航系统)-RTK 技术等在水文监测业务中不断得到成熟应用,集空中、地面、水下多种采集技术为一体的综合立体化监测发展迅速,有力地促进了水文监测现代化进程。

6.4.5.1 水文遥感监测

遥感监测技术的监测对象主要包括洪水淹没、墒情旱情、河槽演变、河道堵塞、冰川面积与分布、湖库坑塘面积与分布、灌区耕地面积、种植结构、河湖“四乱”、生态基流、水质、水生态和冰凌情势等。本次规划建设省级水文遥感监测中心 1 处,建设数据影像获取处理平台、遥感数据处理解译平台及遥感成果管理和服务平台等。考虑到遥感信息获取和处理的技术及人员要求,将上述设施部署在省级水文信息化环境中,不再向下级延伸部署,但通过网络为各级水文监测部门提供处理和信息服务。

数据采集获取平台建设:规划构建综合运用卫星遥感、航空遥感、无人机遥感等遥感影像采集技术,搭建适合水文、水资源、水生态、水环境监测需要的影像数据获取平台。

遥感数据处理平台建设:结合遥感中心环境建设和技术队伍建设,开发遥感影像校正、拼接、融合等协同处理环境,实现数据批量自动处理能力;建立基于面向对象分析、AI 等机器学习技术的遥感影像信息智能识别平台,解译获取洪旱灾害、水资源、水生态、水环境等业务要素信息。

遥感成果管理和服务平台建设:结合数据中心建设,开发遥感成果存储管理和服务发布平台,实现产品高效管理、快速发布与共享。

6.4.5.2 无人机监测

近年来,无人机技术发展迅速,具有快速、机动、灵活、视角开阔、高分辨率、可感知人车不便靠近区域等诸多特点,能够很好地弥补现有固定点测站的局限性以及卫星遥感数据获取周期较长的不足,在获取局地洪水情势、洪灾淹没、河湖库地形、河道拥堵、局地突发事件等精准信息方面具有独特的优势,还可以为指挥调度、会商决策提供现场实施视频连线服务。

无人机监测装备建设:规划为省级、市级水文勘测单位配备无人机监测装备、无人机视频实时传输设备。其中,无人机视频实时传输设备用于将监测现场无人机实时视频信号传输到视频控制平台或会商会场。

无人机监测后处理平台建设:依托省级水文遥感中心建设,开发省级水文监测管理部门无人机监测数据后处理平台,包括无人机影像处理和解译分析软件等。负责为省级及以下各级监测部门提供数据处理和解译支撑。

无人机监测成果管理和服务平台建设:规划依托省级水文信息中心所提供的基础信息化运行环境,为省级水文监测管理部门建设无人机监测成果存储管理设施,并为各级用户提供无人机成果应用服务。

6.4.5.3　雷达测雨技术应用

雷达监测作为一种主动遥感监测手段，可以不受地理环境的影响，得到具有一定精度、大范围、高时空分辨率的瞬时降水信息，提高洪水预报的精度和时效性；可增加雨量测量的时效性，进而为专业应用系统提供实时性降雨信息，增加预警预报的预见期；在水文信息社会化服务方面为公众提供即时性降雨情势信息，以方便日常出行与生活。

规划开展重点暴雨区雷达测雨技术应用试点，提高区域雨量测量的总体精度和雨量信息获取的时效性，有效补充定点雨量站分布密度偏低造成的不利影响。

6.4.5.4　视频监视应用

水文监测视频，可应用于对特定地点的水流水文情势进行实时监视，将视频信息实时通过传输链路控制，传输到用户端供查看和分析；对水位等信息进行基于监视信息的分析提取，获取水位等水文信息；基于视频监视信息进行智能分析，提取被监视区域或对象的有关信息，如河流水势、水位、流量、冰情、设施运行状态和安全等。

规划在省级水文中心建设视频监视和智能分析平台。在建立视频分析样本库的基础上，采用人工智能图像识别技术，实时分析被监测区域或对象动态变化，提取河流水势、设施运行状态、工程运行情况及水流动态变化等信息；开发与上级视频监控系统的级联接口。

6.4.5.5　高精度GNSS-RTK测量技术应用

GNSS-RTK测量技术是以载波相位观测量作为基础的实时差分GNSS定位测量技术，它能够实时获得被测站点的三维空间坐标，并且水平精度和垂直精度可以达到厘米级。将GNSS-RTK测量技术与无人机或其他移动设备等结合起来使用，将丰富水平距离和垂向距离（含高程）测量手段。

规划为部分基层勘测单位配备GNSS-RTK测量设备和处理环境，促进GNSS-RTK测量技术在水文监测业务中的应用，扩大业务应用覆盖面，提高测量工作效率和准确性。

6.4.5.6　水下地形数字测绘技术应用

水下地形数字测绘技术可以完成江河、湖泊、水库、海洋的水下断面测绘、地形测绘、三维地形扫描。在水文断面测量、江河湖泊容积计算、生态保护规划及治理中发挥着重大作用。随着水下地形数字测绘技术的发展与成熟，水上无人测量船、水下地形三维扫描技术的实现，使水下地形数字化测绘技术向"高效、精确、全覆盖"作业模式迈出了一大步。

水下地形数字测绘技术现阶段主要有单波束测深系统和多波束测深系统。现在普通的水下地形测绘使用GNSS-RTK技术实现平面数据的采集，同时使用单波束测深仪采集水深数据，平面数据与测深数据同步采集，最终实现水下点位三维坐标的采集。多波束测深系统可以对水下地形进行全覆盖高精度扫描，形成水下三维模型。多波束测深系统主要由多波束水下测深换能器、GNSS平面采集仪器、GNSS时间同步仪器、声速仪、罗经姿态仪组成，最终实现水下地形的全覆盖扫描。无人测量船的出现，实现了水上测量自动化、智能化、无人化。可以把单波束测深仪、多波束测深系统搭载在无人船上，大大提高了水上作业人员的安全性、水深测量设备的便携性，极大地提高了水下地形数字测绘的效率。

规划为部分水文勘测单位配备无人测量船、多波束测深系统；为部分水文站配备单波束测深仪。实现水文监测中水下测绘的自动化、智能化,提高水下监测的精度,提高人员作业的安全性。

6.5 水文信息服务体系建设

围绕水文数据存储集约化、汇集便捷化、处理智能化、信息服务多样化等需求,整合完善分散的计算存储资源,形成比较完整、相互补充的水文云基础设施体系。基于多元化采集、池化汇集,进一步整合各类水文数据资源,建立分布式存储管理、有机集成、统一服务的水文数据一体化管理和应用系统,水文数据得到全面分析处理和挖掘应用。以水文信息共享服务平台建设为抓手,针对防汛抗旱减灾、水资源管理、水生态环境保护等多业务需求,通过大数据分析与计算,运用人工智能、水文模型等技术提供的智能支撑能力,构建现代水文业务系统,全面提升水文信息服务的覆盖范围和技术水平,全面提升水文业务的智能化管理、分析评价及预警决策支撑能力。

6.5.1 信息化基础设施提升完善

6.5.1.1 **水文信息网络**

利用先进、成熟的网络技术,对现有水文信息网络系统进行升级改造。扩大水文信息网络覆盖范围,形成覆盖省局、市局、测区局以及基层水文站的四级宽带信息网络系统,为各类水文应用系统提供高效的网络平台。

1. 扩大水文信息网络系统覆盖范围

新建65个测区水文局(测报中心、水质化验站)和126个基层水文站水文信息网络系统,并实现其与市级水文信息网络系统的互联互通。

2. 现有水文信息网络系统升级

升级省局和18个市局信息网络系统,按照水利部网络建设总体思路,将现有IPV4网络系统全部升级为IPV6网络系统。在保持与全省水利信息网络系统互联互通前提下,优化全省水文信息网络系统拓扑结构,形成水文系统相对独立的省局、市局、测区局和基层水文站四级网络系统。提升省、市二级水文信息网络骨干链路带宽,省市间骨干电路由10 M区间长途电路扩宽至100 M,市到测区、测区到基层站规划为50 M区内电路。利用河南省电子政务系统电路资源建设省局到18个市局百兆宽带备用骨干电路,形成主备双链路网络系统,提高水文信息网络通信安全。

3. 建设信息网络管理体系

为提高水文信息网络的管理水平和效率,在系统出现故障时及时发现并定位故障的位置和查明原因,便于网络管理人员操作维护,快速排除故障,避免网络故障对业务系统的影响,需体系化部署一套网络管理系统。

水文信息网络规划为省、市、测区、基层水文站四级网络系统,网络管理也需要考虑到级联,通过级联可以把分布在不同地区的网络管理系统服务器关联在一起。按照省、市和县的级别划分,省局建设一级网络管理中心,市局建设二级网络管理中心,测区局和基层水文站不再设网络管理中心,只在其局域网内部署网络管理平台软件,测区局和基层水文站网络可由市局统一管理，既可以节约成本，又可以减少管理人员。

新建省局和 18 个市局机房环境监控系统，布设温度、湿度、漏水、电压、电流、视频等传感器，实现省、市两级机房环境远程智能化管理。

6.5.1.2　异地防汛会商视频会议

采用全省水利系统统一技术标准，扩大异地防汛会商视频会议系统的建设范围，升级、改造省局、市局异地防汛会商视频会议系统，提升全省水文系统异地防汛会商视频会议系统水平。

1. 扩大异地防汛会商视频会议系统建设范围

新建 65 个测区水文局（测报中心、水质化验站）异地防汛会商视频会议系统，实现与全省水文异地防汛会商视频会议系统的互联。

充分利用互联网 + 技术建设全省水文系统移动会商视频会议系统，建设 126 个基层水文站桌面会商视频会议系统，利用该系统实现移动水文会商视频会议的功能。

2. 异地防汛会商视频会议系统升级改造

改造省局和 18 个市局异地防汛会商视频会议系统，将标清系统升级为高清系统。新建 18 个市局视频会议系统核心控制设施，以高技术标准满足全省水文现代化要求。

提升全省水文异地防汛会商视频会议系统骨干电路带宽，现有省局到市局间骨干电路带宽由 2 M 提升到 10 M，以租用形式新建市局到测区局骨干电路带宽 6 M。建设异地防汛会商视频会议系统骨干电路冗余备份系统。

6.5.1.3　远程视频监控

全面建成覆盖全省水文监测断面的远程视频监控系统，实现省局、市局、测区局分级、分权限对监测断面的高质量远程实时监视。

1. 视频监控平台建设

以统一技术标准建设省局和 18 个市局的视频监控平台，与水文系统异地防汛会商视频会议系统进行整合，实现视频信息的互调和管理互控。

2. 远程视频监控点建设

升级改造 89 个远程视频监控系统，新建 37 个水文站的高清视频监控系统，实现高清视频监控系统覆盖到全省 126 个国家基本水文站。

6.5.1.4　水文视频调控指挥中心

建设省局、18 个市局水文视频调控指挥中心，每个中心配备集指挥调度、视频监控、视频会议、语音调度于一体，具备综合接入、互联互通、多级联网的综合视频指挥调度平台，配备高性能大屏显示系统和音视频控制设施，建成分级或多级联合调控指挥体系。

省局、市局二级调控指挥平台可以对测区局、基层水文站用户进行统一调度，具有指挥中心的实景实时反馈调度指挥功能，可视化快速应急的精准调度与各级高效协同能力。实现对突发事件的快速上报、迅速处置、统一部署，实现灾情现场与后方调控指挥中心的高清音视频、数据等多媒体业务的实时同步传输。

6.5.1.5　水文应急通信

综合利用卫星通信、超短波通信等多种现代化通信手段，建成机动性强、通信可靠、先进实用的水文应急通信系统，满足省内突发洪涝灾害时，应急通信设备能够快速到达现场并投入使用,为防汛抢险工作远程信息传输、现场指挥调度和现场信息采集提供通信保障。

1. 应急通信中心建设

改造提升省局卫星通信中心设施,增加卫星通信信道带宽,提高数据、音视频等多媒体信息传输能力。通过卫星通信系统,实现抢险救灾现场与省防汛指挥中心双向语音、数据和视频传输。建设省局超短波通信系统,作为卫星通信的补充后备手段,为抢险救灾现场各部门间的组织协调提供语音通信保障。

新建 18 个市局应急通信中心,统一技术标准建设 18 个市局卫星地面站系统。建设 65 个测区局移动卫星单兵小站和超短波单兵小站,形成省、市两级地面固定站与单兵背负移动站互联互通的应急通信体系。

2. 应急语音通信设施建设

利用卫星电话构建全省水文系统语音通信网,配备规模为 342 部手持式卫星电话,其中省局 10 部、18 个市局每局各 5 部、65 个测区局每局各 2 部、126 个基层站每站 1 部。

6.5.2 水文数据存储备份系统建设

6.5.2.1 数据灾备中心

数据灾备中心是通过建立一套以数据复制的方式对数据资源进行灾难备份的冗余机制。以保证数据的安全性,当本地工作系统出现不可恢复的物理故障时,容灾系统即可提供或恢复原始数据。

1. 数据灾备中心选址

对于异地灾备中心的选址,水利部要求其不能与本地水文数据生产中心属于同一流域,同时,需从自然地理条件,配套设施,周边环境,成本因素,政策环境,高科技人才资源环境,社会、经济、人员、环境、主备中心跨流域等 7 个方面进行风险综合分析,避免异地备份中心与主生产中心同时遭受同类风险。

2. 数据灾备中心建设

实现数据灾备有两种方式可供选择:一是数据同步传输备份方式,二是数据异步传输备份方式。数据同步传输备份方式就是通过容灾软件将本地生产数据通过特定机制复制到异地,在异地建立起一套与本地数据实时同步的异地数据。数据异步传输备份方式则不要求备份数据与生产数据实时同步。

由于本规划中涉及海量数据的实时存储与计算,两端对数据传输的实时性要求比较高,所以本次规划采用数据同步传输备份的方式。

采用租用光纤链路实现生产中心和灾备中心的数据传输,此外,还需要在生产中心和灾备中心部署磁盘阵列和管理、测试与验证服务器等设备。

6.5.2.2 数据虚拟化存储

水文数据资源的存储和管理应用以公共资源云为主,水文分布式虚拟化为辅的建设模式。为了充分利用现有的机房、计算、存储、网络等资源,整合省局和 18 个市局信息化资源,建设全省水文分布式虚拟化存储系统。通过对机房、计算资源、存储资源、网络的统一调度、管理、服务,实现网络互联互通、机房安全统一、计算弹性服务、存储按需分配,为水文信息系统提供建设集约、性能优良的基础支撑。

1. 统一机房环境

以省局网络机房为核心建设全省统一机房环境，将18个市局分散的专用机房纳入统一管理，不再分散扩建机房，其中支撑的业务和政务应用逐步纳入统一机房运维。

2. 统一计算资源

采用虚拟化、云计算等技术逐步构建统一的计算环境，以便于动态可扩展的满足业务需求，为各业务应用提供计算服务。

计算资源整合包括已有资源集成及新增资源的整合，已有资源根据设备性能分两种方式整合，对于低性能，不能满足虚拟化整合指标要求的服务器，继续独立使用、自然淘汰，其上承载的应用逐渐迁移到统一计算环境中；对于能满足虚拟化整合指标要求的服务器，通过补充购置虚拟化软件对其进行虚拟化，使其成为统一计算环境的组成部分；对于新增资源，必须按统一计算环境体系架构进行配置，以扩充统一计算环境的服务能力。

3. 统一存储资源

通过存储虚拟化设备或利用具有存储虚拟化功能的存储设备将独立存储系统纳入统一管理，形成存储资源池。对于不能兼容的存储设备或容量较小的存储设备不建议进行整合，可以合理调配，为一些相对独立的应用提供存储服务，直至自然淘汰。备份系统的整合方式是统一备份管理软件，实现备份的集中管理、统一调度。

4. 统一网络资源

河南省水文信息网络是数据资源和业务应用承载的基础，主要由业务网（政务外网）组成，业务网覆盖基层水文站以上水文部门，承载主要业务应用。

各相关水文单位在逐步构建统一的计算、存储资源时，可利用网络多虚一技术和一虚多技术，逐步实现网络的虚拟化，更好地配合分布式虚拟化对网络的共性需求。

6.5.3 国家基础水文数据库服务平台

在对河南省水文信息资源规划的基础上，重点或优先建设国家基础水文数据库服务平台，以加强国家基础水文数据库提取、应用以及再加工，为国家和地方提供基础数据支持。国家基础水文数据库服务平台事实上是一套完整的水文数据共享与交换平台，平台采用基于SOA理念的建设架构，能够为各种不同来源的数据提供以服务的方式统一注册，并向外提供包装好的服务，对内则提供灵活的、松耦合的架构与使用方式。

6.5.3.1 数据交换共享总线

数据交换共享总线主要承担了适配功能、服务注册、数据清洗、格式转换、安全服务等功能。它是传统中间件技术与XML、Web服务等技术结合的产物。数据交换共享总线提供了网络中最基本的连接中枢，是构筑数据神经系统的必要元素，实现了不同业务服务器之间的通信与整合。

6.5.3.2 交换中间件

交换中间件主要承担消息发送、队列管理、路由管理等工作，是数据共享与交换平台的重要组成部分。交换中间件需要具备实时传输信息的能力以及海量的数据承载能力，并通过高可靠性、高性能、分布式等特性来保证整体系统的运行情况。

6.5.3.3 资源目录管理

资源目录管理的作用在于对信息做统一的处理与分类。一方面通过分类对信息进行更好的梳理,将各类数据变成活的、有条理的数据,而不是变成死数据;另一方面通过分类可以更好地为需要采集信息的需求方提供服务。其主要有目录分类、服务目录、元数据管理、资源管理等功能。

6.5.3.4 监控管理中心

监控管理中心的作用是对整个数据共享与交换平台的各个构件做统一的监控与管理,承担着数据共享与交换平台的正常运作调度和故障分析处理。

6.5.4 水文数据服务平台

构建河南省水文数据中心,依托数据中心开展水文智慧化服务。在整合水文数据资源的基础上,建设统一的数据服务平台,实现响应及时、分析准确、处理快捷的大数据服务需求,以水文数据资源为源头进行相关数据的创新服务,提供信息挖掘和关联分析,为水文以及水事务的管理决策提供依据。

水文数据平台建设包括数据汇集、数据处理、数据分析和数据服务支撑四部分内容。数据汇集将通过数据共享交换、物联网运行管理以及网络爬虫等平台获取的异构数据进行汇聚整合;数据处理是将数据源中的各类数据进行存储和预处理,形成数据支撑;数据分析是基于数据处理框架,把数据处理算法与水文行业业务模型相结合,对相关数据进行综合分析处理,实现数据价值;数据服务支撑是向上层应用提供数据查询服务接口、算法调用接口、数据资源目录和开发工具调用,同时支撑共享交换服务,实现不同用户之间信息共享。

6.5.5 网络安全保障能力

随着网络安全事件影响力和破坏性加大,网络安全威胁和风险日益突出,水文设施及业务应用在数据采集、数据传输、数据存储、应用系统、基础环境及系统互联等各个层面,不断面临着来自内部网络和外部网络的非授权访问、数据窃取、恶意代码攻击、数据丢失等现实威胁。因此,全天候、全方位感知网络安全态势,增强网络安全防御能力和威慑能力,构建全面、综合的信息安全保障体系是河南省智慧水文应用的基础和前提。

6.5.5.1 安全策略

安全策略制定各个安全要素并转化成为可行的技术实现方法和管理、运行保障手段。针对水文信息系统制定安全基线进行安全建模,通过模型间的组合进行流式分析,分析网络中的安全威胁及主机、应用脆弱性,依据分析结果下发策略至安全云服务中心执行安全策略的落地,形成基于行为的纵向安全防护体系。同时,制定基于全系统环境下的安全监控、用户隔离、行为审计、不同角色的访问控制、安全管理和日志审计等安全策略。设置细粒度访问控制,发现有重要信息泄漏进行阻断,根据应用的不同等级满足等级保护合规要求,对传输的重要数据进行脱敏处理,降低数据风险,起到全面安全防护作用。

6.5.5.2 安全技术

通过云安全资源池、身份认证、访问控制、入侵检测、漏洞扫描、网络审计、主机加固、态势感知、移动防护等技术手段形成有效的安全防护能力、安全监管能力和安全运维能力,为水文信息系统的运行提供安全的网络运行环境和应用安全支撑,保障水文信息系统进行安全可靠的连接、数据交换和信息共享。构建基于云平台的安全防护体系,在传统网络安全防护的同时,增加对于云平台的安全防护能力,一是本地安全云服务中心,在远程监测的基础上,增加本地运维及安全响应能力;二是构建持续细化的安全防护策略,基于态势感知安全分析的基础,构建业务流程的安全模型,通过模型组合、搭建流式分析框架,安全策略根据态势感知分析基础进行优化,使得业务持续性得到极大增强;三是基于态势感知运行状况,引入风险探知发掘引擎,通过主动探测手段,增强态势感知数据采集能力,全方位立体提升河南省水文信息系统安全保障能力。

6.5.5.3　安全管理

安全管理是保障安全技术发挥正常功效的重要依托。安全管理的根本目的是规范和约束水文信息系统安全操作,贯彻执行安全策略的各项要求。通过制定数据管理办法、建设与运行管理办法、设备运维管理办法等,完善信息化建设与管理制度,加强网络安全。

从河南省水文系统的实际情况出发,依据涉及部门和岗位职责以及管理方法设立专门的安全管理组织机构,对岗位、人员、授权和审批、审核和检查等方面进行管理和规范。由省局组织建立水文网络安全与信息化工作领导小组,主要负责批准信息安全策略、分配安全责任并协调整个与水文信息系统相关的安全实施,确保信息系统安全管理和建设有一个明确的方向,通过合理的责任分配和有效的资源管理促进整个水文信息系统安全运行。由水文网络安全与信息化工作领导小组负责设计和建设水文系统,包括策略、组织和运作模式,并且进行宣贯和培训;建立安全运行维护组负责整个水文信息安全日常安全维护工作;建立安全审计组,对信息化相关人员的各种行为进行审计,对网络安全态势感知监控、处理和维护工作进行审计;建立安全事件响应流程,与上级主管单位、外部安全专家和其他相关组织加强日常沟通与协作。

6.5.5.4　运行与保障

运行与保障体系由安全技术和安全管理紧密结合的内容所组成,包括系统可靠性设计、系统数据的备份计划、安全事件的应急响应计划、安全审计、灾难恢复计划等,为水文信息系统可持续性运营提供了重要的保障手段。

6.5.6　水文信息服务业务系统

6.5.6.1　水文信息基础服务

依托国家水文信息服务业务系统,逐步建设和完善河南省水文系统专业规范的水文信息基础服务体系,主要包括:

(1)实时水文信息检索系统。基于现有水情检索系统,优化完善系统功能,提供实时水雨工情信息检索、查询、统计分析等信息综合展示和分析功能。

(2)历史水文信息检索系统。基于现有历史水文信息检索系统,优化完善系统功能,提供历史水文信息检索、查询、统计分析等信息综合展示和分析功能。

(3)水资源专题信息服务系统。服务信息包括区域、流域内规模以上水库蓄水量、规模以上引退水量,以及一定时间内的累计引退用水量等。

(4)地下水专题信息服务系统。地下水资源实施分析评价、地下水三维展示及网格精细化数据产品体系构建、地下水位预警管控等。

(5)水质专题基础信息服务系统。服务信息包括饮用水水源地、主要断面水质测验信息、省区界水质信息、河湖库水质信息等。

(6)水生态专题信息服务系统。服务信息包括生态流量、湿地水面、植被覆盖以及河湖库水质信息等。

(7)江河湖库基础信息系统。服务信息包括水库水位按规定要求执行情况、引退水情况、水质和水生态环境保护情况、水利工程运行情况等。

(8)水文监测业务管理系统。优化完善站网管理系统,补充完善站网信息、测站基本信息、人员装备信息等,完善基于地理信息系统("一张图")的信息展示和管理功能,完善站网信息分析统计功能。

6.5.6.2 水文业务应用

在国家水文业务应用系统平台基础上,建设省级应用平台,开发水文监测业务系统、水情预测预报系统、水文水资源分析评价及动态预测预报系统、水质信息分析评价系统、地下水信息分析评价系统、水生态预测系统、生态流量监测预警系统、旱情监测预报评估系统、空间分析与展示系统、统计分析服务系统等。

(1)水文监测业务系统。开发覆盖各类水文测站测报业务的测站管理系统,包括测站基础信息,基础设施及装备,测站各类监测要素的接收、存储预处理、整合、水情发送以及在站整编等全业务流程。

(2)水情预测预报系统。面向区域洪水、河道洪水、某一断面洪水、水库调度会商支撑等不同要求,优化完善洪水预测预报系统,实现主要功能包括实时数据提取、土壤含水量等状态参数处理、洪水预测预警计算、基于给定湖库调度方式的河湖库洪水模拟计算、成果展示等功能。

(3)水文水资源分析评价及动态预测预报系统。建立水资源分析评价指标体系,开发区域水资源量信息获取功能,包括水源区域水文情势、引用水信息、墒情信息、作物种植面积、种植结构等信息提取功能,开发基于评价指标系统的水资源分析评价功能,开发系统成果展示和分析功能。建立水资源情势动态预测预报模型,开发水资源预测预报系统功能,开发系统成果展示和分析功能。

(4)水质信息分析评价系统。开发现场测定、自动采集监测等数据获取功能,开发地表水、地下水等水质评价功能,开发实现水质信息异常预警功能,开发计算成果展示功能。

(5)地下水信息分析评价系统。开发获取地下水位监测、地下水利用等信息提取功能,开发地下水预测预报计算功能并实现模拟分析输出未来一定时间段内地下水位分布及变化趋势,开发计算成果展示功能。

(6)水生态预测系统。建立水生态本底值数据库,开发水生态信息(包括湿地、植被、动物群落等)及水量补充、水质状况等现状信息获取功能,建立水生态模拟计算功能,实现对水生态变化的分析模拟,开发计算成果展示功能。

(7)生态流量监测预警系统。根据生态流量考核断面水文服务需求,以现有站网和近期需要建设的生态流量监测断面为基础,以需要考核的河流为单元,基于地理信息系统和实时水情数据库,开发生态流量监测预警系统,完成信息查询、预测预报、水量调度方案分析、预警等功能,能够提供 Web 服务和手机 App 服务,为生态流量保障和考核提供水文支撑。

(8)旱情监测预报评估系统。依据墒情、雨情、地表水、地下水以及作物图像监测,建立基于墒情、雨情、地表水、地下水旱情综合评估模型以及作物图像旱情识别模型,开发旱情监测预报评估系统,综合评估和预测全省、各省辖市以及重点产粮县旱情状况、受旱面积、受旱程度、抗旱水源状况等,为抗旱决策和保障粮食安全和干旱条件下三生用水的优化配置提供决策依据。

(9)空间分析与展示系统。依托三维 GIS 平台,提供 3D 地图服务;构建一套完整的空间处理框架,实现 GIS 空间分析模型与水资源分析模型相结合,灵活的方式自定义水文水资源业务中的分析功能,并集成特定的分析模型,最终发布为可在 Web 上调用的空间分析服务。在 Web 上可以以接口的形式调用服务,输入参数,后台服务器端处理,再将结果反馈到 Web 调用端进行展示。

(10)统计分析服务系统。基于大数据查询和分析功能,对平台汇集的水文、水资源、水环境、水质、气象、工况等基础信息、监测信息及统计分析数据成果等综合的信息进行数据查询、信息挖掘,并通过大数据一体化展示界面、二维电子地图、三维电子地图对检索、分析结果进行浏览。

6.5.6.3　水文移动服务

建立移动服务平台,依托移动终端 GPS 定位及信息推送技术,实现多源信息融合,充分发挥移动平台的便捷性和传播性,满足公众用户随时随地查看旱涝情势等信息。

1. 移动水文预警预报服务

在移动智能终端接收洪水、旱情、污染等突发事件预警通知,以及以专题电子地图、图文等形式发布应急事件简报、时态进展等信息。

2. 移动水文信息查询

以电子地图的形式发布监测站点信息以及不同监测要素的专题数据,并可以远程连接监测站点,查阅监测设备状况,接收监测数据,监测设备报警、预警信息,并对监测站维护人员提供监测设备在线检修、维护、巡查等功能,实现监测站点在线巡检维护。

3. 移动应用商店

通过移动应用商店模式,结合用户实际需要,针对不同的用户按需求提供特质化服务定制,按照权限进行访问,应用可分为常用工具类、政务类、事务类、业务管理类及信息服务类等。

6.5.6.4　应用容器建设

应用容器建设需要满足服务社会公众的需求,规范办事程序,加强信息公开,接受公众和企事业单位监督,充分体现“提供大服务”的指导思想;需要满足决策支持需求,通过改造底层信息服务机制,实现信息更好的融合关联,为决策提供更为全面、直接和准确的数据服务,充分体现“以信息化跨越式发展提升河南省水文现代化管理”的指导思想;需要满足与水利部、省水利厅及县(区)水利管理部门的互联互通和信息共享需求,提高工作效率和业务管理水平。

应用容器建设通过现有系统整合、现有系统改造和新建系统三种方式实施。

1. 现有系统整合

在信息系统以分散建设为主的过程中,水情、水资源、水质、财务、人事、电子政务等信息系统分项开发,形成了河南水文信息系统建设中"条""块"分割的格局,导致现有系统之间信息共享与业务协同难以满足新形势的要求,形成了大量的"信息孤岛"。这也成为制约建设"智慧水文"的瓶颈之一,因此信息系统整合及资源整合成为"智慧水文"建设的重要内容之一。

现有系统整合具有两个总体目标:一是实现业务系统的数据共享和关联,二是实现上下游业务系统的业务协同。现有信息系统整合的主要对象为业务流程相对稳定的、系统运行状况良好的能够支撑智慧水文建设的信息系统。总体整合方案分为数据资源层面整合与应用系统层面整合。数据资源层面整合主要针对的是运行良好、功能交集较小,且具有一定数据联系的应用系统,其整合方案是通过分析待整合系统的数据资源关系(数据类型、数据流向、数据共享需求等),确定整合后的数据资源结构,并对上层应用系统进行相应的改造,实现同一数据资源上不同系统的稳定运行。应用系统层面整合就是在云计算服务环境下,基于SOA架构,对当前在不同的开发平台下,用不同的开发语言、不同的开发架构设计开发并且运行于不同网络环境当中的信息系统进行深入的分析,将其业务流程分割包装成不同的服务,并整合在统一的网络中,对使用者提供透明化的服务,从而实现系统的松散耦合。

2. 现有系统改造与重建

当前河南省正处于政府职能转型的重要时期,政府机构内部及政府机构之间的业务流程面临不断调整,信息系统建设目标也由内部办公自动化逐渐转向决策支持与公众服务。由于以往信息系统建设较为分散,导致建设理念不一致,未能充分考虑业务变化需求。因此,现有信息系统中有一部分已经无法满足未来智慧水文建设需求,需要统筹进行相应的改造与重建。

对现有系统进行评估,找出目前运行状况(系统效率、安全等方面)良好的系统,按照智慧水文的业务需求,基于SOA技术架构,重新梳理业务流程,并采用工作流、可视化等技术对业务流程进行建模,构建可变动的业务流程定制机制,从而实现对现有系统的改造。

3. 新建系统

新建系统建设主要包含两部分内容:一是在水文云平台上基于新模式建设新建系统,充分利用云平台中已有数据资源和服务组件,并开放一定的资源和服务;二是能够有效支撑与其他部门的信息共享,实现信息互联互通,从而保障跨部门业务协同。

6.5.7 水文遥感监测能力

遥感技术已广泛应用于农业、林业、地质、地理、海洋、水文、气象、测绘、环境保护和军事侦察等领域,具有明显的社会效益、经济效益和生态效益。结合河南省水文业务开展遥感应用研究,建设天空地全天候的遥感采集系统,开发服务于覆盖全省、涵盖各水文业务的遥感信息系统。

6.5.7.1　遥感应用业务化解译算法研究

遥感为全省和区域水循环研究及水资源管理中涉及的水文气象要素提供了新的技术手段，包括降水、蒸散、湖泊水库河流水位、土壤湿度、地下水、流域总水储量变化、积雪与冰盖等。

研究业务化的，适用于实际生产的，实用的遥感信息自动提取算法。利用遥感技术为地表水体调查、地表水体动态监测、积雪覆盖调查、湿地资源调查、水体富营养化检测、悬浮固体、土壤侵蚀监测、水土保持治理与监督、旱情监测等方面的监测信息提供实用化遥感技术手段。

6.5.7.2　遥感影像数据采集处理系统建设

建设国产卫星遥感资源远程数据站、低空无人机遥感监测系统、地面移动遥感监测平台。构建常规监测、应急监测、专项监测的天空地全天候遥感影像数据采集处理系统，利用遥感信息周期短、同步性好、及时准确和分布式等特点，通过与水文模型进行有效结合，满足水文模拟准实时、空间分布的需求，较好地模拟水文过程，研究水循环规律。

6.5.7.3　业务应用遥感信息系统开发

开发服务于水资源管理、水环境监测、水土保持、水利工程检测、防汛抗旱等业务应用的遥感信息系统，打通水文遥感应用“最后一公里”，建立常规监测、应急监测、专项监测能力，为河南省水资源管理、水环境监测、水土保持、水利工程检测、防汛抗旱提供常规观测手段难以实现的信息支持。

6.5.8　标准规范体系

依据现行的国家、行业标准，以及水利部针对信息化系统建设制定的总体标准规范、技术标准规范、业务标准规范、管理标准规范、运营标准规范等内容，构建与河南省智慧水文建设、发展相适应的标准规范体系，解决河南省水文信息化在资源共享、系统建设、运行维护、信息安全等方面地方性标准的缺失，建立和完善水文信息化标准管理与协调机制，完善标准形成机制。

水文信息化标准体系应分步实施，以水文核心业务为出发点，在《水利技术标准体系》框架下编制。规划期内拟编制《河南省水文应用数据共享交换标准》《河南省水文应用服务调用规范》《河南省水文应用数据服务平台接口标准》《河南省水文应用运维经费标准》等标准规范。

6.6　水文管理体系建设

6.6.1　水文管理体制机制

6.6.1.1　完善水文机构设置

加快县级行政区划水文机构建设，满足以行政区划为单元的防汛抗旱、水资源管理等需求。根据水文事业作为国民经济和社会发展的基础性公益事业的性质和特点，科学、稳妥地推进水文机构事业单位分类改革，深化水文体制改革，理顺水文机构建制、规格和名称等问题，最终建立与区域相协调、建制规范、责权统一，满足经济社会发展需要，与国家行政管理体系相协调的水文管理体制。

6.6.1.2 改革水文测验管理模式

河南省水文监测管理目前处于由传统方式向现代化方式转变的阶段，初步形成驻测、巡测、水文调查、应急监测相结合的水文监测体系，水文监测现代化水平稳步提升。但目前仍有部分水文站、水位站以人工观测为主，现代化水平较低；部分水文测站标准化程度偏低，测站整体形象较差。

需加快水文测验方式改革，推进“有人看管、在线值守”水文测验模式，大力推进水文巡测和自动监测，减少水文驻测站，扩大巡测范围，探索精兵高效的水文测报工作模式，建立水文业务工作良性运行机制，保障水文事业持续健康发展，不断提高水文公共服务水平。

同时推进标准化站点建设，统一站点标识，规范化管理站点。以站点为平台，普及水文知识和常识，不断扩大水文工作的社会影响，努力为水文事业发展营造良好的社会氛围。广泛开展以文明单位、文明测站、青年文明号等精神文明创建活动为基础的水文文化主题实践活动，丰富水文文化产品。

6.6.1.3 推进政府购买服务

目前，针对水文测报、运行维护等工作，山东、辽宁等地积极实践政府购买服务取得新成效。河南水文应积极学习相关经验，继续创新水文业务管理模式，积极探索符合水文实际的用人用工机制，将水文测报业务中社会化程度较高的工作实行政府购买服务，将有限的人员编制集中到水文测报、水文分析计算、科技创新和社会公共服务等工作中。

6.6.2 人才队伍和投入机制

6.6.2.1 健全人才培养机制

根据水文统计年报，截至2018年底，河南水文部门共有从业人员3 485人，其中在职人员1 114人、离退休人员512人、委托观测员1 859人。在职人员中管理人员占5.7%，专业技术人员占80.0%，工勤技术人员占14.3%，专业技术人员的数量和比例逐年增加；专业技术人员中高级职称人员占25.3%，中级职称人员占43.0%，中级以下职称人员占31.7%，中级职称以上的人员数量也逐年增长；总体来说水文人才队伍整体素质不断加强，但是目前仍然存在基层技术人员不足、高端人才不突出等问题。

结合水利改革发展的要求，制订科学的人才培养计划，建立和完善人才引进机制，优化人才队伍结构，增加如应急巡测等基层专业技术人员，填补水生态、水环境等方面人才的短缺，补充在水文方面具有先进经验的技术力量，着力打造一支专业齐全、层次合理的水文人才队伍。

规划期内，通过建设2处水文继续教育和岗位培训基地，强化岗位培训工作。建立完善的水文从业资格体系和培训体系，定期开展现代化技术应用培训和专业技术竞赛，重点加大基层水文职工的业务培训力度，使其具备基本素养，掌握基本技能，能够应对基本技术问题；强化在先进监测技术和仪器设备应用方面的人才培养，造就一支掌握新技术和新方法的高层次人才队伍，以适应水文现代化建设发展的需要，为先进仪器设备和技术手段的推广应用创造条件。发挥高端人才的引领作用，建设水文“智库”。加大资金投入，结合政府购买服务等改革实践，培育和发展社会水文服务人力资源，实现水文人才队伍的多元化发展。

6.6.2.2　建立长效稳定投入机制

近年来，水文在经济社会发展中基础性服务功能不断增强，水文工作得到了各级政府和社会各界的高度关注和大力支持，对水文投入力度不断加大。为巩固水文事业已有成绩，保障后续水文工作有效进行，积极做好水文现代化建设的前期工作，争取各级政府的支持，逐步形成长效、稳定、良性的投入机制。建立以中央和省级投入为主、地方投入为辅，鼓励和争取国内外资助的多层次、多渠道经费投入机制。建立以能够跟踪国际先进水平、掌握信息系统应用开发技术、精通信息系统管理、熟练掌握各类水文先进仪器设备应用为主的多层次、全方位人才培养投入机制。完善《河南省水文业务经费定额》标准实施措施，打通省级水文现代化建设资金投入渠道，解决长期以来水文以中央投入为主、省级配套资金不充分的问题，进一步落实年度运行维护经费预算，保障水文设施正常运行维护。

6.6.3　加强基础研究和科技研发

随着电子信息和传感技术的发展，声、光、电等新仪器、新设备的研发应用，水文监测自动化水平逐步提高。目前，雨量、水位等要素已基本实现自动监测，但关键水文要素流量、泥沙等的实时在线监测率偏低。泥沙基本靠人工监测，导致多数水文站仍然采用驻测管理方式，难以满足越来越高的时效性要求，也无法适应支撑水利改革和经济社会发展日益增长的水文监测任务的需要。

规划期内，推进新技术、新装备的研发应用，具备自动监测条件的水文测站推广普及流量、泥沙等要素的自动监测，实现视频远程监控。大力推进雷达测雨、卫星遥感、无人机等现代技术装备的广泛应用，全面提高水文自动化、智能化水平。

(1)现代信息技术。充分应用物联网、云计算、大数据、移动应用和智慧计算等信息新技术，全面推进水文监测从“数字水文”向“智慧水文”跃进。

(2)水文测验技术。水文监测要素由离散点向连续区域发展，监测体系向立体、智慧型发展，水文数据向多要素异构集成发展，水文监测技术向自动化、信息化、网络化和智能化转变。

(3)模拟预报技术。水文预报将步入立足于传统方法与基于下垫面地理信息的分布式流域水文模拟相结合，水文学与水力学相结合，水文气象预报耦合的水文预报阶段。

(4)水文基础研究。深入研究产汇流基本规律、水文计算方法，研究自然变化与人类活动对水文过程的胁迫效应，建立水文实验站和实验流域，开展生态水文学和城市水文学等方面的研究。

6.6.4　完善标准体系

规划期内，针对水文仪器装备和水文监测、分析评价、数据管理等技术标准不满足现代化要求的情况，加快水文标准制修订和地方标准的制定。

6.6.5 水文文化建设

规划期内,结合河南省实际需求,建设1处水文发展展览馆。规划实施后,通过展览馆开放传承历史水文文化精神和遗产,推进水文文化体系建设,加快融入当地文化。

6.7 重点建设项目

立足问题导向,统筹当前和长远,考虑前期工作基础、发展需求、可行性、紧迫性等因素,服从"四水同治"需求,按照水文业务管理特点,从水文站网、水文水资源监测能力、水文信息服务三大体系建设出发,按照轻重缓急的原则将水文现代化建设项目分别纳入"十四五"和远期规划,其中"十四五"期间重点建设项目9类,远期规划重点建设项目7类。

6.7.1 "十四五"重点建设项目

"十四五"期间,拟重点开展国家基本水文站提档升级、中小河流水文监测站网、重点防洪排涝城市水文监测站网、行政区界水文监测站网、地下水监测站网、水文巡测基地、水质监测中心、水文应急监测能力和水文信息业务管理服务系统等9类项目建设。"十四五"期间重点建设项目统计见表6-11。

表6-11 "十四五"期间重点建设项目统计

序号	项目	数量
1	国家基本水文站提档升级	改建国家基本水文站117处、水位站15处
2	中小河流水文监测站网	新建水文站67处、水位站16处、雨量站1 100处;改建水文站248处、水位站120处、雨量站1 892处
3	重点防洪排涝城市水文监测站网	新建郑州城市水文监测站
4	行政区界水文监测站网	新建市界水文站85处,改建2处
5	地下水监测站网	新建地下水监测井1 592眼
6	水文巡测基地	新建三门峡地下水监测分中心1处;新建县级水文巡测基地28处、改建37处
7	水质监测中心	改建省水质监测中心和9处市水质监测分中心;新建开封、平顶山、焦作、三门峡4处水质监测分中心
8	水文应急监测能力	改建省级应急监测队1处、市级应急监测队18处
9	水文信息业务管理服务系统	新建省级水文遥感监测中心1处,信息化基础设施提升,完善水文信息服务业务系统、水文数据服务平台等

6.7.2 规划远期重点建设项目

规划远期,拟开展大江大河及其支流水文监测站网、国家基本水文站提档升级、中小水库水雨情监测预警站网、重点防洪排涝城市水文监测站网、行政区界水文监测站网、江河湖库水质在线监测站和水质监测中心等 7 类项目建设。规划远期重点建设项目统计见表 6-12。

表 6-12　规划远期重点建设项目统计

序号	项目	数量
1	大江大河及其支流水文监测站网	改建出山店水库水文站 1 处
2	国家基本水文站提档升级	改建国家基本水文站 9 处、水位站 3 处
3	中小型水库水雨情监测预警站网	对 2 435 座小型水库坝上进行降水量、水位一体化设施建设,库区配套新建雨量站 1 447 处,改建雨量站 1 240 处
4	重点防洪排涝城市水文监测站网	新建许昌城市水文监测站
5	行政区界水文监测站网	新建县界站 122 处,改建县界站 4 处
6	江河湖库水质在线监测站	新建 29 处重要市界断面水质自动监测站
7	水质监测中心	新建郑州、濮阳、鹤壁、漯河、济源 5 处水质监测分中心

6.8　典型设计

6.8.1　水文测站

6.8.1.1　国家基本水文站一类站典型设计

以信阳局息县水文站为典型设计说明。

1. 测站概况

息县水文站设立于 1935 年 9 月,位于河南省息县谯楼街道办事处大埠口村淮河干流左岸,东经 114°44′20.9″,北纬 32°19′26.6″,流域面积 10 190 km^2。该站是淮河干流上游主要控制站之一,属国家一类水文站,承担着向国家防总、省、市及流域防汛机构提供实时水情信息和收集系列水文资料的任务。监测项目有降水、蒸发、水位、流量、单沙、输沙率、水温、冰情、水质监测、土壤墒情、水文调查等。

2. 测验方案

根据该站定位和测验任务,充分考虑当前主流测报技术手段,分要素、分时段确定测验方案如下:

(1)降水:采用雨雪一体化称重式雨量计自动观测。

(2)水位:低水水位采用气泡式自记水位计,中高水水位采用浮子式自记水位计自动观测。视频观读与人工观读水尺对自记水位进行日常校核。每年汛前对所有水尺零点高程进行测量,汛后及较大洪水过后对当年使用的水尺零点高程进行测量。

(3)流量:低水采用在线式自动水文缆道测流系统测流,动船流速面积法为备份测流方案;中高水采用固定式雷达波测流系统和 ADCP 测流为主,动船流速面积法为备用测验方案。

(4)泥沙:采用测沙仪在线监测与常规测沙仪器相结合,以测得全年完整的泥沙过程为原则。

(5)蒸发:采用自动蒸发系统进行观测。

(6)水温:采用水温自动监测仪。

(7)视频监控:对基本水尺断面及流量测验断面上下游水情进行全天候监控,兼容人工水尺数值自动识别,以及雷达在线测流系统等监测设备运行工况。

(8)通信传输:水位、流量等文本数据以 GPRS 通信为主,北斗通信为辅,远传至水文测控中心,本地同时存储;视频数据只在本地存储,水文测控中心通过专线方式,访问本地硬盘录像机,读取视频数据。

3. 建设任务与规模

根据息县水文站拟订的测验方案确定建设任务与规模,匡算投资为 382.78 万元。息县水文站建设规模及投资见表 6-13。

表 6-13 息县水文站建设规模及投资

序号	工程或项目名称	单位	数量	单价(万元)	合计(万元)	说明
	第一部分 建筑工程				165.1	
一	测验河段基础设施					
二	水位观测设施				15.1	
1	直立式水尺	根	14	0.15	2.1	
2	气泡式水位计平台	座	1	13	13	
三	降水观测设施					
四	流量测验设施				70	
1	自动在线缆道	座	1	50	50	
2	雷达波固定点表面测流支架	座	1	20	20	
五	生产业务用房					
六	附属设施				80	
1	标准化整治	项	1	80	80	包括房屋修缮、用水、用电、水尺路等
	第二部分 仪器设备及安装				145.6	
一	雨量观测设备				20	
1	雨雪一体化遥测设备(含北斗通信系统)	套	1	10	10	
2	自动蒸发站	套	1	10	10	
二	水位观测设备				17.6	
1	气泡式水位计	台	1	5	5	
2	浮子式水位计	台	1	2.6	2.6	原设备老化,更换设备
3	水尺视频自动识别系统	台	1	10	10	
三	流量观测设备				46	
1	固定式雷达波测流系统	套	1	25	25	
2	数据接收处理与查询系统	套	1	15	15	

续表 6-13

序号	工程或项目名称	单位	数量	单价（万元）	合计（万元）	说明
3	自记水温计	套	1	6	6	
四	泥沙测验设备				40	
1	在线测沙仪	套	1	40	40	
五	测绘设备					
六	通信与数据传输设备				20	
1	卫星电话	对	1	1	1	
2	计算机网络系统	套	1	10	10	
3	远程视频监控系统	套	1	9	9	基本水尺断面、测流断面
七	其他设备				2	
1	户外作业安全用品套装	套	2	1	2	
第一至二部分合计					310.7	
第三部分　独立费用					37.28	
1	建设管理费	第一至二部分的4%			12.43	
2	工程监理费	第一至二部分的3%			9.32	
3	可研勘测设计费	第一至二部分的5%			15.53	
第一至三部分合计					347.98	
基本预备费		第一至三部分的10%			34.80	
静态投资					382.78	

6.8.1.2　国家基本水文站二类站典型设计

以驻马店局五沟营水文站为典型设计说明。

1.测站概况

五沟营水文站设立于1956年2月，位于河南省驻马店市西平县五沟营镇五沟营村，东经114°16′10″，北纬33°26′43″，流域面积1 564 km²。该站是淮河一级支流洪河中游的控制站，属国家基本水文站二类站，担负着向国家防总、省、市及流域防汛机构的水情拍报及预报等工作，并为老王坡滞洪区服务。测验项目有降水、水位、流量、水文调查、水质监测、冰清、墒情等。

2.测验方案

根据该站定位和测验任务，充分考虑当前主流测报技术手段，分要素、分时段确定测验方案如下：

(1)降水：采用雨雪一体化遥测设备，改建原翻斗式自记雨量计(含通信设备)实现雨量双备份。

(2)水位：测站现有浮子式水位计2台，分布于基本测验断面与老王坡滞洪区新泄洪闸上，满足全天候每5分钟水位观测，结合视频与人工水尺不定时对自记水位计进行日常校测；基本测验断面需增加1台气泡式水位计，进行对比观测，实现全天候、全时段、全量程在线监测。

(3)流量:中低水基本断面主要依托新增自行走式雷达波测流系统实现在线测流,老王坡滞洪区新泄洪闸下放水较少,结合巡测,利用走航式 ADCP 或传统流速仪测验作为率定、校核手段。高水主槽内采用在线流量监测系统作为基本测验方式,传统流速仪法和利用走航式 ADCP 作为备用测验方案。

(4)视频监控:对断面及上下游水情进行全天候监控,兼容人工水尺数值自动识别,以及气泡式水位计等监测设备运行工况。

(5)通信传输:水位、流量等文本数据以 GPRS 通信为主,北斗通信为辅,远传至水文测控中心,本地同时存储;视频数据只在本地存储,水文测控中心通过专线方式,访问本地硬盘录像机,读取视频数据。

3. 建设任务与规模

根据五沟营水文站拟订的测验方案确定建设任务与规模,匡算投资为 227.43 万元。五沟营水文站建设规模及投资见表 6-14。

表 6-14　五沟营水文站建设规模及投资

序号	工程项目及名称	单位	数量	单价(万元)	合计(万元)	说明
	第一部分　建筑工程				88	
一	测验河段基础设施					
二	水位观测设施				13	
1	气泡式水位计平台	座	1	13	13	基本断面
三	降水观测设施					
四	流量测验设施				25	
1	雷达波自走式表面测流支架	座	1	25	25	基本断面
五	生产业务用房					
六	附属设施				50	
1	标准化整治	处	1	50	50	大门、围墙、绿化、缆道房修缮等
	第二部分　仪器设备及安装				96.6	
一	雨量观测设备				12	
1	翻斗式自记雨量计(含通信设备)	套	1	2	2	
2	雨雪一体化遥测设备(含北斗通信系统)	套	1	10	10	
二	水位观测设备				17.6	
1	气泡式水位计	台	1	5	5	基本断面
2	浮子式水位计	台	1	2.6	2.6	
3	水尺视频自动识别系统	台	1	10	10	
三	流量测验设备				47	
1	自走式雷达波测流系统	套	1	32	32	基本断面
2	数据接收处理与查询系统	套	1	15	15	
四	泥沙测验设备					
五	测绘设备					

续表 6-14

序号	工程项目及名称	单位	数量	单价（万元）	合计（万元）	说明
六	通信与数据传输设备				18	
1	卫星电话	对	1	1	1	
2	计算机网络系统	套	1	10	10	
3	远程视频监控系统	套	1	7	7	
七	其他设备				2	
1	户外作业安全用品套装	套	2	1	2	
第一至二部分合计					184.6	
第三部分　独立费用					22.15	
1	项目建设管理费	第一至二部分的4%			7.38	
2	工程建设监理费	第一至二部分的3%			5.54	
3	勘测设计费	第一至二部分的5%			9.23	
第一至三部分合计					206.75	
基本预备费		第一至三部分的10%			20.68	
静态总投资					227.43	

6.8.1.3　国家基本水文站三类站典型设计

以平顶山局下孤山水文站为典型设计说明。

1.测站概况

下孤山水文站设立于1961年8月，位于河南省鲁山县观音寺乡下孤山村，东经112°43′，北纬33°52′。该站位于淮河流域颍河水系沙河上游左侧支流荡泽河上，为山区区域代表站及昭平台水库入库控制站，流域面积354 km^2，属国家三类水文站，主要采集下孤山断面以上长系列水文要素信息，为水资源管理防汛减灾服务。观测项目有降水、水位、流量等。

2.测验方案

（1）降水：采用雨雪一体化遥测设备观测，遥测雨量计作为备份观测。

（2）水位及比降观测：基本水尺断面新建雷达式水位计实现全过程测量，增加水尺视频自动识别系统实现水位自动监测双备份。

（3）流量：低水采用测流槽在线监测，中高水采用侧扫雷达测流系统，洪水应急监测采用桥测流速仪或水面浮标法。利用桥测流速仪测验作为在线监测系统率定、校核。

（4）视频监控：采用远程视频监控系统，对基本水尺断面和测流槽断面及上下游水情和站院安防进行全天候监控。

（5）通信传输方案：降水量、水位、流量等文本数据以5G通信为主，北斗通信为辅，远传至水情信息中心，本地同时存储；视频数据只在本地存储，水情信息中心通过专线方式，访问本地硬盘录像机，读取视频数据。

3.建设任务与规模

根据下孤山水文站拟订的测验方案确定建设任务与规模，匡算投资为302.46万元。

下孤山水文站建设规模及投资见表6-15。

表6-15　下孤山水文站建设规模及投资

序号	工程或项目名称	建设性质	单位	数量	单价（万元）	合计（万元）	说明
第一部分　建筑工程						115	
一	水位观测设施					5	
1	雷达式水位计平台	新建	座	1	5	5	
二	流量测验设施					80	
1	侧扫雷达基础	新建	座	1	20	20	
2	测流槽	新建	处	1	60	60	
三	附属设施					30	
1	标准化整治	改建	处	1	30	30	
第二部分　仪器设备及安装						130.5	
一	雨量观测设备					12	
1	翻斗式自记雨量计(含通信设备)	新建	套	1	2	2	
2	雨雪一体化遥测设备(含北斗通信系统)	新建	套	1	10	10	
二	水位观测设备					16.5	
1	雷达式水位计	新建	台	1	6.5	6.5	
2	水尺视频自动识别系统	新建	套	1	10	10	
三	流量观测设备					80	
1	侧扫雷达测流系统	新建	套	1	80	80	
四	通信与数据传输设备					20	
1	卫星电话	新建	对	1	1	1	
2	计算机网络系统	新建	套	1	10	10	
3	远程视频监控系统	新建	套	1	9	9	
五	其他设备					2	
1	户外作业安全用品套装	新建	套	2	1	2	
第一至二部分合计						245.5	
第三部分　独立费用						29.46	
1	建设管理费		第一部分的4%			9.82	
2	工程监理费		第一至二部分的3%			7.36	
3	勘测设计费		第一至二部分的5%			12.28	
第一至三部分合计						274.96	
基本预备费			第一至三部分的10%			27.50	
静态投资						302.46	

6.8.2　水文巡测基地

水文巡测基地分为市级水文巡测基地和县级水文巡测基地。

6.8.2.1　市级水文巡测基地典型设计

以南阳市水文巡测基地为典型设计说明。

1. 基本情况

河南省南阳水文巡测基地位于河南省南阳市，辖区涵盖南阳市1市2区10县，主要负责南阳市范围内的各县级水文巡测基地业务指导；水文站、水位站、遥测雨量站、墒情站、地下水站、水质站等水文信息汇总整理；南阳市范围内的水情信息预报、水文应急监测、突发水污染事件监测等。基地距离辖区内各水文测站5.5～197 km，驱车0.2～4.0 h内能赶到现场。基地现有工作人员34名，由辖区内南阳水文水资源勘测局原有职工组成，主要依靠南阳水文水资源勘测局原有配置的设施设备开展辖区内的常规监测及应急监测工作。

基地现管辖国家基本水文站20处、水位站3处、专用站47处（其中专用水文站34处、专用水位站13处）、基本雨量站147处、遥测雨量站点485处、遥测水位站108处、墒情自动监测站12处、墒情移动站60处、水质监测服务的站点110个（地下水水质站32处、地表水水质站78处）、生态流量站4处、地下水监测井174眼（其中人工监测井122眼、自动监测井52眼）。规划实施后，基地还将新增专用水文站23处、地下水自动监测井106眼。至规划期末，基地管辖水文测站数量将达到1 299处。

2. 建设任务与规模

市级水文巡测基地以提升监测能力和应急响应能力为主，本着节约投资的原则，基地依托南阳水文水资源勘测局现有生产业务用房开展工作，不再增加生产业务用房建设项目，主要考虑增配部分水文巡测设备及应急抢险设备。基地匡算投资1 705.83万元。南阳水文巡测基地建设规模及投资见表6-16。

表6-16　南阳水文巡测基地建设规模及投资

序号	仪器设备名称	单位	数量	单价（万元）	合计（万元）	说明
	第一部分　技术装备及安装				1 384.6	
一	巡测交通工具				54	
1	巡测车	辆	2	18	36	
2	工具车	辆	1	18	18	
二	测流设备				375	
1	电波流速仪	台	2	4.5	9	
2	ADCP	台	2	30	60	
3	移动超高频侧扫雷达系统	套	1	105	105	
4	声学多普勒流速流向仪	台	2	4.5	9	
5	遥控船	套	1	25	25	
6	桥测设备	套	1	8	8	
7	电磁流速仪	台	1	10	10	
8	测算仪	台	2	0.5	1	
9	水陆两用测船	艘	2	25	50	

续表 6-16

序号	仪器设备名称	单位	数量	单价（万元）	合计（万元）	说明
10	橡皮充气船(含操舟机)	条	1	3	3	
11	便携式自动测沙仪	套	1	35	35	
12	水位雨量应急监测一体机	套	3	10	30	
13	便携式水质分析仪	套	1	30	30	
三	测绘设备				523	
1	多波束水下地形测量仪	套	1	240	240	
2	激光测距仪	台	2	1	2	
3	回声测深仪(双频)	台	1	20	20	
4	GPS(1 +2)(国产)	台	2	15	30	
5	无人机激光雷达系统	套	1	160	160	
6	三维激光扫描仪(手持式)	套	1	30	30	
7	全站仪(1″)	台	2	18	36	
8	水准仪	台	2	1.5	3	
9	无人机	台	1	2	2	
四	通信与数据传输设备				414.6	
1	卫星电话	部	4	1	4	
2	对讲机	对	6	0.1	0.6	
3	应急监测通信系统	套	1	410	410	
五	其他设施设备				18	
1	应急抛绳器	台	2	0.5	1	
2	移动应急电源	套	2	3	6	
3	户外作业安全用品套装	套	10	1	10	
4	抢险照明灯	台	2	0.5	1	
第一部分合计					1 384.6	
第二部分　独立费用					166.15	
1	建设管理费	第一部分的4%			55.38	
2	工程监理费	第一部分的3%			41.54	
3	可研勘测设计费	第一部分的5%			69.23	
第一至二部分合计					1 550.75	
基本预备费		第一至二部分的10%			155.08	
静态投资					1 705.83	

6.8.2.2　县级水文巡测基地典型设计

以周口局鹿邑水文监测中心为典型设计说明。

1. 基本情况

鹿邑水文巡测基地成立于2017年6月，位于鹿邑县城关镇，现有职工8人，主要负责鹿邑水文测区的水文业务工作。测区总面积 2 751 km^2，涵盖鹿邑县、郸城县两县境域，属淮河流域淮河、颍河、涡河三条水系。现管辖国家基本水文站3处、基本雨量站9处、水文巡测站4处、省界断面水文站3处、防汛专用雨量站11处、墒情站2处、地下水位观测站57处、地表水水质监测断面11处、地下水质监测站2处、入河排污口监测站点25处。基地距离辖区内各水文测站10~90 km，驱车1.5 h内能赶到现场。

2. 建设任务与规模

建立巡测为主、应急补充的县级水文管理模式，广泛应用自动化、信息化和智能化等现代技术，提升县级水文巡测基地水文测报、应急响应和信息服务的自动化和智能化水平。主要考虑增配部分水文巡测设备及应急抢险设备。基地匡算投资392.51万元。鹿邑水文巡测基地建设规模及投资见表6-17。

表6-17　鹿邑水文巡测基地建设规模及投资

序号	工程或项目名称	单位	数量	单价（万元）	合计（万元）	说明
	第一部分　建筑工程					
	第二部分　仪器设备及安装				318.6	
一	巡测交通工具				36	
1	巡测车	辆	1	18	18	越野
2	工具车	辆	1	18	18	拖载仪器设备
二	测流设备				160.2	
1	电波流速仪	台	2	4.5	9	
2	ADCP	台	1	30	30	
3	手持ADCP	套	2	10	20	
4	声学多普勒流速流向仪	台	1	4.5	4.5	
5	遥控船	套	1	25	25	
6	桥测设备	套	1	8	8	
7	电磁流速仪	台	2	10	20	
8	测算仪	台	2	0.5	1	
9	橡皮充气船（含操舟机）	条	1	3	3	
10	便携式自动测沙仪	套	1	35	35	
11	雨量率定仪	套	1	4.7	4.7	
三	测绘设备				70	
1	激光测距仪	台	2	1	2	
2	回声测深仪（单频）	台	1	6	6	
3	回声测深仪（手持）	台	1	3	3	
4	GPS（1+2）（国产）	台	1	15	15	
5	全站仪（1″）	台	2	18	36	
6	水准仪	台	4	1.5	6	
7	无人机	台	1	2	2	
四	通信与数据传输设备				42.4	
1	卫星电话	部	2	1	2	
2	对讲机	对	4	0.1	0.4	

续表 6-17

序号	工程或项目名称	单位	数量	单价（万元）	合计（万元）	说明
3	计算机网络系统	套	1	10	10	
4	远程防汛视频会商系统	套	1	30	30	
五	其他设施设备				10	
1	应急抛绳器	台	2	0.5	1	
2	移动应急电源	套	1	3	3	
3	户外作业安全用品套装	套	5	1	5	
4	抢险照明灯	台	2	0.5	1	
第一至二部分合计					318.6	
第三部分　独立费用					38.23	
1	建设管理费	第一至二部分的4%			12.74	
2	工程监理费	第一至二部分的3%			9.56	
3	可研勘测设计费	第一至二部分的5%			15.93	
第一至三部分合计					356.83	
基本预备费		第一至三部分的10%			35.68	
静态投资					392.51	

6.9　投资匡算及项目实施

6.9.1　投资匡算

6.9.1.1　匡算原则

按照国家及水利部现行有关工程概（估）算文件、政策的要求，本着实事求是、科学有据，投资匡算遵循类别分开、指标分析和经验判断以及宏观总量控制等原则编制。在充分依据现有概算资料和已批复同类项目概算的基础上，认真分析研究单位造价指标，使预测的项目投资接近或达到预期精度，采用2019年价格水平匡算总投资。

6.9.1.2　编制依据

编制依据为《水文基础设施建设及技术装备标准》（SL 276—2002）、《水利工程设计概（估）算编制规定》（水总〔2014〕429号）、《水利工程概算补充定额（水文设施工程专项）》（水总〔2006〕140号）等技术标准及属地建设工程概预算定额以及厂商报价。

6.9.1.3　投资匡算

河南省水文现代化建设规划总投资374 470.60万元，其中近期投资242 409.29万元、远期投资132 061.31万元。河南省水文现代化建设规划投资匡算见表6-18。

依据国家发展和改革委员会、水利部等六部委联合印发的《关于印发重大水利工程

表 6-18　河南省水文现代化建设规划投资匡算表

序号	项目名称	近期						远期						投资合计（万元）
		新建		改建		合计		新建		改建		合计		
		数量	投资（万元）	数量	投资（万元）	数量	投资（万元）	数量	投资（万元）	数量	投资（万元）	数量	投资（万元）	
一	大江大河及其支流水文监测站网									1	350.00	1	350.00	350.00
1	水文站									1	350.00	1	350.00	350.00
二	中小河流水文监测站网	1 183	21 255.65	2 254	59 367.50	3 437	80 623.15							80 623.15
1	水文站	67	9 529.41	248	35 273.04	315	44 802.45							44 802.45
2	水位站	16	726.24	114	5 174.46	130	5 900.70							5 900.70
3	雨量站	1 100	11 000.00	1 892	18 920.00	2 992	29 920.00							29 920.00
三	中小水库水雨情监测预警站网							3 882	84 495.60	1 240	4 216.00	5 122	88 711.60	88 711.60
1	水文站													
2	水位站							2 435	79 575.80			2 435	79 575.80	79 575.80
3	雨量站							1 447	4 919.80	1 240	4 216.00	2 687	9 135.80	9 135.80
四	重点防洪排涝城市水文监测站网	1	2 031.80			1	2 031.80	1	2 031.80			1	2 031.80	4 063.60
五	行政区界水文监测站网	85	13 320.35	2	313.42	87	13 633.77	122	19 118.62	4	626.84	126	19 745.46	33 379.23
1	市界断面	85	13 320.35	2	313.42	87	13 633.77							13 633.77
2	县界断面							122	19 118.62	4	626.84	126	19 745.46	19 745.46
六	地下水监测站网	1 592	24 096.40			1 592	24 096.40							24 096.40
1	地下水监测站网加密建设	1 592	24 096.40			1 592	24 096.40							24 096.40
七	江河湖库水质在线监测站							29	9 423.55			29	9 423.55	9 423.55
1	水质自动站							29	9 423.55			29	9 423.55	9 423.55
八	江河湖库水生态监测站	10				10								

续表 6-18

序号	项目名称	近期						远期						投资合计（万元）
		新建		改建		合计		新建		改建		合计		
		数量	投资（万元）	数量	投资（万元）	数量	投资（万元）	数量	投资（万元）	数量	投资（万元）	数量	投资（万元）	
1	水生态站	10				10								
九	国家基本水文站提档升级			132	30 864.37	132	30 864.37			12	2 798.90	12	2 798.90	33 663.27
1	水文站			117	29 599.57	117	29 599.57			9	2 561.90	9	2 561.90	32 161.47
2	水位站			15	1 264.80	15	1 264.80			3	237.00	3	237.00	1 501.80
十	水文巡测基地	29	5 263.30	37	21 246.00	66	26 509.30							26 509.30
1	市级巡测基地	1	61.90			1	61.90							61.90
2	县级巡测基地	28	5 201.40	37	21 246.00	65	26 447.40							26 447.40
十一	水质监测（分）中心	4	8 240.90	10	15 607.40	14	23 848.30	5	9 000.00			5	9 000.00	32 848.30
1	中心			1	3 810.70	1	3 810.70							3 810.70
2	分中心	4	8 240.90	9	11 796.70	13	20 037.60	5	9 000.00			5	9 000.00	29 037.60
十二	水文应急监测能力			19	21 918.50	19	21 918.50							21 918.50
1	省级应急监测			1	2 797.90	1	2 797.90							2 797.90
2	市级应急监测			18	19 120.60	18	19 120.60							19 120.60
十三	水文信息服务体系	20	14 463.20	5	4 420.50	25	18 883.70							18 883.70
1	水文遥感中心	1	1 500.00			1	1 500.00							1 500.00
2	水文信息化基础设施提升	9	8 196.00	2	1 780.50	11	9 976.50							9 976.50
3	水文业务应用系统	10	4 767.20	3	2 640.00	13	7 407.20							7 407.20
	合计	2 924	88 671.60	2 459	153 737.69	5 383	242 409.29	92 751	124 069.57	1 257	7 991.74	5 296	132 061.31	374 470.60

等10个中央预算内涉农投资专项管理办法的通知》(发改农经规〔2019〕2028号)通知精神:根据各类项目性质和特点、中央和地方事权划分原则、所在区域经济社会发展水平等,制定差别化的专项水利工程中央预算内投资补助政策。河南省属于中部地区,按照规划控制投资的1/2予以补助。因此,河南省水文现代化建设规划需中央补助187 235.31万元,其中近期121 204.65万元,远期66 030.66万元。省级投资187 235.29万元,其中近期121 204.64万元、远期66 030.65万元。

1.近期项目及投资

(1)中小河流水文监测站网建设总投资80 623.15万元。

(2)重点防洪排涝城市水文监测站网建设总投资4 063.60万元,近期2 031.80万元。

(3)行政区界水文监测站网建设总投资33 379.23万元,近期13 633.77万元。

(4)地下水监测站网建设总投资24 096.40万元。

(5)国家基本水文站提档升级总投资33 663.27万元,近期30 864.37万元。

(6)水文巡测基地建设总投资26 509.30万元。

(7)水质监测(分)中心建设总投资32 848.30万元,近期23 848.30万元。

(8)水文应急监测能力建设总投资21 918.50万元。

(9)水文信息业务管理服务系统建设总投资18 883.70万元。

"十四五"总投资242 409.29万元。

2.远期项目及投资

(1)大江大河及其支流水文监测站网建设总投资350.00万元。

(2)国家基本水文站提档升级总投资33 663.27万元,远期2 798.90万元。

(3)中小水库水雨情监测预警站网总投资88 711.60万元。

(4)重点防洪排涝城市水文监测站网建设总投资4 063.60万元,远期2 031.80万元。

(5)行政区界水文监测站网建设总投资33 379.23万元,远期19 745.46万元。

(6)江河湖库水质在线监测站建设总投资9 423.55万元。

(7)水质监测(分)中心建设总投资32 848.30万元,远期9 000万元。

远期总投资132 061.31万元。

6.9.2　实施安排

根据水利部对水文现代化建设的统一安排,结合河南省经济社会发展、水利工作需要和投资可能,按照突出重点、轻重缓急、急用先建的原则,优先安排国家基本水文测站提档升级、行政区界水文监测站网建设、地下水监测站网建设、水文巡测基地建设、水文应急监测能力建设、水质监测中心建设、水文信息服务体系建设等重点建设项目工程。在项目前期工作和项目实施中,按照项目划分,做到"一项一策",分年度安排实施。

本规划实施周期较长,正处于我国在全面建成小康社会的基础上,向基本实现社会主义现代化奋斗目标迈进阶段,正处于水利工作全面践行"水利工程补短板、水利行业强监管"的重要阶段。经济社会发展和水利工作将不断对水文提出新的、更高的要求;同时,随着科学技术快速发展,新技术、新方法将不断投入水文生产实践,将对水文信息采集、传输、处理及水文资料深加工和服务水平产生深远影响。水文作为经济社会发展的重要基础支撑,应当适度超前发展,因此需准确把握经济社会发展对水文工作需求变化和科学技术发展成果。在项目前期工作中,要根据实际需求,对项目建设内容适当进行优化和调整。

6.10 环境影响评价

6.10.1 规划实施对环境影响

6.10.1.1 规划实施对环境影响分析

1. 对水环境影响

本次规划的水文测站测验基础设施施工主要在河滩地,基础设施建设不会破坏河道连通性,对河道的水文情势基本不会产生影响。但在建设期内,水文仪器设备安装的基础建设会产生一定的弃土、弃渣,可能对河道局部有所扰动,引起局部水域悬浮物浓度增高,对局部河段水质可能产生不利影响。同时不可避免地产生如生产废水、生活污水、机械含油废水等形式的废污水,但废污水产生量不大,经处理后排放影响很小且影响是暂时的。

2. 对生态环境影响

规划实施对陆生生态环境产生的不利影响主要体现在工程建设的占地,影响时期集中在施工期。工程建设占地将占用自然植被,破坏陆生生态环境,由于规划工程占用规划范围土地量相对较小,通过合理开发、有效管理可缓解工程占地对陆生生态环境造成的压力。

本次规划工程不涉及水量的调入、调出,河道的改移等,河流水文条件不发生变化,水生生物生存环境维持稳定,生物种群结构和生物量不会发生太大变化,河段内物种的多样性不会大幅改变,整个生态系统的稳定性和完整性也不会被破坏,区域内水生生态系统的结构和功能不会发生明显改变。

3. 对社会环境影响

规划工程施工期间,物资的运输有可能会对当地的交通造成一定的干扰,特别是在运输高峰期可能造成当地交通堵塞,因此,在项目施工允许的情况下应选择当地交通流量低时进行物资运输。项目施工作业中将产生一定的噪声和大气污染。但项目施工对当地社会环境的影响是暂时的,随着施工期的结束,这种影响也随之消失。

6.10.1.2 环境影响评价结论

虽然本规划实施会对环境造成一定的影响,但由于规划涉及的项目多、地点分散,工程实施以水文测站、水文巡测基地、水质监测(分)中心等为基本单元进行,具体到单个项目建设规模较小,且多数项目是在原有基础上进行改建的。在建设过程中,除生产业务用房建设的土建工程量相对较大外,其他水文基础设施的土建工程量较小,多为桩基和塔基基础,仅在河滩有局部小范围的基础开挖,而且开挖后能及时用土、浆砌石、混凝土等建筑材料填充,不会造成当地植被的破坏和新的水土流失,也不会对生态环境造成影响,虽然会产生一定的噪声、废污水,但这些都是暂时且可控的。项目建成投入运行后,无废气、废水等污染物排放,不会影响建设范围内的大气环境和水生态环境。总体而言,规划实施对环境影响很小。

6.10.2　对策与措施

6.10.2.1　严格执行环境保护制度

水文工程建设将把生态环境保护理念贯穿于规划工程建设和管理的各个环节,强化对工程建设全过程的监督管理,认真落实各项环境保护措施,满足“三同时”制度的要求。加强对水环境、生态环境、环境敏感区方面的监测、监理和监管。

6.10.2.2　水环境保护措施

规划建设期不可避免地产生如基坑废水、生活污水、机械含油废水等形式的水污染,必须采取可行可靠的污染防治措施,对各种污染进行减量处理。落实供水水源污染风险防控措施,加强对取水口的水质监测,掌握环境污染的动向,做好水污染预警预报,确保水质安全。

6.10.2.3　生态环境保护措施

严格控制施工范围,加强对施工队伍和外来人员的教育及管理,严禁狩猎、捕捞,严禁破坏项目区以外的植被;施工期间加强生态环境的质量监管,严禁乱砍树木,注意生态环境的保护。施工结束后应尽快对临时占地扰动地表进行生态恢复,严格落实好水土保持措施。

6.10.2.4　环境监测与管理

通过环境监测掌握水源水质动态。以各水源现有的水量水质监测工作为基础,制订水量水质同步监测计划,逐步建立水量水质同步监测制度。利用已有的水文、水环境监测站网资源,对规划实施全过程产生的环境影响进行跟踪监测。通过跟踪监测及时发现并解决存在的环境问题,据此调整环境保护措施。

6.11　实施效果与保障措施

6.11.1　实施效果

规划通过水情、水资源、地下水、水质、水生态监测站网建设,对站网的总体布局进行了结构性调整,全省水文站网的基本功能得到增强,水文测报能力和现代化水平显著提高,水文信息处理服务水平迈上新台阶。水文为防汛抗旱减灾、水资源开发管理、水生态环境保护、水工程建设管理、社会公众服务等各项涉水事务管理的支撑力进一步加强。河南水文将以更加全面优质的水文水资源信息为河南省生态保护和高质量发展、中原经济区建设、“四水同治”和水利强监管提供可靠的基础支撑,具有十分显著的社会效益、经济效益和生态效益。

6.11.1.1　社会效益

通过水文站网建设,进一步完善大江大河、中小河流、中小水库、行政区界断面、地下水、水质等各类水文监测站网的布局与功能。全省大江大河和有重点防洪任务的中小河流、小型水库等实现水文监测全覆盖;行政区界、供水水源地等水量、水质、水生态监测站网体系得以健全;地下水超采区监测站点得到加密,实现对重点区域地下水动态全面有效监控;郑州、许昌等重要城市防洪排涝城市水文站网初具规模。

通过水文监测能力建设,大江大河干流及支流控制站的水文测报基础设施防洪标准和测洪能力将明显提高;水位、雨量全面实现长期自记、数字存储、自动传输;流量、泥沙、水质在重点断面实现自动在线监测;水文水资源信息传输、处理、存储、服务一体化水平不断提高,各级防汛指挥部门能在半小时内收集到所需报汛站的水情信息,水文水资源预测预报能力得到增强,为政府防汛抗旱减灾提供更为全面、科学的决策依据。

通过水文监测中心建设,水文巡测基地、水质监测中心、水情分中心、地下水监测中心的布局与功能进一步完善,有效促进水文资料收集面的扩大,提高水文巡测及机动测验能力。水质监测(分)中心分析检测能力进一步提高,布局更加完善,更好地满足水资源管理保护需求。水文应急监测体系更为完善,应急机动监测能力进一步得到加强,可有效减轻突发性水事件对人民生命财产造成的损失,为构建社会主义和谐社会做出贡献。

通过水文业务系统的建设,提升水文信息采集传输能力,加强网络通信安全,增强预测预报技术手段,一定程度上改善流量测验精度和自动化水平;通过提高水资源监测的设备、技术和机动应急能力,使重点河段和水源地水量、水质及重点区域获得准确、及时的水文水资源信息;通过洪水预报模型和中长期径流预报模型,实现区域洪水、地表水资源状况和地下水资源状况等预警预测预报;结合水资源评级分析系统和水资源分析评价,水资源优化调整的模拟仿真以及水环境承载能力、纳污总量等的分析评价,为水资源的科学配置、调度、管理和保护、水生态环境治理以及国民经济发展等方面提供科学依据;国家水文数据库河南省级节点的建立,将有效推进水文信息共享,满足政府决策和社会各界对水文信息日益增长的需求,充分发挥水文资料的整体效益。

6.11.1.2 经济效益

洪涝灾害、水资源短缺、水环境恶化是当前制约我国经济社会发展的重要瓶颈,每年导致的直接经济损失十分严重。通过规划的实施,水文测报和水文信息服务能力显著增强,水文信息的准确性和时效性将明显提高。水文测报信息和分析预测成果作为防汛指挥决策和洪水调度的重要科学依据,将降低洪涝灾害造成的生命财产损失,提高洪水的资源化管理水平。水文作为水资源管理和水环境保护的重要基础工作,通过加强水资源的水量、水质监测和分析研究,为实施最严格水资源管理制度提供技术支撑,提高水资源优化调度的科学性和合理性,为节约、管理和保护水资源提供科学依据,促进水资源的合理开发、优化配置和高效利用,使有限的水资源发挥最大的经济效益。

6.11.1.3 生态效益

当前,河南省生态环境存在用水方式粗放,水资源利用率不高;河道内大坝、漫水桥、水电梯级开发等阻水建筑物的修建,影响河流的纵向连通性;过度取水,下泄流量不够,河湖生态基流不达标,部分流域或重点区域水体污染严重;部分地区地下水超采严重,地下水位急剧下降引起地面沉降;河道涵养水源能力急剧下降,水土流失等问题,严重制约了经济社会的可持续发展。规划的实施,将使水文机构收集积累水文资料的广度、深度和能力显著增强,可以更全面地掌握水资源和水环境的变化规律。加强泥沙监测,分析泥沙的组成和来源,为水土流失治理提供基础信息。加强县、市界河流水生态流量监测,及时提供界河水资源监测信息,为实施国家最严格的水资源管理制度、河南省水环境生态补偿、河南省"四水同治"等工作提供基础支撑。加强江河湖库水质监测,尤其是有毒有机污染物和水生态监测,及时提供水质监测分析信息与咨询报告,为水污染防治、居民饮水安全、水生态修复等提供依据。强化突发水污染事件的应急机动能力,将为水污染事件的应急决策处置提供必要的数据保障。加强生态修复区生态补水的水量、水质监测,为生态修复水资源调度提供决策依据。加强地下水监测,有效监控地下水动态信息,为防治地质灾害、保护生态环境提供支撑。

6.11.2　保障措施

6.11.2.1　加强组织领导

强化水文现代化建设工作责任,水文现代化不仅是物质基础、技术手段的现代化,更是思维方式、管理方式的现代化,是一项复杂的系统工程。需要加强总体设计和组织领导,加强与发展改革、财政等相关部门的沟通协调,在政策支持、资金投入等方面尽全力做好规划实施有力支撑。

6.11.2.2　深化前期工作

做好项目前期工作是确保规划顺利实施的重要基础。建立项目前期工作责任制,本着突出重点、轻重缓急的原则,压茬推进各项目前期工作,积极落实解决好征地、生态环境保护等建设条件;合理确定建设方案,严格执行工程建设有关强制性标准和规程规范,确保设计深度和项目前期工作成果质量;加快论证重大建设项目,形成项目储备和滚动接续机制。

6.11.2.3　加大投入力度

为确保规划的顺利实施,充分发挥各级财政对水文建设投入的主渠道作用,落实中央补助资金,积极争取省发展和改革委员会、省财政部门的支持,将水文现代化发展所需建设经费纳入省级财政预算,切实加大水文现代化投入。

6.11.2.4　深化水文改革

加快水文测验方式改革,探索精兵高效的水文测报工作模式,建立水文业务工作良性运行机制。同时,创新人才培养方式,大力引进紧缺人才和高层次人才,优化人才队伍结构,提高人才队伍整体素质。

6.11.2.5　强化动态评估

要分解、细化工作方案与实施进度,逐级落实目标责任,强化前期工作、实施进度、成果质量等的动态评估监督制度。加强对规划目标指标和重点任务完成情况的跟踪督办,定期开展规划实施情况评估,分析实施效果及存在问题,提升规划的适应性。

第7章　河南省水文监测管理改革方案

河南省地跨长江、淮河、黄河、海河四大流域，水系情况复杂，水文站网(点)众多，水文监测任务繁重。随着中小河流水文监测系统、国家防汛抗旱指挥系统、山洪灾害防治非工程措施项目、水生态监测系统、国家地下水监控能力建设、水资源监测能力建设等一系列建设工程项目的实施，水文站网得到了空前快速的发展，水文监测任务大量增加，监测需求和成果质量也不断提高，传统的水文监测管理方式已经无法适应当前的要求，进行水文监测管理改革势在必行。河南省水文监测管理改革是落实中央提出的“节水优先、空间均衡、系统治理、两手发力”的新时期治水方针的需要，是在国家制定的“两个100年”发展目标中建设富强河南、文明河南、平安河南、美丽河南的需要，是河南水文事业科学、健康、平稳、持续发展的需要，也是改变传统落后的水文监测管理模式的重大变革和难得的机遇。河南省水文监测管理方式的改革将推动全国水文事业的发展，具有重要的现实意义和历史意义。

7.1　水文监测管理现状与存在问题

7.1.1　现状

中华人民共和国成立以来，为满足全省防汛抗旱减灾、水资源管理、水生态环境保护等工作的需要，为经济社会可持续发展提供技术支撑，河南省水文系统在全省范围内设立了降水量、地表水、地下水、水生态、土壤墒情和水质等各类项目齐全的水文监测体系。截至2010年底，全省有国家基本水文站120处、水位站25处、基本雨量站757处、遥测雨量站1 100处、地下水观测井1 921眼、常规水质监测站230个、墒情站122处，共计4 275处。

2011年中央一号文件下发后，国家对水文发展更加重视，基础设施建设投入大幅增加，通过国家防汛抗旱指挥系统、山洪灾害防治项目、地下水自动监测工程和全国中小河流水文监测系统工程、水资源监测能力建设项目的实施，建立了更加完善的水文监测体系。截至2015年底，全省水文站网已发展到：各类水文站367处(基本水文站126处、巡测水文站241处)，水位站155处(基本水位站19处、专用水位站136处)；基本雨量站748处；常规地下水水质监测站222个，水功能区监测484处，排污口监测点634个；墒情站316处，移动墒情监测点530处；防汛自动遥测站4 028处(其中独立站2 754处)；水生态监测站76处；地下水监测井1 907眼。新建县城以上水文中心站60处，每处生产业务用房面积在400 ~ 1 200 m^2，配置了必要的交通工具和监测仪器，为水文监测改革提供了必要条件。到目前为止全省拥有各类水文站网(点)达9 467处，是2010年的2.2倍。

到2020年，根据已批准的河南水文发展规划，全省还将新建水文实验站1处、生态流量监测水文站18处、地下水自动监测井1 193处、中小水库水雨情监测站618处、墒情自动监测站194处;取消基本雨量站748处,届时河南省水文监测站网基本保持稳定。

在机构人员配置上,2010年省编办批复河南省水文水资源局为财政全供副厅级事业单位,职工总数1 100人,其中基层水文测站编制524人(2015年底实有人数463人)。河南省水利厅批复全省水文测站科级职数116名。另外,还有委托观测员763人(雨量委托观测员748人、水位委托观测员15人),委托地下水观测员1 921人。2015年水文专项运行维护经费2 500万元。

在监测管理方式上,实行省水文水资源局、市水文水资源勘测局和水文测站三级管理模式。全省监测工作主要依靠水文站完成,各水文站目前的运行模式为"常年驻站、固守断面"。由于人员过于分散,工作单一,忙闲不均,效率低下,难以满足越来越广泛的水文监测任务与社会服务的需要。

7.1.2　存在问题

(1)监测任务的大量增加与现有监测管理方式矛盾突出。近几年来,国家加大对水文的投入,实现了中小河流水文站网的全覆盖。通过国家防汛抗旱指挥系统、山洪灾害防治项目、水生态补偿监测等工程,新建的水文监测站点已全部移交水文部门管理,监测和运行维护管理任务异常繁重,使得现有的"常年驻站、固守断面"的监测方式难以为继,迫切需要对水文监测方式和管理机制进行重大改革。

(2)水文监测服务与社会发展需求出现脱节。水文为县级防汛抗旱、水资源管理、水污染防治等方面的服务还不到位;水利部要求建立县级双重管理的发展模式无法实施;特别是2014年河南省实行省直管县体制后,缺少相应的县级水文机构,导致水文情报预报、水资源调查评价等工作无法正常开展,县级有关部门也无法与相应的水文部门对接,亟须建立以水文测区为基本单位的新模式。

(3)现有水文监测人员严重不足。现有的水文测站职工在完成国家基本水文站的测报任务的同时,还要完成新增加的水文巡测和维护管理任务,监测管理人员不足,难以适应水文社会化服务的需要,亟须探索新的用人机制。

(4)运行维护管理经费不能满足需要。目前,通过"十一五"以来水文自建的测报设施和防汛指挥系统、山洪灾害防治等项目建设的水文测报设施全部由水文部门管理,这些仪器设备每年需要年审和率定,水文监测只能根据经费定任务,严重制约了新增水文监测站网功能的发挥,需要稳定的运行维护资金保障。

(5)委托观测员队伍已经成为社会的不稳定因素。雨量站和地下水观测站目前主要依靠委托农民观测员队伍进行观测和报送资料,有的观测员从事水文工作的时间超过了40年,历史遗留问题突出,上访事件时有发生,成为水利行业突出的不稳定因素,亟待将人工观测方式改变为自动测报方式,取消委托观测员队伍,采用购买社会服务的形式进行管理。

(6)水文监测模式与经济社会发展不相适应。随着经济社会发展,对水文信息不断提出新要求,水文观测项目和内容不断增加,对观测手段、方法及水文监测技术的研发和应用提出了越来越高的要求。传统的定点驻守,人工监测为主的监测模式已无法满足当前庞大的水文监测站网的运行管理,迫切需要利用具有高精度的自动化监测仪器改变传统的监测管理模式。

综上所述,河南省社会经济的发展使得水文站网得到了极大扩展,对水文工作任务及内容提出了更高的要求。然而,水文工作量的急剧增加,运行维护费不足,人员短缺,委托用工矛盾突出,县级区域水文服务机构缺失等现实问题严重制约了水文发展,影响了水文为国民经济建设提供优质服务的能力。因此,迫切需要对现有的水文工作管理机制及水文监测方式进行重大变革。

7.2 深化水文监测改革的目标与任务

7.2.1 指导思想

全面贯彻创新、协调、绿色、开放、共享五大发展理念,满足加快建设节水型社会,推进水生态文明建设,提高民生水利发展水平,为全面实现小康社会和国家水安全提供优质的水文信息服务。以加强水文监测管理为核心,以科技创新和新技术应用为手段,以体制机制创新为动力,完善水文监测管理方式,进一步提升水文监测能力和服务水平。在试点示范的基础上,稳步推进河南省水文改革发展。

7.2.2 改革目标

截至 2020 年,初步建立服务于创新、协调、绿色、开放、共享五大发展理念的水文监测站网体系,完善防汛抗旱减灾、节水型社会建设、水生态文明建设、民生水利发展等工作需求的监测功能,实现江河湖库控制站和行政区界控制断面水量、水质监测的全覆盖,加大水生态监测能力建设。基本实现雨量、水位、地下水位、墒情、蒸发等要素的监测自动化,大力推进流量、泥沙等监测自动化,优化水生态监测方式。创新巡测、应急监测、社会购买服务工作与管理机制,构建传感、传输、处理、存储、服务一体化的水文信息业务体系。

充分利用国内外先进的水文测报技术,改变以水文站为独立单元的管理体系,以河南省现有水文中心站和国家重点水文站为基础,统筹现有水文站网分布及行政区划,将全省划分为 66 个水文测区,实现以巡测为主,驻测、应急监测为补充的水文测区管理新模式。科学合理测算各测区人员数量及运行经费需求,结合河南省经济现状,建立多种灵活的用人机制,统筹规划,试点先行,稳步推进,截至 2020 年全面完成全省水文测区管理改革。

7.2.3 基本原则和任务

(1)坚持解放思想、实事求是、勇于创新。水文测报改革必须立足现实,着眼大局,突破传统观念的束缚,勇于实践和探索,解决面临的困难和问题。各地根据当地水文监测工作实际情况和要求,开展试点示范工作,逐步实现:由点到面监测方式的转变;由驻测为主,向巡测、驻测和应急监测相结合的方式转变;由水文信息单一服务向社会全面服务转变。在试点示范、不断总结经验的基础上,全面实施水文监测的改革。

(2)坚持立足水利,面向社会。服务水利和经济社会发展,是水文工作的出发点和立足点,也是水文工作的中心任务和水文发展的核心理念。要在服务好防汛抗旱、水利建设、水资源管理等水利中心工作的同时,积极围绕经济社会发展各项涉水事物和社会公众需求,大力拓展水文服务领域,努力增强基层水文社会服务的功能。在县级水文机构推进方面,要目标明确,大胆尝试,放手去做,稳步推进。

(3)坚持统筹规划,协调发展。统筹好国家基本站网与专用站网的关系,统筹好水文监测站网管理与辖区水文监测服务的关系,统筹好水文专业力量与各级基层政府、社会力量的关系,统筹好重点工作与一般工作的关系,促进水文行业基层管理工作全面协调发展。

(4)坚持继承与创新相结合。水文测报管理方式的转变必须坚持继承与创新的辩证统一,实行测站分类管理,在继承传统水文测报管理好做法的同时,积极吸收和借鉴其他优秀管理方式。统筹协调各类水文测站的监测与管理,创新水文监测管理模式,进一步加强水文专业监测队伍建设,稳步推进水文监测社会化购买服务,实现基层水文管理与经济社会发展相一致。

(5)坚持注重科技,逐步实现水文现代化。以现有水文技术装备及人才优势为基础,在满足水文监测技术标准、水文计量管理和质量保障体系的前提下,坚持以现代化为导向,优化测验方式。推进水文监测自动化和信息化。开展水文监测新技术研究与开发,推广应用水文监测新技术、新设备,提高水文监测自动化、信息化水平,促进水文信息资源社会化共享。在自动雨量监测与整编方面,敢于抓大放小,放手推进,以新技术的应用促进规范的修订。

(6)坚持以人为本。水文测报管理方式的转变必须坚持贴近实际、贴近生活、贴近职工,充分发挥水文职工在水文测报管理中的积极性、主动性和创造性,促进河南省水文监测管理的全面发展。

7.3　测区划分与机构设置

7.3.1　测区划分

全省水文测区划分是以水文中心站和国家重点水文站为基础,兼顾行政区划和流域水系,统筹管理各类监测站点和水文服务,改变以水文站为独立单元的管理体系,重新划分为 66 个水文测区,其中信阳 8 个,驻马店 7 个,南阳 6 个,新乡 5 个,周口、郑州、洛阳各 4 个,平顶山、漯河、三门峡、开封、商丘、安阳、濮阳各 3 个,许昌、鹤壁各 2 个,焦作、济源、郑州水文实验站各 1 个。

河南省水文测区划分详见表 7-1、附图 1。

7.3.2　机构设置

水文监测机构设置以整合后的水文测区为基本单位,成立测区水文机构,并将测区内现有水文站的人、财、物和各类水文站点纳入测区水文机构统一管理,归口所在市级水文水资源勘测局领导。测区水文机构级别为正科级,设正科级干部 1 名,副科级干部 1 ~ 2 名,其余工作人员按本测区实际任务量核定。郑州水文实验站定名为“河南省郑州水文实验站”；测区机构所在地为省辖市的测区水文机构名称统一定名为“河南省××水文测报中心”；其余测区水文机构名称统一定名为“河南省××水文局”，为实行县级双重管理奠定基础。

表7-1　河南省水文测区划分

序号	市级水文水资源勘测局	测区数量（个）	测区序号	测区水文局	对接县（区）政府	区域描述
1	信阳	8	1	信阳	信阳	淮干上游地区
			2	固始	固始、商城	固始县、商城县
			3	淮滨	淮滨	淮滨县
			4	潢川	潢川	潢川县
			5	新县	新县	新县
			6	罗山	息县、罗山	息县、罗山县
			7	光山	光山	光山县
			8	浉河	浉河区、平桥区	浉河区、平桥区
2	南阳	6	9	南阳	南阳、镇平、社旗、方城	南阳市辖区、镇平县、社旗县、方城县
			10	邓州	邓州、新野	邓州县、新野县
			11	西峡	西峡、淅川	西峡县、淅川县
			12	内乡	内乡	内乡县
			13	南召	南召	南召县
			14	唐河	唐河、桐柏	唐河县、桐柏县
3	驻马店	7	15	汝南	汝南	汝南县及上蔡县部分区域
			16	平舆	平舆	平舆县及上蔡县部分区域
			17	确山	确山	确山县、正阳县
			18	新蔡	新蔡	新蔡县
			19	西平	西平、上蔡	西平县及上蔡县部分区域
			20	泌阳	泌阳	泌阳县
			21	驻马店	驻马店、遂平	驻马店市辖区、遂平县
4	平顶山	3	22	鲁山	平顶山、鲁山	平顶山市辖区、鲁山县
			23	汝州	汝州等	汝州市、郏县、宝丰县
			24	舞钢	舞钢、叶县	舞钢市、叶县
5	漯河	3	25	舞阳	舞阳	舞阳县
			26	漯河	漯河	漯河市、郾城
			27	临颍	临颍	临颍县
6	许昌	2	28	鄢陵	鄢陵	鄢陵县
			29	许昌	许昌等	许昌市、长葛、襄城、禹州
7	周口	4	30	周口	周口等	周口市辖区、西华县、商水县、淮阳县
			31	太康	太康	太康县、扶沟县
			32	鹿邑	鹿邑	鹿邑县、郸城县
			33	沈丘	沈丘等	沈丘县、项城县

续表 7-1

序号	市级水文水资源勘测局	测区数量	测区序号	测区水文局	对接县(区)政府	区域描述
8	三门峡	3	34	灵宝	灵宝	灵宝市
			35	卢氏	卢氏	卢氏县
			36	三门峡	三门峡等	三门峡市区、陕县、渑池、义马
9	洛阳	4	37	洛阳	洛阳等	伊洛河下游,主要包括洛阳市区、孟津县、伊川县、偃师市、新安县
			38	汝阳	汝阳	伊河中游,北汝河上游流域,包括汝阳县、嵩县
			39	栾川	栾川	伊河上游,栾川县境内除老灌河流域部分
			40	洛宁	洛宁	洛河上游,洛宁县、宜阳县
10	郑州	4	41	郑州	郑州、中牟等	郑州市区,中牟县、荥阳市
			42	新郑	新郑、新密等	新郑市、新密县、航空港区
			43	巩义	巩义	巩义市
			44	登封	登封	颍河上游,登封市
11	开封	3	45	兰考	兰考	兰考县
			46	杞县	杞县、通许	杞县、通许县
			47	开封	开封、尉氏	开封市区、尉氏县
12	商丘	3	48	商丘	商丘等	商丘市辖区、虞城县、夏邑县、民权县
			49	永城	永城	永城市
			50	柘城	柘城等	柘城、睢县、宁陵县
13	济源	1	51	济源	济源	济源市辖区
14	焦作	1	52	焦作	焦作各县	焦作市全境
15	新乡	5	53	新乡	新乡等	新乡市辖区、获嘉县
			54	辉县	辉县	辉县
			55	卫辉	卫辉	卫辉市
			56	延津	延津等	延津县、原阳县、封丘县
			57	长垣	长垣	长垣县
16	安阳	3	58	林州	林州	林州市
			59	滑县	滑县	滑县
			60	安阳	安阳、汤阴等	安阳市辖区、汤阴县、内黄县
17	鹤壁	2	61	浚县	浚县	浚县
			62	鹤壁	鹤壁、淇县	鹤壁市辖区、淇县
18	濮阳	3	63	南乐	南乐、清丰	清丰县、南乐县
			64	濮阳	濮阳	濮阳市辖区
			65	范县	范县、台前	范县、台前县
郑州水文实验站		1	66			水文实验研究区域
合计		66				

7.4 测区职责与任务

7.4.1 基本职责

（1）负责本测区水文监测发展规划、巡测工作方案、年度工作计划编制。

（2）负责本测区内监测站网管理、设施设备运行维护，保证水文监测工作正常运行。

（3）负责本测区内所有水文要素监测及资料的分析整理。

（4）建立基本水文站日常值守制度，国家基本水文站由在职职工值守，其他站实行巡测并采用购买社会服务方式进行看管。

（5）负责与地方政府部门对接，为地方经济社会发展提供防汛抗旱及水资源科学管理服务。

（6）组织开展测区内业务培训和学习工作。

（7）完成上级部门安排的其他工作。

7.4.2 基本任务

按照河南省水文水资源局下达的目标任务和当地政府部门的需求，完成下列工作：

（1）完成本测区内地表水、地下水的水量、水质监测，监测数据整编和资料管理工作。

（2）完成雨水情拍报，开展测区水文情报预报、暴雨洪水预警工作。

（3）负责本测区内水文站网运行管理，按时完成各类巡测任务，提交巡测资料成果。

（4）积极参与当地防汛抗旱及水资源管理技术服务。

（5）全面开展区域内的工农业、城镇生活、生态环境等用水和排水状况的定点水文监测、水量调查、分析评价工作，按时提交本测区年度水文水资源调查评价报告。

（6）配合做好本测区水文工程建设工作。

（7）完成上级交办的其他工作任务。

7.4.3 运行管理

测区水文局（水文测报中心）与水文站运行管理模式存在本质上的不同，将辖区内原有测站人员集中到测区水文局（水文测报中心）统一办公，完成辖区内各类水文站点的监测任务，国家基本水文站由在职职工驻守，其他水文站点实行巡测。

（1）解放思想，转变观念，建立新型办公工作制度，做到责任到位、人员到位、思想到位、工作到位。

（2）按照测区任务书和目标管理责任书的要求，做好常规水文工作和应急水文监测，履行辖区内所有水文站网的运行管理。

（3）处理好水文测站任务与测区任务的关系；处理好国家基本水文站有人值守与专用水文站巡测的关系；处理好水文监测与开展水文服务的关系，提升对当地政府的水文服务能力。

(4)实行激励机制。野外津贴等由测区水文局统一调配使用,体现多劳多得、奖勤罚懒。

7.5　人力资源配置

7.5.1　人力资源测算

7.5.1.1　人员配置

根据水文测区工作性质及工作量大小,人员配置测算标准如下:全省 66 个水文测区,郑州水文实验站配备工作人员 10 人;其他每个水文测区配备水资源调查评价人员 1 名,水情服务、地下水和墒情观测管理人员 1 名,水质调查及采样人员 1 名;其他项目按任务量大小核定,其中 126 个基本水文站,按每站 2 人测算;19 个基本水位站,按每站 1 人测算;244 个巡测水文站,按每 2 站 1 人测算;76 个生态流量站,按每个勘测局配备 1 人测算;136 个中小河流水位站按遥测管理,不再配备专门人员;748 个基本雨量站由委托观测全部改为自动测报,与 2 754 个遥测雨量站一并委托所在地进行设备看管,看管人员经费从年度运维费中列支。据此测算结果,全省共需 616 人,省编办批复的全省水文测站编制人数为 524 人,人员缺口 92 人。

河南省水文测区人员测算详见表 7-2。

7.5.1.2　干部配置

各水文测站现有科级职数 116 个,其中正科级职数 77 个、副科级职数 39 个。按照新的水文测区划分需配备科级干部职数 164 个,其中正科级职数 66 个、副科级职数 98 个(测区管辖范围为 1 个县区的设副科级职数 1 个、2 个及以上县区的设副科级职数 2 个,郑州水文实验站设副科级职数 1 个),副科级干部的配置根据改革实际进展,报水利厅核定。

测区机构设置及干部职数配置详见表 7-3。

7.5.2　人力资源解决方案

针对全省基层水文工作人员短缺、管理岗位编制不足等问题,可通过增加编制、增加科级干部职数、购买服务、劳务外聘等方式解决。

一是按照增加任务增加事业编制的原则,扩充专业水文监测队伍,增加人员编制;二是自主招聘技术人员和临时人员,其劳务费用从运行管理经费中列支;三是采用购买劳务服务方式,由社会技术服务机构承担相应的水文监测任务,特别是遥测雨量站、水位站、自动墒情站、自动地下水站的检查与维护可以委托给专业公司进行管理;四是返聘在测站退休的原水文职工(目前测站职工男 55 岁、女 45 岁退休,根据全省退休职工现实情况测算,每年能够胜任工作且身体健康的测站退休职工有 50 人),返聘人员的具体办法由河南省水文水资源局制定。

表 7-2　河南省水文测区人员测算

项目	水资源调查评价	水情服务、地下水和墒情观测管理	水质调查及采样	基本水文站	水文巡测站	基本水位站	中小河流水位站	基本雨量站	遥测站	生态站	实验站	合计	2016 年现有人数	增加人数
标准（站/人）	1	1	1	0. 5	2	1	0	0	0		0. 2			
站网数（处）	65	65	65	126	244	19	136	748	2 754	76	1			
测算人数（人）	65	65	65	252	122	19	0	0	0	18	10	616	463	153
说明							按自动测报系统管理	人工观测全部改为自动监测	委托看管、购买运维服务	每个勘测局配 1 名巡测人员			机构设置定岗人员 524 人	92

表7-3　测区机构设置及干部职数配置一览表

序号	市级水文水资源勘测局	测区数量（个）	测区序号	测区机构名称	管理范围	正科级设置职数（个）	副科级设置职数（个）
1	信阳	8	1	河南省信阳水文测报中心	淮干上游地区	1	1
			2	河南省固始水文局	固始县、商城县	1	2
			3	河南省淮滨水文局	淮滨县	1	1
			4	河南省潢川水文局	潢川县	1	1
			5	河南省新县水文局	新县	1	1
			6	河南省罗山水文局	息县、罗山县	1	2
			7	河南省光山水文局	光山县	1	1
			8	河南省浉河水文局	浉河区、平桥区	1	1
2	南阳	6	9	河南省南阳水文测报中心	南阳市辖区、镇平县、社旗县、方城县	1	2
			10	河南省邓州水文局	邓州县、新野县	1	2
			11	河南省西峡水文局	西峡县、淅川县	1	2
			12	河南省内乡水文局	内乡县	1	1
			13	河南省南召水文局	南召县	1	1
			14	河南省唐河水文局	唐河县、桐柏县	1	2
3	驻马店	7	15	河南省汝南水文局	汝南县及上蔡县部分区域	1	1
			16	河南省平舆水文局	平舆县及上蔡县部分区域	1	1
			17	河南省确山水文局	确山县、正阳县	1	2
			18	河南省新蔡水文局	新蔡县	1	1
			19	河南省西平水文局	西平县及上蔡县部分区域	1	1
			20	河南省泌阳水文局	泌阳县	1	1
			21	河南省驻马店水文测报中心	驻马店市辖区、遂平县	1	2
4	平顶山	3	22	河南省鲁山水文局	平顶山市辖区、鲁山县	1	2
			23	河南省汝州水文局	汝州市、郏县、宝丰县	1	2
			24	河南省舞钢水文局	舞钢市、叶县	1	2

续表 7-3

序号	市级水文水资源勘测局	测区数量（个）	测区序号	测区机构名称	管理范围	正科级设置职数（个）	副科级设置职数（个）
5	漯河	3	25	河南省舞阳水文局	舞阳县	1	1
			26	河南省漯河水文测报中心	漯河市、郾城	1	1
			27	河南省临颍水文局	临颍县	1	1
6	许昌	2	28	河南省鄢陵水文局	鄢陵县	1	1
			29	河南省许昌水文测报中心	许昌市、长葛、襄城、禹州	1	2
7	周口	4	30	河南省周口水文测报中心	周口市辖区、西华县、商水县、淮阳县	1	2
			31	河南省太康水文局	太康县、扶沟县	1	2
			32	河南省鹿邑水文局	鹿邑县、郸城县	1	2
			33	河南省沈丘水文局	沈丘县、项城县	1	2
8	三门峡	3	34	河南省灵宝水文局	灵宝市	1	1
			35	河南省卢氏水文局	卢氏县	1	1
			36	河南省三门峡水文测报中心	三门峡市区、陕县、渑池、义马	1	2
9	洛阳	4	37	河南省洛阳水文测报中心	伊洛河下游，主要包括洛阳市区、孟津县、伊川县、偃师市、新安县	1	2
			38	河南省汝阳水文局	伊河中游，北汝河上游流域，包括汝阳县、嵩县	1	2
			39	河南省栾川水文局	伊河上游，栾川县境内除老灌河流域部分	1	1
			40	河南省洛宁水文局	洛河上游，洛宁县、宜阳县	1	2
10	郑州	4	41	河南省郑州水文测报中心	郑州市区、中牟县、荥阳市	1	2
			42	河南省新郑水文局	新郑市、新密县、航空港区	1	2
			43	河南省巩义水文局	巩义市	1	1
			44	河南省登封水文局	颍河上游，登封市	1	1
11	开封	3	45	河南省兰考水文局	兰考县	1	1
			46	河南省杞县水文局	杞县、通许县	1	2
			47	河南省开封水文测报中心	开封市区、尉氏县	1	2

续表 7-3

序号	市级水文水资源勘测局	测区数量（个）	测区序号	测区机构名称	管理范围	正科级设置职数（个）	副科级设置职数（个）
12	商丘	3	48	河南省商丘水文测报中心	商丘市辖区、虞城县、夏邑县、民权县	1	2
			49	河南省永城水文局	永城市	1	1
			50	河南省柘城水文局	柘城、睢县、宁陵县	1	2
13	济源	1	51	河南省济源水文测报中心	济源市辖区	1	1
14	焦作	1	52	河南省焦作水文测报中心	焦作市全境	1	2
15	新乡	5	53	河南省新乡水文测报中心	新乡市辖区、获嘉县	1	2
			54	河南省辉县水文局	辉县	1	1
			55	河南省卫辉水文局	卫辉市	1	1
			56	河南省延津水文局	延津县、原阳县、封丘县	1	2
			57	河南省长垣水文局	长垣县	1	1
16	安阳	3	58	河南省林州水文局	林州市	1	1
			59	河南省滑县水文局	滑县	1	1
			60	河南省安阳水文测报中心	安阳市辖区、汤阴县、内黄县	1	2
17	鹤壁	2	61	河南省浚县水文局	浚县	1	1
			62	河南省鹤壁水文测报中心	鹤壁市辖区、淇县	1	1
18	濮阳	3	63	河南省南乐水文局	清丰县、南乐县	1	2
			64	河南省濮阳水文测报中心	濮阳市辖区	1	1
			65	河南省范县水文局	范县、台前县	1	2
郑州水文实验站		1	66	河南省郑州水文实验站	水文实验研究区域	1	1
合计		66				66	98

7.6 经费预算与实施

7.6.1 经费预算

7.6.1.1 按水利部定额测算

根据水利部2007年《关于印发〈水文业务经费定额标准〉的通知》测算，河南省水文基础设施年运行维护费为7 948.8万元。具体各测区测算结果详见表7-4。

表7-4 河南省各测区经费测算结果一览表(《水文业务经费定额标准》) (单位:元)

序号	市级水文水资源勘测局	经费合计	测区名称	测区经费小计
1	信阳	9 189 477.31	河南省信阳水文测报中心	1 162 376.2
			河南省固始水文局	1 744 512.5
			河南省淮滨水文局	591 396.81
			河南省潢川水文局	899 839.7
			河南省新县水文局	851 642.4
			河南省罗山水文局	1 488 540.9
			河南省光山水文局	1 126 829.8
			河南省浉河水文局	1 324 339
2	南阳	9 465 173.3	河南省南阳水文测报中心	2 076 355.2
			河南省邓州水文局	1 780 286.5
			河南省西峡水文局	1 878 992.6
			河南省内乡水文局	831 292
			河南省南召水文局	1 530 716.7
			河南省唐河水文局	1 367 530.3
3	驻马店	7 762 031.78	河南省汝南水文局	1 092 877.4
			河南省平舆水文局	639 791.84
			河南省确山水文局	1 308 713.5
			河南省新蔡水文局	967 820.34
			河南省西平水文局	1 243 988.6
			河南省泌阳水文局	1 150 763.9
			河南省驻马店水文测报中心	1 358 076.2
4	平顶山	4 901 321.9	河南省鲁山水文局	1 892 851
			河南省汝州水文局	1 530 040.9
			河南省舞钢水文局	1 478 430
5	漯河	1 990 469.87	河南省舞阳水文局	806 625.16
			河南省漯河水文测报中心	813 003.31
			河南省临颍水文局	370 841.4
6	许昌	2 681 546.9	河南省鄢陵水文局	466 087
			河南省许昌水文测报中心	2 215 459.9

续表 7-4

序号	市级水文水资源勘测局	经费合计	测区名称	测区经费小计
7	周口	5 145 880. 9	河南省周口水文测报中心	1 720 436. 7
			河南省太康水文局	823 866. 6
			河南省鹿邑水文局	1 359 473. 2
			河南省沈丘水文局	1 242 104. 4
8	三门峡	3 738 017. 6	河南省灵宝水文局	1 274 958. 8
			河南省卢氏水文局	1 069 166. 9
			河南省三门峡水文测报中心	1 393 891. 9
9	洛阳	4 826 498. 9	河南省洛阳水文测报中心	1 646 455. 1
			河南省汝阳水文局	1 312 555. 2
			河南省栾川水文局	781 285
			河南省洛宁水文局	1 086 203. 6
10	郑州	4 461 151. 75	河南省郑州水文测报中心	1 958 782. 1
			河南省新郑水文局	1 042 433. 3
			河南省巩义水文局	518 477
			河南省登封水文局	941 459. 35
11	开封	2 260 954. 5	河南省兰考水文局	368 639
			河南省杞县水文局	1 136 822. 5
			河南省开封水文测报中心	755 493
12	商丘	4 135 487. 4	河南省商丘水文测报中心	1 982 452. 9
			河南省永城水文局	1 026 645. 8
			河南省柘城水文局	1 126 388. 7
13	济源	1 415 340. 6	河南省济源水文测报中心	1 415 340. 6
14	焦作	2 836 621. 8	河南省焦作水文测报中心	2 836 621. 8
15	新乡	5 686 077. 68	河南省新乡水文测报中心	1 284 293. 9
			河南省辉县水文局	1 102 687. 8
			河南省卫辉水文局	1 127 616. 2
			河南省延津水文局	1 610 634. 2
			河南省长垣水文局	560 845. 58
16	安阳	2 830 250. 6	河南省林州水文局	981 407. 8
			河南省滑县水文局	442 656. 2
			河南省安阳水文测报中心	1 406 186. 6
17	鹤壁	2 385 930. 4	河南省浚县水文局	838 332. 8
			河南省鹤壁水文测报中心	1 547 597. 6
18	濮阳	2 775 758. 4	河南省南乐水文局	973 839. 3
			河南省濮阳水文测报中心	1 076 480. 8
			河南省范县水文局	725 438. 3
19	河南省	1 000 000	河南省郑州水文实验站	1 000 000
合计		79 487 991. 59		79 487 991. 59

7.6.1.2 按省级定额测算

为全面推进河南省水文改革与发展，河南省水文水资源局结合河南省水文行业的职能、任务和支出特点，充分考虑河南省水文发展的需求，并以现行的河南省水文业务经费开支标准和实际开支情况为基础，于2015年编制完成了《河南省水文业务经费定额标准》。根据该定额标准，在常遇洪水情况(5年一遇)下，全省水文基础设施年运行维护费为4 357.7万元。具体各测区测算结果详见表7-5。

表7-5 河南省各测区经费测算结果一览表(《河南省水文业务经费定额标准》)

(单位:元)

序号	市级水文水资源勘测局	经费合计	测区名称	测区经费小计
1	信阳	5 159 731.77	河南省信阳水文测报中心	679 323.858
			河南省固始水文局	947 421
			河南省淮滨水文局	350 773.626
			河南省潢川水文局	516 549.348
			河南省新县水文局	492 923.454
			河南省罗山水文局	823 025.826
			河南省光山水文局	625 841.322
			河南省浉河水文局	723 873.336
2	南阳	5 030 743.518	河南省南阳水文测报中心	1 115 154.048
			河南省邓州水文局	855 493.368
			河南省西峡水文局	996 465.126
			河南省内乡水文局	483 715.056
			河南省南召水文局	838 374.702
			河南省唐河水文局	741 541.218
3	驻马店	4 338 123.03	河南省汝南水文局	581 894.217
			河南省平舆水文局	384 282.6
			河南省确山水文局	738 023.112
			河南省新蔡水文局	522 955.866
			河南省西平水文局	696 928.638
			河南省泌阳水文局	671 874.45
			河南省驻马店水文测报中心	742 164.147
4	平顶山	2 664 308.154	河南省鲁山水文局	1 037 356.626
			河南省汝州水文局	817 105.602
			河南省舞钢水文局	809 845.926
5	漯河	1 191 957.858	河南省舞阳水文局	438 324.258
			河南省漯河水文测报中心	503 957.898
			河南省临颍水文局	249 675.702
6	许昌	1 391 548.671	河南省鄢陵水文局	289 580.16
			河南省许昌水文测报中心	1 101 968.511

续表 7-5

序号	市级水文水资源勘测局	经费合计	测区名称	测区经费小计
7	周口	2 807 609. 952	河南省周口水文测报中心	966 193. 182
			河南省太康水文局	508 986. 702
			河南省鹿邑水文局	698 364. 708
			河南省沈丘水文局	634 065. 36
8	三门峡	1 973 801. 646	河南省灵宝水文局	668 568. 204
			河南省卢氏水文局	565 132. 545
			河南省三门峡水文测报中心	740 100. 897
9	洛阳	2 535 899. 364	河南省洛阳水文测报中心	823 545. 684
			河南省汝阳水文局	714 091. 893
			河南省栾川水文局	422 711. 571
			河南省洛宁水文局	575 550. 216
10	郑州	2 426 924. 211	河南省郑州水文测报中心	1 024 262. 55
			河南省新郑水文局	564 171. 78
			河南省巩义水文局	315 396. 51
			河南省登封水文局	523 093. 371
11	开封	1 304 765. 61	河南省兰考水文局	251 728. 842
			河南省杞县水文局	581 634. 726
			河南省开封水文测报中心	471 402. 042
12	商丘	2 226 989. 886	河南省商丘水文测报中心	1 079 715. 12
			河南省永城水文局	549 966. 648
			河南省柘城水文局	597 308. 118
13	济源	735 218. 808	河南省济源水文测报中心	735 218. 808
14	焦作	1 377 497. 856	河南省焦作水文测报中心	1 377 497. 856
15	新乡	3 019 260. 99	河南省新乡水文测报中心	686 664. 72
			河南省辉县水文局	619 468. 848
			河南省卫辉水文局	556 273. 752
			河南省延津水文局	819 515. 814
			河南省长垣水文局	337 337. 856
16	安阳	1 697 323. 536	河南省林州水文局	588 844. 686
			河南省滑县水文局	264 766. 92
			河南省安阳水文测报中心	843 711. 93
17	鹤壁	1 184 168. 172	河南省浚县水文局	418 779. 966
			河南省鹤壁水文测报中心	765 388. 206
18	濮阳	1 511 570. 442	河南省南乐水文局	508 277. 214
			河南省濮阳水文测报中心	596 123. 322
			河南省范县水文局	407 169. 906
19	河南省	1 000 000	河南省郑州水文实验站	1 000 000
合计		43 577 443. 47		43 577 443. 47

7.6.1.3 按水文基础设施投资额 5% 测算

截至 2015 年底,河南省水文固定资产为 7.2 亿元(包含房屋、设施设备、车辆等),每年运行维护费按照水文基础设施投资额 5% 测算为 3 600 万元。

建议按照省级定额标准,统筹考虑其他资金安排和水文设施运行维护实际需求,逐步落实运行管理经费。

7.6.2 实施步骤

水文监测管理改革在河南省水利厅的指导下由河南省水文水资源局负责组织实施,按照测区水文机构设置进展情况,从 2016 年开始试点,到 2020 年改革全部实施到位,条件具备时,可以提前实施。各测区具体执行方案由所在市水文水资源勘测局制订,省局负责审查、批准。测区改革进度见表 7-6。

表 7-6 水文测区监测改革实施进度

实施年份	测区机构名称
2016 年 (18 处)	河南省潢川水文局 河南省南阳水文测报中心 河南省唐河水文局 河南省新蔡水文局 河南省西平水文局 河南省舞阳水文局 河南省太康水文局 河南省鹿邑水文局 河南省登封水文局 河南省商丘水文测报中心 河南省永城水文局 河南省柘城水文局 河南省济源水文测报中心 河南省焦作水文测报中心 河南省卫辉水文局 河南省南乐水文局 河南省濮阳水文测报中心 河南省范县水文局
2017 年 (19 处)	河南省淮滨水文局 河南省新县水文局 河南省内乡水文局 河南省南召水文局 河南省汝南水文局 河南省平舆水文局 河南省汝州水文局 河南省漯河水文测报中心

续表 7-6

实施年份	测区机构名称
2017 年（19 处）	河南省临颍水文局
	河南省许昌水文测报中心
	河南省周口水文测报中心
	河南省沈丘水文局
	河南省灵宝水文局
	河南省汝阳水文局
	河南省开封水文测报中心
	河南省辉县水文局
	河南省延津水文局
	河南省林州水文局
	河南省鹤壁水文测报中心
2018 年（11 处）	河南省固始水文局
	河南省邓州水文局
	河南省西峡水文局
	河南省驻马店水文测报中心
	河南省三门峡水文测报中心
	河南省洛阳水文测报中心
	河南省杞县水文局
	河南省长垣水文局
	河南省滑县水文局
	河南省浚县水文局
	河南省郑州水文实验站
2019 年（6 处）	河南省信阳水文测报中心
	河南省浉河水文局
	河南省舞钢水文局
	河南省郑州水文测报中心
	河南省兰考水文局
	河南省新乡水文测报中心
2020 年（12 处）	河南省罗山水文局
	河南省光山水文局
	河南省确山水文局
	河南省泌阳水文局
	河南省鲁山水文局
	河南省鄢陵水文局
	河南省卢氏水文局
	河南省栾川水文局
	河南省洛宁水文局
	河南省新郑水文局
	河南省巩义水文局
	河南省安阳水文测报中心

7.7　保障机制

7.7.1　组织保障

(1)河南省水利厅将水文监测管理改革纳入水利改革的范畴,在河南省水利厅的领导和指导下进行。河南省水文水资源局成立由主要领导为组长的改革领导小组,下设办公室直接负责水文监测管理改革中各项具体工作。

(2)在改革过程中加强组织领导,统一思想,提高认识,健全和完善相关组织机构和人员配备,统筹谋划基层水文管理与运行机制研究,及时解决水文管理机制和监测方式转变中的重大问题,把水文监测改革工作纳入年度目标管理和绩效考核,经费纳入本级财政预算,确保水文监测改革顺利实施。

(3)各市级水文水资源勘测局具体负责本辖区的监测改革工作,制定水文测区任务书和运行管理实施细则,选择具备条件的单位进行试点,充分发挥改革试点的示范作用,统筹规划、周密部署、稳步推进,加强监督检查和监测质量考核,确保水文测区各项工作健康发展。

7.7.2　人力保障

7.7.2.1　建立灵活的用人机制

在整合现有基层测站人员的基础上,积极探索新的用人机制。以现有测站人员为基础,按照各水文测区工作任务轻重,重新配置调整人员结构,并积极争取事业编制,扩充稳定的专业人才队伍;以外聘技术人员和临时雇用人员为补充,弥补现有编制内人员不足;逐步推动向社会购买服务,解决自动监测站维护管理任务,减轻人员工作负担;以延长现有专业技术人员退休年龄为补充,充分发挥具有成熟技能的人员人才价值;以经济杠杆为手段,奖勤罚懒,多劳多得,调动广大测区工作人员积极性,激活职工队伍中蕴藏的巨大潜能。

7.7.2.2　加强人才培养

加强科技创新和人才培养机制,科学制定水文监测人员的培训规划。培养水文监测领军人物和学科带头人,强化水文专业队伍建设,加强购买服务从业人员的职业教育和专业技术培训,打造一支结构合理、整体素质高的水文监测队伍,为水文监测提供人才资源。

7.7.3　技术保障

7.7.3.1　调整站网布局,优化站网功能

根据经济社会发展需求,梳理现有站网,在分析评价站网功能的基础上,调整、充实和优化水文站网,构建布局科学合理、点面结合的现代水文监测站网。基本站与专用站分类分级管理,实现国家基本水文站与中小河流、水资源监控、水功能区、入河排污口、地下水和水生态等专用站的功能互补,优化水文站网功能。

7.7.3.2　拓展监测要素,丰富监测内容

进一步拓展监测要素,丰富监测内容。加强流域点雨量与面雨量监测的综合分析,提

高流域降雨量监测精度;加强江河湖库水量水质和水生态同步监测,加强地表水与地下水的协同监测,加强水文气象要素变化及其发展趋势的监测分析,加强水土保持的监测与分析,为防汛抗旱减灾、水资源管理、水利工程建设与运行、水环境治理和生态文明建设做好全面的服务。

7.7.3.3 优化监测方式,提高监测效率

编制测区任务书,加强测站特性分析,大力推动巡测工作,有条件的测站实行无人值守,加快构建巡测、驻测和应急监测相结合的监测方式。加强水文专业队伍建设,加强对水文监测工作的业务指导和监测质量的把关,积极推动向社会购买服务,解决任务增加、业务拓展和现有人力资源严重不足的矛盾。提升应急监测能力,合理配置应急监测资源,提高监测工作效率。

7.7.3.4 加强新技术研发与应用,提升监测技术水平

充分利用和吸收当前国际国内科技发展新成果,按照先进实用、简便可靠、准确高效的原则,加强水文监测仪器设备的引进消化和自主研发,在确保监测精度的前提下,大力推进水文监测新技术应用。充分应用云计算、移动互联、大数据、物联网等高新技术,加快实现水文监测自动化和信息化。加强流量、泥沙监测自动化技术的研究。

7.7.3.5 加强测区监测装备配置和更新改造

按照部颁水文设施设备标准配置测区监测装备仪器,特别是水文监测车辆已经成为水文巡测、监测的重要装备,应按标准配置予以保障。仪器设备要按照有关水文业务标准和规程,进行报废和更新改造。加强应急监测能力建设,提高跨区联动应急监测能力。

7.7.3.6 加强水文业务管理,完善质量管理体系

编制以测区为单元的监测任务书,制订各类水文要素的监测方案和应急监测预案,构建水文资料实时质量控制机制和水文监测成果验收机制,加强水文资料整编工作,运用质量管理手段和方法,强化过程管理,全面提升水文行业现代化管理水平。

7.7.3.7 着力提升信息化水平,丰富水文监测服务产品

建立河南省水文测区网络节点,实现信息共享;建立河南省国家水文数据库节点,完善数据库平台;建立河南省统一的网络在线水文资料整编系统,优化水文资料整编环节;开发河南省水文测区服务平台,提供多样化的水文产品服务。

7.7.4 资金保障

建立与经济社会发展相一致的经费保障制度,并按照财政规划要求,将水文测区运行管理经费纳入年度财政预算,逐步落实专项经费,保障水文监测工作的正常运行。

7.7.5 制度保障

7.7.5.1 建立业务考评机制

建立与河南省水文测区相适宜的考核评价体系和激励机制,把测区水文监测成效纳入年度目标考核内容,充分调动干部职工的自觉性和积极性。

7.7.5.2 建立全省测区联动应急机制

各勘测局都应建立水文应急监测队伍,依据省局和勘测局调度指令,随时对相应测区进行应急监测。

参 考 文 献

[1] 许新宜,尹宪文,孙世友,等.水文现代化体系建设与实践[M].2版.北京:中国水利水电出版社,2019.

[2] 中华人民共和国水利部.水文巡测规范:SL 195—2015[S].北京:中国水利水电出版社,2016.

[3] 岳利军,赵彦增,韩潮,等.河南省水文站基本资料汇编[M].郑州:黄河水利出版社,2014.

[4] 王俊.基于"互联网+"的长江水文监测体系研究[J].长江技术经济,2018,2(02):70-74.

[5] 李斌成.河南省水文监测管理改革探索[J].河南水利与南水北调,2018,47(01):31-32.

[6] 杨大勇.让"大水文"发展积厚成势 全面提升水文监测管理能力[J].河南水利与南水北调,2016,(12):1-3.

[7] 方绍东,胡学祥,徐学飞.云南省水文监测方式改革思路探讨[J].人民长江,2019,50(S1):71-74.

附　表

附表 1　河南省水文站网名录一览表
附表 2　河南省各水文测区测站名录一览表(一)
附表 3　河南省各水文测区测站名录一览表(二)
附表 4　水文业务经费定额标准河南省各测区经费计算成果
附表 5　河南省水文业务经费定额标准河南省各测区经费计算成果

附表1 河南省水文站网名录一览表

勘测局	国家基本水文站	国家基本水位站	行政区界水资源监测水文站	中小型水库水文监测预警站	县级水文巡测基地	市级水文监测中心
安阳	五陵、横水、小南海、安阳、天桥断、内黄	弓上、小河子	二安、琵琶寺水库	磊口水库、石门翁水库、何坟水库、小坟水库、东柏涧水库、水浴水库、上天助水库、李家村2号水库、东石村水库、张贾店水库、西积善水库、五里涧水库、西龙山水库、东风水库、李辛庄水库、李炉水库、太远沟水库、杜家岗水库、灵药战备水库、灵药反修水库、石涧水库、四合水库、韩家寨水库、焦家坟水库、上柏树水库、张家庄东水库、赵家窑水库、彪涧水库、众乐水库、上营水库、西柏涧水库、李家村1号水库、牛河水库、大街水库、高岭后水库、宝岩寺北沟水库、张家庄西水库、侯凹水库、北采桑水库、粉洪江水库、团结水库、大峪水库、罗圈水库、南马巷水库、曲山水库、西里水库、东北沟水库、龙山沟水库、呼家窑水库、王家庙水库、其乐无穷水库、马平水库、马池坡水库、小车网水库、桃园水库、白壁水库、东冶东水库、小南沟水库、辛庄水库、申村北水库、城北水库、黄六窑水库、西丰北水库、西丰水库、大水掌水库、北景色水库、桂林水库、东里水库、滴流棚水库、东岗南坡水库、马家山水库、郭家园夺丰水库、千人泉水库、元家庄水库、罗匡水库、焦家屯风门沟水库、胜利水库、栗家洼水库、西张连环水库、采桑西沟水库、沙蒋水库、翟二井水库、下庄水库、横水南坡水库、南营水库、牛窑沟水库、苏家峪水库、豹台后沟水库、下川水库、郎垒东沟水库、木纂水库、天津堰水库、武家水水库、焦家屯东沟水库、翟曲水库、留马水库、八角沟水库、西峪水库、黄华水库、常家庄水库、张街水库、元家口水库、水鸭沟水库、官庄北水库、官庄西水库、辛村水库、舜王峪水库、四合水库、十里河水库、王街水库、重兴店水库、英雄水库、韩庄水库、兴泉水库、河顺水库、东风水库、小屯保丰水库、郎垒挖砌水库、茶店西沟水库、李家岗北山水库、东张水库、郭家坟水库、张北河水库、龙泉水库、马投涧水库、大屯水库、张王闫水库、徐家河水库、石岩水库、崔白塔水库、陈贺驼水库、水涧水库、北大岷水库、李葛洞水库、港里水库、白龙庙水库、西上庄水库、楼庄水库、老河沟水库、九堰水库、吴家洞水库、中张贾水库、中云村北水库、陈下扣水库、牛村南水库、西云村北水库、西云村南水库、牛村西水库(148处)	林州水文局、滑县水文局、安阳水文测报中心	安阳水文巡测基地、河南省水环境监测中心安阳分中心、安阳水情分中心

续附表1

勘测局	国家基本水文站	国家基本水位站	行政区界水资源监测水文站	中小型水库水文监测预警站	县级水文巡测基地	市级水文监测中心
鹤壁	淇门、盘石头、新村、刘庄		柴湾、耿寺、王湾、白龙庙水库、杨邑水库	龙宫水库、赵荒水库、东头水库、韩林涧水库、三八水库、栖鹤湖水库、跃进水库、贾吕寨水库、石桥水库、夏庄水库、余洼水库、刘皮洼水库、靳庄水库、凌湖水库、焦庄水库、刘庄水库、岔河水库、纸坊水库、辛村水库、后小屯水库、衡门水库、普泉水库、土门水库、青羊口水库、新庄水库、柳林水库、纣王殿水库、小寨水库、北大李庄水库、马村水库、温家沟水库、中石林水库、汪流涧水库、西石林水库、李古道水库、幸福水库、红星水库、白寨水库(38处)	鹤壁水文测报中心、浚县水文局	鹤壁水文巡测基地、鹤壁水情分中心
济源	济源、河口村		逢北、前乱石	三河水库、曲阳水库、大沟河水库、赵庄水库、郭庄水库、泽南水库、枣树岭水库、泥沟河水库、南姚上库、槐姻水库、南姚下库、黄龙庙水库、庆华水库、寺河水库、山口水库、南郭庄水库(16处)	济源测报中心	济源水文巡测基地、济源水情分中心
焦作	修武、何营		伏背、西宜作、北孟迁、丰顺店、任庄、闪拐、汜水滩、小尚、杨楼	月山水库、刘雷水库、孙村水库、东杨水库、上河水库、范庄水库、汤庙水库、小柴河水库、三村水库、王庄水库、秦沟水库、文公湖水库、北沟水库、北杨村水库、璩沟水库、龙台北沟水库、焦庄水库、司家沟水库、洞流沟水库、下坡水库、南临泉水库、赵坡西沟水库、崔沟水库、沟北头水库、苏庄一水库、苏庄二水库、西孟庄水库、张洼水库、青龙沟水库、八一水库、逍遥水库、高圪塔水库、校尉营水库、山王庄水库、青龙洞水库(35处)	焦作水文测报中心	焦作水文巡测基地、河南省水环境监测中心焦作分中心、焦作水情分中心
开封	邸阁、大王庙、西黄庄		宗寨	开封市引黄灌区调蓄水库、花李水库、阎家水库(3处)	开封水文测报中心、杞县水文局、兰考水文局	开封水文巡测基地、河南省水环境监测中心开封分中心、开封水情分中心

续附表1

勘测局	国家基本水文站	国家基本水位站	行政区界水资源监测水文站	中小型水库水文监测预警站	县级水文巡测基地	市级水文监测中心
洛阳	紫罗山、涧河		白河、叫河、铁门、瀍河、崛山、庙湾、南坡、下河	柴河水库、郑庄水库、涧西区三岔口水库、石笼沟水库、大坪水库、郭沟水库、卧龙峡水库、平凉河水库、龙潭水库、白龙沟水库、重渡人工湖、大南沟水库、孤山沟水库、鱼库水库、寨沟水库、井峪沟水库、青岗坪水库、唐家庄水库、庄科水库、酒流沟水库、黄河流域河南省洛龙区李屯水库、土门坡水库、瓦川水库、乌龙沟水库、王召寨水库、牛京水库、柴沟水库、杨坪水库、甲鱼沟水库、石门沟水库、平峪水库、马房水库、大沟河水库、小池沟水库、单寨水库、友好水库、五八水库、送庄南坝水库、九泉水库、负图水库、周寨水库、送庄北坝水库、柏树沟水库、于家嘴水库、范村水库、刘庄水库、杨寨水库、常岭水库、冷铺水库、七贤水库、石柱沟水库、青山崖水库、黄龙潭水库、火庙水库、五龙沟水库、老君堂水库、西局水库、南拐水库、东沟水库、红雨水库、庙湾水库、黄村水库、台上水库、青沟水库、杨河水库、龙佛水库、平地水库、班竹寺水库、张王沟水库、洪涧河水库、陶村水库、禹山水库、马沟水库、老龙水库、石坡水库、小长岭水库、龙潭沟水库、王庄水库、念子沟水库、大坡水库、贾沟水库、闫屯水库、竹圆沟水库、刘沟水库、杨大庄水库、石门水库、流涧峪水库、白云山水库、小豆沟水库、河南水库、碾盘沟水库、韭菜沟水库、王村沟水库、王庄水库、南林庄水库、印沟水库、养马水库、舜王庙水库、黄沟水库、小仝水库、流泉寺水库、龙隐谷景观水库、畛源水库、一线瀑水库、仙桃水库、范沟水库、尚庄水库、沙河三水库、擂鼓台水库、马涧河水库、沙河五水库、浏河一水库、沙河一水库、尹湾水库、双庙水库、程村水库、掉剑沟水库、银河水库、牡丹沟水库、东石门水库、丁惠水库、建设水库、联办水库、申圪挡水库、北姚沟水库、水寨1水库、黑龙沟水库、宋寨水库、姚沟水库、曹沟水库、高头水库、庞沟水库、张延水库、水河沟水库、白家门水库、左沟水库、陡沟水库、豹子沟水库、赵庄水库(139处)	汝阳水文局、洛阳水文测报中心、栾川水文局、洛宁水文局	洛阳水文巡测基地、河南省水环境监测中心洛阳分中心、洛阳水情分中心
漯河	漯河、马湾、何口		坡小庄、上澧河店、王岗、抬头、王店、西刘		漯河水文测报中心、舞阳水文局、临颍水文局	漯河水文巡测基地、漯河水情分中心

续附表1

勘测局	国家基本水文站	国家基本水位站	行政区界水资源监测水文站	中小型水库水文监测预警站	县级水文巡测基地	市级水文监测中心
南阳	荆紫关、西峡、急滩、鸭河口、米坪、白土岗、口子河、社旗、唐河、平氏、李青店、白牛、西坪、赵湾、内乡、留山、南阳、棠梨树、青华、半店；桐河、赵庄(水位站升级水文站)	后会	古庄店、林扒、马市坪、乔端、少拜寺、桐柏、五星、邢李庄、樊集、蒋郭、龙头、棉花庄、默河、穰东、上庄、石步河、唐庄、吴湾、淅川、袁寨、源潭	张岗水库、雷庄水库、鳌山水库、半坡水库、玉孔水库、张沟水库、王岗水库、白龙泉水库、何冲水库、竹李水库、下郭楼水库、陈堰水库、马岗水库、宋集水库、刘岗水库、钱湾水库、乔营水库、土门水库、双山水库、孟庄水库、塔湾水库、党庄水库、花里山水库、马沟水库、前崔庄水库、汉店水库、李楼水库、龙潭沟水库、石板河水库、熊庄水库、石门水库、外沟水库、三岔口水库、红坡水库、南园水库、黄楝沟水库、上古寺水库、二道河水库、徐岗水库、段庄水库、湾里水库、姜庄水库、下沟水库、狼洞沟水库、老虎沟水库、山口水库、大杜庄水库、白石坡水库、黑山口水库、石门沟水库、寺沟水库、安沟水库、金庄水库、牛庄水库、罗圈湾水库、四里营水库、段么陈水库、姚楼水库、薛草沟水库、长岗岭水库、大平坦水库、煤窑沟水库、斗沟河水库、黄庄水库、白庄水库、湾潭水库、郭林水库、塔山水库、吕家沟水库、寺庄水库、黄土岗水库、白秀沟水库、王庄水库、前李庄水库、下庙水库、罗庄水库、三道涧水库、余庄水库、杨家庄水库、王三沟水库、三山水库、小关口水库、胡庄水库、毛和尚庵水库、四沟水库、七峰山水库、南薛庄水库、徐房庄水库、羊头山水库、天峰水库、滑石沟水库、房山水库、二郎庙水库、曹里沟水库、温庄水库、史家庄水库、铁山坡水库、横山马水库、卧羊山水库、走马岭水库、白石山水库、元庄水库、烟庄水库、任家庄水库、徐沟水库、桃园沟水库、石蹶沟水库、王家庄水库、栗树沟水库、姑姑庵水库、胡六套水库、辛庄水库、牛心山水库、王家营水库、刘楼水库、吴二坪水库、张湾水库、三道岭水库、花园口水库、罗圈崖水库、构林沟水库、回龙电站上库、回龙电站下库、郭庄水库、群英水库、青石板水库、褚庄水库、柏树庄水库、磁塔崖水库、桃园水库、曹家沟水库、新寺水库、杨树沟水库、黄沟水库、尹老庄水库、小金岭水库、白鹿水库、谢村水库、寺上水库、石门沟水库、水晶河水库、蛇沟水库、石岭水库、黄土岭水库、卧牛石水库、柳树沟水库、程家庄水库、张庄水库、元山水库、花子岭水库、青龙水库、圪垱寺水库、三一号水库、张沟水库、褚湾水库、白龙水库、王营水库、东风水库、小寨水库、柳树沟水库、板桥沟水库、山沟水库、邵沟水库、唐沟水库、好汉水库、常沟水库、宁家沟水库、崔沟水库、五里沟水库、寨湾水	南阳水文测报中心、邓州水文局、南召水文局、内乡水文局、唐河水文局、西峡水文局	南阳水文巡测基地、河南省水环境监测中心南阳分中心、南阳水情分中心

续附表 1

勘测局	国家基本水文站	国家基本水位站	行政区界水资源监测水文站	中小型水库水文监测预警站	县级水文巡测基地	市级水文监测中心
南阳				库、石房院水库、东沟水库、石板河水库、鹿鸣山水库、马庄水库、东王沟水库、双梨树水库、沙沟水库、白栗坪水库、贯沟水库、盆尧水库、碾盘庄水库、杨树眼水库、一光水库、哑巴沟水库、核桃园水库、梁沟水库、仝庄水库、号店水库、竹园沟水库、中凹水库、柴沟园水库、老鳖潭水库、塔园水库、冷子沟水库、鹰山水库、贾沟水库、茫茫沟水库、沙宝店水库、水泉沟水库、龙潭沟水库、温岗水库、油房水库、王庄水库、西沟水库、周槽河水库、庙湾水库、庙山水库、庵山水库、吴沟水库、杨沟水库、杨洼水库、后时家水库、张沟水库、打瓜沟水库、老坟洼水库、花石岗水库、时家庄水库、苇子沟水库、王沟水库、西坪沟水库、张家洼水库、盆窑沟水库、赵家沟水库、代军河水库、桥河湾水库、平坦水库、江湾水库、东沟水库、洞山沟水库、迴龙庵水库、庵沟水库、上李家水库、薛家二库、白犁坪水库、徐庄水库、黑龙庙水库、清凉庙水库、温家堰水库、张二连沟水库、红雁沟水库、席沟水库、张观沟水库、宋家沟水库、蔡家水库、郭庄水库、百亩堰水库、洞沟水库、翟庄水库、湾刘水库、山口水库、半坡水库、冯庄水库、圭璋水库、蚂蚁沟水库、田桥水库、太山水库、龙宫河水库、兴堂水库、李庄水库、下坡水库、罗庄水库、白马堰水库、临泉一库、张官岭水库、双泉四库、临泉二库、五七水库、备战水库、双泉三库、石门水库、李畈水库、蓼北水库、皮沟水库、栗园水库、喇叭沟水库、李老庄水库、箭杆冲水库、郑庄水库、太山庙水库、寨下水库、学堂沟水库、好田冲水库、红石崖水库、芦老庄水库、王庄水库、青山扒水库、蛮子营水库、二十亩地水库、代洼水库、烟庄水库、三岔口水库、白莲洼水库、石头屋水库、寨沟水库、上窑水库、彭庄水库、响水潭水库、老虎洞水库、澄清树水库、双岔口水库、二郎咀水库、和湾水库、水帘水库、清淮水库、银盘河水库、丁庄水库、尤庄水库、后河水库、桐树庄水库、莲庄水库、学屋庄水库、台子庄水库、六六庄水库、银沟水库、高庄水库、蒋河水库、柴庄水库、张庄水库、何庄水库、曹楼水库、上厂水库、长青水库、梅塘水库、核桃树水库、刘新庄水库、田木湾水库、百亩堰水库、小龙潭河水库、沙子岗水库、小杉坡水库、夹山沟水库、板凳沟水库、董楼水库、双山口水库、吉庄水库、刺元水库、老虎冲水库、周庄水库、毛		

续附表1

勘测局	国家基本水文站	国家基本水位站	行政区界水资源监测水文站	中小型水库水文监测预警站	县级水文巡测基地	市级水文监测中心
南阳				沟水库、管楼水库、鸳鸯寺水库、石头庄水库、瓦屋庄水库、何坪水库、寺沟水库、塔子山水库、杨树岗水库、洛洼水库、红叶河水库、姜庄水库、大叶湾水库、李营水库、白茨眼水库、房庄水库、程沟水库、惠庄水库、王老庄水库、赵官庄水库、桑园水库、龙脖沟水库、碾盘沟水库、大亥寺水库、王家庄水库、白沙咀水库、许庄水库、经庙沟水库、石岭河水库、古垛山水库、黑子树水库、庄口水库、红山水库、上店水库、龙潭沟水库、火沟水库、桑树沟水库、黄家河水库、安沟水库、白菜沟水库、屈原岗水库、葛花沟水库、赵心沟水库、梁家水库、卓沟水库、杜营水库、姚沟水库、邓沟水库、傲沟水库、张花沟水库、雄山沟水库、小石门水库、沙渠沟水库、白龙庙水库、张沟水库、张堂水库、油房沟水库、酒坊台水库、雪沟水库、王营水库、尖角山水库、凤凰沟水库、刁岭沟水库、明堂沟水库、青叶沟水库、长岭沟水库、肖山沟水库、代沟水库、杜店水库、林沟水库、楂子沟水库、英垛沟水库、香坊水库、赵营水库、陈沟水库、杨岗水库、李沟水库、杜凹水库、南家沟水库、棉花渠水库、赤水沟水库、庞沟水库、石板河水库、下柳心沟水库、曾家沟水库、重阳沟水库、红道岭水库、鱼池沟水库、石岈子水库、北凹水库、石人沟水库、蒿坪水库、刘家营水库、裴营水库、王沟水库、立新水库、孙庄水库、岗西水库、太平水库、王营水库、江沟水库、王楼西水库、邢沟水库、王家水库、孙家台水库、周沟水库、张沟水库、田庄水库、塚子坪水库、王楼东水库、杜岗水库、梁沟水库、黄庄水库、黑鱼沟水库、方山水库、高西河水库、汤河水库、清泉水库、鄢沟水库、大韩沟水库、小韩沟水库、砚台水库、杏山水库、玉皇庙水库、大陈营水库、园山水库、下小湾寺水库、白沟水库、绿化水库、山北水库(469处)		
平顶山	中汤、下孤山、昭平台、白龟山、孤石滩、燕山、汝州、石漫滩、鸡冢、许台		东盆王、焦庄、任庄	宋沟水库、兰沟水库、石板河水库、西外口水库、官衙水库、边庄水库、晁庄水库、群英水库、袁店水库、河湾水库、上李庄水库、栗树庙水库、北水峪水库、孙沟水库、岩郭水库、竹园水库、马沟水库、洞子沟上库、赵河湾水库、高楼水库、赵楼水库、构树张水库、纸坊水库、天成洼水库、十字沟水库、青杨庙水库、洞子沟下库、大郭庄水库、孟沟水库、黄东水库、牛王庙水库、石峡水库、耐庄水库、西石门水库、李沟水库、雪花沟水库、大石崖水库、大丰沟水库、木锨场水库、山	汝州水文局、舞钢水文局、鲁山水文局	平顶山水文巡测基地、河南省水环境监测中心平顶山分中心、平顶山水情分中心

续附表1

勘测局	国家基本水文站	国家基本水位站	行政区界水资源监测水文站	中小型水库水文监测预警站	县级水文巡测基地	市级水文监测中心
平顶山				刘庄水库、唐沟水库、黑石嘴水库、任家坟水库、石坎水库、银寺沟水库、响潭沟水库、石南沟水库、西陈庄水库、姚沟水库、画眉沟水库、土蜂沟水库、桃园沟水库、张家沟水库、老沟水库、孙沟水库、铁家庄水库、部沟水库、李爻水库、连山坡水库、明山寨水库、柿树坪水库、薛岭水库、滕口水库、窑院水库、枣元水库、金沟水库、龙潭沟水库、牛皮洞水库、土门沟水库、樊窑水库、神沟水库、佛山寺水库、老庄水库、郭家沟水库、何庄水库、水磨湾水库、十字口水库、戴湾水库、捞饭店水库、谢河水库、高庄水库、山高水库、关庄水库、夏庄水库、孙岭水库、观上水库、红卫水库、袁门水库、水磨湾水库、油坊山水库、友谊水库、任洞沟水库、朱兰水库、庙街水库、戚庄水库、王老庄水库、同官李水库、老张沟水库、银洞沟水库、三岔口水库、葛庄水库、首帕陈水库、王皮岗水库、后营水库、小柴庄水库、陈连庄水库、娄子沟水库、八家刘水库、小石漫滩水库、龙门口水库、黄花寺水库、蛮子营水库、苗庄水库、鸽子楼水库、刘建沟水库、石门水库、高庄水库、金龙嘴水库、柳树沟水库、张庄水库、毛仁寺水库、凉水泉水库、山孟岗水库、焦庄水库、黑龙潭水库、罗冲水库、椅子圈水库、汴沟水库、栗沟水库、碾盘沟水库、董家沟水库、桐沟水库、三岔口水库、战地庵水库、蒋庄水库、牛角沟水库、马拉庵水库、熊庄水库、李吴庄水库(139 处)		
濮阳	元村集、濮阳、范县、南乐	西元村、孔村	大韩、渠村、东吉七、马庄桥、石楼		范县水文局、濮阳水文测报中心、南乐水文局	濮阳水文巡测基地、濮阳水情分中心

续附表1

勘测局	国家基本水文站	国家基本水位站	行政区界水资源监测水文站	中小型水库水文监测预警站	县级水文巡测基地	市级水文监测中心
三门峡	窄口、朱阳		胡家坪、朱阳关、交口、卫家磨水库	西河底水库、王官北水库、西坡水库、王官水库、大安水库、东坡水库、东方红水库、王官南水库、窑头水库、赵家后水库、大安西水库、小安水库、东坡北水库、南青水库、灵湖水库、芦家坟水库、小寨河水库、上寨水库、裴张水库、莫河水库、常卯水库、砖固庙水库、白虎潭水库、滑底上沟水库、张家山东大峪水库、焦家峪水库、十亩坪水库、堡里水库、马宗岭水库、滑底西沟水库、营田水库、郭义沟水库、砥石峪水库、李家山水库、观南沟水库、洞门口水库、贝子原东沟水库(老坝)、阳店水库、涣池水库、观北沟水库、杨家担水沟水库、杨家花花沟水库、乔沟西沟水库、李家山北沟水库、石桥沟水库、罗家寨子沟水库、宋家坡水库、大挂水库、观头水库、好宏水库、贝子原水库、李家山孝寺峪水库、石门水库、娄底水库、北社水库、苏南水库、官庄水库、东仓水库、观水库、万渡水库、塔底南沟水库、石板沟水库、张家山北沟水库、马村水库、麻子峪水库、罗家西沟水库、马家沟水库、张家山水库、西章水库、玉女湖水库、贝子原东沟水库(新建)、东方红水库、南沟水库、雷赵水库、南社水库、下庄水库、葫芦湾水库、双核桃水库、双庙水库、石门水库、鹿寺水库、刘郭水库、仁村水库、杜家水库、韩沟水库、南泉水库、南庄水库、鱼池水库、下庄沟北水库、徐家寨水库、富村水库、苏门水库、马沟水库、中涧水库、茹窑水库、下庄沟南水库、谢大池水库、西沟水库、任家沟水库、杜家门水库、孟岭水库、段家洼水库、荆村水库、北沟水库、杜寺水库、寨上水库、杨家水库、宋村水库、岭头水库、春发沟水库、上峪峒水库、杜寺东水库、果园南庄水库、青杨沟水库、高崖水库、西坡水库、韶山水库、石门水库、下河水库、翰林河水库、韩沟水库、乔洼水库、窑头水库、位村水库、南小塬水库、庙沟水库、清泉沟水库、糯米沟水库、崔家华里沟水库、张家沟水库、南县水库、西地水库、石疙瘩水库、菜白东沟水库、西罐水库、村头水库、甘壕水库、小岭沟水库、芬沟水库、下庄西沟水库、常窑水库、王沟水库、茹沟水库、姚家沟水库、董沟水库、苗元水库、南湾水库、史家沟水库(148处)	灵宝水文局、卢氏水文局、三门峡水文测报中心	三门峡水文巡测基地、河南省水环境监测中心三门峡分中心、三门峡水情分中心

续附表 1

勘测局	国家基本水文站	国家基本水位站	行政区界水资源监测水文站	中小型水库水文监测预警站	县级水文巡测基地	市级水文监测中心
商丘	永城、砖桥、睢县、黄口、段胡同、孙庄、李集		包公庙闸、唐楼、大张庄、夏邑、杨大庄、柘城	刘口水库、邓斌口水库、路楼水库、民权县城西水库、民权县城北水库、二堡水库、涧岗水库、马头水库、南湖水库、栗城水库、洪河头水库、利民东关水库、两河口水库、利民西关水库、利民南关水库、利民北关水库、镇里固水库、容湖水库(18 处)	商丘水文测报中心、永城水文局、柘城水文局	商丘水文巡测基地、河南省水环境监测中心商丘分中心、商丘水情分中心
新乡	黄土岗、汲县、合河、朱付村、大车集、宝泉、八里营	石门	东碑村、后马良固、皇甫、下马营、罗滩、秦庄、狮子营、陶北、王堤	金灯寺水库、柿园水库、拍石头水库、石峪沟水库、后庄水库、长岭水库、川仓水库、周岭水库、石牌坊水库、楼罗掌水库、牛村水库、共山头下水库、郭圪朗沟水库、红色娘子水库、黑鹿河下水库、莲花水库、外河水库、郭亮水库、鸡冠山水库、红岩水库、龙门下水库、水磨水库、裴寨水库、山前水库、北陈马水库、龙门水库、共山头上水库、柴庄水库、四亩地水库、黑鹿河上水库、冯窑水库、香泉水库、三孔桥水库、猿猴沟水库、扁担沟水库、前太公泉水库、池山河水库、下枣庄水库(38 处)	延津水文局、长垣水文局、卫辉水文局、新乡水文测报中心、辉县水文局	新乡水文巡测基地、河南省水环境监测中心新乡分中心、新乡水情分中心
信阳	息县、淮滨、南湾、潢川、蒋集、大坡岭、长台关、谭家河、石山口、竹竿铺、五岳、泼河、新县、鲇鱼山、北庙集、平桥、龙山、裴河	固始、黎集、三河尖、白雀园、踅子集	明港、清水河、春河、顾岗水库、两河口、徐集、晏河、洋河、寨河、长河桥	桃花坞水库、钟桥水库、关门山水库、鼓顶山水库、夏河湾水库、吴楼水库、锁口水库、九重碑水库、利民水库、马岗水库、鹰咀山水库、稍塘水库、砂岗水库、黄塘水库、黄冲水库、杨庙水库、铁铺水库、温堰水库、八一水库、余大冲水库、花园水库、姜洼水库、何院墙水库、鬼塘洼水库、三里庄水库、丰收水库、下畈水库、张八洼水库、官塘水库、贺家岗水库、姚塘水库、田冲水库、廖大塘水库、苏大洼水库、楚冲水库、官塘水库、贝老园水库、刘大塘水库、代夹道水库、田庙水库、跃进水库、连塘水库、十六冲水库、苏老家水库、黄大塘水库、联山水库、杨大塘水库、人参地水库、官塘水库、武家山水库、南楼水库、杨岗水库、南官庙水库、皮大塘水库、藕塘冲水库、白山水库、芦松林水库、宋集水库、夏大塘水库、独山水库、堆子塘水库、李畈水库、小胡楼水库、余湾水库、张冲水库、金河沟水库、七里水库、神埂水库、相桥水库、刘河水库、张岗水库、张围孜水库、谈河沟水库、赛胜湖水库、张五楼水库、蔡桥水库、民胜水库、天棚洼水库、郑小楼水	潢川水文局、淮滨水文局、固始水文局、新县水文局、浉河水文局、信阳水文测报中心、罗山水文局、光山水文局	信阳水文巡测基地、河南省水环境监测中心信阳分中心、信阳水情分中心

续附表 1

勘测局	国家基本水文站	国家基本水位站	行政区界水资源监测水文站	中小型水库水文监测预警站	县级水文巡测基地	市级水文监测中心
信阳				库、萍塘水库、龙井冲水库、芦大塘水库、罗洼水库、潘湾水库、金庄水库、老官洼水库、梁洼水库、代洼水库、小曹店水库、新民水库、方洼水库、高涂湾水库、丁桥水库、方洼水库、胡洼水库、吴冲水库、旱桥水库、简绳沟水库、郑洼水库、寨洼水库、阮岗水库、上周水库、胜天水库、四连塘水库、方洼水库、下赵冲水库、草鞋店水库、陈湾水库、茨弄水库、杨小湾水库、王店水库、张堂水库、张小湾水库、赵小湾水库、铁门坎水库、李洼水库、严洼水库、余庙水库、大塘角水库、中张湾水库、周湾水库、刘洼水库、柳树洼水库、龙井冲水库、龙洼水库、芦塘水库、罗大冲水库、南湾水库、牛丝沟水库、大洼沟水库、大堰冲水库、康庄水库、柯洼水库、雷洼水库、李洼水库、林寨水库、刘冲水库、向洼水库、向小湾水库、小刘湾水库、肖咀水库、晏店水库、晏洼水库、冯大冲水库、傅湾水库、易洼水库、余大洼水库、二塘稍水库、方洼水库、黑塘水库、胡大冲水库、彭冲水库、王乡水库、桂店水库、旱大塘水库、何洼水库、黑石冲水库、姜庄水库、张大洼水库、敖洼水库、曾湾水库、占庄水库、邱庄水库、刘大塘水库、上姜洼水库、刘高山水库、上庄水库、石灰冲水库、石庄水库、朱湾水库、邹楼水库、吴大湾水库、下汪冲水库、北山水库、扁担冲水库、陈洼水库、净居寺管理区敖洼水库、程东洼水库、大梨树水库、破塘堰水库、叶冲水库、叶湾水库、王湾水库、张洼水库、张乡水库、张一水库、张寨水库、大洼沟水库、唐榜水库、万寺水库、汪窑水库、下洼水库、姜小湾水库、东风水库、大曹店水库、铁匠洼水库、苏山口水库、郭小洼水库、任小圩水库、侯庄水库、小西湖水库、乌龙河水库、孟庄水库、半岗水库、张杨水库、马营水库、祁湖水库、魏庄水库、夹塘水库、关岗水库、李楼水库、老鼠嘴水库、朱大桥水库、付洼水库、胡寺水库、黄楼水库、余大冲水库、马堰水库、磨盘山水库、滚龙沟水库、石猴水库、白大山水库、胡桥水库、冯大塘水库、古塘水库、余营水库、十冲水库、东风观水库、府庙水库、王桥水库、连塘水库、段营水库、视线行水库、马坡寺水库、王洼水库、陈大洼水库、后牌水库、赵冲水库、千河堰水库、碾盘山水库、王营水库、马新水库、贺堰水库、张大堰水库、硌耳塘水库、张岗水库、洪山寨水库、何大冲水库、枣树洼水库、秦集水库、高洼水		

续附表1

勘测局	国家基本水文站	国家基本水位站	行政区界水资源监测水文站	中小型水库水文监测预警站	县级水文巡测基地	市级水文监测中心
信阳				库、金湾水库、冯北楼水库、黄冲水库、万竹园水库、小王洼水库、宋岗水库、张楼水库、骆庄水库、大井滩水库、黄大洼水库、李坎水库、赵店水库、许湾水库、刘瓦房水库、西岗水库、尾湖水库、余大庄水库、黄山寨水库、曾庄水库、黄土岭水库、马田背水库、凡岗水库、田栗林水库、刘小洼水库、黄大堰水库、陈湾水库、刘店水库、雷小洼水库、三冬水库、赵小湾水库、十二连塘水库、泥巴塘水库、老龙口水库、高稻场水库、骆窄孜水库、鸦雀窝水库、王楼水库、曹塘水库、杉山水库、余老楼水库、辛岗水库、枣林岗水库、曾湾水库、侯洼水库、红星水库、邬营水库、夏李营水库、孟岗水库、土门水库、代湾水库、中心水库、刘洼水库、李南店水库、北庄水库、单庄水库、南天门水库、月亮湾水库、大坡岭水库、石头水库、曹门水库、滕子沟水库、鲁寨水库、凉亭水库、滴水崖水库、罗岗水库、黄土沟水库、官庄水库、高庄水库、老佛洞水库、青棚水库、老虎店水库、莲花塘水库、陡山水库、龟山水库、张河边水库、杨寨水库、九龙水库、田洼水库、刘岗水库、郑门冲水库、谈洼水库、李洼水库、吊桥水库、子路水库、响水潭水库、跃进水库、张门堰水库、吴堂水库、肖桥水库、红山冲水库、大马石沟水库、蔡里沟水库、南围冲水库、红石桥水库、小大冲水库、西湖水库、彭湾水库、万大塘水库、杨冲水库、草塘水库、孙湾水库、王家洼水库、鱼肠沟水库、令牌堰水库、地基洼水库、杨西冲水库、潘新鲁湾水库、黑洼水库、黄湾水库、双桥二库、雀山水库、刘湾水库、灵山一库、头顶石水库、丁畈水库、石板水库、付冲水库、圈儿冲水库、黄山洼水库、冯乡水库、长冲水库、子路山水库、灵山二库、罗塘水库、木耳安水库、黄破楼水库、胡湾水库、杨湾水库、任山水库、莲二塘水库、芦子冲水库、迎水冲水库、郑庄水库、杨树冲水库、刘咀水库、旱泥冲水库、凡坡水库、白水冲水库、洪大堰水库、马尾塘水库、孙湾水库、小陈乡水库、姜咀水库、北老湾水库、六竹水库、杨洼水库、牛头山水库、付家湾水库、张独湾水库、邹李洼水库、檀楼水库、陶庄水库、吴榜水库、老虎洼水库、黄湾水库、齐楼水库、马西水库、曾山水库、方湾水库、高老湾水库、大松林水库、莲花塘二库、高家湾水库、李桥水库、瀛湖水库、陈畈水库、周河湾水库、于山水库、曹庄水库、鬼塘洼		

续附表 1

勘测局	国家基本水文站	国家基本水位站	行政区界水资源监测水文站	中小型水库水文监测预警站	县级水文巡测基地	市级水文监测中心
信阳				水库、周大塘水库、祁冲水库、元冲水库、莲花塘水库、东大冲水库、野人湾水库、定远罗庄新塘水库、殷湾水库、韩畈水库、姜冲水库、黄楼水库、新庄水库、范湾水库、新湾水库、郭冲水库、西大冲水库、罗湾水库、草坡水库、天桥沟水库、永红水库、冲口水库、治肥冲水库、马阳家水库、碾子沟水库、熊楼水库、马古井水库、董楼水库、春秋大堰水库、古井坎水库、磨盘山水库、楠杆北库、白石庙水库、任大塘水库、贺冲水库、洪门冲水库、王冲水库、石庄水库、龟山二库、猫子堰水库、涂畈水库、茅屋楼水库、油坊冲水库、胡元水库、高洼水库、海营水库、黄庄水库、古井水库、月塘水库、响水河水库、地塘水库、富强水库、陈营水库、尚庄水库、张新店水库、余塘水库、罗楼水库、白土堰水库、冯湾水库、刘河水库、小高寨水库、明港工业管理区三道口水库、明港工业管理区中心水库、汪洼水库、王古井水库、徐堂水库、四里井水库、付湾水库、石板沟水库、李老湾水库、太山庙水库、胡庄水库、尹家堰水库、黑土山水库、肖庄水库、金棚水库、陈堂水库、张家堰水库、西单庄水库、陆湾水库、姚冲水库、田家冲水库、白洼水库、核心区青年水库、陈小湾水库、陈小沟水库、小张湾水库、王李岗上水库、小张湾水库、陈沟水库、金龙水库、蔡堂水库、董冲水库、天子洼水库、清水塘水库、东风水库、闫湾水库、堰沟水库、大湾水库、周湾水库、梅黄水库、苏庄水库、冯堰水库、雷河水库、郝岗水库、红星水库、长冲水库、河满水库、龙泉山水库、杨冲水库、代庙水库、朱湾水库、刘湾水库、姚冲水库、连山口水库、宫冲水库、刘老湾水库、明港工业管理区荒田沟水库、明港工业管理区大潘庄水库、黄老湾水库、幸福水库、井沟水库、郭河水库、王李岗下水库、倪湾水库、明港工业管理区白庄水库、中心水库、龚岗水库、刘湾水库、闫岗水库、大门楼水库、两河口水库、蛇尾沟水库、高庙水库、鲍楼水库、窑沟水库、石门冲水库、赵冲水库、张冲水库、黑洼水库、连塘河水库、界岭水库、余新湾水库、寨洼水库、胡北柚水库、东湾子水库、管油房水库、群力水库、余楼水库、叶山沟水库、陈湾水库、石门水库、八斗冲水库、郭塘水库、土门水库、北风坳水库、卜店水库、无垢寺水库、余集石堰水库、达权店石堰水库、芦庄水库、郑老湾水库、鲇鱼水库、陈大洼		

续附表1

勘测局	国家基本水文站	国家基本水位站	行政区界水资源监测水文站	中小型水库水文监测预警站	县级水文巡测基地	市级水文监测中心
信阳				水库、长冲口水库、蔡家山水库、狗尾巴山水库、帅虎沟水库、武胜关水库、三道河水库、磨盘山水库、李高山水库、王湾水库、楼房洼水库、老塘水库、汪冲水库、石板河水库、乱石槽水库、七里冲水库、大庄水库、郭合水库、花石岩水库、八斗洼水库、顾洼水库、董氏祠水库、周薄冲水库、郑湾水库、白布岩水库、祁湾水库、陶山水库、背阴湾水库、冯小冲水库、王油坊水库、东冲水库、楼房沟水库、孟山坎水库、栏马冲水库、清水塘水库、坳子水库、杨中湾水库、岩山水库、叉洼水库、双椿铺王湾水库、杨老宅孜水库、金刚台老虎冲水库、太子岗水库、朱湾水库、黄小庄水库、玉冲水库、彭洼水库、清水河水库、汤家坪水库、正冲水库、里道河水库、平塘水库、堆塘水库、大堰冲水库、邵粉坊水库、马田庄水库、尾子湾水库、山包水库、张洼水库、谢大堰水库、犁铧冲水库、王门楼水库、山坎水库、紫树埂水库、霸子塘水库、黄泥塘水库、孔大塘水库、张炮铺水库、朝天猴水库、石关口水库、王新屋水库、陈高山水库、龙井冲水库、占洼水库、韩洼水库、九龙寺水库、长岗水库、纸棚沟水库、绣冲水库、杨老湾水库、杨楼水库、板庙水库、大塘湾水库、上游水库、马岭水库、王围孜水库、边湾水库、余集上冲水库、方湾水库、蔡老营水库、连二塘上冲水库、龟山水库、茶坡水库、向阳沟水库、十八口水库、龙王寺水库、石堰河水库、碾子湾水库、蚂蝗沟水库、土门水库、白龙潭水库、何湾水库、龙井沟水库、天子洼水库、石河沟水库、胡湾水库、擒龙山水库、寨坎水库、史家大坡水库、六方沟水库、板沟水库、南尖山水库、桃花寨水库、刘家洼水库、董沟水库、杨家湾水库、杨杈沟水库、中尖山水库、苳家沟水库、滴水崖水库、蔡家沟水库、黑堰水库、老君洞水库、龙窝水库、龙袍山水库、白鹤湾水库、天平山水库、竹林沟水库、黄连沟水库、平桥水库、梨花寨水库、徐湾水库、孙庄水库、张湾水库、小西沟水库、老虎洼水库、江湾水库、水楼子湾水库、南门水库、正冲水库、毛狗笼水库、潘家沟水库、固井水库、尼姑寺水库、创业水库、九个湾水库、马止沟水库、吴氏祠水库、羊湾水库、石门水库、撞子冲水库、余寨水库、胜利水库、黑沟水库、狮子口水库、吴家沟水库、李家沟水库、蒋湾水库、白家堰水库、石屋沟水库、东门水库、万岭沟水库、鸡公沟水库、		

续附表1

勘测局	国家基本水文站	国家基本水位站	行政区界水资源监测水文站	中小型水库水文监测预警站	县级水文巡测基地	市级水文监测中心
信阳				鸡冠垛水库、东英沟水库、捡柴河水库、刑湾水库、塘角水库、三岔沟水库、栗灵山水库、吴洼水库、程坡寨水库、李洼水库、刘柘园水库、项岗水库、四季洼水库、砖板桥水库、孙棚水库、小尹山水库、八里岔水库、大胡庄水库、杨洼水库、杨乡水库、金华山水库、王楼水库、米围孜水库、五一水库、莲花堰水库、杨冲水库、肖洼水库、白鸭山水库、金桥水库、桐子树河水库、段冲水库、芦洼水库、杜湾水库、三圣宫水库、六斗河水库、蔡洼水库、简山水库、黄鸡洼水库、水竹坪水库、土雷寨水库、张冲水库、冯榜水库、秋风岭水库、李洼水库、弯刀冲水库、杨湾水库、云山水库、胡山水库、王沟水库、北崖水库、王里河水库、黄庄水库、胡湾水库、西畈水库、马驹河水库、石堰口水库、老龙潭水库、碌石岩水库、新山水库、金兰水库、雷山水库、晏高山水库、大罗冲水库、寨里水库、谢桃园水库、北冲水库、张大堰水库、大洼沟水库、郭大洼水库、白龙池水库、泡树岗水库、钓鱼潭水库、上潘洼水库、长老水库、左洼水库、仰天窝水库、小高山水库、西岩水库、黑塘梢水库、刘湾水库、胡洼水库、大竹园水库、罗田铺水库、横冲水库、冯湾水库、船石冲水库、大地冲水库、小坳水库、周冲水库、沤洼水库、肖冲水库、响水潭水库、丁河水库、小李冲水库、杆杖洼水库、陶山水库、红滕沟水库、柯岗水库、寺洼水库、香山湖管理区五龟会合水库、高洼水库、简坳水库、夏店水库、张冲水库、土门水库、丁沟水库、花儿寨水库、麻石崖水库、毛草冲水库、冲洼水库、新湾水库、黄洼水库、易天门水库、李湾水库、秋风岭水库、席山水库、牢山水库、王畈水库、香山湖管理区朱冲水库、姜洼水库、杨高山水库、李洼水库、伍榜水库、杜洼水库、赵洼水库、杨洼水库、岳湾水库、银盆水库、黄小湾水库、白沙关水库、计河水库、下坳水库、观寺洼水库、杨山水库、李洼水库、杨堰水库、五里岗水库、南坳水库、高冲水库、红石咀水库、佛田寺水库、罗前湾水库、毛狗笼水库、裸子石水库、吴洼水库、望城水库、裴湾水库、七塘冲水库、董冲水库、香山湖管理区秤砣山水库(896处)		

续附表1

勘测局	国家基本水文站	国家基本水位站	行政区界水资源监测水文站	中小型水库水文监测预警站	县级水文巡测基地	市级水文监测中心
许昌	白沙、化行、大陈；郏县（水位站升级水文站）	襄城	东大陈、佛耳岗、碾桥、英刘、赵庄、马岗、石固、许昌	小河水库、潘庄水库、辛寨水库、雷洞水库、张庄水库、雪楼水库、马涧沟水库、孙庄水库、泉店水库、牛头水库、红石岩水库、龙尾水库、东炉水库、月湾水库、郑湾水库、柏桥水库、黄土岭水库、吴河水库、龙头水库、涧头河水库、迴龙池水库、西学水库、南河水库、烈疆坡水库、石棚沟水库、杏山坡水库、闯王峡水库、青年水库、吓马水库、赵庄水库、常庄水库、张家庄水库、龙佛寺水库、大石庄水库、吓水河水库、犊水河水库、曹楼水库、明山湖水库、和山房水库、共青泉水库、石门水库、张垌水库、磨河水库、逍遥观水库、黑龙潭水库、大泉水库、樊门水库、梧桐沟水库、石北沟水库、柏山水库、万福新农业水库、响潭湾水库、卫星水库、杨河水库、大陈水库、龙潭寺水库、增福庙水库(57处)	许昌水文测报中心、鄢陵水文局	许昌水文巡测基地、河南省水环境监测中心许昌分中心、许昌水情分中心
郑州	尖岗、告成、新郑、中牟、常庄		郭寨、堤刘、丁店、六堡、吕家村、汜水	清泉沟水库、杨爻水库、西范寨水库、后河水库、庄王水库、送表矿区和沟水库、郝爻水库、佛垌水库、朝阳沟水库、刘沟水库、三仙庙水库、雷村水库、报沟水库、荼亭沟水库、土门口水库、西刘碑水库、韩沟水库、郑沟水库、龙头水库、中岳办卢崖寺水库、陈爻水库、告成水库、李爻水库、中岳办石门水库、书堂沟水库、中岳办康村水库、李岗水库、天河水库、北沟水库、蔡沟水库、崔岗水库、寺沟水库、瓦爻沟水库、五渡水库、姜爻水库、郭沟水库、核桃园水库、杨庄水库、周庄水库、嵩阳办大塔寺水库、王楼水库、箭沟水库、郭家嘴水库、洪河水库、桑树沟水库、龙门水库、赵窑水库、峡峪水库、曹河水库、段河水库、公川水库、刘湾水库、小魏庄水库、曹古寺水库、南红石峡水库、老樟窝水库、龙潭水库、九龙庙水库、河西水库、曲梁水库、云蒙山水库、禹寨水库、云岩宫水库、槐树嘴水库、古角水库、张庄水库、楼上庄水库、庙朱水库、青河水库、方沟水库、鹿窝水库、史沟水库、白河水库、苇园水库、劝门水库、磨垌王水库、王臣沟水库、大樊庄水库、三宅沟水库、寺沟水库、宋沟水库、红石岩水库、后河水库、石岭水库、渔池沟水库、良水寨水库、高老庄水库、五虎赵水库、杨庄水库、唐寨水库、青岗庙水库、冯庄水库、杜楼水库、范河水库、小范庄水库、轩辕水库、古城	巩义水文局、登封水文局、郑州水文监测中心、新郑水文局	郑州水文巡测基地、郑州水情分中心

续附表1

勘测局	国家基本水文站	国家基本水位站	行政区界水资源监测水文站	中小型水库水文监测预警站	县级水文巡测基地	市级水文监测中心
郑州				水库、山后杜水库、望京楼水库、罗垌水库、林锦店水库、能庄水库、刘沟水库、于沟水库、冯寺水库、桐树岗水库、太平沟水库、火神庙水库、仙鹤湖水库、王河水库、楚庄水库、寺河水库、老邢水库、竹园水库、饮马坑水库、八李水库、凌庄水库、纸坊水库(118 处)		
周口	周口、槐店、扶沟、黄桥、玄武、沈丘、周庄、周堂桥、钱店、石桥口	魏湾	艾岗、沙沟、芝麻洼、址坊、冷庄、李楼、师寨、新安集		周口水文测报中心、鹿邑水文局、沈丘水文局、太康水文局	周口水文巡测基地、河南省水环境监测中心周口分中心、周口水情分中心
驻马店	班台、板桥、桂庄、杨庄、桂李、五沟营、庙湾、新蔡、遂平、夏屯、沙口、芦庄、薄山、王勿桥、宋家场、泌阳、立新、驻马店;蔡埠口(水位站升级水文站)	老王坡	合水、铜钟、官庄、黄溪河、李桥、汝南埠、袁寨、赵渡口	王庄水库、姜沟水库、褚湾水库、丰山水库、郭庄水库、万花沟水库、袁沟水库、石佛水库、黄楝沟水库、孔庄水库、郭庄水库、魏老家水库、冯庄水库、大马庄水库、姚婆沟水库、大栗树水库、陈家沟水库、中和水库、何陈水库、山前王水库、关庄水库、寺沟水库、菜沟水库、汪庄水库、宽沟水库、倪家湾水库、金沟水库、上冯水库、小李沟水库、王绪庄水库、独山水库、石碑坟水库、关山沟水库、付金川水库、寺东水库、扫帚山水库、上周水库、石桥沟水库、杨寨水库、缸窑水库、上老庄水库、口门水库、上曹水库、小河水库、曾沟水库、魏学沟水库、西刘庄水库、坡台水库、老徐温水库、石门口水库、蝎子沟水库、徐家庄水库、林子沟水库、石头河水库、李庄水库、黑石山水库、刘河水库、罗沟水库、石板冲水库、王老庄水库、岗王水库、红土沟水库、顺成沟水库、邵庄水库、上侯水库、杏花沟水库、石龙山水库、龙山口水库、赵湾水库、二道河水库、张冲水库、马楼水库、七棵树水库、岗户店水库、秦头李水库、碾盘沟水库、桑树庄水库、黄庄水库、上刘庄水库、倪庄水库、白庙水库、姜庄水库、李盘沟水库、宁湾水库、潘古洞水	泌阳水文局、西平水文局、驻马店水文测报中心、新蔡水文局、汝南水文局、确山水文局、平舆水文局	驻马店水文巡测基地、河南省水环境监测中心驻马店分中心、驻马店水情分中心

续附表 1

勘测局	国家基本水文站	国家基本水位站	行政区界水资源监测水文站	中小型水库水文监测预警站	县级水文巡测基地	市级水文监测中心
驻马店				库、七里冲水库、八井湾水库、王口水库、夏何庄水库、侯沟水库、曾岗水库、驴尾巴沟水库、卧羊冲水库、磨轴峡水库、李湾水库、黑刘庄水库、胡楼水库、横山头水库、杜庄水库、乌石嘴水库、孔洼水库、大李庄水库、白龙洼水库、石门水库、郭湾水库、老虎洼水库、黄路沟水库、朱庄水库、白庄水库、石家沟水库、十字岭水库、冲口水库、王沟水库、东南庄水库、大张庄水库、奶奶山水库、荒坡水库、周庄水库、曹桥水库、丰收水库、小亮寺水库、冯楼水库、上岗水库、双沟水库、魏楼水库、磨沟水库、八里岗水库、黑龙潭水库、凡庄水库、杨庄水库、石板河水库、曹寺沟水库、凤鸣谷风景区李尧水库、胡岗水库、花园水库、柴庄水库、桐木沟水库、石门沟水库、山岗水库、银洞沟水库、冯岗水库、毛庄水库、竹园水库、黄湾水库、任三楼水库、同心寨水库、袁庄水库、老家沟水库、大沟水库、杨凤沟水库、问津湖水库、黑猫沟水库、三架山水库、桐树园水库、烧山水库、大刘庄水库、孙店水库、李林水库、小岗水库、胡桥水库、王大塘水库、大林水库、相林水库、李阁水库、吕河水库、高庄水库、漫塘水库、兰青水库、永寺桥水库(169处)		
省局						河南省水环境监测中心、河南省水情中心
合计(处)	130	14	121	2 431	65	51

附表2 河南省各水文测区测站名录一览表(一)

序号	市局名称	测区名称	类别	基本水文站	水文巡测站	基本水位站	中小河流水位站	基本雨量站	遥测站	生态站	人工墒情站	自动墒情站
1	河南省信阳水文水资源勘测局	河南省信阳水文测报中心	站名	大坡岭、长台关	顾岗水库、洋河、明港			桐柏、固庙、月河店、黄岗、固县、回龙寺、新集、毛集、潘庄、吴城、王堂、老鸭河、尖山、红石嘴、肖曹店、洋河、胡家湾、余家湾、台子畈、二道河、平昌关、彭家湾、阎庄、明港、五里店、高店	雨量:罗楼水库、石板沟水库、防汛仓库、信阳水利局、羊山新区、平桥区、金牛山、党庄、下刺园、邓庄、郭庄、斗秤钩、陈刘店、柳扒、魏岗、下毛、桑树湾、永民河、石庙村、段湾、廖庄、前楼、龙岗、苏双楼、张新店、丁庄、杨楼、吴堂、陈畈、陆庙、潘寨、山头、尚河、韩场、刘集、王庄、梁湾、崔山、沈庄、王寨、蔡堂水库;水位:洪山、雷寨		长台关	长台关
			站数	2	3			26	43		1	1
		河南省固始水文局	站名	蒋家集、鲇鱼山水库	南大桥、徐集、春河、三河尖、新建坳	三河尖、黎集、固始	固始	桥沟、陈集、安山、石佛、陈淋、武庙集、二道河、方集、郭陆滩、宋集、马罡、胡族、杨集、黄柏山、百战坪、长竹园、黑河、新建坳、枫香树、通城店、汤泉池、上石桥、丰集、余集、大石桥、三里坪	雨量:赵岗、黄家岗、五尖山、土门岭、锁口、胡楼、夹河、臧集、上庄、凉亭、钓鱼台、平阳、棠堆、桂岗、黄岗、熊营、刘楼、乐道冲、院墙岗、方岗、花集、罗围、冯岗、铁冲乡、袁围、西陈集、甄湾、陈围、田庙、铁铺水库、卢店、两河口、香子岗、螺蛳畈、李冲、龙泉、大木厂、余子店、郭庙、大门楼水库、狗尾巴山水库、石门冲水库、高庙水库、两河口水库、张冲水库、何楼、祁楼、王塆、卜店、杨棚、邱塆、新楼、塘塆、陈畈、粉壁渡、塔塆、朱楼、冯店乡、白蛇堰;水位:独山、新店、铁佛寺	三河尖蚌山、马罡柳沟	蒋家集、鲇鱼山	蒋家集、鲇鱼山
			站数	2	5	3	1	26	62	2	2	2

续附表 2

序号	市局名称	测区名称	类别	基本水文站	水文巡测站	基本水位站	中小河流水位站	基本雨量站	遥测站	生态站	人工墒情站	自动墒情站
1	河南省信阳水文水资源勘测局	河南省淮滨水文局	站名	淮滨(三)	马集、洪河			马集、防胡、赵集、期思、张庄	雨量:唐营子、邓营、刘大园、芦庄、薛庄;水位:兔子湖、方集	淮滨	淮滨	淮滨
			站数	1	2			5	7	1	1	1
		河南省潢川水文局	站名	潢川、北庙集	官渡桥、伞陂	白雀园、踅孜集	踅孜集	邬桥、彭店、传流店、白鹭河、张集、双柳树、王堎、万河、卜店	雨量:胡寨、塘埂、万大桥、明星、林淮、高寨、曾寨、肖坎、夹塘埂、新里集、中心、傅店、谈围、北杨集、江家集乡、冯大塘、黄营、周楼、常营、杨围子、艾庙、朱陂店、万营;水位:老龙埂、邬桥水库		潢川	潢川
			站数	2	2	2	1	9	25		1	1
		河南省新县水文局	站名	新县(二)、裴河	香山水库、长洲河水库			朱冲、浒湾、沙窝、香山、西畈、泗店、塘畈、田铺、吴陈河、陡山河、沙石湾、墨河、卡房、杨湾	雨量:郭家河、九里冲、刘湾、付冲、王里河水库、陆石崖水库、王沟水库、胡山水库、胡湾水库、莲花堰水库、金桥水库、金兰水库、老龙潭水库、黄庄水库、杨冲水库、石堰口水库、金河、刚店、雷山水库、朱洼、北杨湾、长岗、余河、连康山、南金、白马山、李泵、王畈、河铺、陈店乡、红柳、毛铺、余畈、董店、熊湾、邵山;水位:长河桥		新县	新县
			站数	2	2			14	37		1	1
		河南省罗山水文局	站名	竹竿铺(三)、石山口水库、息县	罗山、九龙、关庄、清水河			丰店、定远店、后沟、江塄、周党畈、铁卜、彭新店、潘新、南李店、罗山、涩港店、朱堂、杨畈、包信、乌龙店、岗李店、夏庄、张陶、路口、白店、任大寨、八里岔	雨量:月亮湾水库、响水潭水库、郑门冲水库、灵山一水库、青蓬水库、曾店村、龟山、大马石沟、谈洼、红山冲、李洼、前锋、闵水、黄湾水库、跃进水库、庙仙乡、尤店、淮河桥、山店、章楼、耿楼、蔡店、郑堂、新塘、湖南、中心、十里头、天竹、郑洼、肖畈、万河、袁冲、殷湾、龙泉、邵湾、吴老湾、秦畈、子路山水库、高店、金店、魏店、楼园、秦围孜、伍底下、梅楼、傅寨、大谢楼、李围孜、王林;水位:小龙山、子路镇、张堆		石山口、息县	石山口、息县
			站数	3	4			22	52		2	2

续附表2

序号	市局名称	测区名称	类别	基本水文站	水文巡测站	基本水位站	中小河流水位站	基本雨量站	遥测站	生态站	人工墒情站	自动墒情站
1	河南省信阳水文水资源勘测局	河南省光山水文局	站名	五岳水库、龙山水库、泼河水库	晏河、蔡桥、寨河			钱大湾、易洼、文殊、北向店、光山、寨河、周河、长洲河、八里畈	雨量：崔棚、陈寨、雀村、梁洼水库、殷棚乡、方洼水库、马畈镇、张岗水库、屈岗、汪河、魏岗、熊畈、张老湾、邹棚、肖店、代楼、赵桥、陈洼、报安、老虎山、赵畈、陈大湾、吴大湾、苏岗、耿寨、李长店、卢河、万河、王湾；水位：陈兴寨、何畈		泼河	泼河
			站数	3	3			9	31		1	1
		河南省浉河水文局	站名	南湾水库、平桥（坝上）、谭家河	琵琶桥、1号坝、两河口、马家畈、出山店			顺河店、游河、武胜关、新店、台畈、天平山、麻树坦、大庙畈、西双河、新建、浉河港、黄龙寺、董家河、东双河、龙井沟	雨量：马店、邱湾、兴龙、王店、郝堂、连丰、石河沟水库、石砚河水库、黑堰水库、碾子湾水库、天平山水库、十三里桥、老君洞水库、捡柴沟水库、游河乡、老门、郭畈、四望山、林场、塔耳湾、龙嘴、清水、堰冲、桃园、刘湾、堰口、龙潭、西新集、驼店、杨堰；水位：竹林沟、黄连沟、马止沟、龙王寺水库、尹台、平桥水库		南湾	
			站数	3	5			15	36		1	
2	河南省南阳水文水资源勘测局	河南省唐河水文局	站名	唐河（二）、平氏	源潭、邢李庄、少拜寺、桐柏、吴城、石步河	桐河	山头水库、虎山水库、二郎山水库、赵庄水库、桐河	半坡、少拜寺、大河屯、张马店、毕店、祁仪、昝岗、白秋、湖阳、苍台、新城、吴井、鸿仪河、二郎山、安棚	雨量：草店镇、新城镇、杨店、李庄水库、源潭镇、临泉一水库、李油坊、满岗、南牛庄、范庄、太山水库、前庄、前吴庄、上刘庄、王油坊、王楼、田桥水库、石头庄、姚河、响潭、馆驿、芦老庄水库、青山扒水库、石头畈、彭坎、彭沟、西十里、栗子园、毛楼、湖山、张畈、泉水湾、张楼、江河、龙潭河水库；水位：艾庄、何庄、倪河		唐河、平氏	唐河、平氏
			站数	2	6	1	5	15	38		2	2

续附表 2

序号	市局名称	测区名称	类别	基本水文站	水文巡测站	基本水位站	中小河流水位站	基本雨量站	遥测站	生态站	人工墒情站	自动墒情站
2	河南省南阳水文水资源勘测局	河南省南阳水文测报中心	站名	南阳（四）、棠梨树、赵湾水库、社旗、青华	安子营、唐庄、吴湾、古庄店	赵庄	兰营、龙王沟	龙王沟、瓦店、陡坡、大马石眼、常营、下潘营、武砦、大路张、忽桥、维摩寺、罗汉山、平高台、杨集、方城、望花亭、陌坡、饶良、坑黄、高峰、二潭、柳树底、杏山、镇平、芦医、贾宋	雨量：商城管委会、东老庄、南阳水文局、洛洼水库、医圣祠、南阳水利局、胡阡营、魏庄、新店、三八、曾庄、黄台岗镇、小屯、西梁庄、周沟、崔坊、赵官庄、石桥二村、雷庄、杨树岗水库、蒲山二村、四山、徐营、曲屯、安国、西黑龙庙、姜庄、刘家岗、四山、马家场、玉皇庙、韩营、青山前、街北村、东赵营、方山水库、太子寺、石庙、官寺、大河东、李庄、达店、张庄、油房庄、四里店、大田庄、母猪窝、拐河、板凳沟、横山马、马道、金汤寨、范沟、吴沟、小史店、治平、小刘庄、独树、蔡岗、刘岗、东田、贾寨、郝寨镇、朱集乡、湾刘水库、桥头镇、圭章水库、半坡水库、苗店镇、彰新寨、栗盘、朱庄、栗园水库、井楼、百亩堰水库、青石坡、中封、三道河、马岗、烟庄水库、黄土岗、景湾、吴庄、南王庄、果木庄、神林、善庄、后楼、陈茨园、前刘庄、古庄店、庹庄、栗园河、牛世隆；水位：冢岗庙、彭李坑、塔子沟水库、何坪水库、高丘、望花亭水库、土门水库、湾潭水库、白秀沟水库、陡坡水库、大马石眼水库		南阳、赵湾、社旗、方城	南阳、赵湾、社旗、方城
			站数	5	4	1	2	25	105		4	4
		河南省内乡水文局	站名	内乡（二）	袁寨、龙头、默河	后会（二）	后会（二）	葛条爬、大龙、板厂、雁岭街、大栗坪、青杠树、赤眉、黄营、马山口、王店、蚱曲、苇集、庙岗	雨量：野獐坪、大块地、让河、凤凰坪、小湍河、三岔河、石庙、北川、前庄、高皇、靳河、万沟、符庄、彭营、后时家水库、均张、石庙、红堰、李营、宋家沟水库、寺河、朱庙、蚌峪、清凉庙、庞集、吕营、唐河、庙湾水库；水位：打磨岗水库、斩龙岗水库、泰山庙水库、庵山水库、油坊水库、西沟水库、庙山水库、马山口镇		内乡	内乡
			站数	1	3	1	1	13	36		1	1

续附表 2

序号	市局名称	测区名称	类别	基本水文站	水文巡测站	基本水位站	中小河流水位站	基本雨量站	遥测站	生态站	人工墒情站	自动墒情站
2	河南省南阳水文水资源勘测局	河南省南召水文局	站名	白土岗(二)、李青店、口子河、鸭河口水库、留山(二)	乔端、马市坪、南河店		辛庄	白河(洛阳市汝阳县)、竹园、乔端、玉葬、小街、钟店、余坪、花子岭、焦园、马市坪、菜园、李家庄、羊马坪、二道河、斗垛、上官庄、下石笼、郭庄、云阳、杨西庄、建坪、小店、赵庄、苗庄、廖庄、四棵树、南河店、下店、小庄、石门、小周庄	雨量:粮食川、河口、沙石、胡柱、大青、竹园庙、傲坪、杨盘、杨树坪、分水岭、南河店镇、和平沟、五垛、火神庙、东花园站、老庙站、铁佛寺站、柏林阉站、郑庄、三岔口、黄栋、回龙沟、留山、天云、穆老庄、康庄、寨坡、仓房、南河、北马庄、九崖、花坪、马窝、申沟、白草垛、贾沟、马市坪、核桃园、白阴沟、李家庄、南河店、杨树坪;水位:罗圈崖水库、三道岭水库、磁塔崖水库、郭庄水库、廖庄水库		白土岗	白土岗
			站数	5	3		1	31	47		1	1
		河南省西峡水文局	站名	西峡、米坪、西坪、荆紫关(二)	尚台、花园关、丁河、军马河、双龙、淅川		重阳、七峪、荆紫关渠	狮子坪、香山、里曼坪、黄坪、瓦窑沟、朱阳关(三门峡卢氏县测区)、三川、叫河(洛阳市栾川测区)、西黄、磨峪湾、白沙岗、城关、安沟、淅川、黄庄、仓房、方家庄、罗家庄、桑坪、黑烟镇、新庄、黄石庵、军马河、太平镇、二郎坪、蛇尾、重阳、陈阳坪、丁河、丹水、阳城	雨量:瓦房店、黑漆河、白果、清凉泉、栗坪、草湖峪、宝玉河、德胜、桑树、张庄、杨盘、行上、德河、香坊沟、瓦房庄、虫岈、黄沙、大坪、石灰岭、子母沟、酒馆、南湾、石岭河水库、八迭堂、西万沟、银寺沟、秋树沟、袁庄、慈梅寺、大竹、西庄河、古峪、莎草沟、黑虎庙、杜店、前营、洪湖、阳栗坪、上口、下河、吴岗、二居委、田关、别沟、北凹、回车、小集、桐柏庙、裴营、毕家台、梁凹、关帝、大扒、杨湾、柳树、刘伙、张河、卢嘴、新建、袁岭、涧沟、曹庄、火星庙、毛家庄、大龙庙、杨岗、党院、淅川;水位:石门水库、庄口水库、寺山、西鱼库、化山、门伙、上庄		淅川、西峡	淅川、西峡
			站数	4	6		3	31	75		2	2

续附表 2

序号	市局名称	测区名称	类别	基本水文站	水文巡测站	基本水位站	中小河流水位站	基本雨量站	遥测站	生态站	人工墒情站	自动墒情站
2	河南省南阳水文水资源勘测局	河南省邓州水文局	站名	急滩、半店（二）、白牛	樊集、棉花庄、上庄、沙堰、五星、邓州、刁河店、林扒、蒋郭、高刘、庙沟、穰东		刘山	邹楼、穰东、构林、邓州、大王集、林扒、张村、沙堰、新野	雨量：周单庄、孙楼、焦岗村、康营、单坡、寨上、龙堰、郭王、半坡水库、城区、邓县、林扒；水位：罗庄、杨庄	新甸铺、梅湾、刁河堂、半店	急滩、新野	急滩、新野
			站数	3	12		1	9	14	4	2	2
3	河南省驻马店水文水资源勘测局	河南省汝南水文局	站名	桂庄、夏屯、沙口	汝南、余店、官庄	蔡埠口		李集、和庄、罗店、和孝店、余店、小李湾	雨量：常兴、马乡、官庄、王岗、韩庄、三里店、三门闸、板店、金铺、留盆、贾庄、老君庙、黄埠、无量寺、任庄		桂庄	桂庄
			站数	3	3	1		6	15		1	1
		河南省平舆水文局	站名	庙湾	平舆		贺道桥、蛟停湖	贺道桥、小任庄、万寨、平舆、万金店、蔡沟	雨量：小李湾、前张桥、小吴庄、李屯、杨埠、玉皇庙、东和店、高杨店、十字路、射桥、柳庄、辛店、老王岗、郭楼、张铁、大许、党店、邵店、杨屯、五龙、狼坡庄、前楼		庙湾	庙湾
			站数	1	1		2	6	22		1	1
		河南省确山水文局	站名	王勿桥、薄山、芦庄	铜钟、确山、袁寨			陡沟、江湾、梁庙、铜钟、大高庄、闾河店、杨店、王围孜、新丰集、正阳、袁寨、汝南埠、李新店、猴庙、新安店、大黑刘庄、确山、焦庄（确山县）、柴岗、段庄、竹沟、龙山口、石滚河、刘楼、瓦岗	雨量：刘店、金沟、双河乡、杨湾、潘集、乌石嘴、董埠口、留庄镇、黑刘庄、大王楼、白庙、蒋庄、陈门店、薄庄、驴尾沟、大陈庄、石龙山、白庄、袁棚、小李庄、西王楼、陈楼、大甘庄、顺山店、河西袁、任店、普会寺、高庄、张大圆、康店、姚庄、孟寨、彭桥、熊寨、雷寨、油坊店、王庄、岳城、傅寨、高庄、施庄、李塔、下沟、范店；水位：土门、兰青、李林水库		王勿桥、薄山	王勿桥、薄山
			站数	3	3			25	47		2	2

续附表2

序号	市局名称	测区名称	类别	基本水文站	水文巡测站	基本水位站	中小河流水位站	基本雨量站	遥测站	生态站	人工墒情站	自动墒情站
3	河南省驻马店水文水资源勘测局	河南省新蔡水文局	站名	班台、新蔡	闻营			冯围孜、李桥、邢庄、孙庄、化庄集	雨量:洪山庙、陈店、徐湾、十里铺、砖店、孙召、栎城、黄楼、弥陀寺、万老庄、韩集、练村、宋岗、关津、杨庄户、何营、棠村、河坞乡、小李庄、阎庄	李桥、汝南埠、班台	班台	班台
			站数	2	1			5	20	3	1	1
		河南省西平水文局	站名	杨庄、桂李、五沟营	宋集、合水、重渠			吕店、黄湾、西洪桥、杨岗、上蔡、朱里、重渠、焦庄（西平县）、权寨、人和	雨量:焦子岗、徐庄、唐庄、宋营、合水、仪封、月林、师灵、油坊张、毛庄、出山、张堂、二郎、专探、庄王、关桥、宋集、苗庄、徐楼、顾庙、大郭、汪庄、小张庄、蔡都、大路李、小岳寺、华陂、刘连寨、塔桥、石桥、韩寨、崇礼、东岸、杨阁、关马庄、大骆、罗阁;水位:潭山、杨庄闸、五沟营闸		桂李、西洪桥	桂李、西洪桥
			站数	3	3			10	40		2	2
		河南省泌阳水文局	站名	泌阳、宋家场、立新	孙庄			梅林寺、对谷窑沟、后稻谷田、林子岗、贾楼、蚂蚁沟、桃花店、火石山、象河关、双庙、时庄、下陈、华山、闵庄、羊进冲、邓庄铺、铜峰、柳河、王店、马谷田、二铺、高庄、官庄	雨量:盘古、梅林、马湾、陡岸、对谷窑、稻谷田、马道、柳树王、沟李、褚湾、郭集、枣园岗、程店、罗沟、郑庄、大磨、穆庄、田庄、东岳庄、杨家集、曹庄、秦老庄、上冯、古城、郭明吴、吉岗、西王庄、孙庄、山后、西陈庄、岳王岗、周庄、崔湾、下碑寺、何庄、赊湾、后龚庄、高邑、春水、石灰窑、栗园、邓庄、马斗沟、毛胡张、黄陂桥;水位:耿庄、王冲、郭岗、霍庄、上曹、小河、三山、石门			
			站数	3	1			23	53			

续附表2

序号	市局名称	测区名称	类别	基本水文站	水文巡测站	基本水位站	中小河流水位站	基本雨量站	遥测站	生态站	人工墒情站	自动墒情站
3	河南省驻马店水文水资源勘测局	河南省驻马店水文测报中心	站名	驻马店、板桥、遂平	黄溪河、周庄、下宋、大余张			林庄、沙河店、老君、臧集、胡庙、吴李庄、刘阁、张庄、秦王寺、张台、嵖岈山、阳丰、神沟庙、下宋	雨量：朱庄、驻马店水文局、驻马店水务局、韦岗、林业村、吴楼、西杨庄、刘庄、阎楼、大邓庄、沈楼、大雷沟、高门楼、黑石山、石板冲、石羊城、程楼、小周庄、小高庄、乔楼、杏花沟、徐家庄、石鼓庄、洛庄、洪堂村、水屯、刘河、顺河、诸市、李庄、大赵庄、橡林、胡楼、彭楼、北泉寺、和庄、石庄、口门、大江庄、李兴楼、坡李、伍庄、高魏楼、李尧、李集、陈庄、张吴楼、翟庄、玉山、高竹园、流水店、文城、石寨铺、连庄、常庄、和兴、桐木沟、沈寨、花庄、赵庄、古泉山、东火龙庙；水位：老河		驻马店、板桥、遂平	驻马店、板桥、遂平
			站数	3	4			14	63		3	3
4	河南省平顶山水文水资源勘测局	河南省鲁山水文局	站名	白龟山、昭平台、中汤(三)、下孤山、鸡冢(二)	焦庄、任店、郝庄		东土门、友谊、堂南岭、王湾、澎河、米湾	雨量：熊背、梁洼、达店、李庄、治阳、东高皇、张庄、响潭沟、鲁山、坪沟、东下坪、双石滚、赵村、白草坪、合庄、南沟、独嘴、下坪、二郎庙、磁盘岭、背孜街、井河口、土门、叶坪、瓦屋、曹楼、豹子沟、鸡冢、五道庙、玉皇庙（一）、九道沟、鸡冢、下汤、玉皇庙(二)、澎河	雨量：头道庙、白村、赵村、王画庄、火神庙、石人山、牛王庙、交口、耐庄水库、平沟、东场、南营、小团城、麦川、红石岩、鹁鸽吴、石门、平顶山水文局、新新街办事处、平顶山一矿、魏寨、石龙区、井泉、井营、东洼、叶营、山刘庄、三间房、三岔口、国贝母、马老庄、界板沟、郎坟、史庄、盆郭、双柳树、小石门、刘寨、南杨庄、宝山、张沟、想马河、坡根、西陈庄、龚庄、常庄、刘芳庄、上仓头、四棵树乡、黄土岭、程庄、温集、徐洼、高楼、草坑、玉皇店、母猪伏、东竹园、老虎笼、王家庄、磁盘庄、萧何、枣盘、杨树庄、仓头、榆树庄、韩信、焦庄、余庄、十亩地洼		白龟山、治阳、昭平台	治阳、昭平台
			站数	5	3		6	35	70		3	2

续附表 2

序号	市局名称	测区名称	类别	基本水文站	水文巡测站	基本水位站	中小河流水位站	基本雨量站	遥测站	生态站	人工墒情站	自动墒情站
4	河南省平顶山水文水资源勘测局	河南省汝州水文局	站名	汝州、许台	宝丰、龙泉寨		安坡寺、大张、西安沟、夏店、荒草寺、陈沟、枣园、小山沟、水磨湾、寺街、山头赵、红旗、马庙、涧山口、河陈、老虎洞	临汝镇、寄料街、蟒川、棉花窑、大泉、大峪店、大营、宝丰、龙兴寺、夏店、河陈	雨量:边庄水库、杨树沟、闹店镇、房庄水库、白庄、白店、高铁炉、杨岗、朱庄、宋沟水库、垛上、阎三湾、山头张、山头赵、任庄、纸坊、西大街、北三郎庙、任刘庄、李口东南、大涨水库、爻院水库、坡根、车厂、炉沟、蟒窝、任村、陈家、朝川、西赵落、荒草寺水库、黄窑、下焦、寨湾、乐寨、神沟、关庙、陈沟水库、郑铁、治墙、朱沟村、尹庄、北郭庄、大庄、刘沟、平盘、小张庄、郭沟、于窑、雷庄、陶营、罗营、西马庄、张沟、黑龙庙、半东、炉沟2、朱沟村、赵楼、大峪、茨芭、前庄、李口、黄道、冢头、李渡口、安良、团造、白庙、寨子、小河、赵庄、闹店、李庄、观音寺、前营、周旗营、商酒务、肖旗营、杨庄、鸿畅、耿庄、刘武店、襄城;水位:腾口、安沟	杨寨	汝州	汝州、宝丰、郏县
			站数	2	2		16	11	86	1	1	3
		河南省舞钢水文局	站名	石漫滩、燕山、孤石滩	罗庄、东盆王			叶县、尚店、刀子岭、袁门、母猪窝、柏庄、安寨、王楼、油坊庄、四里店、大田庄、拐河、板凳沟、横山马、桔茨园、高庄、旧县、马道、金汤寨、吴沟、范沟、小史店、治平、小刘庄、独树、蔡岗、刘岗	雨量:郭林、小辛庄、扬子树庄、古庄店、北竹园、王店、梁城、东官庄、韩山庄、范沟水库、东沟、平沟、蛮子营水库、金龙咀水库、刘东华、赵岭、罗圈湾、常村乡、南房庄、仙台镇、姚王、灰河营、张侯庄、杨令庄、遵化店、庙街水库、滚河孙、五座窑、长岭头、上曹、大王庄、康庄、苇子园、小王庄、尹楼、夏李南、后邓、廉村、任店、官寨、小河郭、三岔口、花园、小李庄、吴庄、横山马(二)、扁担李、叶舞公路桥、舞钢石庄桥;水位:田岗	石庄桥、叶舞公路桥	燕山、石漫滩	舞钢、叶县
			站数	3	2			27	50	2	2	2

续附表2

序号	市局名称	测区名称	类别	基本水文站	水文巡测站	基本水位站	中小河流水位站	基本雨量站	遥测站	生态站	人工墒情站	自动墒情站
5	河南省漯河水文水资源勘测局	河南省舞阳水文局	站名	何口、马湾	上澧河		罗湾	保和、孟寨、坡杨、纸房、水寨、姜庄	雨量：舞阳、邢王、刘集、放磨店、章化、大岗、伸张；水位：泥河洼、白庄、纸房、三里河	三里河、马湾	何口	何口
			站数	2	1		1	6	11	2	1	1
		河南省漯河水文测报中心	站名	漯河	坡小庄、王店、西刘、抬头		砖桥	归村、邓襄、十五里店、问十、商桥	雨量：韩庄、小马庄、化庄、大王、王湾、小杨、坡刘、苏侯、大陈、召陵区水利局、郾城区水利局、崔岗；水位：黑河	黑河	漯河	张胡魏、十五里店
			站数	1	4		1	5	13	1	1	2
		河南省临颍水文局	站名		王岗		繁城、大郭	临颍	雨量：金仝、申安张、长枪王、观街、瓦店、陈庄、高宗寨		临颍	罗庄、临颍
			站数		1		2	1	7		1	2
6	河南省许昌水文水资源勘测局	河南省鄢陵水文局	站名		鄢陵、赵庄、彭店		党岗	屯沟	雨量：鄢陵（基本雨量站属周口）、东只乐、程庄、刘庄、任营、柳寨、郭营、戴岗、明理、柏梁镇、蔺庄、张庄		鄢陵（屯沟）	杜郎、鄢陵（屯沟）
			站数		3	1	1	1	12		1	2
		河南省许昌水文测报中心	站名	白沙水库、化行、大陈	佛耳岗、英刘、许昌、马岗、碾桥、李庄、石固、东大陈、史庄	襄城、郏县	大陈北闸、襄城、李河口、郏县	徐庄、顺店、牛头、鸠山、纸坊、禹州、范湖、杨庄、长葛、古城、许昌、赵庄、石象、五女店、神垕、小河、韩店、老虎洞、郏县（城关）、刘武店	雨量：佛耳岗、许昌水利技校、东城管委会、呼沱闸、李井、牛头水库、龙佛寺水库、毛栗沟、东炉水库、井沟、钟楼、柏桥水库、李金寨、冯庄、南寨、石门水库、赵庄（禹州）、刘家门、黄土岭水库、谷北、河刘、西马寨、月湾、山曹、马坟、大周镇、西樊楼、古桥、买桥、北寨北街、会河、光门李、庙坡、李吾庄、岗西前街、房村、小河、山前姜庄、刘楼、张村、陉山、巴庄、麻地川、薛河、山孔、宋庄、康封、蒋李集西、河街、空窑、后河庄、后河、高庙董、史楼、前冯、翟庄、浅井、前屯、杨园、小吕乡、李楼、元木、陈尧、小李庄、王子营闸、孙庄水库；水位：高村桥	高村桥、白沙水库、吴刘闸	化行、许昌、禹州、长葛（佛耳岗）、郏县	寨张、董村、化行、许昌、禹州、长葛（佛耳岗）
			站数	3	9	2	4	20	67	3	5	6

续附表2

序号	市局名称	测区名称	类别	基本水文站	水文巡测站	基本水位站	中小河流水位站	基本雨量站	遥测站	生态站	人工墒情站	自动墒情站
7	河南省周口水文水资源勘测局	河南省周口水文测报中心	站名	周口（二）、黄桥、周庄	冷庄、叶庄、沙沟、址坊、艾岗		大路李、周口（颍河闸上）、周口（贾鲁河闸上）	刘坊店、奉母、逍遥、钱桥、鄢陵、石坡、张庄、阎岗、皮营、东夏、靳庄、练集、贺庄、鲁台、淮阳、买臣集、尚集、巴村、张庄、王爷庙、白寺、坡杨、王营	雨量：周口市三高、周口市检察院、西华县、看张、吴店庄、孙董、刘屯、后胡、吴庄、邓城东、秦湘湖、李菜园、赵桥、杨庄户、魏庄	大王庄、陶城闸、程湾、址坊	黄桥、周庄、淮阳	搬口、严庄、裴庄、曹渠、李庄、朱集、柳南
			站数	3	5		3	23	15	4	3	7
		河南省太康水文局	站名	扶沟	芝麻洼、李屯、武庄	魏湾		逊母口、李彩集、槐寺集、芝麻洼、铁佛寺、周寨、高集、练寺、白潭、魏桥、崔桥	雨量：太康、考主岗、柳河、刘城、吴振刚、刘庄、符草楼西、土河套、陈贾、刁陵、常庄闸、洼刘、大新镇	摆渡口	太康、扶沟	白潭、前席（太康）、李金斗、农牧场
			站数	1	3	1		11	13	1	2	4
		河南省鹿邑水文局	站名	玄武、周堂桥、钱店	付桥、尚桥、棉集、李楼			丁桥口、鹿邑、大陈、李楼、罗头张庄、秋渠、张完集、将军寺、郸城	雨量：大董庄、穆店乡、新旺居委会、前杨庄、刘楼、蔡口、汲冢、倪堂、大马庄、岳庄	东孙营、时口、付桥、杨楼闸	玄武、郸城	孟庄（鹿邑）、阎小庄、钱店、周老家
			站数	3	4			9	10	4	2	4
		河南省沈丘水文局	站名	槐店、沈丘、石桥口	师寨、新安集			新安集、王寨、木庄、赵德营、水寨、黄营、申营、官会、李寨、小郑营、项城	雨量：李寨、槐店闸上、杨寨闸、卞路口乡、官会、丁集、前邓楼	纸店、前相湾、李坟	槐店、水寨	贾楼（沈丘）、吴老庄、三里庄、付营
			站数	3	2			11	7	3	2	4

续附表 2

序号	市局名称	测区名称	类别	基本水文站	水文巡测站	基本水位站	中小河流水位站	基本雨量站	遥测站	生态站	人工墒情站	自动墒情站
8	河南省三门峡水文水资源勘测局	河南省灵宝水文局	站名	窑口、朱阳	大王、函谷关、川口、卫家磨		朱乙河	犁牛河、大村、董家埝、石坡湾、干解原	雨量：窑口（电站）、文峪、五里村、大湖、高家岭、尚庄、桑树沟、秦村、峪口、下湾、南朝、骨朵、东庙、崔家山、美山、运头村、秦池、蒲阵沟、灵湖水库、东村、孟家河、米河、石门水库、南村、芦家坟水库、窝头、郭村、堡里、西小河、南庄里、阌乡、阎家驮、梨子沟、庙上、西北营、北坡头、水泉原、马河、寺庄、河西、涧东、下坡头、后凹、铁佛寺、柿树岭、南朝、张家沟、莫河水库、王家、赵吾、杜家寨、秦岭金矿、东横涧、下源、大阎、焦寨原、新文村、武家山、横渠、西王、朱家窝、桥沟、坡头桥	坡头桥	窑口	故县镇、朱阳镇、函谷关镇、苏村乡、寺河乡
			站数	2	4		1	5	63	1	1	5
		河南省卢氏水文局	站名		涧北、朱阳关、松木、胡家坪				雨量：狮子坪、香山、里曼坪、义节沟、毛庄、温口、前村、李子坪、颜子河、下庄科、柳树湾、大块地、西大坪、漂池、龙泉坪、观沟、三门、前窑、熊耳、龙驹、庙台、熬家、黄家湾、兰草、拐峪、石断河、沙河、大干、范里、葫芦湾水库、石门水库、双庙水库、中里坪、杨庄、魏王坪、东河、岗头、涧北沟、石家、寺沟、铁峰、通河、水电局、张家村、潘河、十字路、新坪、杨眉河、白玉沟、中桃花、西川、西虎岭、东坪、太平、东沟、庙上、大坪、撞子沟、杨庄、王湾、冯家岭、磨上、耿家、后虎峪、育林、蔡家沟、兰东、三关、清河、夜长坪、清涧、秋凉河、马连、瓦穴子、何窑、薛家沟、乱石、两岔口、南盘、北沟、窑峪、金架沟、白花、桦栎树、磨沟（煤沟）、尧头、高河、双槐树、		卢氏	潘河乡、官坡乡、双槐树乡、徐家湾乡、杜关镇

续附表 2

序号	市局名称	测区名称	类别	基本水文站	水文巡测站	基本水位站	中小河流水位站	基本雨量站	遥测站	生态站	人工墒情站	自动墒情站
8	河南省三门峡水文水资源勘测局	河南省卢氏水文局	站名						汤河(低里坪)、曲里、毛坪、郭埝、高庄、马庄、鸟桥、山岔、文峪、下河、鱼池、瓮观、瓦房院、马跑泉、阴坡根1、刘家庄、干江河、横涧、八里庙、泥沟口、沟口、乱石板村、安坪、磨沟口、橡子沟口、汪草沟、马楼驼、刘家村、坡根、小到回沟、阴坡根2(前河)、当中院、小沟河、胡家庄、叶家庄、阳坡、雷家庄、金家庄、后刘家			
			站数		4				127		1	5
		河南省三门峡水文测报中心	站名		西段村、交口、张湾、西桥		山口(山口水库坝上)、天鹅湖、吊坡、后河、张家河、九峪沟、塔山、金山、胡家洼、鱼脊梁、南涧、南昌、杨大池、礼庄寨、裴窑、吴窑头		雨量:涧里、石门、龙脖、三门峡水利局、湖滨区水利局、高庵、宫前、三道院、芦草、韩凹、反上、马庄、化里庙、上涧、河南庄、坡头、后涧、四龙庙、峪峒、张沟、杨寺沟、峪里、大石涧、常窑水库、礼召、千秋镇、鱼脊梁水库、南马村、南涧水库、笃忠、雷沟、柳庄、东庄沟、关底、南岭、南泉水库、裴窑、五爱、陈村、杜家门、仁村、翰林河水库、白石崖、王家寨、庙坡、村头水库、沟南、李村、岳庄、大营、寺下、涧西、天爷庙、羊虎山、北梁、卢家店、马坡、程村、南坻坞、窑底、柏树山、茹窑、火电厂、寺古洼、宜村、水淆、南县、窑子上、城关镇、市砖瓦厂、杜庙、侯村、史家沟、庙后、杨洼、黄坡后、龙潭、谷水、寺庄坪、高岭、义马市、义昌、南岩、上西、铧尖咀、北太子沟、碓臼沟、龙咀、小北岭、头峪、豁口庙、天池、吴庄		涧里、义马、渑池、三门峡	张汴乡、宫前乡、西李村乡、王家后、硖石、坡头、英豪、仰韶、段村、果园、常村、千秋、洪阳镇、天池镇、仁村乡、官庄、会兴、大安、张茅、菜园
			站数		4		16		93		4	20

续附表 2

序号	市局名称	测区名称	类别	基本水文站	水文巡测站	基本水位站	中小河流水位站	基本雨量站	遥测站	生态站	人工墒情站	自动墒情站
9	河南省洛阳水文水资源勘测局	河南省洛阳水文测报中心	站名	洛阳（涧河）	铁门、下河、金水河水库、瀍河、东寨		凌波、裴村、雷沟、洞子沟		雨量：洛阳水利局、洛阳水文局、中州渠管理处、徐家村、王湾、三岔口、董窑、行洼、济涧、上河水库、吉利、城角、田山、马沟、东鸣鹤、董村、九泉、马岭、任庄、津西、苇园、东赵、扣马、会盟镇、尚家坡、李家岭、北庆山、宋家岭、李家沟、送庄、阎庄、五头镇、东山底、南腰、养士、上孤灯、庙头、郭峪、南林庄、奎门、阎湾、仓田、土古洞、陈湾、前河、安桥、火虫驿、城崖地、高庄、袁山、曹坡、酒后乡、沙园、司马沟、袁庄、黑羊、银河水库、杨圪挡水库、西场、宋店、杜沟、刘沟、东寨、水寨、马河湾水库、张窑、岳滩、裴村、马寨、陈沟、九贤、山张、东蔡庄、赫田寨、寨后、柏峪、任窑、山化、杨庄、东罗洼、周寨；水位：段家沟水库、范店水库、刘瑶水库、陶花店水库、九龙角水库、七里铺、吴庄	巩义七里铺、渑池吴庄、黑石关	涧河站、孟津、陶花店水库、刘瑶水库、段家沟水库	涧河站、孟津、陶花店水库、刘瑶水库、段家沟水库
			站数	1	5		4		88	3	5	5
		河南省汝阳水文局	站名	紫罗山	云梦、内埠、南坡、白河、前坪水库	娄子沟		孙店、龙王庙、两河口、蝉螳、木植街、黄庄、排路、沙坪、付店、十八盘、秦亭、王坪、三屯	雨量：木植街、竹园、万村、赵园、汪庄、童子庄、东沟、大王沟、龙潭、七泉、杏树园、段平、王庄、韩村、阎庄、上湾、下庙、拜石、佛坪、九店乡、碾盘沟水库、箭口河、道回、石楼、栗树街、谢庄、王坪、栗子元、黄水庵、楼上、太山庙、里沟、吕沟、草庙、养育沟、北沟、高峰、石滚坪、升坪、蒲池、旺坪、小王沟、滕王沟、上蛮峪、榛子树、塔园沟、张岭、杨村、虎尾岭、张虎沟、疙瘩、竹元沟、上礤磨湾、任凹、孟沟、老道沟、陈楼、石柱、太山、靳村、十八盘、刘店乡、林场、黄路、下岗底、杜康、黄滩、七贤、丁沟、武沟、宝丰、椿		紫罗山站、青沟水库	紫罗山站、青沟水库

续附表2

序号	市局名称	测区名称	类别	基本水文站	水文巡测站	基本水位站	中小河流水位站	基本雨量站	遥测站	生态站	人工墒情站	自动墒情站
9	河南省洛阳水文水资源勘测局	河南省汝阳水文局	站名						树、椒沟、红军、关帝、茹店、枣林、漫流、邢坪、牌路、河庄、常岭、刘坑、孟墒、拔菜、杨坪、上庄坪、白云山、瓦房、栗扎树、火神庙、下寺、大青；水位：青沟、玉马、虎盘、前坪			
			站数	1	5	1		13	97		2	2
		河南省栾川水文局	站名		断滩、庙湾、陶湾、金牛岭、叫河				雨量：肖圪垯、龙潭、红庙、养子沟、寨沟、磙子坪、上河、重渡、龙峪湾、郭店、杨庄、北沟、庙湾、马圈、三联、坡前、西羊道、大坪水库、雁坎、南沟门、铁岭、马窑、胡家村、杨山、酒店、磨沟、钓鱼台、杨树坪、康山、水沟、均地沟、阳庄沟、蒿坪沟、鸭石、长庄、汉秋、山湾、白沙洞、朱家村、庄科、官庄、下岔、大石窑、孤山、新南、狮子庙、合峪、赤土店、叫河、三川、黎明、栗树沟、东坡、上牛栾、火神庙、南泥湖、马阴、大红		栾川	栾川
			站数		5				58		1	1
		河南省洛宁水文局	站名		崛山、三乡、杨村		后河、席沟、周沟、江台、胜利、西沟、东亚、演礼沟、武坟、龙潭、吕村、白河、马营、沁口、瓦川		雨量：洛宁、竹园沟、言里、牛头、陈吴庙、焦河、南丈、小洼、赵村、沟门、程家岭、石板河、杜河、胜利口、窑沟、连山、孟家峪、坡根、吴窑、马店、石窑、中河、马村、陕庄、牛庄、河底、铁炉坪、新庄、上高村、底张、柴窑、郭庄、马营、金山庙、安坡、刘营、北至、院东、三龙庙、苇子村、马营山、罗岭、潮天浪、蒿坪、沟沿、油房头、上观、白杨、张园、盐镇、河西、穆册、七峪、王岭、杜渠、宋王沟、小马沟、贺沟、耿沟、贾院、马沟、寻村、张坞、南坡、雷鼓台、石窑沟、东赵、陈宅、高岩、石门(宜阳)、铁佛寺、刘河、中玉、花山、后河水库、里沟、关庄、竹溪、苏河、栗封；水位：大沟口、寺河		大沟口水库、寺河水库	大沟口水库、寺河水库
			站数		3		15		82		2	2

续附表 2

序号	市局名称	测区名称	类别	基本水文站	水文巡测站	基本水位站	中小河流水位站	基本雨量站	遥测站	生态站	人工墒情站	自动墒情站
10	河南省郑州水文水资源勘测局	河南省郑州水文测报中心	站名	中牟、尖岗、常庄	吕家村、瓦坡、堤刘、六堡、丁店、唐岗、汜水、白沙		东风渠、七里河、金水河、西流湖	小王庄、牛王庙嘴、白寨、高庙、三李、八岗、坡东李、大吴、司赵、王宗店、老邢、荥阳、王村	雨量:华北水院、郑水文局、设计院、十八里河、高新区、地震局、铁路局、经开区、省委、水利厅、市水务局、二七农委、毕河、管城区、徐庄、马渡、夏庄、河王、楚楼、刘沟、盆窑、寺沟、真村、石洞沟、插闫、刘河、环翠峪、槐树洼、老君堂、房罗、五云山、豫龙镇、王顶、高山、广武、王寨、上街区、须水、樱桃沟、马寨、侯寨、大田垌、郭家嘴水库、郭岗、惠济区、黄河游览区、老鸦陈、沟赵、大李庄、古荥、师厂、蒲北孙、坡岗李、姚家、郑庵、雁鸣湖、狼城岗、万滩、张庄、九龙镇、韩寺、白沙、关家、九堡、芦岗、板桥、省水文局、邱堂、闫堂、宋家、马家、冯堂	陈桥	中牟、尖岗、常庄、荥阳	三异张、河沟王、毛庄、中牟、荥阳、尖岗
			站数	3	8		4	13	72	1	4	6
		河南省新郑水文局	站名	新郑	李唐庄、超化		老观寨水库、李湾水库、五星水库、红石峡水库、曹马沟水库、张湾水库	饮虎泉、人和、新密、李湾、大潭嘴、尖山、岳村、曲梁、老观寨、薛店、王村	雨量:后胡、八千水厂、东郭寺、观音寺镇、林庄、小洪沟、郭家庄、千户寨、北靳楼、五虎赵水库、麻线张、郭店、龙王、和庄、梨河、孟庄、新郑水利局、刘店、新郑机场、驼腰、杨岗、龙潭水库、东瓦店、玉皇庙、黄寨、马武寨、云岩宫水库、北召、崔沟、刘沟、平陌、坡刘、杨庄、黄湾寨	黄甫寨	新郑、曲梁	常刘、新郑、曲梁
			站数	1	2		6	11	34	1	2	3

续附表 2

序号	市局名称	测区名称	类别	基本水文站	水文巡测站	基本水位站	中小河流水位站	基本雨量站	遥测站	生态站	人工墒情站	自动墒情站
10	河南省郑州水文水资源勘测局	河南省巩义水文局	站名		巩义常庄		凉水泉水库、桑家沟水库、赵城水库、天坡水库、后寺河水库	站街、回郭镇	雨量:坞罗、山川、铁匠炉、和沟、河洛镇、核桃园、公川、夹津口、礼泉、赵沟、关帝庙、鲁庄、米河镇、神南、洪河、峡峪、堤东、杜沟、南河渡、涉村、新中、芝田镇、王沟、竹林		站街	站街
			站数		1		5	2	24		1	1
		河南省登封水文局	站名	告成	郭寨、竹园		纸房水库、庞秃水库、宋秃水库、隐士沟水库、王堂水库、清凉寺水库、马庄水库、西燕村水库、王屯水库、井湾水库、少林水库、王家庄水库	大金店、登封、钱岭、石道、西白坪、芦店、西沟、大冶	雨量:徐庄、南窑、花楼、券门、姜家窑水库、陈楼、太后庙、闫坡、河门、水磨湾、上沃、和沟水库、杨林、佛垌水库、郭寨、东施村、大王村、颍阳、唐庄、东金店、嵩山		告成	告成
			站数	1	2		12	8	21		1	1

续附表2

序号	市局名称	测区名称	类别	基本水文站	水文巡测站	基本水位站	中小河流水位站	基本雨量站	遥测站	生态站	人工墒情站	自动墒情站
11	河南省开封水文水资源勘测局	河南省兰考水文局	站名		南庄		周庄寨	东坝头、堌阳、南漳、张君墓、兰考	雨量:孟角、史庄、爪营、孟寨、小宋、白楼、耿寨		张君墓	地下水墒情雨量:张君墓、宋营
			站数		1		1	5	7		1	2
		河南省杞县水文局	站名	大王庙、邸阁	柿园、大魏店、宗寨		前李闸	柿园、晁村、沙沃、圉镇、板木、孙营、通许、小城	雨量:半截楼、竖岗、玉皇庙、四所楼、高阳、方庄、张山头、付集、邓圈、西寨、平城	柿园、板桥、邸阁、轩庄桥	大王庙、邸阁	地下水墒情雨量:大王庙、邸阁、阳堌;墒情雨量:周寨
			站数	2	3		1	8	11	4	2	4
		河南省开封水文测报中心	站名	西黄庄	朱仙镇		娥赵	开封、南北堤、小庄、八里湾、陈留、朱仙镇、赤仓、东漳、韩庄、歇马营、大营、韩佐、大桥、洧川、张市、曲兴	雨量:于良寨、张湾、柳园、王段庄、杏花营、水利局、豫东局、扫东、张楼、汪屯、仙人庄、樊庙、吴寨、仇楼、万隆、大辛庄、邹家、马庄、郝寺、荣村、中杜柏、郭佛		朱仙镇、西黄庄	地下水墒情雨量:朱仙镇、兴隆、杏花营;独立墒:大营、西黄庄
			站数	1	1		1	16	22		2	5

续附表2

序号	市局名称	测区名称	类别	基本水文站	水文巡测站	基本水位站	中小河流水位站	基本雨量站	遥测站	生态站	人工墒情站	自动墒情站
12	河南省商丘水文水资源勘测局	河南省商丘水文测报中心	站名	孙庄、李集、段胡同	郑阁水库、杨大庄、大张庄、夏邑、包公庙、张仙庙		石庄、王安庄、林七、吴屯	北关、民权、伯党、龙塘、内黄集、尹店集、王事业楼、曹楼、郑阁、水池铺、张阁、包公庙、勒马、李口、坞墙、刘堤圈、吴寨、郭店、后何路口、辛集、骆集、夏邑、桑堌、王集、业庙、虞城、大侯、杜集、贾寨、界沟、利民、芒种桥、姜楼、营盘、张集、李魏庄、郑集	雨量:白庙、柴庄、常马口、程庄、第二水厂、丁柿园、冯桥、郭村、郝楼、胡桥、火胡庄、老庄、刘大楼、刘花园、彭园、歧河、秦楼、商丘水文局、石庄水库、苏庄、睢阳区水务局、唐庄、王楼闸、吴屯水库、谢集镇、徐隆店、尹庄、袁楼、张平楼、赵新寨	包公庙、业庙、宋河桥	龙塘、商丘、杜集、李集	郭庄、王桥、付庄、田洼、高楼、司破楼、大王庄、闻集、商丘、杜集、李集
			站数	3	6		4	37	30	3	4	11
		河南省永城水文局	站名	永城闸、黄口集闸	李黑楼闸、马桥			陈集、大王集、浑河集、茴村、蒋口、梅庙、温庄	雨量:侯岭、丁路口、孙楼、陈庄、刘河、条河、曹庄、蒋庄、马桥、乔集、裴桥闸、唐楼、邸楼、洪路口、胡道口	黄口、张桥、马桥、张板桥	永城	蒋东口、永城
			站数	2	2			7	15	4	1	2
		河南省柘城水文局	站名	砖桥闸、睢县	宁陵、柘城、唐楼		解洼闸	宁陵、唐洼、孔集、潮庄、余公集、李滩店、大仵、柘城	雨量:郭屯、袁庄、后吕庄、郭子敬、闫庄、程楼、一刀刘、蓼堤镇、刘楼、洼张、郑庄、安平、远襄、后十门李、袁西、李集、关桥、刘柿庄	郭河村桥、睢县长岗、砖桥	孔集、睢县、砖桥	葛伯屯、和庄、白楼、陈杨庄、孔集、睢县、砖桥
			站数	2	3		1	8	18	3	3	7

续附表2

序号	市局名称	测区名称	类别	基本水文站	水文巡测站	基本水位站	中小河流水位站	基本雨量站	遥测站	生态站	人工墒情站	自动墒情站
13	河南省济源水文水资源勘测局	河南省济源水文测报中心	站名	济源、河口村	蟒河口、东官桥、黄楝树、河口村		水运、王屋山	黄龙庙、竹园、虎岭、交地	雨量:西门、东河、刘腰、孝庄、下观、桐花沟、大沟河、济源水利局、西石露头、富士康、李庄、原昌、大社、白龙庙、梨林、中王、邵原、柴家庄、赵圪塔、七沟河、双房、黄背角、小沟背、下冶、铁山、迎门、天坛山水库、清虚宫、水洪池、郑坪、南姚上水库、玉皇庙、清涧、曹庙、张金、乱石、小横岭、王拐、东沟、仙口、下韩旺、栗树沟、白涧寺、李景用庄、雪樊、三岔河、店留、破山石、北吴、韩彦、牛湾、江水河、卫佛安、西正、泰山、土河、李寨、东沟、柳树底、润城、端氏、上梁、上杨庄、山泽、张峰、油房、王寨、关门、羊泉、芹池、窑头、交口、町店、洞底、南瑶、石桥、西冶、郑村、应郭、土沃、董封、周村、栓驴泉、布袋沟、上韩旺、逢北、承留镇、牛王滩、堂岭、雁门、化村、莲东、北樊	南官庄	济源	济源
			站数	2	4		2	4	93	1	1	1
14	河南省焦作水文水资源勘测局	河南省焦作水文测报中心	站名	修武、何营	马鞍石、五里堡、杨楼、小尚、造店、水北关、阳华、伏背、任庄、武桥、青天河、汜水滩、北孟迁、解封、丰顺店、闪拐		白墙、群英、顺涧	博爱、玄坛庙、黄围、南岭、西村、田坪、金岭坡、孟泉、焦作、宁郭	雨量:温县、孟县、张木光、白莲坡、黄塘、神农山、常平、杨庄河、云台村、影视、云台山、青龙峡、葡萄峪、外窑、一斗水、安阳城、待王镇、龙洞、焦作影视城、南敬村、二十里铺、李万、王屯、喜合、东唐郭、童贯、桑园、赵庄、焦作水利局、山阳水利局、西韩王、东岭后、长岭、当阳峪、孤山、后河、修武水利局、王保、磨头、郭顶、黄岭、大底、南坡、司窑、张三街、寨豁、前姚、横山、上汤沟、汤庙、石庄、路家庄、店上、杨河、大张、保方、南龙盘、道口、东向、宋寨、北那、小宋庄、中化、缑村、武德镇、徐堡、番田、黄庄、岳村、招贤、赵堡、西王曲、中王占、前赵、前庄、北	修武、伏背、汜水滩、西宜作	修武、温县、博爱、栗林、何营、孟县	修武、温县、博爱、沁阳、武陟、孟州

续附表 2

序号	市局名称	测区名称	类别	基本水文站	水文巡测站	基本水位站	中小河流水位站	基本雨量站	遥测站	生态站	人工墒情站	自动墒情站
14	河南省焦作水文水资源勘测局	河南省焦作水文测报中心	站名						朱村、百间房、大高村、郇封、周庄、方庄、许良、西金城、新李庄、西陶、三阳、东石寺、北郭、谢旗营、圪垱店、二铺营、小马营、西小庄、童贯、邢庄、沙墙、大虹桥、东唐郭、北保丰、北冷、尚武、喜合、北冶、前杨磊、丰顺店、西王贺、下官、东赵和、还封、王庄;带水位遥测站:月山水库、八一水库、逍遥水库、西宜作、汜水滩、伏背			
			站数	2	16		3	10	116	4	6	6
15	河南省新乡水文水资源勘测局	河南省新乡水文测报中心	站名	合河、八里营(二)	寺庄顶、秦庄、狮子营、东碑村			获嘉、郎公庙、原武、忠义、小吉、辛丰、张唐马、康庄、师寨	雨量:新乡水利局、新乡水文局、孟营、豫北局、市政府、凤泉区政府、大块、南于店、东鲁堡、分将池、前郭柳、亢村北街、张唐马、忠义、小吉、黄堤、西彰仪、史庄、赵吴巷、获嘉、南翟坡、小河、古固寨、洪门、耿庄、康庄	东碑村	合河、张唐马	八里营、毛滩、辛丰、合河
			站数	2	4			9	26	1	2	4
		河南省辉县水文局	站名	宝泉水库	花木、占城、南云门、三郊口水库	石门水库	陈家院水库	古郊、西石门、凤凰、琵琶河、平甸、西寨山、官山、白草岗、五里窑、黄水口、四里厂、辉县、南寨、要街、吴村、鹅屋、高庄、后庄、茅草庄	雨量:琵琶河、官山、黄水口、吴村、辉县、西石门、古郊、南寨、白草岗、高庄、后庄、茅草庄、平甸、五里窑、西寨山、南坪、西沙岗、张村、韩口、丁庄、上八里、白云寺、鸭口、张雷、占城、新村、后窑、谷浴寺、西沟、周庄、冯窑、南观营、龙水梯、北岸泉、坝前、齐王寨、秋沟、南窑、沙窑、回龙、山怀、穆家营、苗固、凤凰、鹅屋、大枣园、		宝泉	宝泉

续附表 2

序号	市局名称	测区名称	类别	基本水文站	水文巡测站	基本水位站	中小河流水位站	基本雨量站	遥测站	生态站	人工墒情站	自动墒情站
15	河南省新乡水文水资源勘测局	河南省辉县水文局	站名						东张飞城、新乡庄、百泉、赵凝屯、上马庄、赵和庄、胡桥、峪河、褚丘、四里厂、尚厂、郭亮水库、后庄水库、莲花水库、外河水库、要街;水位:长岭水库、柿园水库			
			站数	1	4	1	1	19	64		1	1
		河南省卫辉水文局	站名	汲县(二)、黄土岗(二)	下马营、皇甫、西南庄、塔岗水库		狮豹头水库、正面水库	东陈召、东拴马、狮豹头、塔岗、东屯	雨量:猴头脑、靳庄、李家沟、西拴马、东良村、西柳位、白寺、雪白庄、曲里、神头、张王屯、秦庄、大谷驼、虎掌沟、孙杏村、黄山、李源屯、倪湾、后庄、顿坊店	下马营、皇甫	汲县	上乐村
			站数	2	4		2	5	20	2	1	1
		河南省延津水文局	站名	朱付村(二)	米庄、大宾、汲津铺、罗滩、封丘、白塔、三姓庄、张光、裴固、陶北、王堤			大宾、封丘、原阳、西别河、李辛庄、黄陵、胙城	雨量:原阳、封丘、同庄、裴固闸、小沙、岳庄、板张庄、党寨、大宾、师寨、西别河、李辛庄、黄陵、胙城、太平镇、梁寨、陡门、王杏兰、福宁集、阳阿、靳堂、葛埠口、祝楼、韩董庄、蒋庄、包厂、赵清庄、圈娄、杨大寨、丰庄、冯班枣、常辛集、王楼、司寨、塔铺、小潭、僧固、小店、朱寨、赵岗、黄德、居厢、陈固、应举、岳寨、獐鹿市、李庄、尹岗、张贾、油坊、曹岗、陈桥、鲁岗、孙庄、原武、留光、司庄、张河、魏丘、沙口、郭庄	陶北、王堤	原阳、朱付村、封丘	牛井、季庄、朱付村、庞古寨、黄陵、水车里
			站数	1	11			7	61	2	3	6

续附表2

序号	市局名称	测区名称	类别	基本水文站	水文巡测站	基本水位站	中小河流水位站	基本雨量站	遥测站	生态站	人工墒情站	自动墒情站
15	河南省新乡水文水资源勘测局	河南省长垣水文局	站名	大车集（二）	后马良固			罗庄、聂店	雨量：王芦岗、文庄、聂店、佘家、武邱、方里集、苗寨、李官桥、吕村寺、张三寨、樊相、城关、常村、孟岗、魏庄、总管、恼里、大后村、于庄、小渠、宋庄	大车集	大车集	孔庄、大车集
			站数	1	1			2	21	1	1	2
16	河南省安阳水文水资源勘测局	河南省林州水文局	站名	横水、天桥断	任村、南谷洞、联庄、河口	弓上水库	石门水库	口上、临淇、大峪、茶店、马家庄、桥上、小店、姚村、石楼、南陵阳、林县、小屯、东姚、河顺、石板岩、任村、南谷洞	雨量：六泉、高家台、马家岩、北采桑水库、王家庄、蒿园、黄华、桃园、田西峪、东岗、砚花水、北坡、李家厂、兴泉、石板沟、百石湾、官庄北水库、栗家沟、吴家井、白泉、黄洛池、李家寨、牛岭山、盘龙山、王目、车佛沟、桃花洞、七峪、泽下、北杨、牛窑沟、南沟、西卢寨、郭家屯、老里沟、留马、惠泉、石大沟		天桥断、横水	天桥断
			站数	2	4	1	1	17	38		2	1
		河南省滑县水文局	站名		沙河			牛屯、道口、东申寨	雨量：东冯营、齐营、沙岗、柴郎柳、冢上肖街、西缑、小寨、李村、小营、祝庄、大林头、小果园、穆营、绳马场、鲁邑寨		上官村	马成精、申家庄、上官村
			站数		1			3	15		1	3
		河南省安阳水文测报中心	站名	五陵、小南海、安阳、内黄	部落、琵琶寺、宗村、梨园、二安、石盘屯	小河子水库	彰武水库、双泉水库	大性、高汉、马投涧、二十里铺、李珍、水冶、东何坟、白璧、冯宿、甘庄、千口、东大城	雨量：安阳交通局、安阳水利局、林县庄、西马庄、西街、里方、崔家桥北街、郭家庙、都里乡、东岭西、南阳城、杨河固、五龙沟、朝阳水库、下河、合山水库、南磊口、牛家河、西柏涧、新大堰、岭头、高白塔、化炉、师良、雷高利、五里庙、报马厂、西关、伏道二街、枣园、北张贾、胜利街、吴指挥营、西八里庄、三家庄、龙泉水库、丰安、花园庄、张家岗、四合、何官屯、任固六街、大江窑、西子针、天喜镇、李庄、杨贾、北	五陵	五陵、小南海、内黄	五陵、小南海、西仗堡、北冯

续附表 2

序号	市局名称	测区名称	类别	基本水文站	水文巡测站	基本水位站	中小河流水位站	基本雨量站	遥测站	生态站	人工墒情站	自动墒情站
16	河南省安阳水文水资源勘测局	河南省安阳水文测报中心	站名						曲沟、北二十里铺、葛庄、辛村乡、李北郭、东柳圈、赵庄、楚旺、西野庄、桑村、靳庄、林子、碾头、东江、大堤口、裴辛庄、小徐、东四牌、庆丰庄、二杨庄			
			站数	4	6	1	2	12	67	1	3	4
17	河南省鹤壁水文水资源勘测局	河南省浚县水文局	站名	淇门、刘庄				白寺、迎阳铺、屯子、湾子	雨量：夏庄、马庄、黄辛庄、善堂、大榆柳、南井固、刘堂、侯村、张七营、牛四马湖、李海屯、埽头、龙口、庄头、浚县食品厂	柴湾、王湾	淇门	淇门、北王庄
			站数	2				4	15	2	1	2
		河南省鹤壁水文测报中心	站名	新村、盘石头	刘洼、余庄、夺丰、红卫、焦庄水库、白龙庙、杨邑	朱家		申屯、前嘴、赵庄、朝歌、大柏峪、鹤壁、施家沟	雨量：北山门口、大水头、大花庄、黄洞、全寨、石老公、小柏峪、纣王殿、小岩沟、河口、许沟、南综服、淇滨区政府、市水利局、杨小屯、新乡屯、臧口、柳林、形盆、赵沟、南宋庄、龙卧、大吕寨、王家荒、曹家、肖横岭、谭峪、故县、七里沟、石门、西顶、潘荒提水站、工农渠管理处、寺望台、将军泉、太极图、安乐洞、马横岭、马庄、红星水库、赖家河、温家沟、孙圣沟、孙家荒、后罗村	耿寺、黄花营	新村、朝歌	新村、朝歌
			站数	2	7	1		7	45	2	2	2
18	河南省濮阳水文水资源勘测局	河南省南乐水文局	站名	元村集、南乐	东吉七、良善、刘寨	西元村站（安阳测区的内黄县）		北张集、清丰、大流、仙庄	雨量：寺庄、南高庄、杨村、阳邵、马村、北照市、大什字、张林子、赵楼	元村集、龙王庙、南乐、毕屯	元村集、仙庄	元村集、仙庄、高庄、后平邑、后二庄
			站数	2	3	1		4	9	4	2	5

续附表 2

序号	市局名称	测区名称	类别	基本水文站	水文巡测站	基本水位站	中小河流水位站	基本雨量站	遥测站	生态站	人工墒情站	自动墒情站
18	河南省濮阳水文水资源勘测局	河南省濮阳水文测报中心	站名	濮阳	渠村、大韩、马庄桥	孔村站		王辛庄、徐镇、柳屯、许村、黄城、中召、丁栾、中辛庄、白道口、上官村	雨量:华龙区水利局、濮阳水文局、东陈庄、鲁五星、中子岸、庆祖、杨岗上、八公桥、于寨、刘拐、谷楼、李家屯、白堽	黄塔、孔村、大韩、渠村	濮阳	濮阳、施屯、东邢屯
			站数	1	3	1		10	13	4	1	3
		河南省范县水文局	站名	范县	石楼、贾垓		台前	濮城、龙王庄、马楼	雨量:杨集、丁石王、于庄、颜村铺、葛集、东影堂、夹河、吴坝	贾垓	范县、夹河	范县、濮城、东张、夹河、朱沙沃
			站数	1	2		1	3	8	1	2	5
全省合计			站数	126	244	19	136	748	2 702	76	122	198

附表 3　河南省各水文测区测站名录一览表(二)

序号	市局名称	测区名称	类别	地下水站	地表水水质站	地下水水质站	排污口
1	河南省信阳水文水资源勘测局	河南省信阳水文测报中心	站名	人工:信阳 3 号井双井乡罗庄村西 80 m、平桥区肖店乡、平桥区长台关乡、信阳明港镇	长台关水文站、梅黄	信阳市 3 号	信阳市明港镇铁路小桥左岸混合入河排污口、信阳市明港镇安钢集团信阳钢铁公司工业入河排污口、信阳市明港镇污水处理厂混合入河排污口
			站数	4	2	1	3
		河南省固始水文局	站名	人工:2 号井蒋集镇小黄村西南 100 m、3 号井李店乡王庙村北 100 m、4 号井三河尖乡中学院内、6 号井柳术乡刘营村东南 100 m、7 号井洪埠乡洪埠村西北 160 m、9 号井黎集镇长湖村西北 300 m、4 号井上石桥镇卫生院内、5 号井双卜镇闵楼村居民院内、6 号井丰集乡营业所院内、7 号井城关镇郝巷中段、8 号井汪桥镇铜山食品收购站院内、9 号井汪岗乡关畈村心连心超市院内	固始七一大桥上 10 km、固始七一大桥、固始七一大桥下游 5 km、蒋集、灌河入史河口、固始(泉河入史河口)、鲇鱼山水库(库心)、商城(陶家河口上)、商城(陶家河口下)	固始 6、商城 2	固始城西生活入河排污口、固始县金河南酒业工业入河排污口、固始县污水处理厂混合入河排污口、固始县徐咀子混合入河排污口、固始县洪埠乡混合入河排污口、商城县污水处理厂混合入河排污口、商城县汤泉池管理处生活入河排污口、商城县工业园工业入河排污口
			站数	12	9	2	8
		河南省淮滨水文局	站名	人工:淮滨县固城乡、淮滨县斯期乡、淮滨县马集镇、淮滨县三孔桥乡、淮滨县张庄乡	淮滨水文站、谷堆乡孙岗村		淮滨县白湖闸混合入河排污口、淮滨县污水处理厂混合入河排污口、淮滨县潼湖混合入河排污口、淮滨县饮马港自排闸混合入河排污口
			站数	5	2		4

续附表 3

序号	市局名称	测区名称	类别	地下水站	地表水水质站	地下水水质站	排污口
1	河南省信阳水文水资源勘测局	河南省潢川水文局	站名	人工：9 号井桃林铺乡街西 1 000 m、10 号井城关镇西大街 20 号院内	潢川水文站、潢川橡胶坝、橡胶坝下游 5 km、潢川县入淮河口、白鹭河入淮河口		潢川县北城东关生活入河排污口、潢川县金星啤酒公司工业入河排污口、潢川县华英集团工业入河排污口、潢川县污水处理厂混合入河排污口
			站数	2	5		4
		河南省新县水文局	站名		新县水文站断面上游 1 km、新县水文站断面下游 3 km		新县东沿河街 1 号生活入河排污口、新县红星河生活入河排污口、新县东沿河街 2 号生活入河排污口、新县污水处理厂混合入河排污口、新县羚锐制药厂工业入河排污口
			站数		2		5
		河南省罗山水文局	站名	人工：1 号井周党镇河棚村东 50 m、2 号井莽张乡段寨村西 60 m、6 号井楠杆乡伍家坡水管所院内、2 号井包信镇街东北 100 m、4 号井张陶乡街东北 80 m、7 号井白土店乡白土店村北 100 m、10 号井关店乡大谷楼村内、12 号井城郊乡政府前院内、13 号井路口乡邝庄村东南 150 m	石山口水库(库心)、罗山小龙山水库、息罗公路罗山小潢河桥、竹竿铺乡河口、尤店淮河桥、罗山尤店乡简山公路桥、南李店、竹竿铺水文站、息县长陵乡闾河桥、罗庄公路桥、息县水文站、息县新铺公路桥、息县长陵	罗山 2、息县 13	罗山污水处理厂混合入河排污口、罗山恒远造纸厂工业入河排污口、罗山县龙山乡淮河林业公司工业入河排污口、罗山县灵山镇北小桥生活入河排污口、罗山县灵山镇灵山风景区生活入河排污口、罗山县周党镇东关街生活入河排污口、罗山县朱堂乡洗脂河生活入河排污口、息县西关生活入河排污口、息县城区生活入河排污口、息县污水处理厂混合入河排污口、息县工业园混合入河排污口、息县砖瓦厂混合入河排污口
			站数	9	13	2	12

续附表 3

序号	市局名称	测区名称	类别	地下水站	地表水水质站	地下水水质站	排污口
1	河南省信阳水文水资源勘测局	河南省光山水文局	站名	人工:光山县孙铁铺镇、光山县南向店乡、光山县城关镇、光山县马畈镇	地表水:五岳水库、泼河口上(潢)、龙山枢纽、光山潢河大桥、光山潢河大桥下游 3 km、泼河水库(库心)、白雀园		光山县北关排灌渠生活入河排污口、光山县污水处理厂混合入河排污口、光山县官渡河工业园混合入河排污口、光山县二高分校生活入河排污口
			站数	4	7		4
		河南省浉河水文局	站名	人工:浉河区吴家店	南湾水库(库心)、平桥水文站、平桥滚水坝下 5 km		信阳市啤酒厂工业入河排污口、信阳市平桥区平桥镇生活入河排污口、信阳市南关大桥混合入河排污口、信阳市南湾党校桥生活入河排污口、信阳市青龙河生活入河排污口、信阳市肉联厂工业入河排污口、信阳市浉河商场生活入河排污口、信阳市二号桥生活入河排污口、信阳市污水处理厂混合入河排污口、信阳市平桥区工业园工业入河排污口
			站数	1	3		10
2	河南省南阳水文水资源勘测局	河南省唐河水文局	站名	人工:唐河 4、唐河 5、唐河 7、唐河 9、唐河 10、唐河 12、唐河 13、唐河 14、唐河 16、唐河 19、唐河 20、唐河 21、唐河 22、唐河 23、唐河 24、唐河 25、唐河 26、桐柏 4、桐柏 6、桐柏 7、桐柏 8、桐柏 9、桐柏 10、桐柏 11	金庄、桐柏县城东北公路桥、桐柏县尚楼公路桥、月河口下、平氏镇隋楼、社旗水文站、五里河渡口、唐河 312 新公路桥、唐河县城郊谢岗、三夹河口、郭滩水文站 1、郭滩水文站 2、泌阳河入唐河口、唐河县双河镇	唐河 5 号、唐河 7 号、唐河 14 号	桐柏县污水处理厂混合入河排污口、桐柏县南小河混合入河排污口、桐柏县西小河混合入河排污口、桐柏县海晶碱业有限公司工业入河排污口、南阳市桐柏县旭日碱业有限公司工业入河排污口、唐河县污水处理厂混合入河排污口、唐河县没良心沟混合入河排污口、南阳市桐柏县银矿、南阳市桐柏县银洞坡金矿
			站数	24	14	3	9

续附表3

序号	市局名称	测区名称	类别	地下水站	地表水水质站	地下水水质站	排污口
2	河南省南阳水文水资源勘测局	河南省南阳水文测报中心	站名	人工：宛城4、宛城19、宛城7、宛城8、宛城9、宛城10、宛城24、宛城12、宛城14、宛城30、宛城20、宛城21、宛城23、宛城25、宛城26、宛城29、宛城27、宛城28、宛城31、宛城32、宛城35、宛城36、宛城37、宛城38、宛城41、宛城43、宛城44、卧龙1、卧龙4、卧龙11、卧龙15、卧龙17、卧龙18、卧龙19、卧龙20、卧龙21、卧龙22、卧龙24、卧龙25、卧龙2、卧龙23、卧龙26、卧龙27、镇平2、镇平3、镇平6、镇平7、镇平8、镇平9、镇平10、镇平11、镇平13、镇平14、镇平16、镇平17、镇平18、镇平19、镇平20、社旗5、社旗7、社旗10、社旗12、社旗14、社旗15、社旗16、社旗17、社旗18、社旗19、社旗20、社旗21、方城1、方城2、方城3、方城4、方城5、方城6、方城7、方城8、方城9、方城10、方城11、方城12、方城13、方城14、方城15、方城16、方城17	方城县杨楼、南阳市独山、解放广场、十二里河口、南阳市上范营、瓦店、方城袁店乡省道50、赵湾水库大坝	宛城8号、宛城14号、宛城27号、卧龙2号、方城4号、镇平2号、镇平10号、社旗16号	南阳纺织集团有限公司混合入河排污口、南阳市污水处理厂混合入河排污口、镇平县污水处理中心混合入河总排口、镇平县利欣药业有限公司工业入河总排口、社旗县东北涵闸生活入河排污口、社旗县华茸堂药业工业入河排污口、社旗污水处理厂混合入河排污口、社旗酒厂工业入河排污口、方城县污水厂混合入河排污口、南阳市方城县浮选厂、南阳市方城县钼矿厂
			站数	87	8	8	11

续附表 3

序号	市局名称	测区名称	类别	地下水站	地表水水质站	地下水水质站	排污口
2	河南省南阳水文水资源勘测局	河南省内乡水文局	站名	人工:内乡 1、内乡 8、内乡 9、内乡 10、内乡 11、内乡 12、内乡 13、内乡 14	内乡县赤眉镇杨店村、七里坪韩家庄		内乡县污水处理厂混合入河排污口、内乡县仙鹤纸业有限公司工业入河排污口、内乡县龙大牧原有限公司工业入河排污口
			站数	8	2		3
		河南省南召水文局	站名	人工:南召 2、南召 3、南召 4、南召 5、南召 6、南召 7	白土岗(柿园村)、鸭河口水库 1、鸭河口水库 2		南召县污水净化中心混合入河排污口
			站数	6	3		1
		河南省西峡水文局	站名	人工:西峡 1、西峡 2、西峡 3、西峡 4、西峡 5、西峡 6、淅川 1、淅川 3、淅川 5、淅川 6、淅川 8、淅川 7、淅川 9	荆紫关、大石桥、上集、西坪镇西官庄公路桥、西簧		西峡县宛西制药厂工业入河排污口、西峡县污水处理厂混合入河排污口、西峡县通宇公司工业入河排污口、淅川县污水处理厂混合入河排污口
			站数	13	5		4
		河南省邓州水文局	站名	人工:邓州 1、邓州 3、邓州 6、邓州 7、邓州 8、邓州 10、邓州 11、邓州 13、邓州 15、邓州 18、邓州 19、邓州 20、邓州 21、邓州 22、邓州 23、邓州 24、邓州 25、邓州 27、邓州 28、邓州 30、邓州 31、新野 2、新野 3、新野 8、新野 9、新野 11、新野 13、新野 14、新野 15、新野 16、新野 17、新野 18、新野 19、新野 20、新野 21、新野 22	白河湍口(新野县湍口白河大桥)、上港公路桥、新甸铺水文站、新甸铺翟湾、裴营桥、邓州市湍河 207 国道大桥、急滩水文站、湍河入白河口、邓州市穰东赵河大桥、淅川县九重镇唐王桥、邓州市龙堰 207 国道大桥	新野 3 号、新野 5 号、新野 15 号、新野 17 号、邓州 3 号、邓州 14 号、邓州 19 号、邓州 22 号	邓州市永泰棉纺公司工业入河排污口、邓州市锦桥纸品公司工业入河排污口、邓州市污水厂混合入河排污口、新野县污水处理厂混合入河排污口、新野县军民渠混合入河排污口、新野县汉华酒业工业入河排污口
			站数	36	11	8	6

续附表3

序号	市局名称	测区名称	类别	地下水站	地表水水质站	地下水水质站	排污口
3	河南省驻马店水文水资源勘测局	河南省汝南水文局	站名	人工:汝南县7、汝南县13、汝南县14、汝南县16、汝南县17、汝南县18	汝南驻市公路桥、宿鸭湖水库(库心)、铁路桥下游2 km、沙口水文站、入臻头河口、宿鸭湖总干渠、夏屯闸上、蔡埠口、靳庄公路桥、汝南王桥	汝南县18	汝南县污水处理厂混合入河排污口、汝南县高桥干沟闸混合入河排污口、汝南县姜坡闸工业入河排污口
			站数	6	10	1	3
		河南省平舆水文局	站名	人工:平舆县2、平舆县3、平舆县8、平舆县9、平舆县10、平舆县12、平舆县14、平舆县15、平舆县16、平舆县17、平舆县18	庙湾水文站、曾庄公路桥、月旦桥下游浮体闸上游、平新公路桥、入洪口	平舆县15	平舆县污水处理厂混合入河排污口
			站数	11	5	1	1
		河南省确山水文局	站名	人工:确山县4、确山县7、确山县8、确山县15、确山县16、确山县18、确山县19、确山县20、正阳县2、正阳县3、正阳县4、正阳县10、正阳县11、正阳县12、正阳县15	薄山水库(库心)、确山县任店乡巩庄、确山县城107国道公路桥、确山县城东郊公路桥、王勿桥、袁寨、正阳新蔡公路桥	确山县7、正阳县11	确山县污水处理厂混合入河排污口、正阳县污水处理厂混合入河排污口、正阳县麻纺厂生活入河排污口、正阳县骏马化肥厂工业入河排污口、正阳县县医院混合入河排污口、正阳县中医院混合入河排污口、正阳县三里桥东生活入河排污口、正阳县三里桥西混合入河排污口
			站数	15	7	2	8

续附表3

序号	市局名称	测区名称	类别	地下水站	地表水水质站	地下水水质站	排污口
3	河南省驻马店水文水资源勘测局	河南省新蔡水文局	站名	人工:新蔡县4、新蔡县5、新蔡县6、新蔡县9、新蔡县11、新蔡县12、新蔡县13、新蔡县14	新蔡—野里公路桥、新蔡县祖寺庙公路桥、新蔡李庄、班台水文站、新蔡关津大桥、李桥镇常湾村	新蔡县4	新蔡县第二污水处理厂混合入河排污口、新蔡县污水处理厂混合入河排污口、新蔡县张庙桥头生活入河排污口、新蔡县闫港闸混合入河排污口
			站数	8	6	1	4
		河南省西平水文局	站名	人工:西平县1、西平县3、西平县4、西平县6、西平县8、西平县9、西平县10、西平县12、西平县13、西平县14、西平县15、上蔡县1、上蔡县2、上蔡县3、上蔡县4、上蔡县5、上蔡县6、上蔡县7、上蔡县8、上蔡县9、上蔡县11、上蔡县12、上蔡县13	西平县合水街入洪口、桂李、道庄桥、西平县吕店、西平107国道公路桥、西平重渠公路桥、上蔡林场公路桥、西洪桥、上蔡县齐海乡柴冀、上蔡洙湖镇入洪河口、蔡沟	西平县3、上蔡县6	西平县污水处理厂混合排污口、西平县恒发纸厂工业入河排污口、西平县芳庄纸厂工业入河排污口、西平县工业新区入河排污口、西平县107国道公路桥混合入河排污口、上蔡县北关混合入河排污口、上蔡县龙眼沟混合入河排污口、上蔡县污水处理厂混合入河排污口
			站数	23	11	2	8
		河南省泌阳水文局	站名	人工:泌阳县5、泌阳县6、泌阳县8、泌阳县9、泌阳县11	宋家场水库	泌阳县6	泌阳县污水处理厂混合入河排污口、泌阳县廉租房小区生活入河排污口
			站数	5	1	1	2
		河南省驻马店水文测报中心	站名	人工:驻马店市1、驻马店市2、驻马店市11、驻马店市12、驻马店市13、驻马店市14、驻马店市15、驻马店市16、驻马店市17、驻马店市18、驻马店市19、驻马店市20、驻马店市21、遂平县2、遂	板桥水库(库心)、新107国道公路桥、驻马店水文站、后刘楼、王化寺公路桥、连环湖沟口、遂平水文站、徐店	驻马店控1号、驻马店市17、遂平县4、遂平县9	驻马店市骏马化工厂工业入河排污口、驻马店高新区工业园南口工业入河排污口、驻马店高新区工业园北口工业入河排污口、驻马店市付庄生活入河排污口、驻马店市污水处理厂混合入河排污口、驻马店市159医院混

续附表3

序号	市局名称	测区名称	类别	地下水站	地表水水质站	地下水水质站	排污口
3	河南省驻马店水文水资源勘测局	河南省驻马店水文测报中心	站名	平县4、遂平县5、遂平县9、遂平县15、遂平县17、遂平县18、遂平县19、遂平县21、遂平县22、遂平县25			合入河排污口、驻马店市南海路混合入河排污口、驻马店市华中正大工业入河排污口、驻马店市城北区混合入河排污口、遂平县白云纸厂工业入河排污口、遂平县污水处理厂混合入河排污口、遂平县蓝天化工厂工业入河排污口、遂平县工业园工业入河排污口
			站数	24	8	4	13
4	河南省平顶山水文水资源勘测局	河南省鲁山水文局	站名	人工：平顶山市8、平顶山市12、鲁山县4、鲁山县6、鲁山县8、鲁山县9、鲁山县10、鲁山县11、鲁山县12、鲁山县15	昭平台水库（库心）、鲁山县马店乡土瓜营村南、白龟山水库入口、白龟山水库（库心）、湛河区姚孟村、平顶山市新华桥、武功镇公路桥	平顶山市浅基243、鲁山县城水源地	鲁山县利民污水处理厂入河排污口、平顶山尼龙666盐场工业入河排污口、平顶山中平能化集团天宏焦化有限公司工业入河排污口、平顶山市神马氯碱发展责任有限工业入河排污口、平顶山市污水处理厂混合入河排污口、鲁山河南江河厂排污口
			站数	10	7	2	6
		河南省汝州水文局	站名	人工：汝州1、汝州6、汝州8、汝州9、汝州10、汝州11、汝州12、汝州14、汝州16、汝州17、郏县3、郏县10、郏县13、宝丰2、宝丰3、宝丰4、宝丰5、宝丰7、宝丰10、宝丰11、宝丰12	汝州水文站、汝州市石庄桥、郏县石桥乡吕寨村北公路桥、郏县长桥乡西长桥村、宝丰县城北公路桥、宝丰县城东公路桥、宝丰县周庄镇公路桥、净肠河入北汝河口	宝丰12	宝丰分出口混合入河排污口、宝丰县污水处理厂混合入河排污口、郏县污水处理厂混合入河排污口、汝州市汝南工业区工业入河排污口、汝州市污水处理厂混合入河排污口、宝丰县郑州铁路局洛阳机务段混合入河排污口
			站数	21	8	1	6

续附表 3

序号	市局名称	测区名称	类别	地下水站	地表水水质站	地下水水质站	排污口
4	河南省平顶山水文水资源勘测局	河南省舞钢水文局	站名	人工:叶县1、叶县4、叶县6、叶县8、叶县9、叶县10、叶县13、叶县14、叶县15、叶县17、舞钢1、舞钢10、舞钢11、舞钢12、舞钢13、舞钢14	叶县邓李乡马湾公路南、叶县张庄水闸、叶县城南公路桥、孤石滩水库、叶县旧县乡旧县北乡、叶县廉村公路桥、叶县遵化乡东任庄污水处理厂	叶县13	舞钢市第一造纸厂工业入河排污口、舞钢市钢铁公司轧钢厂工业污水工业入河排污口、舞钢市康达环保水务有限公司混合入河排污口、舞钢市钢铁公司生活污水入河排污口、叶县瑞合泰污水净化有限公司混合入河排污口
			站数	16	7	1	5
5	河南省漯河水文水资源勘测局	河南省舞阳水文局	站名	人工:舞阳县3、舞阳县5、舞阳县6、舞阳县9、舞阳县10、舞阳县13、舞阳县14、舞阳县15、舞阳县16、舞阳县17、舞阳县18、舞阳县19	何口水文站、马湾水文站、灰河入沙河口、甘江河入澧河口、舞阳县薛村、舞阳—枣林公路桥	舞阳3、舞阳16、舞阳17	舞阳县污水处理厂混合入河排污口、舞阳县舞泉镇混合入河排污口、舞阳唐河总口混合入河排污口、舞阳金大地集团工业入河排污口、舞阳县产业集聚区混合入河排污口
			站数	12	6	3	5
		河南省漯河水文测报中心	站名	人工:漯河市1、漯河市2、漯河市3、漯河市4、漯河市5、漯河市6、漯河市7、漯河市8、漯河市9、漯河市10、漯河市11、漯河市12、漯河市13、漯河市15、漯河市16、漯河市17、漯河市18、漯河市19、漯河市20、漯河市21、漯河市22、漯河市23、LHK－001、LHK－003、LHK－004、LHK－005、LHK－008、LHK－010、LHK－011、LHK－012、	沙河橡胶坝、黑龙潭、颍河颍河闸、沈张闸、汾河砖桥、澧河橡胶坝、邓襄镇王庄	漯河市16	漯河沙南污水处理厂混合入河排污口、漯河工业贸易区工业入河排污口、漯河沙北污水处理厂混合入河排污口、漯河柳河总控混合入河排污口、漯河银凤纸厂工业入河排污口、漯河东城区污水处理厂混合入河排污口、漯河沙澧产业集聚区混合入河排污口、漯河新城开发区沙北混合入河排污口

续附表 3

序号	市局名称	测区名称	类别	地下水站	地表水水质站	地下水水质站	排污口
5	河南省漯河水文水资源勘测局	河南省漯河水文测报中心	站名	LHK－013、LHK－014、LHK－016、LHK－017、LHK－018、LHK－019、LHK－020、LHK－021、LHK－022、LHK－023、LHK－024、LHK－025；自动：万金张、归村、问十、苏侯、郭陈、斗张、祁庄			
			站数	49	7	1	8
		河南省临颍水文局	站名	人工：临颍县 1、临颍县 2、临颍县 3、临颍县 4、临颍县 7、临颍县 8、临颍县 14、临颍县 15、临颍县 16、临颍县 18、临颍县 19、临颍县 22、临颍县 23、临颍县 25、临颍县 28；自动：清街、娄庄、夏城、大郭、王岗	清渭河石窝、临颍（尚庄）	临颍 1、临颍 7、临颍 30	临颍南街村污水处理厂混合入河排污口、临颍县污水处理厂混合入河排污口
			站数	20	2	3	2
6	河南省许昌水文水资源勘测局	河南省鄢陵水文局	站名	人工：鄢陵县 3、鄢陵县 4、鄢陵县 6、鄢陵县 7、鄢陵县 8、鄢陵县 9、鄢陵县 10、鄢陵县 12、鄢陵县 13、鄢陵县 14、鄢陵县 15、鄢陵县 16、鄢陵县 17、鄢陵县 18；自动：东只乐、前席、晋南	鄢陵南张庄公路桥、鄢陵县城西北公路桥、鄢陵县马栏镇吴家公路桥、彭店闸、入清流河口	鄢陵 7（139）、鄢陵 9（147）、鄢陵 18（148）	鄢陵县开发区总口混合入河排污口、鄢陵县医院总口混合入河排污口、鄢陵县酒厂及九发工业入河排污口、鄢陵县污水处理厂混合入河排污口
			站数	17	5	3	4

续附表3

序号	市局名称	测区名称	类别	地下水站	地表水水质站	地下水水质站	排污口
6	河南省许昌水文水资源勘测局	河南省许昌水文测报中心	站名	人工：禹州市2、禹州市5、禹州市7、禹州市11、禹州市12、禹州市14、禹州市15、禹州市16、禹州市17、禹州市18、禹州市19、禹州市20、禹州市21、禹州市23、禹州市24、禹州市25、禹州市26、长葛市1、长葛市9、长葛市13、长葛市14、长葛市15、长葛市16、长葛市17、长葛市18、长葛市19、长葛市20、长葛市22、长葛市23、长葛市24、许昌县4、许昌县5、许昌县6、许昌县8、许昌县9、许昌县10、许昌县11、许昌县12、许昌县13、许昌县14、许昌县15、许昌县17、许昌县21、许昌县22、许昌县23、襄城县1、襄城县3、襄城县4、襄城县8、襄城县9、襄城县10、襄城县11、襄城县12、襄城县14、襄城县18、襄城县20、许昌市南平定街水文水资源勘测局院内、天宝路北火电厂烟囱北、延安北路葡萄园、迎宾馆菜地、县动检三劳教北西、营庄4队西南路边、烟草研究所、许昌职业技术学院西南、许由路公安局西墙、恒源七分厂、东风	襄城县十里铺乡公路桥、襄城叶县公路桥、襄城毛湾、襄城茨沟乡武湾、大陈（闸上）、北汝河口、白沙水库（库心）、后屯、禹州市橡皮坝、褚河公路桥、颍阳镇公路桥、化行、许昌漯河交界吴刘、襄城县库庄公路桥、襄城县茨沟乡东屯李公路桥、长葛市增福庙乡公路桥、长葛和尚村、长葛范庄村、长葛呼沱闸、许昌市半截乡公路桥、佛耳岗水库（库心）	许昌控1号（135）、禹州18（136）、长葛19（137）、许昌县4（138）、襄城新水厂水源地（140）、禹州12（141）、禹州20（142）、长葛1（143）、长葛17（144）、许昌县5（145）、许昌县10（146）、襄城县18（149）	许昌市工业园区污水处理厂混合入河排污口、许昌市宏腾纸业公司工业入河排污口、许昌市污水处理厂混合入河排污口、许昌县新区污水处理厂混合入河排污口、许昌县河南飞达科技产业股份有限公司工业入河排污口、许昌县河南龙城集团许昌矿业责任有限公司工业入河排污口、许昌县河南神火兴隆矿业有限公司工业入河排污口、许昌县天基环保科技有限公司混合入河排污口、襄城县平顶山天安煤业股份有限公司十三矿张村工业入河排污口、襄城县污水处理厂混合入河排污口、禹州市润衡水务有限公司混合入河排污口、禹州市平禹煤电新锋一矿南工业入河排污口、禹州市新龙公司梁北矿工业入河排污口、长葛市白寨伊兴污水处理厂混合入河排污口、长葛市人民路桥西生活入河排污口、长葛市污水处理厂混合入河排污口

续附表 3

序号	市局名称	测区名称	类别	地下水站	地表水水质站	地下水水质站	排污口
6	河南省许昌水文水资源勘测局	河南省许昌水文测报中心	站名	油品西井、五里岗面粉厂、瑞达生物东中间、东大办事处家属院田、许昌卷烟厂烟草调拨站、东风油品东北井、许昌卷烟厂河东、烟草研究所、许昌职业技术学院北、电业局金桥园家属院、河南省第一探矿工程队 2 号、许昌市公安局八一路、东风油品西南消防井、恒源七分厂（深）；自动：寨张、董村、后孙汪、南席、前刘王、增福庙、胡寨			
			站数	87	21	12	16
7	河南省周口水文水资源勘测局	河南省周口水文测报中心	站名	人工：周口 3 号井、周口 5 号井、周口 8 号井、西华 3 号井、西华 10 号井、西华 12 号井、西华 14 号井、西华 15 号井、西华 16 号井、西华 17 号井、西华 18 号井、西华 19 号井、西华 20 号井、西华 21 号井、西华 22 号井、西华 23 号井、西华 25 号井、西华 26 号井、西华 27 号井、西华 28 号井、商水 2 号井、商水 3 号井、商水 4 号井、商水 8 号井、商水 9 号井、商水 17 号井、商水 25 号井、商水	西华逍遥闸、黄桥水文站、周口水文站、周口市贾鲁河闸、商水县邓城镇（浮桥）、商水县马门（闸上）、商水县巴村、商水县周庄、西华县城东公路桥、西华县皮营乡茅岗村、沈张闸交界处、周口市川汇区毛寨、淮阳县入颍河口、淮阳—郸城公路桥、淮阳县肖桥、淮阳—太康公路桥	淮河基深 66（101）、西华 10 号、淮阳 24、周口浅基 265、周口市 8、西华 23、淮阳县自来水公司西关水源地、商水 27、商水 30	开来路排污沟混合入河排污口、周口三连坑泵站混合入河排污口、周口胜利泵站混合入河排污口、周口荷花泵站生活入河排污口、周口洼冲沟总控口工业入河排污口、周口东风提排站混合入河排污口、周口鲁花油厂工业入河排污口、周口市沙南污水处理厂混合入河排污口、周口市交通路污水渠混合入河排污口、周口豫港气体工业入河排污口、周口周商路排污渠混合入河排污口、西华县污水处理厂混合入河排污口、西华县北环路入贾

续附表 3

序号	市局名称	测区名称	类别	地下水站	地表水水质站	地下水水质站	排污口
7	河南省周口水文水资源勘测局	河南省周口水文测报中心	站名	26号井、商水28号井、商水29号井、商水30号井、商水31号井、淮阳3号井、淮阳4号井、淮阳5号井、淮阳6号井、淮阳10号井、淮阳11号井、淮阳14号井、淮阳16号井、淮阳17号井、淮阳21号井、淮阳22号井、淮阳23号井、淮阳24号井、淮阳25号井、淮阳27号井、ZKK－001、ZKK－003、ZKK－004、ZKK－008、ZKK－010、ZKK－011、ZKK－012、ZKK－014、ZKK－015、ZKK－016、ZKK－021、ZKK－022、ZKK－023、ZKK－024、ZKK－025；自动：许寨、贾楼（西华）、西柳城、英沃、前王、奉母、刘振屯、叶小楼、前连庄、关庙、柳树庄、郭洼、固墙			鲁河口生活入河排污口、商水县护城河混合入河排污口、商水县东干溴混合入河排污口、商水县棉纺厂普爱饲料厂工业入河排污口、商水县夏威夷洗浴中心融辉城小区混合入河排污口、淮阳县龙都制药厂工业入河排污口、淮阳编织袋厂工业入河排污口、淮阳县污水处理厂混合入河排污口、淮阳县生活入河排污口、淮阳县新蔡河混合入河排污口
			站数	75	16	9	22
		河南省太康水文局	站名	人工：扶沟3号井、扶沟4号井、扶沟5号井、扶沟6号井、扶沟7号井、扶沟9号井、扶沟11号井、扶沟12号井、扶沟13号井、扶沟15号井、扶沟16号井、	扶沟县曹里乡高集闸、扶沟县扶沟水文站、扶沟县农牧场乡于沟村、太康县芝麻洼乡公路桥、太康县城北公路桥、太康县魏	扶沟4号、太康8号、扶沟13、淮河基深76	太康第一纺织厂工业入河排污口、太康县制药厂工业入河排污口、太康造纸厂总控口工业入河排污口、太康县污水处理厂混合入河排污口、太康县永兴化工厂工业入河排污口、扶沟

续附表 3

序号	市局名称	测区名称	类别	地下水站	地表水水质站	地下水水质站	排污口
7	河南省周口水文水资源勘测局	河南省太康水文局	站名	扶沟 18 号井、扶沟 19 号井、扶沟 20 号井、太康 2 号井、太康 3 号井、太康 7 号井、太康 8 号井、太康 10 号井、太康 11 号井、太康 15 号井、太康 16 号井、太康 18 号井、太康 19 号井、太康 20 号井、太康 21 号井、太康 22 号井、太康 23 号井、太康 24 号井、太康 25 号井、太康 27 号井、太康 28 号井、太康 29 号井、太康 30 号井、太康 31 号井、太康 32 号井、太康 33 号井;自动:水泉、姜岗、包屯、雁周、孟庄(太康)、南街、于庄、常营、干张	楼公路桥、曹里乡入贾鲁河口、太康县入涡河口、太康县马头镇湾子桥		县古城干渠混合入河排污口、扶沟县陆新纱厂工业入河排污口、扶沟县马村干渠总控口混合入河排污口、扶沟县中密板厂工业入河排污口、扶沟县东五干渠混合入河排污口、扶沟县扶荣纱厂工业入河排污口、扶沟县中纺集团工业入河排污口、扶沟马村支干混合入河排污口、扶沟县工业集聚区污水处理厂混合入河排污口、扶沟县南关污水处理厂混合入河排污口
			站数	46	9	4	15
		河南省鹿邑水文局	站名	人工:鹿邑 6 号井、鹿邑 7 号井、鹿邑 8 号井、鹿邑 9 号井、鹿邑 12 号井、鹿邑 13 号井、鹿邑 15 号井、鹿邑 16 号井、鹿邑 17 号井、鹿邑 20 号井、鹿邑 22 号井、鹿邑 25 号井、鹿邑 27 号井、鹿邑 28 号井、鹿邑 29 号井、鹿邑 30 号井、鹿邑 31 号井、鹿邑 32 号井、郸城 9 号井、郸城 11 号井、郸	鹿邑县丁桥口闸、鹿邑县玄武闸下、鹿邑县九龙口村、郸城县唐桥、郸城县吴台乡于洼闸	鹿邑 16 号、鹿邑 9、郸城 23	鹿邑县玄武镇辅仁药厂东工业入河排污口、鹿邑县玄武辅仁药厂西工业入河排污口、鹿邑县玄武镇崔堂制革厂工业入河排污口、鹿邑县志元食品有限公司工业入河排污口、鹿邑县国能鹿邑生物发电有限公司工业入河排污口、鹿邑县河南护理佳实业有限公司工业入河排污口、鹿邑县河南清川纺织有限公司工业入河排污口、鹿邑

续附表 3

序号	市局名称	测区名称	类别	地下水站	地表水水质站	地下水水质站	排污口
7	河南省周口水文水资源勘测局	河南省鹿邑水文局	站名	城 12 号井、郸城 14 号井、郸城 15 号井、郸城 16 号井、郸城 17 号井、郸城 20 号井、郸城 22 号井、郸城 23 号井、郸城 24 号井、郸城 30 号井、郸城 31 号井、郸城 32 号井、郸城 33 号井、郸城 34 号井、郸城 35 号井、郸城 36 号井、郸城 37 号井；自动：丁楼、郭小集、闫寨、何楼、南高庄、丁村、汲水、张清于			县河南亚华安全玻璃有限公司工业入河排污口、鹿邑县污水处理厂混合入河排污口、鹿邑县西关染料厂工业入河排污口、鹿邑县宋河酒业股份有限公司工业入河排污口、郸城河南融汇纸业工业入河排污口、郸城内衣厂工业入河排污口、郸城金丹乳酸厂工业入河排污口、郸城康鑫药厂金星啤酒厂工业入河排污口、郸城神农制药厂工业入河排污口、郸城液糖厂工业入河排污口、郸城天豫集团工业入河非污口、郸城县污水处理厂混合入河排污口、郸城搪瓷厂工业入河排污口、郸城县妇幼保健公疗医院混合入河排污口、郸城县人民医院混合入河排污口、郸城县上海迪冉制药厂工业入河排污口、郸城县生活入河排污口、郸城化肥厂工业入河排污口
			站数	45	5	3	25
		河南省沈丘水文局	站名	人工：项城 1 号井、项城 4 号井、项城 6 号井、项城 7 号井、项城 8 号井、项城 9 号井、项城 10 号井、项城 11 号井、项城 13 号井、项城 15 号井、项城 16 号井、	槐店水文站、项城贾营桥、项城市永丰镇郭大庄谷河桥、项城市王明口公路桥、项城师寨闸、新安集镇入颍河口、李艾庄	项城 4(125)、沈丘 23(126)、沈丘县城水源地(127)	沈丘县被单厂工业入河排污口、沈丘老城镇西关生活入河排污口、沈丘北干渠总控口工业入河排污口、沈丘东关世衡桥混合入河排污口、沈丘神鹿森业有限公司工业入河排污口、沈

续附表 3

序号	市局名称	测区名称	类别	地下水站	地表水水质站	地下水水质站	排污口
7	河南省周口水文水资源勘测局	河南省沈丘水文局	站名	项城18号井、项城19号井、项城21号井、项城22号井、项城23号井、项城24号井、沈丘4号井、沈丘5号井、沈丘14号井、沈丘17号井、沈丘18号井、沈丘25号井、沈丘27号井；自动：王范庄、李老家、吴庄、周营、段庄			丘县污水处理厂混合入河排污口、沈丘县工业园区田沟总控口混合入排污口、项城味精厂（味精厂第一）工业入河排污口、项城味之素（味精厂第二）工业入河排污口、项城医院工业入河排污口、项城市污水处理厂混合入河排污口、项城市丁集镇奔马皮业有限公司工业入河排污口、项城市丁集镇红星制革有限公司工业入河排污口、项城市丁集镇峰华制革有限公司工业入河排污口、项城市木森皮革有限公司工业入河排污口、项城市顺达皮革有限公司工业入河排污口、项城市瑞德制革有限公司工业入河排污口
			站数	29	7	3	17
8	河南省三门峡水文水资源勘测局	河南省灵宝水文局	站名	人工：灵宝市2号、灵宝市14号、灵宝市15号、灵宝市16号、灵宝市18号、灵宝市9号、灵宝市20号、灵宝市21号、灵宝市22号、灵宝市23号	双桥河入黄口、文底、310国道、沙河高速、朱阳、窄口、灵宝市南、灵宝橡胶坝上、北田、灵宝、好阳公路、好阳高速		灵宝第一污水处理厂、灵宝第二污水处理厂、灵宝橡胶坝左岸排污口
			站数	10	12		3

续附表3

序号	市局名称	测区名称	类别	地下水站	地表水水质站	地下水水质站	排污口
8	河南省三门峡水文水资源勘测局	河南省卢氏水文局	站名	人工:卢氏2号、卢氏3号	朱阳关、卢氏县曲里村、卢氏西赵村、卢氏、范里、官坡、潘河、涧北河		卢氏污水处理厂、卢氏综合口1混合入河排污口、卢氏综合口2混合入河排污口、卢氏八建公司混合入河排污口、卢氏冶炼厂混合入河排污口
			站数	2	8	0	5
		河南省三门峡水文测报中心	站名	人工:渑池3号、陕县1号、陕县2号、陕县4号	张湾、交口、铁路桥、三门峡、陈村、常村		三门峡开发区生活入河排污口、三门峡污水处理厂、天元铝业股份有限责任公司混合入河排污口、渑池一里河生活入河排污口、渑池西关生活入河排污口、渑池第一污水处理厂、渑池第二污水处理厂、渑池大有能源耿村煤矿混合入河排污口、渑池大有能源杨村煤矿混合入河排污口、义马污水处理厂、义马第二污水处理厂、陕县义煤观音堂煤矿工业入河排污口、陕县河南金茂化工有限公司混合入河排污口
			站数	4	6	0	13
9	河南省洛阳水文水资源勘测局	河南省洛阳水文测报中心	站名	人工:洛阳市24、洛阳市25、洛阳市26、洛阳市27、洛阳市28、洛阳市29、洛阳市30、洛阳市31、洛阳市33、洛阳市34、洛阳市36、洛阳市37、洛阳市39、洛阳市40、洛阳市42、洛阳市43、洛阳市44、洛	畛河、高崖寨、定鼎路桥、白马寺、偃207桥、山化、平等、水寨、西草店、龙门、岳滩、白降河、铁门、新安2、新安、党湾、五女冢、洛阳(涧)	洛阳市22、偃师市18	洛阳市安龙钢厂工业入河排污口、洛阳市明花洗涤剂厂工业入河排污口、洛阳定鼎门大街排涝渠混合入河排污口、洛阳洛龙路生活入河排污口、洛阳市排涝一干渠(瀛洲桥)混合入河排污口、洛阳市排涝西干渠(王城

续附表3

序号	市局名称	测区名称	类别	地下水站	地表水水质站	地下水水质站	排污口
9	河南省洛阳水文水资源勘测局	河南省洛阳水文测报中心	站名	阳市47、洛阳市48、洛阳市49、洛阳市50、洛阳市51、洛阳市52、洛阳市53、洛阳市54、洛阳市55、洛阳市56、洛阳市57、洛阳市61、洛阳市62、洛阳市63、洛阳市64、洛阳市65、洛阳市66、洛阳市67、洛阳市68、洛阳市69、洛阳市70、洛阳市72、洛阳市73、洛阳市74、洛阳市75、洛阳市76、洛阳市77、洛阳市78、洛阳市79、洛阳市80、洛阳市81、洛阳市82、洛阳市83、洛阳市84、洛阳市85、洛阳市86、洛阳市87、洛阳市88、洛阳市10、洛阳市17、洛阳市18、洛阳市22、洛阳市24、洛阳市26、偃师市6、偃师市17、偃师市18、偃师市21、偃师市24、偃师市26、偃师市27、偃师市28、偃师市29、孟津县3、孟津县5、孟津县17、孟津县18、孟津县19、孟津县20、孟津县21、孟津县23、新安县3、新安县7、新安县8、伊川县3、伊川县4、伊川县5、伊川县7、伊川县9、伊川县10			桥)混合入河排污口、洛阳市瀍东污水处理厂生活入河排污口、洛阳市涧东污水处理厂生活入河排污口、洛阳市洛南污水处理厂生活入河排污口、洛阳吉利区污水处理厂生活入河排污口、孟津县污水处理厂生活入河排污口、新安电力集团有限公司工业入河排污口、新安新城生活入河污水排污口、新安洛新工业污水处理厂生活入河排污口、新安新中安污水处理有限公司生活入河排污口、伊川县豫港龙泉(三电厂)工业入河排污口、伊川县豫港龙泉(二铝厂)工业入河排污口、伊川县河南豫港龙泉铝业有限公司工业入河排污口、伊川县污水处理厂生活入河排污口、偃师市中州渠工业入河排污口、偃师市第一污水处理厂生活入河排污口、偃师市大唐首电工业入河排污口、偃师市华润电力工业入河排污口、偃师市高涯退水渠工业入河排污口、偃师市第二污水处理厂生活入河排污口
			站数	87	18	2	25

续附表3

序号	市局名称	测区名称	类别	地下水站	地表水水质站	地下水水质站	排污口
9	河南省洛阳水文水资源勘测局	河南省汝阳水文局	站名	人工：嵩县4、嵩县6、嵩县7、汝阳县2、汝阳县5、汝阳县6、汝阳县7、汝阳县10、汝阳县11、汝阳县16、汝阳县20、汝阳县21	娄子沟、汝阳县城南公路桥、紫罗山、汝州市庙下乡公路桥、白河、东湾、陆浑、明白河、大章河、蛮峪河		汝阳县洛阳市汝化化工有限公司工业入河排污口、汝阳县紫罗山水泥有限公司工业入河排污口、汝阳县钼选厂工业入河排污口、汝阳县城东煤矿工业入河排污口、汝阳县天瑞织物厂工业入河排污口、汝阳县龙泉自来水有限公司污水处理厂混合入河排污口、汝阳县洛阳鑫冠化工有限公司工业入河排污口、嵩县洁绿污水处理厂生活入河排污口
			站数	12	10		8
		河南省栾川水文局	站名	人工：栾川县1、栾川县2、栾川县4、栾川县5	陶湾、栾川城西、栾川、大青沟、东坡		栾川污水厂生活入河排污口
			站数	4	5		1
		河南省洛宁水文局	站名	人工：洛宁县3、洛宁县4、洛宁县10、宜阳县5、宜阳县8、宜阳县14、宜阳县15、宜阳县16	故县水库、长水、涧口村、崇阳河、陈吴涧、渡洋河、永昌河、韩城镇、宜阳、官庄		宜阳污水处理厂生活入河排污口、洛宁污水处理厂生活入河排污口
			站数	8	10		2
10	河南省郑州水文水资源勘测局	河南省郑州水文测报中心	站名	人工：郑州市9号、荥阳市6号、荥阳市7号、荥阳市15号、荥阳市16号、中牟县1号、中牟县3号、中牟县4号、中牟县5号、中	尖岗水库、大吴公路桥、中牟下、陇海铁路桥、东风渠中州大道桥、索须河入贾鲁河口、东风渠入贾鲁	郑州7井、中牟1井	郑州市北大学城生活入河排污口、郑州市铁路局北站生活入河排污口、郑州市五龙口污水处理厂混合入河排污口、郑州市王新庄污水处理厂混合

续附表 3

序号	市局名称	测区名称	类别	地下水站	地表水水质站	地下水水质站	排污口
10	河南省郑州水文水资源勘测局	河南省郑州水文测报中心	站名	牟县8号、中牟县14号、中牟县18号、中牟县19号、中牟县20号、中牟县22号、中牟县27号、中牟县31号、中牟县33号、中牟县39号、中牟县42号、中牟县44号、中牟县48号、ZZK－196、ZZK－197、ZZK－199、ZZK－200、ZZK－201、ZZK－202、ZZK－203、ZZK－204、ZZK－205、ZZK－206、ZZK－207、ZZK－208、ZZK－209、ZZK－210、ZZK－211、ZZK－212、ZZK－213、ZZK－214、ZZK－215、ZZK－216、ZZK－217、ZZK－218、ZZK－219、ZZK－220、ZZK－221、ZZK－222、ZZK－223、ZZK－224、ZZK－225、ZZK－226、ZZK－227、ZZK－228、ZZK－229、ZZK－230、ZZK－231、ZZK－232、ZZK－233、ZZK－234、ZZK－235、ZZK－236、ZZK－237、ZZK－238、ZZK－239、ZZK－240、ZZK－241、ZZK－242、ZZK－243、ZZK－244、ZZK－245、ZZK－246、ZZK－247、ZZK－248；自动：韩寨、刘集、坡东里	河口、丁店水库、河王水库、楚楼水库、汜水镇		入河排污口、郑州市郑上路桥下生活入河排污口、郑州市马头岗污水处理厂混合入河排污口、荥阳市北关混合入河排污口、荥阳市二化厂工业入河排污口、荥阳市污水处理厂混合入河排污口、荥阳市国电荥阳煤电一体化有限公司工业入河排污口、中牟县城关镇排污混合入河排污口、中牟县小清河工业入河排污口、中牟县花桥冷库工业入河排污口、中牟县第四高级中学生活排污口、中牟县邢庄村混合入河排污口、中牟县白沙镇北工业园工业入河排污口、中牟县白沙镇西工业园工业入河排污口、中牟县白沙镇小孙庄工业园工业入河排污口、中牟县白沙镇小孙庄食料加工厂工业入河排污口、中牟县城关镇城西中学生活入河排污口、中牟县城关镇西城区混合入河排污口、中牟县白沙镇郑东新区热电厂工业入河排污口、中牟县白沙镇污水厂混合入河排污口、中牟县白沙镇白沙和平钢化厂工业入河排污口、中牟县白沙门业加工厂工业入河排污口、中牟县大雍庄铁路桥工业入河排污口
			站数	77	11	2	26

续附表 3

序号	市局名称	测区名称	类别	地下水站	地表水水质站	地下水水质站	排污口
10	河南省郑州水文水资源勘测局	河南省新郑水文局	站名	人工：新郑市2号、新郑市3号、新郑市5号、新郑市6号、新郑市7号、新郑市8号、新郑市17号、新郑市20号、新郑市21号、新郑市23号、新郑市38号、新郑市39号、新郑市40号、新郑市51号、新郑市52号、新密市4号、新密市42号、新密市43号、新密市44号、新密市46号、新密市48号、新密市49号；自动：魏庄	107国道上500 m、京广铁路桥、周庄、大隗镇南公路桥、李湾水库		新郑市南关桥东市区生活1号生活入河排污口、新郑市南关桥东市区生活2号生活入河排污口、新郑市西关工业区生活入河排污口、新郑市周庄陶瓷厂工业入河排污口、新郑市薛店镇梅河混合入河排污口、新郑市天中王金湖水泥瓦厂工业入河排污口、新郑市第二污水处理厂混合入河排污口、新郑市西亚斯社区混合入河排污口、新郑市薛店镇白象方便面厂工业入河排污口、新郑市薛店镇世通、爱厨工业入河排污口、新郑市薛店镇镇区混合入河排污口、新郑市赵家寨煤矿工业入河排污口、新郑市化肥厂工业入河排污口、新郑市地方铁路社区生活入河排污口、新郑市东开发区(2)混合入河排污口、新郑市沙窝里混合入河排污口、新郑市国际城社区生活入河排污口、新郑市龙湖镇污水处理厂混合入河排污口、新郑市新郑卢家桥混合入河排污口、新郑市新郑五里口混合入河排污口、新郑市郑州航空港区格威特污水净化有限公司混合入河排污口、新密市超化镇申沟污水处理厂混合入河排污口、新密市造纸群工业污水处理厂混合入河排污口
			站数	23	5		24

续附表 3

序号	市局名称	测区名称	类别	地下水站	地表水水质站	地下水水质站	排污口
10	河南省郑州水文水资源勘测局	河南省巩义水文局	站名	人工:巩义市 1 号、巩义市 3 号、巩义市 15 号、巩义市 20 号、巩义市 21 号、巩义市 25 号、巩义市 27 号、巩义市 28 号	伊洛河入黄河口、黑石关、石灰务、米河镇两河口、坞罗水库(坝上)、坞罗河入洛河口、后寺河水库(坝上)、河南化工厂排污口上 500 m、后寺河入洛河口		巩义市万达渠入河排污口、巩义市鑫泰铝业入河排污口、巩义市顺凯彩钢入河排污口、巩义市腾达铝业入河排污口、巩义市沙河入河排污口、巩义市小沟村污水处理厂混合入河排污口
			站数	8	9		6
		河南省登封水文局	站名	人工:登封市 1 号、登封市 2 号、登封市 4 号、登封市 8 号、登封市 23 号、登封市 40 号、登封市 41 号、登封市 42 号	大金店镇、告成水文站、告成(曲河)、蒋庄		登封市登电集团铝厂工业入河排污口、登封市登电集团水泥厂工业入河排污口、登封市告成煤矿工业入河排污口、登封市告成铝石烧制厂工业入河排污口、登封市铝制品厂工业入河排污口、登封市书院河生活入河排污口、登封市污水处理厂混合入河排污口、登封市自备电厂工业入河排污口、登封市金龙化工厂工业入河排污口、登封市郑州磨料厂工业入河排污口、登封市博盛铝业工业入河排污口、登封市朝阳沟煤矿工业入河排污口、登电集团铝合金有限公司工业入河排污口、登封市曲河碳素有限公司工业入河排污口、登封市阳城工业气体有限公司工业入河排污口、登封市福渊碳

续附表 3

序号	市局名称	测区名称	类别	地下水站	地表水水质站	地下水水质站	排污口
10	河南省郑州水文水资源勘测局	河南省登封水文局					素烧制厂工业入河排污口、登封市新登煤矿工业入河排污口、登封市兆孚铝合金厂工业入河排污口、登封市登电集团混合入河排污口、登封市恒美铝业工业入河排污口、登封市南烟庄村塑料漂洗厂工业入河排污口、登封市吴家村塑料漂洗厂工业入河排污口、登封市阳城风云金刚砂厂工业入河排污口、登封市阳城铝石烧制厂工业入河排污口、登封市阳城乙炔厂工业入河排污口、登封市郑州荣铝铝业有限公司工业入河排污口、登封市阳城磨料有限公司工业入河排污口、登封市郑电集团嵩岳碳素有限公司工业入河排污口
			站数	8	4		28
11	河南省开封水文水资源勘测局	河南省兰考水文局	站名	人工:兰考 3 号、兰考 4 号、兰考 5 号、兰考 8 号、兰考 9 号、兰考 10 号、兰考 11 号、兰考 14 号、兰考 15 号、兰考 17 号、兰考 18 号、兰考 22 号、兰考 26 号、兰考 27 号、兰考 28 号、兰考 29 号;自动:大胡庄、南北庄、水口、大王庄		兰考 4 号、兰考 22 号、兰考 26 号	污水处理厂、废旧物品处理厂、铁合金有限公司、汇通化工有限公司、县南混合排污口
			站数	20		3	5

续附表 3

序号	市局名称	测区名称	类别	地下水站	地表水水质站	地下水水质站	排污口
11	河南省开封水文水资源勘测局	河南省杞县水文局	站名	人工:杞县1号、杞县3号、杞县7号、杞县8号、杞县10号、杞县11号、杞县13号、杞县14号、杞县16号、杞县19号、杞县20号、杞县21号、杞县23号、杞县24号、杞县25号、杞县28号、杞县43号、杞县44号、杞县57号、杞县58号、杞县59号、杞县60号、杞县61号、杞县62号和通许县1号、通许县2号、通许县3号、通许县4号、通许县5号、通许县6号、通许县7号、通许县9号、通许县10号、通许县11号、通许县12号、通许县13号、通许县30号;自动:杞县铁犁寨、杨庄、刘庄屯、赵村、通许县周庄、三赵、河流、后付	中朱寨、大王庙、邸阁、杞县官庄、杞县板木北铁底河桥下、杞县城南公路桥	杞县1号、杞县8号、杞县23号、通许县10号	杞县污水处理厂、玉皇庙新星制革厂、红四发制革厂、西工业园区、龙宇化工、酒厂、东磁能源有限公司、祥云食品、通许南关混合、康力啤酒、上都实业、污水处理厂、宏大化工、麦仕达啤酒有限公司、通富纸业、晟丰石化有限公司
			站数	45	6	4	16
		河南省开封水文测报中心	站名	人工:开封市8号、开封市2号、开封市3号、开封市4号、开封市5号、开封市6号、开封市9号、开封市10号、开封市11号、开封市13号、开封市14号、开封市15号、开封市16号、开封市17号、开封市18号、开封市19号、开封市21号、开封市22号、开封市23号、开封市27号、开封	孙李唐、泵站上游150 m、汪屯桥下1 000 m、尉氏后曹闸、尉氏县大桥乡公路桥、西黄庄水文站	开封市2号、开封市20号、开封县4号、开封县49号、尉氏县8号	市区西门、西郊商场、西区污水处理厂、东护城河、药厂河、东区污水处理厂、东大化工有限公司、晋开集团、东南角皮屯、开封县精细化工、电厂、电厂家属院、新大新材料有限公司、污水处理厂、尉氏县生活1、尉氏县生活2、久隆橡塑有限公司、宏达纺织、污水处理厂、张市镇工业区

续附表 3

序号	市局名称	测区名称	类别	地下水站	地表水水质站	地下水水质站	排污口
11	河南省开封水文水资源勘测局	河南省开封水文测报中心	站名	市29号、开封市30号、开封市32号、开封市34号、开封市38号、开封市40号、开封市41号、开封市42号、开封市43号、开封市44号、开封市45号、开封市47号、开封市48号、开封市49号、开封市50号、开封市51号、开封市52号、开封市53号、开封市54号、开封市57号、开封市58号、开封市59号、开封市60号、开封县4号、开封县8号、开封县10号、开封县18号、开封县20号、开封县24号、开封县28号、开封县29号、开封县49号、开封县54号、开封县55号、开封县56号、开封县57号、开封县59号、尉氏县3号、尉氏县4号、尉氏县6号、尉氏县8号、尉氏县14号、尉氏县15号、尉氏县17号、尉氏县21号、尉氏县22号、尉氏县24号、尉氏县27号、尉氏县34号、尉氏县35号、尉氏县42号、尉氏县45号、尉氏县49号、尉氏县50号；自动：开封县朱仙镇、赵口引黄处、陈留、万隆、大辛庄、曲兴、小马圈、尉氏歇马营、大马、黄庄、西万村			
			站数	86	6	5	20

续附表 3

序号	市局名称	测区名称	类别	地下水站	地表水水质站	地下水水质站	排污口
12	河南省商丘水文水资源勘测局	河南省商丘水文测报中心	站名	人工：夏邑 1、夏邑 2、夏邑 3、夏邑 6、夏邑 7、夏邑 8、夏邑 9、夏邑 11、夏邑 12、夏邑 14、夏邑 16、夏邑 18、夏邑 19、夏邑 20、夏邑 21、夏邑 22、夏邑 23、夏邑 25、夏邑 26、夏邑 27、夏邑 29、夏邑 30、夏邑 31、夏邑 33、夏邑 34、夏邑 37、夏邑 39、夏邑 41、虞城 2、虞城 3、虞城 5、虞城 6、虞城 8、虞城 11、虞城 15、虞城 18、虞城 23、虞城 24、虞城 26、虞城 27、虞城 29、虞城 31、虞城 35、虞城 36、虞城 37、虞城 39、虞城 41、虞城 43、虞城 44、虞城 45、虞城 46、虞城 47、虞城 48、虞城 49、虞城 50、虞城 51、虞城 52、梁园区 1、梁园区 3、梁园区 4、梁园区 7、梁园区 9、梁园区 12、梁园区 21、梁园区 22、梁园区 23、梁园区 24、梁园区 25、梁园区 26、梁园区 28、梁园区 29、梁园区 30、梁园区 31、梁园区 32、梁园区 34、睢阳区 5、睢阳区 7、睢阳区 29、睢阳区 30、睢阳区 31、睢阳区 32、睢阳区 35、睢阳区 36、睢阳区	包公庙闸、金桥路包河桥、商丘（下）、虞城县芒种桥、虞城县界沟镇公路桥、虞城丰楼闸、虞城三座楼、夏邑三里庄西公路桥、夏邑县南金黄邓闸、民权、睢阳区常宋庄、民权北大王庄、民权东关公路桥、民权任庄村、民权县坝窝闸	梁园区 21、睢阳区 37、睢阳区 39、睢阳区 53、虞城 6、虞城 11、虞城 26、虞城 50、夏邑 7、夏邑 37、夏邑 18、民权 6、民权 32	商丘市解放新村、商丘市建设东路包河桥南东、商丘市民主路包河桥南西岸、商丘市阳光铝材有限公司、商丘市河南神火铝业商丘铝厂、商丘市文化路包河桥南西岸、商丘市长江东路包河桥南西、商丘市长江东路包河桥北西岸、商丘市四营桥右、商丘市平台开发区、商丘市一中分校、商丘市北海路包河桥、商丘市运河污水处理厂、商丘市北海路包河桥南东岸、商丘市北海路包河桥北东岸、商丘市北海路新奥加气站东、商丘市污水处理厂、商丘市睢阳区古城西关、商丘市睢阳区古城南关、商丘市龙宇化工公司、商丘市九源制麦有限公司、商丘市睢阳区工业园薛庄、商丘市鑫源热电厂、商丘市鑫源热电厂 2、商丘市睢阳区汽车交易中心、商丘市 310 农产品市场 1 号、商丘市 310 农产品市场 2 号、商丘市 310 农产品市场 3 号、民权县民生河、民权县污水处理厂、民权县工业园冰熊冷冻设备厂、民权县建业路大沙河桥北西岸、民权县电厂、夏邑县齐庄、夏邑县城关镇毛河花园、夏邑县夏连

续附表 3

序号	市局名称	测区名称	类别	地下水站	地表水水质站	地下水水质站	排污口
12	河南省商丘水文水资源勘测局	河南省商丘水文测报中心	站名	37、睢阳区 38、睢阳区 39、睢阳区 40、睢阳区 41、睢阳区 43、睢阳区 44、睢阳区 46、睢阳区 49、睢阳区 50、睢阳区 51、睢阳区 52、睢阳区 53、民权 1、民权 3、民权 4、民权 5、民权 6、民权 8、民权 11、民权 13、民权 17、民权 21、民权 23、民权 32、民权 36、民权 39、民权 40、民权 43、民权 50、民权 52、民权 54、民权 55、民权 56、民权 57；自动：张庄、庙王庄、戴庄、火胡庄、黄楼、大赵楼、房庄、韩镇、高庄、张老家、尹庄、王庄、营盘、徐庄、湾子、龙门寨、常马口、张平楼			肉类食品厂、夏邑县城关五园、夏邑县南环路南关、夏邑县孟庄响马沟、夏邑县污水处理厂、夏邑县孙营桥、夏邑县孔祖中等专业学校门北、夏邑县孔祖中等专业学校门南、虞城县纱厂、虞城县污水处理厂、虞城县商永公路牛河桥南桥东、虞城县利民镇科迪方便面厂东、虞城县利民镇科迪方便面厂西、虞城县利民镇科迪速冻食品厂东、虞城县利民镇科迪速冻食品厂西
			站数	136	15	13	50
		河南省永城水文局	站名	人工：永城 1、永城 2、永城 3、永城 4、永城 6、永城 10、永城 13、永城 14、永城 16、永城 19、永城 21、永城 23、永城 27、永城 30、永城 31、永城 37、永城 39、永城 40、永城 41、永城 43、永城 44、永城 45、永城 46、永城 47、永城 48、永城 49、永城 50；自动：马桥、十八里、赵西、龙岗、付楼	永城市新桥、永城大王集、永城黄口闸、张板桥、永城（闸上）	永城 1、永城 3、永城 5、淮河基深 37（102）	永城市陈四楼矿、永城市薛湖煤矿、永城市振兴金属制品有限公司、永城市顺河煤矿、永城市安钢集团闽源特钢有限公司、永城市车集矿、永城市西城区污水处理厂、永城市神火铝业电厂一期、永城市葛店煤矿、永城市葛店矿东副井、永城市永煤集团热电厂、永城市刘河矿、永城市第四污水处理厂、永城市辛庄矿、永城市裕东电厂、永城

续附表 3

序号	市局名称	测区名称	类别	地下水站	地表水水质站	地下水水质站	排污口
12	河南省商丘水文水资源勘测局	河南省永城水文局	站名				市第三污水处理厂、永城市城郊矿选煤厂 1、永城市城郊矿选煤厂 2、永城市城郊矿选煤厂 3、永城市虎头闸、永城市龙宇煤化工 1、永城市第一污水处理厂、永城市新桥矿
			站数	32	5	4	23
		河南省柘城水文局	站名	人工：柘城 3、柘城 4、柘城 6、柘城 7、柘城 8、柘城 12、柘城 13、柘城 16、柘城 22、柘城 23、柘城 27、柘城 28、柘城 36、柘城 38、柘城 39、柘城 40、柘城 41、柘城 42、柘城 43、睢县 2、睢县 3、睢县 5、睢县 7、睢县 9、睢县 11、睢县 16、睢县 20、睢县 21、睢县 22、睢县 24、睢县 26、睢县 28、睢县 32、睢县 33、睢县 34、睢县 35、睢县 36、宁陵 2、宁陵 3、宁陵 5、宁陵 8、宁陵 9、宁陵 10、宁陵 11、宁陵 12、宁陵 13、宁陵 14、宁陵 17、宁陵 19、宁陵 23、宁陵 24、宁陵 26、宁陵 30；自动：洪恩、刘户、后营、史庄、尤寨、孙聚寨、北刘楼、雷楼、郭屯、柿子王	夏楼榆厢公路桥、睢县太康公路桥、睢县白庙乡姜集、河堤乡赵家公路桥、朱桥（夏楼）、司楼公路桥、柘城县砖桥闸、蒋河入惠济河口、睢县城西公路桥、通惠渠入惠济河口、宁陵县解洼	睢县 7、睢县 28、睢县 20、柘城 8、柘城 3、宁陵 14	宁陵县福润一厂、宁陵县钢厂 1 号、宁陵县钢厂 2 号、宁陵县污水处理厂、宁陵县张弓酒厂、睢县工业园路西桥北、睢县工业园路西桥南、睢县工业园路东桥北、睢县回族高级中学、睢县龙源纸厂、睢县西关皮毛厂 2、睢县高中、睢县河南丰太生态农业发展有限公司、睢县污水处理厂、柘城县老君堂制药厂、柘城县长青桥、柘城县西关桥下游西岸、柘城县惠阳桥上游东岸、柘城县惠阳桥下游西岸、柘城县第二高级中学、柘城县白庄东街、柘城县伊科皮革厂、柘城县醒狮桥上游西岸、柘城县污水处理厂、柘城县黄山路金沙桥北西、柘城县黄山路金沙桥北东、柘城县西关华商药业
			站数	63	11	6	27

续附表3

序号	市局名称	测区名称	类别	地下水站	地表水水质站	地下水水质站	排污口
13	河南省济源水文水资源勘测局	河南省济源水文测报中心	站名	人工：济源2、济源6、济源9、济源10、济源13、济源14、济源15、济源17、济源18、济源19、济源22、济源23、济源24、济源25、济源27、济源28、济源29、济源30、济源31、济源32、济源33、济源城区2、济源城区5、济源城区6、济源城区7、济源城区9、济源城区10、济源城区11、济源城区12、济源城区15、济源城区17、济源城区20、济源城区21、济源城区22、济源城区23、济源城区24、济源城区25	蟒河林场、西石露头、济源水文站、G207公路桥、南官庄、五龙口、市界（沙中村）、逢石、东河、孝敬、河合	济源17号、济源21号	济源市联创化工工业入河排污口、济源市中原特钢工业入河排污口、济源市豫光金铅股份有限公司工业入河排污口、济源市陶瓷厂工业入河排污口、济源市中博能源有限公司工业入河排污口、济源市国电豫源、方升化工工业入河排污口、济源市大富大食品有限公司工业入河排污口、济源市辛梨交界排水闸混合入河排污口、济源市污水处理厂混合入河排污口
			站数	37	11	2	9
14	河南省焦作水文水资源勘测局	河南省焦作水文测报中心	站名	博爱县2#、博爱县4#、博爱县5#、博爱县6#、博爱县10#、博爱县11#、博爱县14#、博爱县16#、沁阳市3#、沁阳市7#、沁阳市8#、沁阳市12#、沁阳市16#、沁阳市19#、沁阳市27#、沁阳市28#、沁阳市33#、沁阳市34#、沁阳市35#、沁阳市36#、焦作1#、焦作3#、焦作10#、焦作13#、焦作24#、修武3#、修武6#、修武7#、修武8#、修武12#、修武13#、修武15#、修武16#、修武17#、	青天河坝址、焦克公路桥、玉皇庙、入沁河口、孝敬、群英水库坝上、官司桥、修武县王屯乡习村、入大沙河口、焦博公路桥、博修县界、宝丰寨、高村乡北组近、张建屯村、武陟王顺、武陟小董、武陟、武陟大封、老莽河入沁河、谷旦闸、南庄镇、温县赵马、温县阎庄	沁阳市19#、沁阳市27#、沁阳市33#、博爱县4#、博爱县5#、博爱县10#、博爱县14#、修武县3#、修武县7#、修武县8#、修武县17#、修武水利	博爱县幸福河滨河路混合入河排污口、博爱县污水处理厂混合入河排污口、沁阳市污水处理厂混合入河排污口、焦作市第二污水处理厂混合入河排污口、焦作市化工总厂工业入河排污口、焦作市第三污水处理厂（万方铝厂）工业入河排污口、武陟县华丰纸业工业入河排污口、武陟县污水处理混合入河排污口、温县污水处理厂混合入河排污口、孟州市污水处理厂混合入河排污口、孟州市南庄镇南庄

续附表 3

序号	市局名称	测区名称	类别	地下水站	地表水水质站	地下水水质站	排污口
14	河南省焦作水文水资源勘测局	河南省焦作水文测报中心	站名	修武 18#、武陟县 7#、武陟县 8#、武陟县 10#、武陟县 13#、武陟县 18#、武陟县 19#、武陟县 20#、武陟县 37#、武陟县 38#、武陟县 41#、武陟县 43#、武陟县 44#、温县 37#、温县 38#、温县 41#、温县 1#、温县 2#、温县 7#、温县 15#、温县 35#、温县 36#、温县 40#、温县 42#、温县 43#、孟州市 1#、孟州市 2#、孟州市 3#、孟州市 4#、孟州市 8#、孟州市 10#、孟州市 17#、孟州市 20#、孟州市 21#、JZK-002、JZK-003、JZK-004、JZK-005、JZK-006、JZK-007、JZK-009、JZK-010、JZK-011、JZK-012、JZK-013、JZK-014、JZK-015、JZK-016、JZK-017、JZK-018、JZK-020、JZK-021、JZK-022、JZK-023、JZK-024、JZK-025、JZK-027、JZK-028、JZK-029、JZK-037、JZK-041、JZK-063、JZK-064、JZK-065、JZK-071、JZK-043、JZK-044、JZK-045、JZK-046、JZK-047、JZK-067、JZK-068、JZK-069、JZK-070、JZK-053、JZK-054、JZK-055、JZK-056、JZK-057		局地下水井、武陟县 7#、武陟县 8#、武陟县 10#、武陟县 18#、武陟县 38#、武陟县 41#、温县 37#、温县 38#、温县 41#、孟州市 1#、孟州市 2#、孟州市 3#、孟州市 10#、孟州市 21#、温县 1#、温县 2#、温县 40#、温县 42#	三村污水处理厂工业入河排污口
			站数	113	23	30	11

续附表 3

序号	市局名称	测区名称	类别	地下水站	地表水水质站	地下水水质站	排污口
15	河南省新乡水文水资源勘测局	河南省新乡水文测报中心	站名	人工：凤泉区 1 号、凤泉区 4 号、凤泉区 5 号、凤泉区 6 号、凤泉区 10 号、凤泉区 11 号、凤泉区 15 号、凤泉区 21 号、凤泉区 22 号、凤泉区 23 号、凤泉区 29 号、凤泉区 32 号、凤泉区 33 号、凤泉区 38 号、凤泉区 39 号、红旗区 33 号、红旗区 50 号、红旗区 51 号、红旗区 52 号、红旗区 53 号、红旗区 54 号、红旗区 55 号、红旗区 56 号、牧野区 3 号、牧野区 5 号、牧野区 6 号、牧野区 7 号、牧野区 8 号、牧野区 10 号、牧野区 14 号、牧野区 15 号、牧野区 23 号、牧野区 25 号、牧野区 27 号、牧野区 30 号、卫滨区 11 号、卫滨区 16 号、卫滨区 18 号、卫滨区 25 号、卫滨区 36 号、卫滨区 37 号、卫滨区 40 号、卫滨区 31 号、新乡县 1 号、新乡县 3 号、新乡县 4 号、新乡县 7 号、新乡县 9 号、新乡县 10 号、新乡县 13 号、新乡县 18 号、新乡县 21 号、新乡县 24 号、新乡县 26 号、获嘉 8 号、获嘉 9 号、获嘉 10	西孟入口、饮马口、入大沙河口公路桥、八里营水文站、新焦公路桥、洪门镇公路桥、田庄、饮马口水文站、新乡县大块镇块村营公路桥、合河站	新乡市 1 号、新乡市 9 号、新乡县 1 号、新乡县 3 号、新乡县 5 号、新乡县 12 号、获嘉县 8 号、获嘉县 10 号、获嘉县 11 号、获嘉县 15 号	新乡市骆驼湾污水处理厂混合入河排污口、新乡市小尚庄污水处理厂混合入河排污口、新乡市前河头村左岸混合入河排污口、新乡市前河头村右岸混合入河排污口、新乡市化纤厂工业入河排污口、新乡市润源水务有限公司混合入河排污口、新乡市小店污水处理厂混合入河排污口、新乡县新亚集团工业入河排污口、新乡县小冀工业入西孟工业入河排污口、新乡县六通实业工业入河排污口、新乡县龙泉集团工业入河排污口、新乡县刘庄制药厂工业入河排污口、获嘉县同盟污水处理有限公司混合入河排污口、获嘉县楼村工业入河排污口

续附表 3

序号	市局名称	测区名称	类别	地下水站	地表水水质站	地下水水质站	排污口
15	河南省新乡水文水资源勘测局	河南省新乡水文测报中心	站名	号、获嘉11号、获嘉12号、获嘉13号、获嘉14号、获嘉15号、获嘉16号、获嘉18号、获嘉19号、获嘉20号、获嘉22号、获嘉24号、获嘉25号、获嘉27号、获嘉28号、获嘉29号、获嘉33号、获嘉35号、获嘉38号、获嘉39号、获嘉40号、获嘉41号、获嘉43号、获嘉45号			
			站数	80	10	10	14
		河南省辉县水文局	站名	人工:辉县5号、辉县7号、辉县8号、辉县11号、辉县13号、辉县15号、辉县17号、辉县19号、辉县20号、辉县21号、辉县22号、辉县23号、辉县24号、辉县25号、辉县32号、辉县36号、辉县1号	宝泉水库坝上、峪河镇沟庄公路桥、石门水库坝上、东樊村黄水河汇口以下、辉县胡桥乡公路桥	辉县1号、辉县8号	辉县市共城污水净化有限责任公司混合入河排污口、辉县市常屯混合入河排污口、辉县市综合污水混合入河排污口
			站数	17	5	2	3
		河南省卫辉水文局	站名	人工:卫辉1号、卫辉3号、卫辉4号、卫辉5号、卫辉6号、卫辉7号、卫辉9号、卫辉10号、卫辉12号、卫辉15号、卫辉16号、卫辉17号、卫辉19号、卫辉20	六店村107国道公路桥上、卫辉市倪湾乡洪庄、东孟入卫河口、塔岗水库坝上、入共渠口、107公路桥、河道村南闸	卫辉1号、卫辉3号、卫辉4号	卫辉市清源排水有限责任公司混合入河排污口、卫辉市唐庄镇污水处理厂混合入河排污口、卫辉市新克耐油墨化工工业入河排污口、卫辉市化肥厂工业入河排污口、卫辉市华瑞工业

续附表3

序号	市局名称	测区名称	类别	地下水站	地表水水质站	地下水水质站	排污口
15	河南省新乡水文水资源勘测局	河南省卫辉水文局	站名	号、卫辉22号、卫辉23号、卫辉25号、卫辉26号、卫辉28号、卫辉30号、卫辉31号、卫辉33号			入河排污口、卫辉市北关桥混合入河排污口
			站数	22	7	3	6
		河南省延津水文局	站名	人工:延津3号、延津4号、延津5号、延津7号、延津12号、延津14号、延津15号、延津16号、延津17号、延津18号、延津19号、延津21号、延津22号、延津23号、延津24号、延津25号、延津26号、延津27号、延津29号、延津30号、延津31号、延津32号、封丘1号、封丘3号、封丘5号、封丘8号、封丘10号、封丘12号、封丘13号、封丘14号、封丘15号、封丘16号、封丘18号、封丘22号、封丘24号、封丘27号、封丘28号、封丘29号、封丘30号、封丘34号、封丘35号、原阳1号、原阳2号、原阳7号、原阳11号、原阳12号、原阳15号、原阳19号、原阳20号、原阳21号、原阳22号、原阳23号、原阳24号、原阳25号、原阳28号、原阳29号、原阳30号	原阳城北公路桥、阳阿乡公路桥、段庄村公路桥、朱付村站、城南公路桥、城东公路桥、陶北村公路桥	原阳2号、延津3号、延津4号、延津5号、延津12号、封丘1号、封丘4号、封丘5号、封丘10号、封丘12号	原阳县开源污水净化有限公司混合入河排污口、原阳县城区生活入河排污口、延津县污水处理厂混合入河排污口、封丘县污水处理厂混合入河排污口、封丘县市政总排生活入河排污口
			站数	57	7	10	5

续附表 3

序号	市局名称	测区名称	类别	地下水站	地表水水质站	地下水水质站	排污口
15	河南省新乡水文水资源勘测局	河南省长垣水文局	站名	人工:长垣1号、长垣4号、长垣9号、长垣10号、长垣11号、长垣12号、长垣14号、长垣15号、长垣17号、长垣18号、长垣19号、长垣20号、长垣22号、长垣33号、长垣35号、长垣36号	天然文岩渠入黄河口、长垣县满村公路桥、大车集	长垣县4号、长垣县9号、长垣县10号、长垣县15号、长垣县19号	长垣县清泉污水处理有限公司混合入河排污口、长垣县城区生活入河排污口
			站数	16	3	5	2
16	河南省安阳水文水资源勘测局	河南省林州水文局	站名	人工:付村、七泉、河街、水车园	分水闸、联庄、横水水文站		临淇、姚村、柳林、林钢、林州、南陵阳、凤宝
			站数	4	3		7
		河南省滑县水文局	站名	人工:小马村、横村、孔村、慈周寨、程丁将、彭庄、赵庄、申庄、东明店、万古、东起寨、牛屯、东呼、孙村、白道口、赵营、崔孤屋、枣村、上官镇、董村、道成路、常屯、东关	吕村、白道口、东方红桥、孔村、刘庄闸、安上村桥	滑县10号、滑县12号、滑县13号、滑县19号、滑县27号、滑县30号、滑县31号	箱涵、滑县调节渠、造纸厂、滑污水处理厂
			站数	23	6	7	4
		河南省安阳水文测报中心	站名	人工:宝莲寺、高庄、后皇甫、洪岩、铁炉、南辛村、冯宿、白璧、大朝、北街、西蒋村、北郭、崔家桥、陈家井、新华街、任固、白营、抚寨、汤阴西关、高汉、岗阳、南小章、武家洼、北杨庄、六村、善仪店、西仗堡、后河、石庄、中召、后安、韩俄、高堌、刘庄、北冯、石盘	五陵、楚旺、汤河入卫河口、洪河入羑河口、汤河水库、羑河入汤河口、王贵庄、小南海水库、南海泉、冯宿桥、内黄水文站、彰武水库、北士旺公路桥、安阳水文站	安阳县17号、安阳县21号、汤阴县7号、汤阴县11号、汤阴县16号、内黄23号、内黄6号、内黄21号、内黄29号	安阳市铁西路市政管网混合入河排污口、安阳市铁西排洪沟混合入河排污口、安阳市宗村污水处理厂混合入河排污口、安阳市北小庄污水处理厂混合入河排污口、安阳市过江沟混合入河排污口、安阳市邱家沟婴儿沟混合入河排污口、安阳市东区污水处理厂混合入河排污口、安阳市张家庄工

续附表 3

序号	市局名称	测区名称	类别	地下水站	地表水水质站	地下水水质站	排污口
16	河南省安阳水文水资源勘测局	河南省安阳水文测报中心	站名	屯、东屯、甘庄、左庄、中流河、豆公			业入河排污口、安阳市铁西高楼庄混合入河排污口、安阳市爱民路市政管网生活入河排污口、安阳市北万金渠混合入河排污口、安阳市新东产业集聚区污水处理厂(安阳县白壁镇镇区)混合入河排污口、安阳县段村混合入河排污口、安阳县水冶镇污水处理厂混合入河排污口、安阳县珠泉河入安阳河口混合入河排污口、汤阴县永通河混合入河排污口、内黄县陶瓷产业聚集区工业入河排污口①、内黄县陶瓷产业聚集区工业入河排污口②、内黄县污水处理厂混合入河排污口
			站数	41	14	9	19
17	河南省鹤壁水文水资源勘测局	河南省浚县水文局	站名	人工:浚县3号、浚县9号、浚县10号、浚县11号、浚县12号、浚县13号、浚县14号、浚县16号、浚县17号、浚县18号、浚县20号	淇门水文站、刘庄水文站、浚/滑县界(烧酒营)、浚县城关南环公路桥、备战桥	浚县9号、浚县11号、浚县12号、浚县13号	浚县备战桥生活入河排污口
			站数	11	5	4	1
		河南省鹤壁水文测报中心	站名	人工:淇县4号、淇县5号、淇县8号、淇县10号、淇县15号	盘石头水库、新村水文站、思德河入共渠口、闫村口上、时丰	淇县4号、淇县8号	淇县大用公司②工业入河排污口、淇县大用公司工业入河排污口、淇县折胫河混合入河排污口、淇县污水处理厂混合入河排污口、鹤壁市一矿生活区生活入河排污口、鹤壁市山城区污水处理厂混合入河排污口、鹤壁市北柳涧混合入河排污口
			站数	5	5	2	7

续附表 3

序号	市局名称	测区名称	类别	地下水站	地表水水质站	地下水水质站	排污口
18	河南省濮阳水文水资源勘测局	河南省南乐水文局	站名	人工:清丰县6、清丰县8、清丰县16、清丰县19、清丰县21、清丰县24、清丰县25、清丰县26、清丰县27、清丰县28、清丰县31、清丰县32、清丰县33、清丰县34、清丰县35、清丰县36、清丰县37、南乐县3、南乐县5、南乐县6、南乐县8、南乐县11、南乐县13、南乐县14、南乐县16、南乐县17、南乐县18、南乐县19、南乐县20、南乐县21	元村集水文站、南乐水文站1、南乐水文站2、大清闸、马庄桥、唐庄桥、元村(大北张)	南乐3号、南乐11号、清丰县8号、清丰县19号、清丰县25号、清丰县29号、清丰县34号	清丰县污水处理厂、清丰县华中医药、南乐县污水处理厂
			站数	30	7	7	3
		河南省濮阳水文测报中心	站名	人工:濮阳市1、濮阳市15、濮阳市18、濮阳市25、濮阳县2、濮阳县3、濮阳县4、濮阳县7、濮阳县9、濮阳县10、濮阳县13、濮阳县14、濮阳县16、濮阳县19、濮阳县21、濮阳县22、濮阳县23、濮阳县24、濮阳县27、濮阳县28、PYK－001、PYK－002、PYK－004、PYK－005、PYK－006、PYK－008、PYK－009、PYK－010、PYK－011、PYK－012、PYK－013、PYK－014、PYK－015、PYK－016、PYK－017、PYK－019、PYK－020、PYK－022、PYK－024、PYK－025	濮阳水文站	濮阳市区25号、濮阳县2号、濮阳县3号、濮阳县4号、濮阳县10号、濮阳县14号、濮阳县21号	濮阳县污水处理厂、濮阳市污水处理厂、濮阳市第二污水处理厂、濮阳市油田污水处理厂
			站数	40	1	7	4

续附表 3

序号	市局名称	测区名称	类别	地下水站	地表水水质站	地下水水质站	排污口
18	河南省濮阳水文水资源勘测局	河南省范县水文局	站名	人工:范县 6、范县 7、范县 9、范县 12、范县 13、范县 14、范县 15、范县 16、范县 17、范县 18、范县 20、范县 22、台前县 1、台前县 3、台前县 7、台前县 12、台前县 13、台前县 15、台前县 16、台前县 17、台前县 18、台前县 19	范县水文站、贾海桥	范县 6 号、范县 14 号、台前 3 号、台前 12 号	范县污水处理厂、范县濮王污水处理厂、台前县污水处理厂
			站数	22	2	4	3
全省合计			站数	1 873	484	222	634

附表 4　水文业务经费定额标准河南省各测区经费计算成果

（单位:元）

序号	测区水文局	测区经费合计	基本水文站	水文巡测站	基本水位站	中小河流水位站	基本雨量站	遥测站	生态站	地下水站	人工墒情站	自动墒情站	地表水水质站	地下水水质站	排污口	中心站	实验站
1	河南省信阳水文测报中心	1 162 375.7	338 642.7	188 665	0	0	222 180	199 800	0	2 880	3 060	3 100	12 758	5 264	9 276	176 750	
2	河南省固始水文局	1 744 512.85	434 224.6	313 996	136 766.25	0	223 580	288 200	100 264	8 640	6 120	6 200	24 826	6 018	18 928	176 750	
3	河南省淮滨水文局	591 396.9	182 177.9	125 777	0	0	39 550	34 200	0	3 600	3 060	3 100	12 758	0	10 424	176 750	
4	河南省潢川水文局	899 839.75	285 427.5	125 777	84 661.25	0	74 270	117 000	0	1 440	3 060	3 100	17 930	0	10 424	176 750	
5	河南省新县水文局	851 642.8	235 370.8	125 554	0	0	118 020	165 600	0	0	4 140	3 100	11 236	0	11 872	176 750	
6	河南省罗山水文局	1 488 541	558 917	251 554	0	0	179 060	242 200	0	6 480	6 120	6 200	31 722	6 018	23 520	176 750	
7	河南省光山水文局	1 126 829.8	498 045.8	188 442	0	0	77 070	144 600	0	2 880	4 140	3 100	21 378	0	10 424	176 750	
8	河南省浉河水文局	1 324 339.3	487 713.3	313 996	0	0	128 450	171 600	0	720	4 140	0	14 482	5 264	21 224	176 750	
9	河南省南阳水文测报中心	2 076 354.8	635 184.4	242 934	35 448	39 786.4	213 150	494 000	0	62 640	9 792	12 400	23 966	10 622	22 732	273 700	
10	河南省邓州水文局	1 780 286.8	337 574.4	728 461	0	19 818.4	79 870	66 400	281 193	25 920	4 896	6 200	29 942	10 542	12 720	176 750	
11	河南省西峡水文局	1 878 992.7	610 419.3	364 389	0	59 414.4	263 130	355 600	0	9 360	4 896	6 200	18 410	0	10 424	176 750	
12	河南省内乡水文局	831 292.4	122 133.6	181 510	34 846.8	0	108 990	173 600	0	5 760	2 448	3 100	12 878	0	9 276	176 750	
13	河南省南召水文局	1 530 716.9	642 058.1	182 256	0	19 804.8	256 130	221 200	0	4 320	2 448	3 100	15 670	0	6 980	176 750	
14	河南省唐河水文局	1 367 530.1	313 031.1	364 785	35 390	79 256	129 850	177 800	0	17 280	4 896	6 200	35 114	6 802	20 376	176 750	
15	河南省汝南水文局	1 092 877.7	529 421.7	184 528	27 518	0	52 780	69 000	0	4 320	3 060	3 100	27 810	5 314	9 276	176 750	
16	河南省平舆水文局	639 791.8	163 451.5	61 080.9	0	40 225.4	52 780	101 200	0	7 920	3 060	3 100	17 930	5 314	6 980	176 750	
17	河南省确山水文局	1 308 713.8	447 806.8	183 243	0	0	211 750	219 200	0	10 800	6 120	6 200	21 798	6 118	18 928	176 750	

续附表 4

序号	测区水文局	测区经费合计	基本水文站	水文巡测站	基本水位站	中小河流水位站	基本雨量站	遥测站	生态站	地下水站	人工墒情站	自动墒情站	地表水水质站	地下水水质站	排污口	中心站	实验站
18	河南省新蔡水文局	967 819.9	441 379.3	61 891.6	0	0	42 350	92 000	106 137	5 760	3 060	3 100	19 654	5 314	10 424	176 750	
19	河南省西平水文局	1 243 989	531 676	184 463	0	0	81 900	187 000	0	16 560	6 120	6 200	28 274	6 118	18 928	176 750	
20	河南省泌阳水文局	1 150 763.9	438 684.6	61 199.3	0	0	193 690	251 800	0	3 600	0	0	11 598	5 314	8 128	176 750	
21	河南省驻马店水文测报中心	1 358 076	429 030	246 728	0	0	119 420	290 800	0	17 280	9 180	9 300	23 282	7 726	28 580	176 750	
22	河南省鲁山水文局	1 892 850.6	659 230.6	181 739	0	131 444	299 250	322 000	0	7 200	9 180	6 200	23 394	6 198	13 440	233 575	
23	河南省汝州水文局	1 530 040.9	268 571.9	120 858	0	349 120	97 930	395 600	50 655	15 120	3 060	9 300	24 062	5 574	13 440	176 750	
24	河南省舞钢水文局	1 478 429.4	460 804.4	121 207	0	0	229 810	230 000	198 138	11 520	6 120	6 200	20 374	5 334	12 172	176 750	
25	河南省舞阳水文局	806 625.2	280 276.5	73 848.7	0	21 820	52 780	47 000	101 196	8 640	2 346	3 100	20 014	6 982	11 872	176 750	
26	河南省漯河水文测报中心	813 003.6	189 017.6	171 692	0	21 820		56 200	100 998	41 440	2 346	6 200	21 798	5 334	19 408	176 750	
27	河南省临颍水文局	370 841.4	0	62 797.4	0	43 640		32 200	0	18 800	2 346	6 200	12 878	6 982	8 248	176 750	
28	河南省鄢陵水文局	466 087	0	148 571	0	19 630	9 030	55 200	0	14 880	630	6 200	17 990	6 782	10 424	176 750	
29	河南省许昌水文测报中心	2 215 459.7	429 176.2	446 165	51 582.5	78 520	173 600	308 200	198 401	173 240	10 710	18 600	46 738	13 608	33 344	233 575	
30	河南省周口水文测报中心	1 720 437.1	460 402.9	302 784	0	59 455.2		78 200	395 466	65 440	7 650	21 700	38 494	14 446	42 824	233 575	
31	河南省太康水文局	823 865.8	146 621.8	181 670	36 090	0		59 800	98 866	41 040	5 100	12 400	25 726	8 926	30 876	176 750	
32	河南省鹿邑水文局	1 359 473.4	365 658.4	242 227	0	0		46 000	395 466	39 440	5 100	12 400	18 430	7 822	50 180	176 750	
33	河南省沈丘水文局	1 242 104.6	420 059.6	121 114	0	0	89 530	32 200	296 599	25 280	5 100	12 400	22 078	7 822	33 172	176 750	
34	河南省灵宝水文局	1 274 959.3	317 752.3	251 348	0	21 988	45 150	294 400	102 005	7 200	3 060	15 500	31 438	0	8 368	176 750	

续附表 4

序号	测区水文局	测区经费合计	基本水文站	水文巡测站	基本水位站	中小河流水位站	基本雨量站	遥测站	生态站	地下水站	人工墒情站	自动墒情站	地表水水质站	地下水水质站	排污口	中心站	实验站
35	河南省卢氏水文局	1 069 167	0	251 983	0	0	0	584 200	0	1 440	3 060	15 500	24 062	0	12 172	176 750	
36	河南省三门峡水文测报中心	1 393 892	0	251 507	0	352 107	0	427 801	0	2 880	12 240	62 000	20 374	0	31 408	233 575	
37	河南省洛阳水文测报中心	1 646 455. 5	133 144. 3	304 621	0	79 335. 2	0	409 800	298 840	62 640	12 240	15 500	40 462	6 118	50 180	233 575	
38	河南省汝阳水文局	1 312 554. 78	157 430. 3	304 449	40 881. 48	0	117 390	450 200	0	8 640	4 896	6 200	26 790	0	18 928	176 750	
39	河南省栾川水文局	781 285	0	304 277	0	0	0	266 800	0	2 880	2 448	3 100	18 050	0	6 980	176 750	
40	河南省洛宁水文局	1 086 204	0	181 288	0	297 072	0	379 200	0	5 760	4 896	6 200	26 910	0	8 128	176 750	
41	河南省郑州水文测报中心	1 958 782. 5	413 937. 5	484 824	0	99 530	143 570	331 200	56 514	81 120	9 792	18 600	28 274	6 518	51 328	233 575	
42	河南省新郑水文局	1 042 433. 3	148 881. 3	121 206	0	119 436	122 870	156 400	98 060	17 440	4 896	9 300	17 930	0	49 264	176 750	
43	河南省巩义水文局	518 477	0	60 603	0	99 530	22 340	110 400	0	5 760	2 448	3 100	24 826	0	12 720	176 750	
44	河南省登封水文局	941 459. 1	131 828. 1	121 319	0	238 872	89 360	96 600	0	5 760	2 448	3 100	16 206	0	59 216	176 750	
45	河南省兰考水文局	368 639	0	53 099	0	19 906	40 950	32 200	0	17 920	2 040	6 200	0	7 702	11 872	176 750	
46	河南省杞县水文局	1 136 822. 5	241 633. 5	159 297	0	19 906	66 640	59 800	296 312	39 440	4 080	12 400	20 014	7 566	32 984	176 750	
47	河南省开封水文测报中心	755 493	105 018	53 099	0	19 906	137 480	101 200	0	70 880	4 080	15 500	20 014	8 630	42 936	176 750	
48	河南省商丘水文测报中心	1 982 452. 5	264 632. 3	362 575	0	79 219. 2	321 510	119 600	295 117	113 760	9 792	34 100	35 170	14 962	98 440	233 575	
49	河南省永城水文局	1 026 645. 6	291 854. 6	120 858	0	0	61 810	69 000	196 745	27 440	2 448	6 200	17 930	7 726	47 884	176 750	
50	河南省柘城水文局	1 126 389. 3	220 493. 5	185 668	0	19 804. 8	70 840	82 800	196 745	54 160	7 344	21 700	28 274	9 334	52 476	176 750	
51	河南省济源水文测报中心	1 415 340. 7	307 783	181 858	0	39 778. 7	36 120	427 800	100 286	26 640	2 652	3 100	28 994	6 138	20 616	233 575	

续附表 4

序号	测区水文局	测区经费合计	基本水文站	水文巡测站	基本水位站	中小河流水位站	基本雨量站	遥测站	生态站	地下水站	人工墒情站	自动墒情站	地表水水质站	地下水水质站	排污口	中心站	实验站
52	河南省焦作水文测报中心	2 836 621. 8	288 460	969 608	0	59 528. 8	87 500	536 600	395 549	81 360	15 912	18 600	54 012	32 760	23 032	273 700	
53	河南省新乡水文测报中心	1 284 294	366 589	242 636	0	0	75 670	119 600	103 000	57 600	4 896	12 400	26 550	12 050	29 728	233 575	
54	河南省辉县水文局	1 102 687. 89	107 183	242 805	34 482. 09	19 855. 8	173 600	296 400	0	12 240	2 448	3 100	18 350	6 018	9 456	176 750	
55	河南省卫辉水文局	1 127 616. 9	264 568. 3	242 636	0	39 653. 6	43 750	92 000	206 001	15 840	2 448	3 100	21 378	6 772	12 720	176 750	
56	河南省延津水文局	1 610 634. 3	154 756. 3	667 248	0	0	57 610	280 600	105 161	41 040	7 344	18 600	21 078	12 050	11 572	233 575	
57	河南省长垣水文局	560 845. 6	154 529. 1	60 698. 5	0	0	18 060	100 200	0	11 520	2 448	6 200	14 182	8 130	8 128	176 750	
58	河南省林州水文局	981 407. 58	164 411. 9	172 887	29 863. 68	15 525	180 050	136 800	0	2 880	3 024	3 100	12 996	0	14 120	245 750	
59	河南省滑县水文局	442 656. 2	0	43 174. 2	0	0	33 510	54 000	0	16 560	1 512	9 300	19 654	8 628	10 568	245 750	
60	河南省安阳水文测报中心	1 406 186. 14	335 609	259 088	30 725. 14	31 330	127 480	241 200	0	29 520	4 536	12 400	36 268	12 216	40 064	245 750	
61	河南省浚县水文局	838 333	277 922	0	0	0	33 320	78 200	199 345	7 920	2 040	6 200	17 930	7 726	6 980	200 750	
62	河南省鹤壁水文测报中心	1 547 597. 4	313 422. 9	438 501	17 785. 5	0	59 010	211 600	197 307	3 600	4 080	6 200	18 110	6 118	14 288	257 575	
63	河南省南乐水文局	973 840. 1	272 025. 6	181 288	36 393. 5	0	34 720	41 400	148 679	21 600	4 692	15 500	21 378	10 138	9 276	176 750	
64	河南省濮阳水文测报中心	1 076 481	163 952	181 288	36 432	0	86 100	59 800	295 117	28 800	2 346	9 300	11 034	10 138	10 424	176 750	
65	河南省范县水文局	725 437. 5	123 320. 5	120 858	0	19 630	27 090	36 800	98 372	15 840	4 692	15 500	12 758	7 726	9 276	233 575	
66	河南省郑州水文实验站	1 000 000															1 000 000
	合计	79 487 994. 09	18 068 328. 6	14 432 497. 6	668 866. 19	2 675 668. 7	6 133 400	12 410 001	5 712 534	1 578 280	310 782	613 800	1 456 788	402 722	1 404 776	12 619 550	1 000 000

附表5　河南省水文业务经费定额标准河南省各测区经费计算成果

（单位:元）

序号	测区水文局	测区经费合计	基本水文站	水文巡测站	基本水位站	中小河流水位站	基本雨量站	遥测站	生态站	地下水站	人工墒情站	自动墒情站	地表水水质站	地下水水质站	排污口	中心站	实验站
1	河南省信阳水文测报中心	679 323.86	170 446.63	82 273.63	0	0	165 396	94 080	0	1 728	1 512	1 860	6 741.6	2 205.6	5 630.4	147 450	
2	河南省固始水文局	947 421	206 734.61	136 757.33	77 869.70	0	166 380	135 720	35 082.96	5 184	3 024	3 720	15 307.2	2 661.6	11 529.6	147 450	
3	河南省淮滨水文局	350 773.63	83 962.45	54 852.78	0	0	29 574	16 320	0	2 160	1 512	1 860	6 741.6	0	6 340.8	147 450	
4	河南省潢川水文局	516 549.35	134 995.15	54 727.64	48 292.16	0	55 398	55 200	0	864	1 512	1 860	9 909.6	0	6 340.8	147 450	
5	河南省新县水文局	492 923.45	104 640.83	54 737.82	0	0	87 924	80 520	0	0	1 998	1 860	6 741.6	0	7 051.2	147 450	
6	河南省罗山水文局	823 025.83	269 996.54	109 455.29	0	0	133 668	114 120	0	3 888	3 024	3 720	20 704.8	2 628	14 371.2	147 450	
7	河南省光山水文局	625 841.33	246 745.30	82 171.63	0	0	57 366	68 160	0	1 728	1 998	1 860	12 021.6	0	6 340.8	147 450	
8	河南省浉河水文局	723 873.34	237 074.11	136 995.63	0	0	95 610	81 360	0	432	1 998	0	7 797.6	2 205.6	12 950.4	147 450	
9	河南省南阳水文测报中心	1 115 154.04	289 930.91	104 219.78	19 885.59	18 806.16	158 694	233 400	0	37 584	4 838.4	7 440	14 503.2	6 571.2	13 660.8	205 620	
10	河南省邓州水文局	855 493.36	143 348.30	312 223.10	0	9 411.6	59 334	31 440	98 339.16	15 552	2 419.2	3 720	17 923.2	6 571.2	7 761.6	147 450	
11	河南省西峡水文局	996 465.12	274 436.32	156 205.40	0	28 213.8	195 954	166 200	0	5 616	2 419.2	3 720	9 909.6	0	6 340.8	147 450	
12	河南省内乡水文局	483 715.05	56 028.68	78 102.70	19 454.07	0	81 222	82 560	0	3 456	1 209.6	1 860	6 741.6	0	5 630.4	147 450	
13	河南省南召水文局	838 374.70	289 587.37	78 207.33	0	9 403.2	191 034	104 520	0	2 592	1 209.6	1 860	8 301.6	0	4 209.6	147 450	
14	河南省唐河水文局	741 541.21	145 546.40	156 445.10	19 876.59	37 619.52	96 594	83 880	0	10 368	2 419.2	3 720	22 264.8	3 117.6	12 240	147 450	
15	河南省汝南水文局	581 894.22	237 182.58	79 101.09	15 579.75	0	39 228	32 400	0	2 592	1 512	1 860	17 119.2	2 239.2	5 630.4	147 450	
16	河南省平舆水文局	384 282.6	80 360.13	26 216.19	0	19 025.88	39 228	47 520	0	4 752	1 512	1 860	9 909.6	2 239.2	4 209.6	147 450	
17	河南省确山水文局	738 023.11	211 138.54	78 648.57	0	0	157 710	103 320	0	6 480	3 024	3 720	12 273.6	2 728.8	11 529.6	147 450	

续附表5

序号	测区水文局	测区经费合计	基本水文站	水文巡测站	基本水位站	中小河流水位站	基本雨量站	遥测站	生态站	地下水站	人工墒情站	自动墒情站	地表水水质站	地下水水质站	排污口	中心站	实验站
18	河南省新蔡水文局	522 955. 87	209 687. 01	26 695. 61	0	0	31 542	43 200	38 007. 65	3 456	1 512	1 860	10 965. 6	2 239. 2	6 340. 8	147 450	
19	河南省西平水文局	696 928. 64	272 452. 89	79 352. 15	0	0	61 116	88 200	0	9 936	3 024	3 720	17 419. 2	2 728. 8	11 529. 6	147 450	
20	河南省泌阳水文局	671 874. 45	219 288. 42	26 293. 23	0	0	144 306	119 280	0	2 160	0	0	5 937. 6	2 239. 2	4 920	147 450	
21	河南省驻马店水文测报中心	742 164. 15	206 137. 26	106 864. 89	0	0	88 908	136 680	0	10 368	4 536	5 580	14 503. 2	3 708	17 428. 8	147 450	
22	河南省鲁山水文局	1 037 356. 63	304 103. 31	77 853. 82	0	64 300. 5	222 762	151 200	0	4 320	4 536	3 720	12 525. 6	2 728. 8	7 761. 6	181 545	
23	河南省汝州水文局	817 105. 61	124 780. 40	54 744. 28	0	172 346. 4	72 738	185 760	17 768. 93	9 198	1 512	5 580	14 251. 2	3 214. 8	7 761. 6	147 450	
24	河南省舞钢水文局	809 845. 92	224 126. 86	52 547. 28	0	0	171 114	108 000	72 695. 18	6 912	3 024	3 720	10 966. 2	2 239. 2	7 051. 2	147 450	
25	河南省舞阳水文局	438 324. 26	125 556. 75	27 580. 04	0	10 727. 55	39 228	22 200	33 827. 52	5 184	1 159. 2	1 860	12 021. 6	3 218. 4	8 311. 2	147 450	
26	河南省漯河水文测报中心	503 957. 90	88 446. 99	109 296. 10	0	10 727. 55	28 590	26 520	35 377. 66	24 864	1 159. 2	3 720	12 021. 6	2 239. 2	13 545. 6	147 450	
27	河南省临颍水文局	249 675. 70	0	27 405. 40	0	21 455. 1	6 702	15 120	0	11 280	1 159. 2	3 720	6 741. 6	3 218. 4	5 424	147 450	
28	河南省鄢陵水文局	289 580. 16	0	67 118. 76	0	9 315	6 702	25 920	0	8 928	1 058. 4	3 720	9 909. 6	3 117. 6	6 340. 8	147 450	
29	河南省许昌水文测报中心	1 101 968. 51	194 228. 87	201 048. 59	28 336. 26	37 583. 74	129 120	144 720	69 600. 45	39 792	5 292	11 160	30 830. 4	8 395. 2	20 316	181 545	
30	河南省周口水文测报中心	966 193. 18	201 503. 91	130 350. 24	0	28 209. 6	138 402	32 400	137 456. 83	39 264	3 780	13 020	24 948	9 144	26 169. 6	181 545	
31	河南省太康水文局	508 986. 70	62 929. 35	78 210. 14	20 211	0	63 882	28 080	34 364. 21	24 624	2 520	7 440	15 912	4 514. 4	18 849. 6	147 450	
32	河南省鹿邑水文局	698 364. 70	158 572. 88	104 280. 19	0	0	50 664	21 600	137 456. 83	23 664	2 520	7 440	10 245. 6	3 823. 2	30 648	147 450	
33	河南省沈丘水文局	634 065. 36	187 715. 04	52 140. 10	0	0	66 834	15 120	103 092. 62	15 168	2 520	7 440	12 492	3 823. 2	20 270. 4	147 450	
34	河南省灵宝水文局	668 568. 21	153 871. 75	110 073. 09	0	10 824. 15	33 510	138 240	36 072. 02	4 320	1 512	9 300	18 475. 2	0	4 920	147 450	

续附表 5

序号	测区水文局	测区经费合计	基本水文站	水文巡测站	基本水位站	中小河流水位站	基本雨量站	遥测站	生态站	地下水站	人工墒情站	自动墒情站	地表水水质站	地下水水质站	排污口	中心站	实验站
35	河南省卢氏水文局	565 132. 55	0	110 384. 15	0	0	0	274 320	0	864	1 512	9 300	14 251. 2	0	7 051. 2	147 450	
36	河南省三门峡水文测报中心	740 100. 90	0	110 425. 50	0	173 169. 6	0	200 880	0	1 728	6 048	37 200	10 965. 6	0	18 139. 2	181 545	
37	河南省洛阳水文测报中心	823 545. 68	62 694. 3	131 229	0	37 617. 36	0	193 080	103 912. 82	37 584	6 048	9 300	27 158. 4	2 728. 8	30 648	181 545	
38	河南省汝阳水文局	714 091. 89	73 980. 33	131 152. 49	23 247. 07	0	87 126	211 920	0	5 184	2 419. 2	3 720	16 363. 2	0	11 529. 6	147 450	
39	河南省栾川水文局	422 711. 57	0	131 064. 77	0	0	0	125 280	0	1 728	1 209. 6	1 860	9 909. 6	0	4 209. 6	147 450	
40	河南省洛宁水文局	575 550. 22	0	77 853. 82	0	141 048	0	178 320	0	3 456	2 419. 2	3 720	16 363. 2	0	4 920	147 450	
41	河南省郑州水文测报中心	1 024 262. 55	195 406. 71	208 213. 68	0	47 081. 4	86 142	155 520	33 908. 16	48 672	4 838. 4	11 160	17 419. 2	2 997. 6	31 358. 4	181 545	
42	河南省新郑水文局	564 171. 78	69 500. 52	52 053. 42	0	56 497. 68	73 722	73 440	33 908. 16	10 464	2 419. 2	5 580	9 909. 6	0	29 227. 2	147 450	
43	河南省巩义水文局	315 396. 51	0	26 026. 71	0	47 081. 4	13 404	51 840	0	3 456	1 209. 6	1 860	15 307. 2	0	7 761. 6	147 450	
44	河南省登封水文局	523 093. 37	60 967. 62	52 112. 39	0	112 995. 36	53 616	45 360	0	3 456	1 296	1 860	8 853. 6	0	35 126. 4	147 450	
45	河南省兰考水文局	251 728. 84	0	23 535. 76	0	9 416. 28	30 558	15 120	0	10 752	1 008	3 720	0	3 117. 6	7 051. 2	147 450	
46	河南省杞县水文局	581 634. 73	106 873. 8	70 607. 29	0	9 416. 28	49 680	28 080	102 308. 16	23 664	2 016	7 440	10 965. 6	3 573. 6	19 560	147 450	
47	河南省开封水文测报中心	471 402. 04	46 869. 6	23 535. 76	0	9 416. 28	102 312	47 520	0	42 528	2 016	9 300	10 965. 6	4 029. 6	25 459. 2	147 450	
48	河南省商丘水文测报中心	1 079 715. 12	112 339. 92	155 707. 63	0	37 631. 81	239 118	64 800	101 595. 96	68 256	4 838. 4	20 460	22 816. 8	10 461. 6	60 144	181 545	
49	河南省永城水文局	549 966. 64	140 315. 06	51 902. 54	0	0	45 930	32 400	67 730. 64	16 464	1 209. 6	3 720	9 909. 6	3 708	29 227. 2	147 450	
50	河南省柘城水文局	597 308. 12	100 033. 71	77 853. 82	0	9 407. 95	52 632	38 880	67 730. 64	32 496	3 628. 8	13 020	17 419. 2	4 687. 2	32 068. 8	147 450	
51	河南省济源水文测报中心	735 218. 81	143 416. 67	77 893. 02	0	18 830. 35	26 808	200 880	34 303. 37	15 984	1 310. 4	1 860	17 419. 2	2 728. 8	12 240	181 545	

续附表5

序号	测区水文局	测区经费合计	基本水文站	水文巡测站	基本水位站	中小河流水位站	基本雨量站	遥测站	生态站	地下水站	人工墒情站	自动墒情站	地表水水质站	地下水水质站	排污口	中心站	实验站
52	河南省焦作水文测报中心	1 377 497.85	137 940.48	415 422.64	0	28 130.90	65 052	252 360	135 555.03	48 816	7 862.4	11 160	33 612	22 305.6	13 660.8	205 620	
53	河南省新乡水文测报中心	686 664.69	166 992.68	103 933.39	0	0	56 382	56 160	35 246.82	34 560	2 419.2	7 440	16 363.2	7 483.2	18 139.2	181 545	
54	河南省辉县水文局	619 468.85	48 922.8	104 025.71	19 179.92	9 417.22	122 418	139 440	0	7 344	1 209.6	1 860	9 909.6	2 661.6	5 630.4	147 450	
55	河南省卫辉水文局	556 273.75	104 389.68	103 933.39	0	18 806.64	32 526	43 200	70 493.64	9 504	1 209.6	1 860	12 021.6	3 117.6	7 761.6	147 450	
56	河南省延津水文局	819 515.81	74 869.43	285 816.83	0	0	42 978	131 760	36 577.75	24 624	3 628.8	11 160	12 021.6	7 483.2	7 051.2	181 545	
57	河南省长垣水文局	337 337.86	74 384.58	25 990.48	0	0	13 404	47 520	0	6 912	1 209.6	3 720	7 797.6	4 029.6	4 920	147 450	
58	河南省林州水文局	588 844.69	98 647.16	103 732.32	17 918.21	9 315	108 030	82 080	0	1 728	1 814.4	1 860	7 797.6	0	8 472	147 450	
59	河南省滑县水文局	264 766.92	0	25 904.52	0	0	20 106	32 400	0	9 936	907.2	5 580	10 965.6	5 176.8	6 340.8	147 450	
60	河南省安阳水文测报中心	843 711.93	201 365.41	155 453.04	18 435.08	18 798	76 488	144 720	0	17 712	2 721.6	7 440	21 760.8	7 329.6	24 038.4	147 450	
61	河南省浚县水文局	418 779.97	114 266.00	0	0	0	24 840	36 720	68 196.77	4 752	1 008	3 720	9 909.6	3 708	4 209.6	147 450	
62	河南省鹤壁水文测报中心	765 388.21	151 425.79	181 608.84	10 734.42	0	43 962	99 360	67 745.76	2 160	2 016	3 720	9 909.6	2 728.8	8 472	181 545	
63	河南省南乐水文局	508 277.21	118 078.79	77 853.82	20 506.32	0	25 824	19 440	51 717.08	12 960	2 318.4	9 300	12 021.6	5 176.8	5 630.4	147 450	
64	河南省濮阳水文测报中心	596 123.33	81 454.34	77 853.82	20 533.49	0	64 068	28 080	135 461.28	17 280	1 159.2	5 580	5 685.6	5 176.8	6 340.8	147 450	
65	河南省范县水文局	407 169.91	55 875.23	51 919.18	0	9 315	20 106	17 280	33 927.10	9 504	2 318.4	9 300	6 741.6	3 708	5 630.4	181 545	
66	河南省郑州水文实验站	1 000 000															1 000 000
合计		43 577 443.45	8 456 567.15	6 338 194.65	380 059.63	1 291 362.26	4 743 666	5 901 120	2 029 461.16	882 942	155 214	368 280	857 592.6	211 878	851 376	10 109 730	1 000 000

附　图

附图1　河南省水文测区分布图

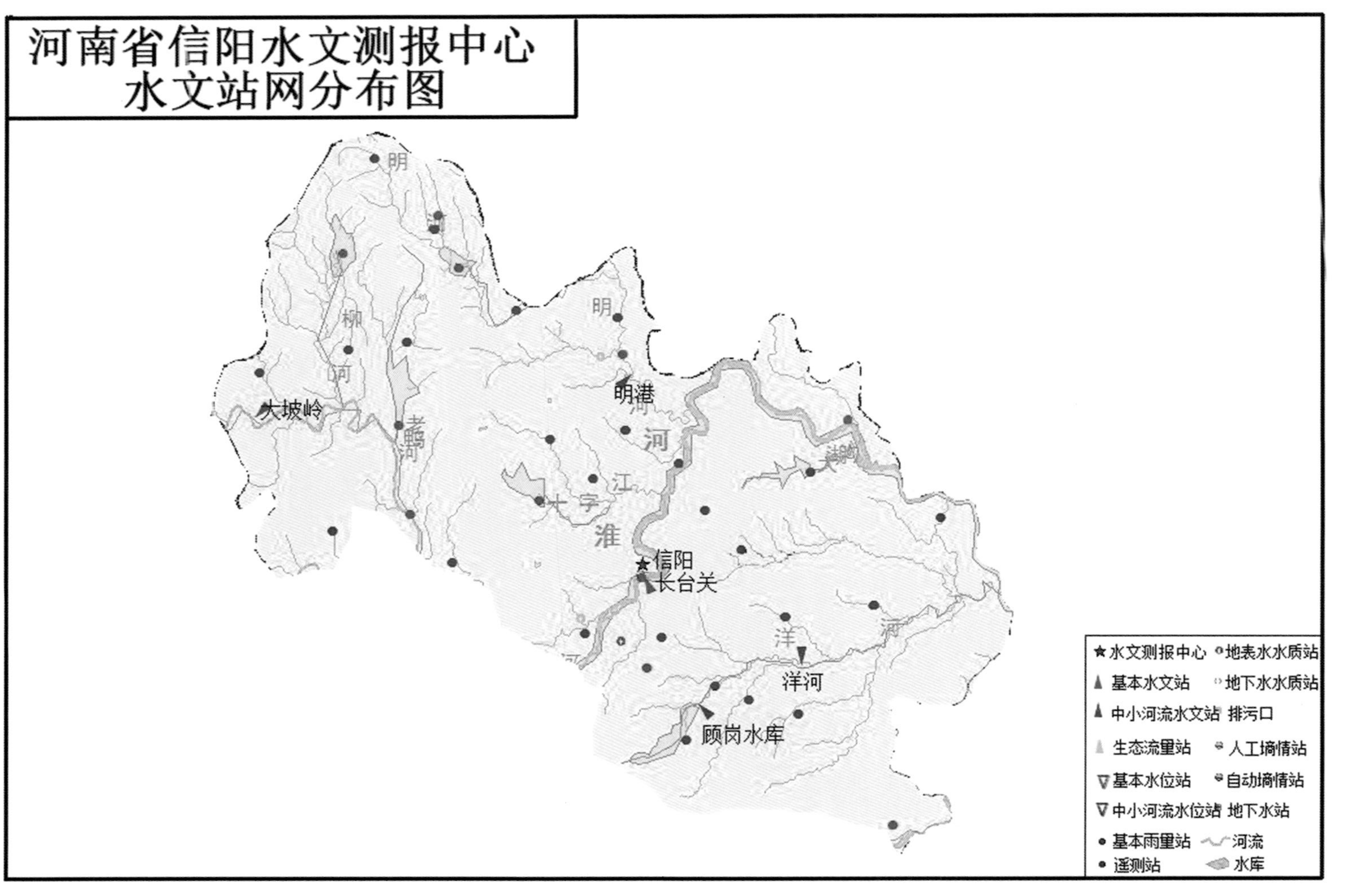

附图2　河南省信阳水文测报中心水文站网分布图

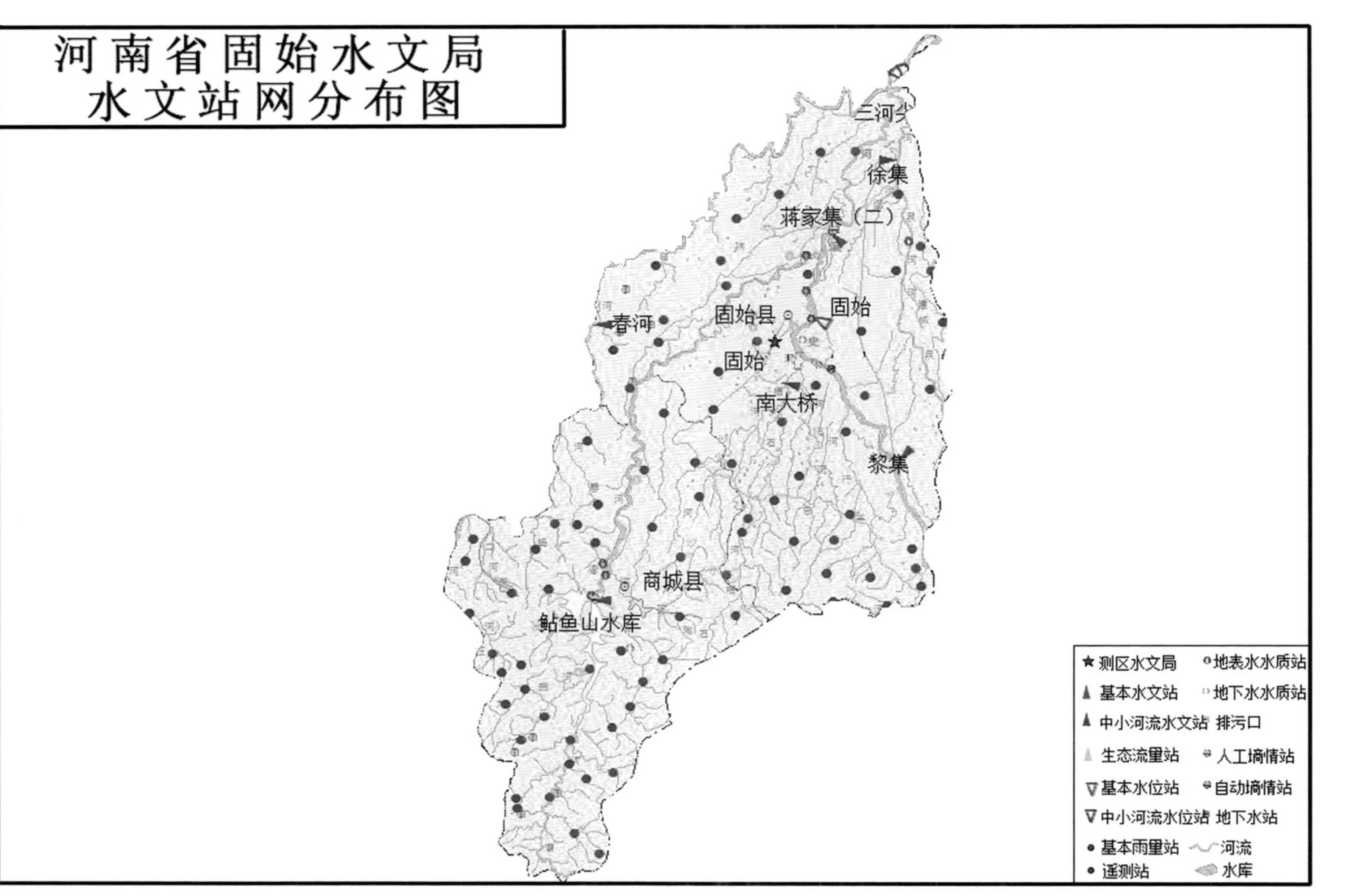

附图3 河南省固始水文局水文站网分布图

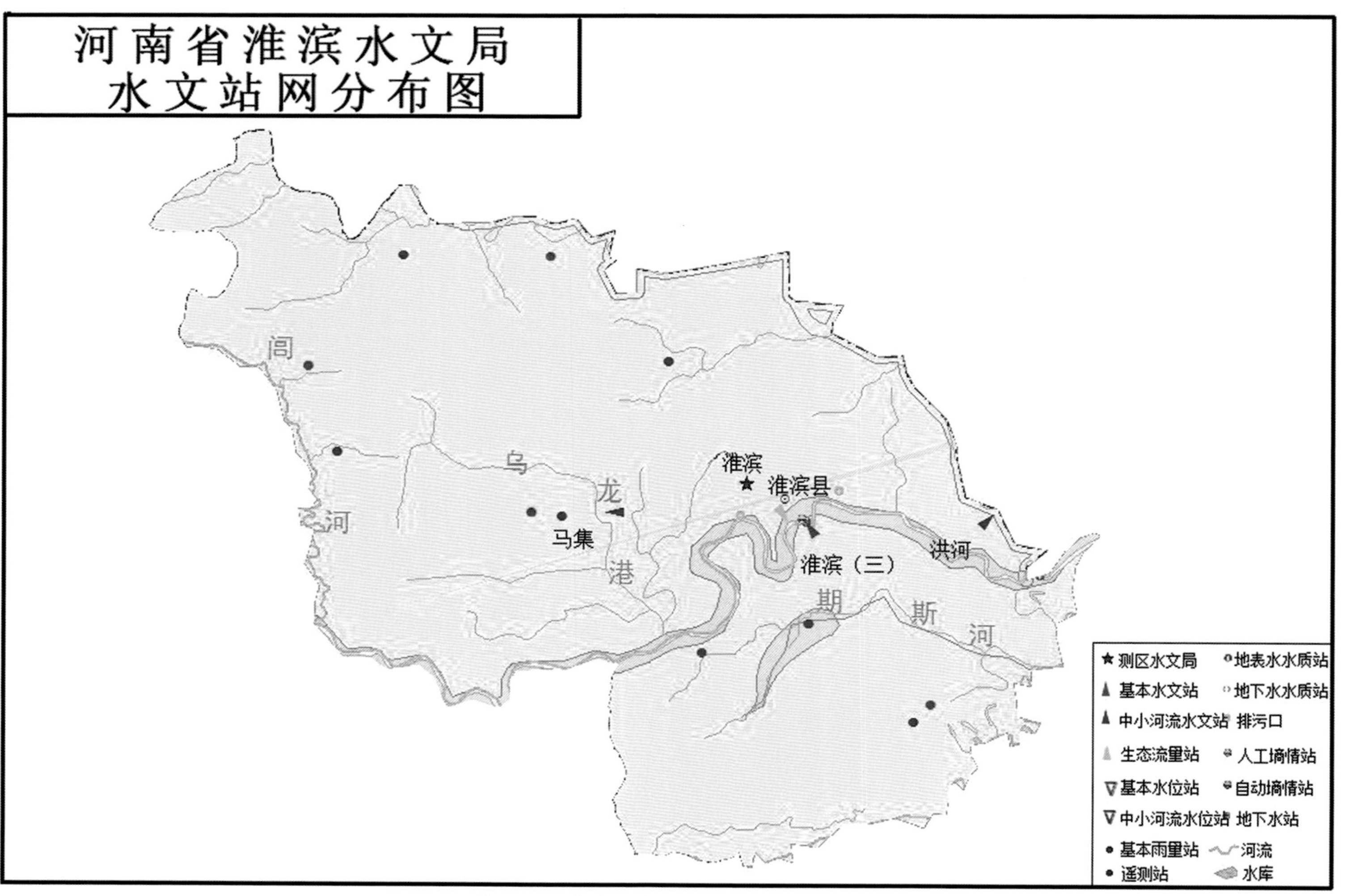

附图4　河南省淮滨水文局水文站网分布图

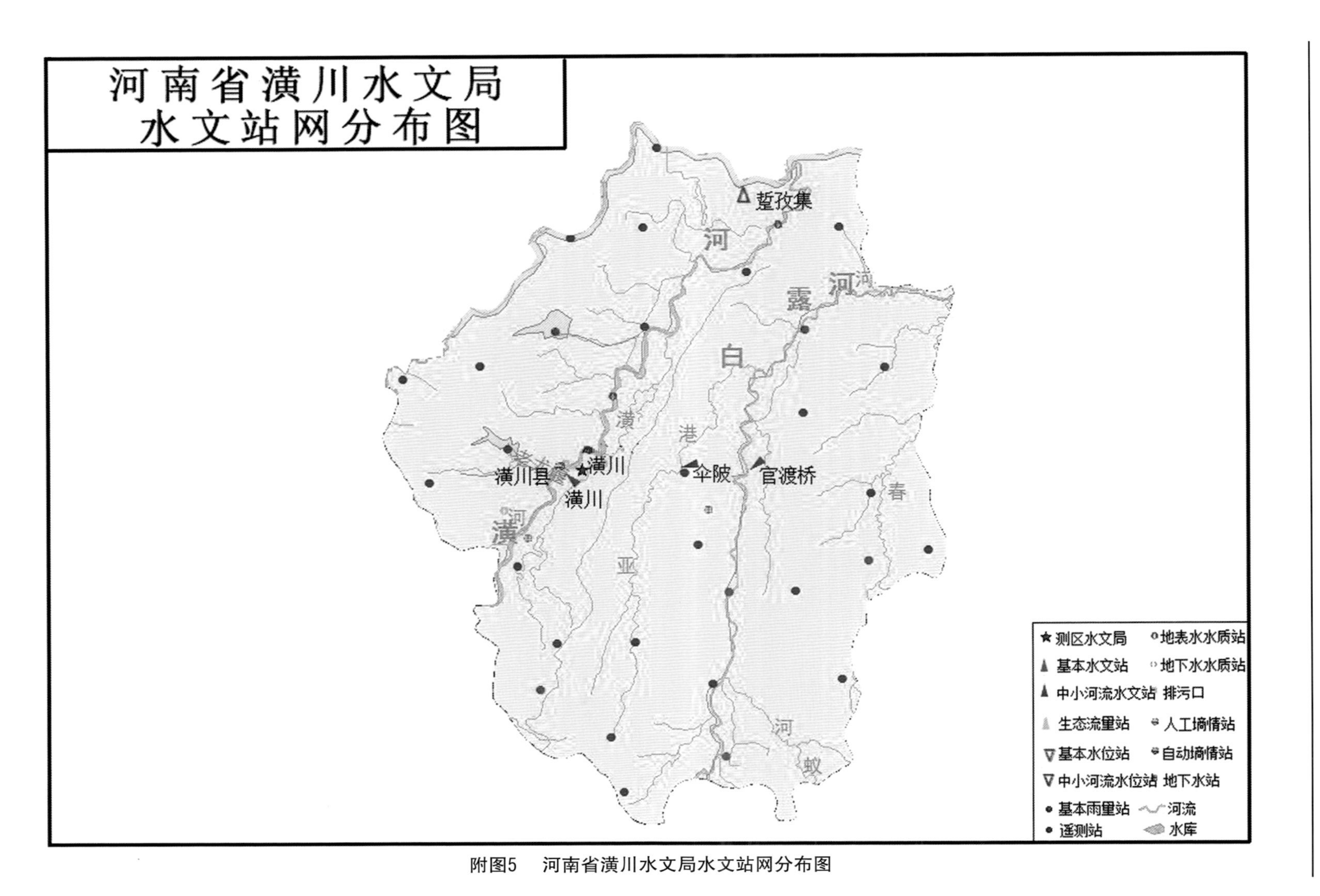

附图5 河南省潢川水文局水文站网分布图

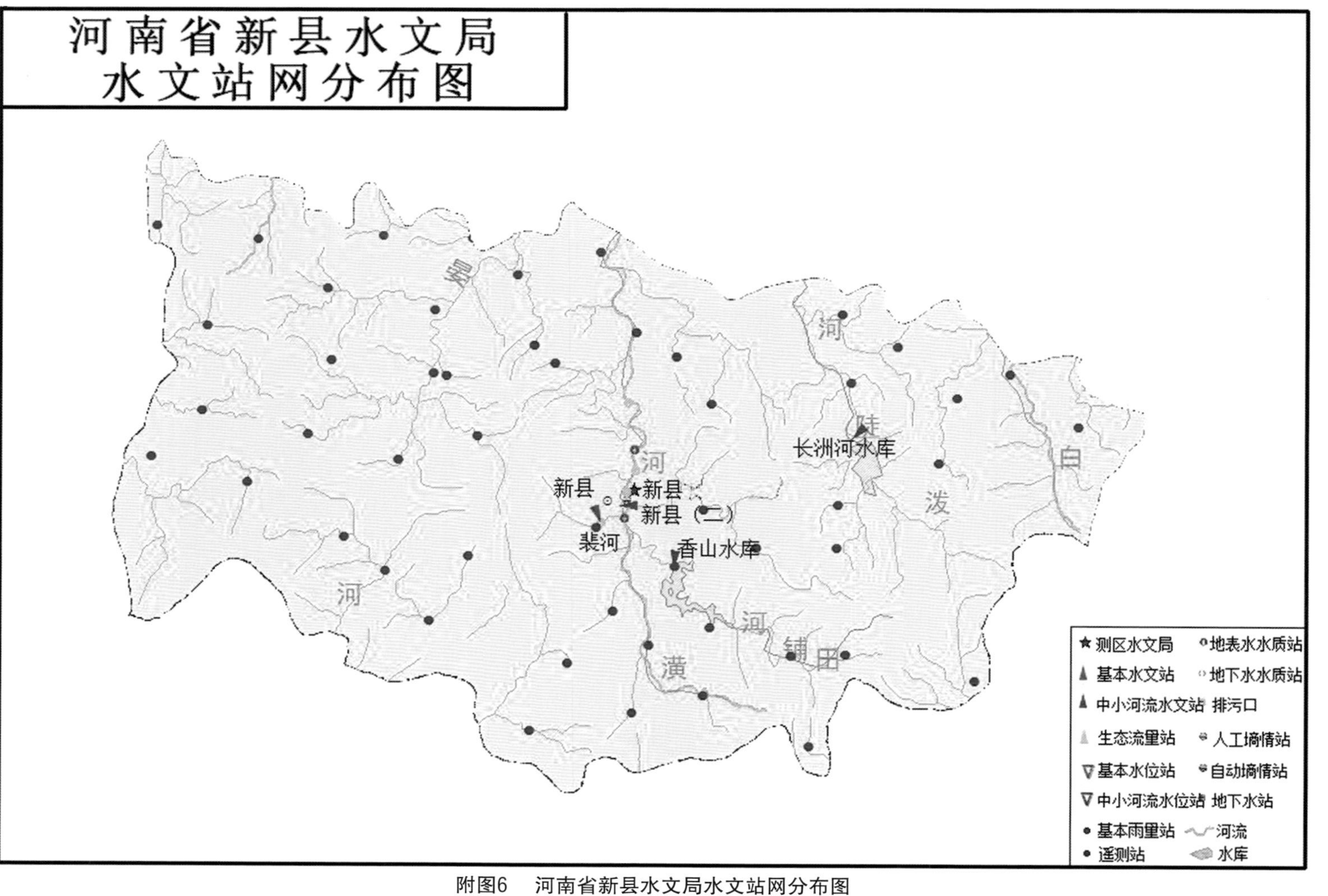

附图6　河南省新县水文局水文站网分布图

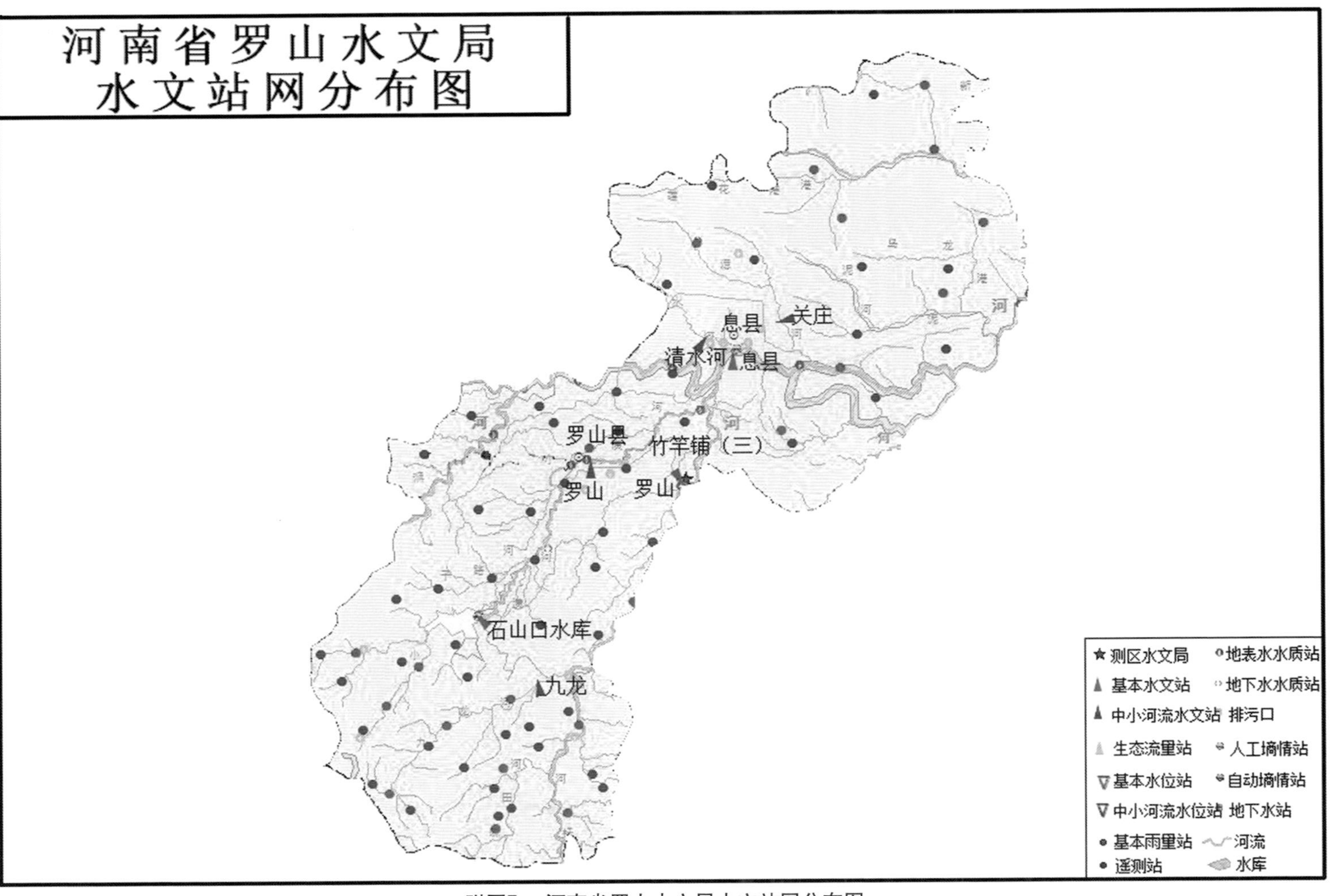

附图7 河南省罗山水文局水文站网分布图

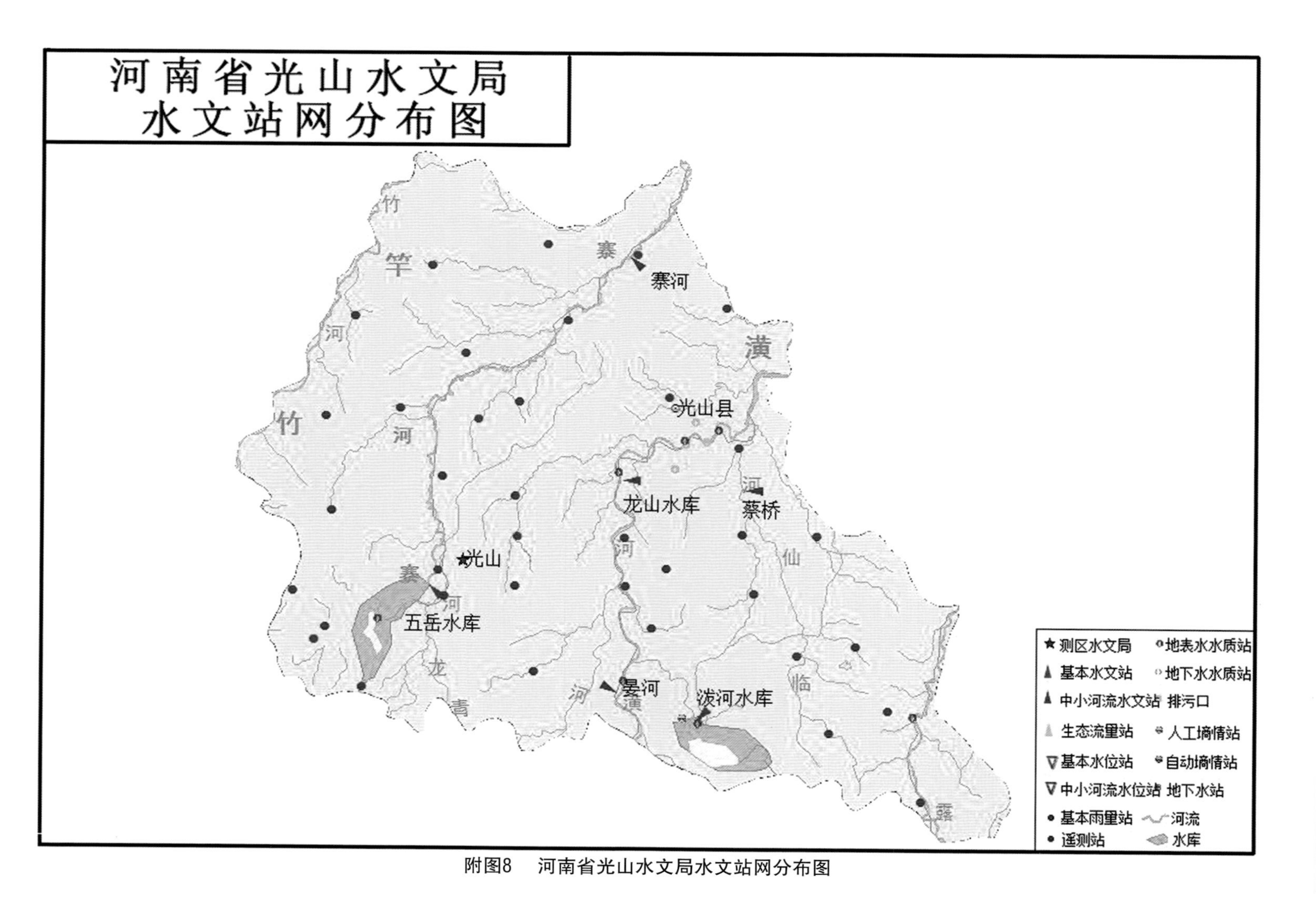

附图8　河南省光山水文局水文站网分布图

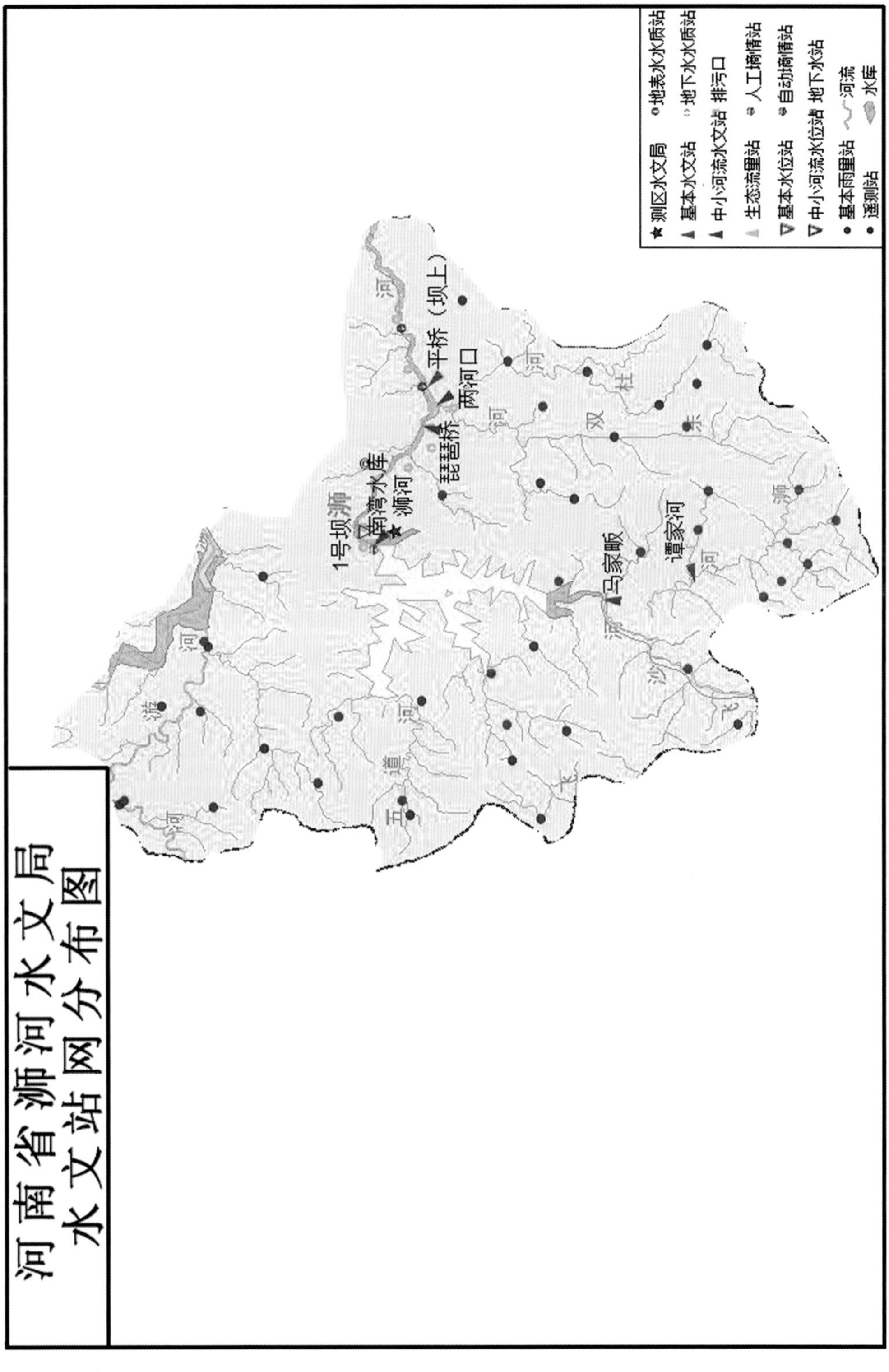

附图9　河南省浉河水文局水文站网分布图

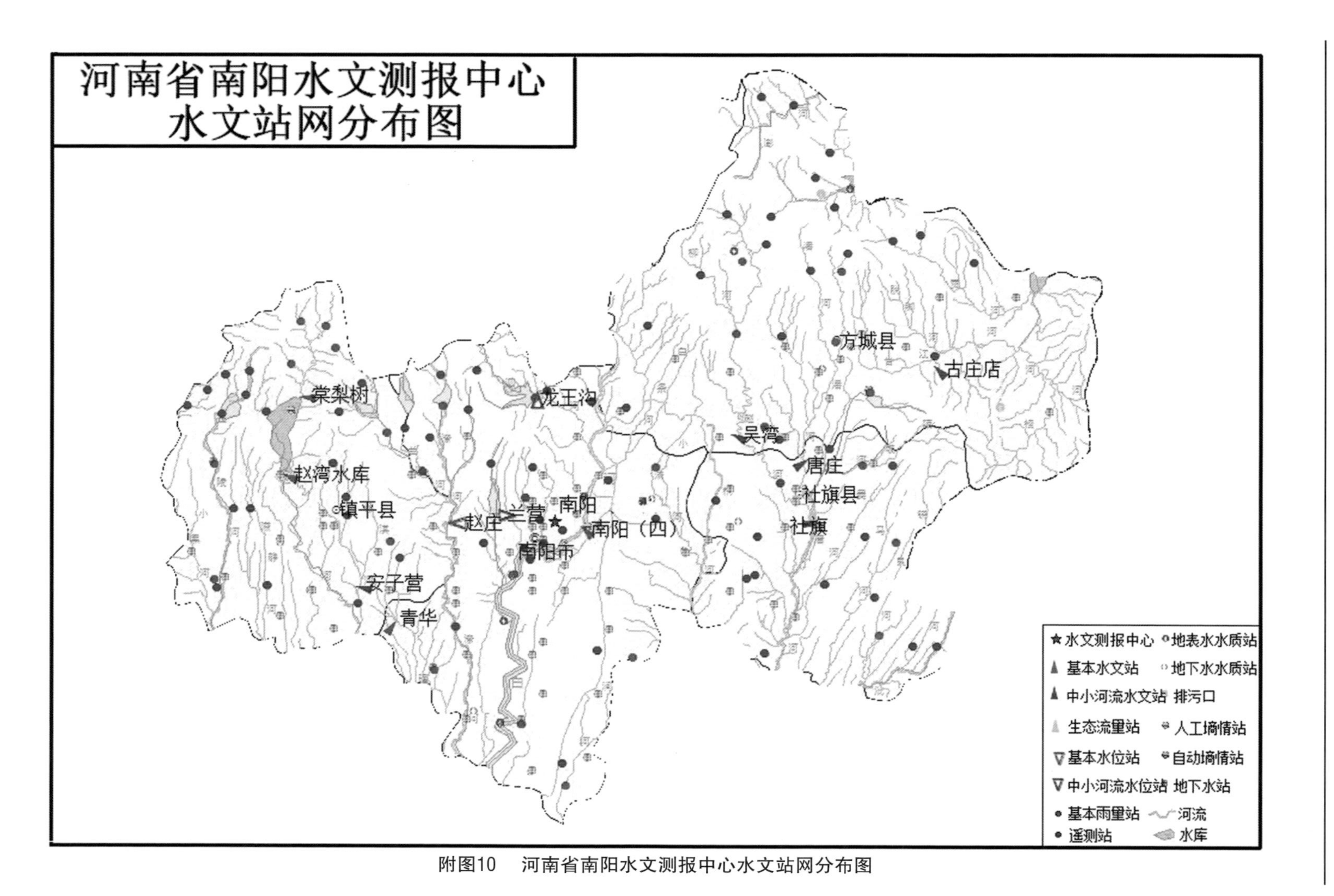

附图10　河南省南阳水文测报中心水文站网分布图

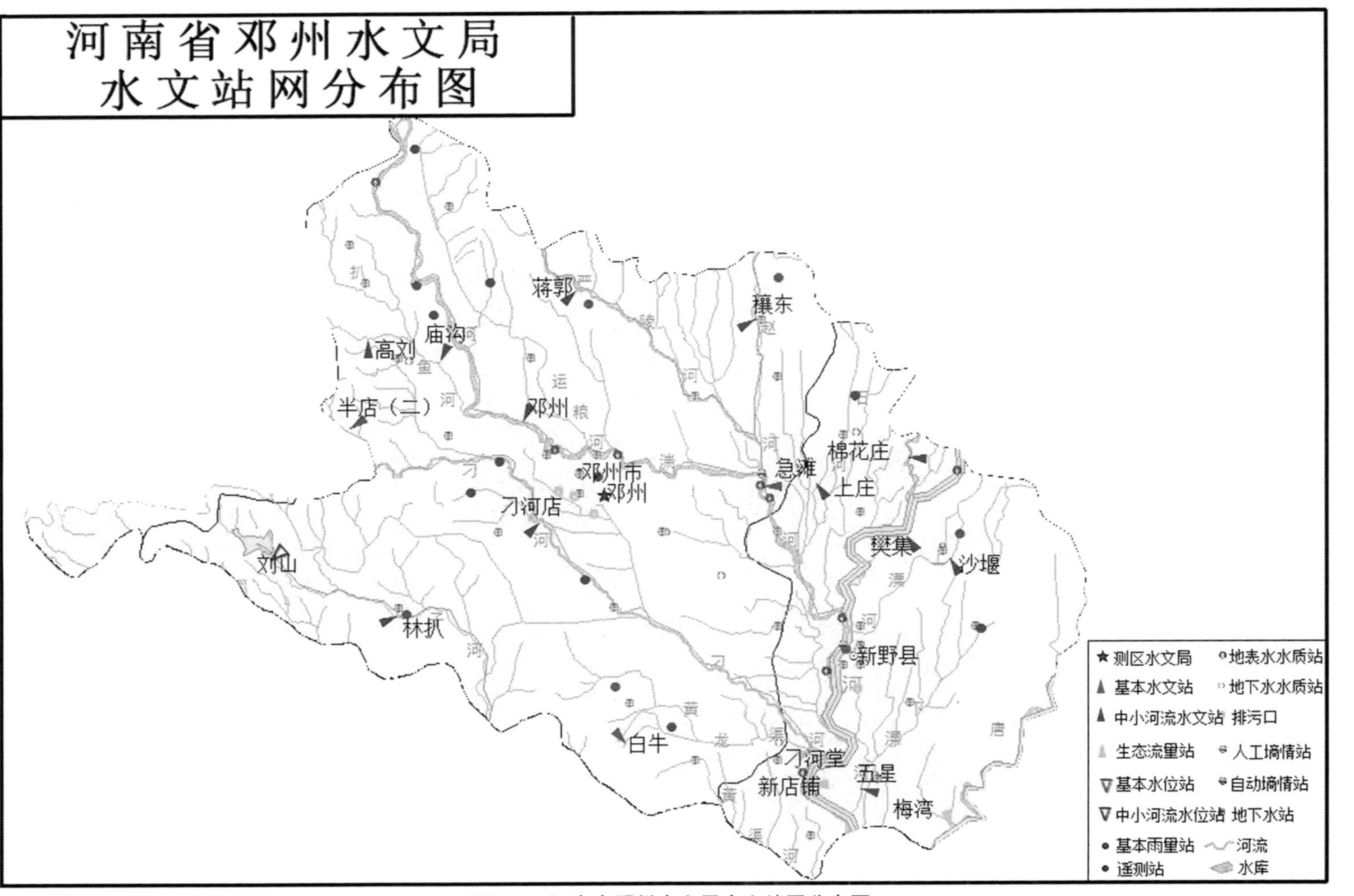

附图11 河南省邓州水文局水文站网分布图

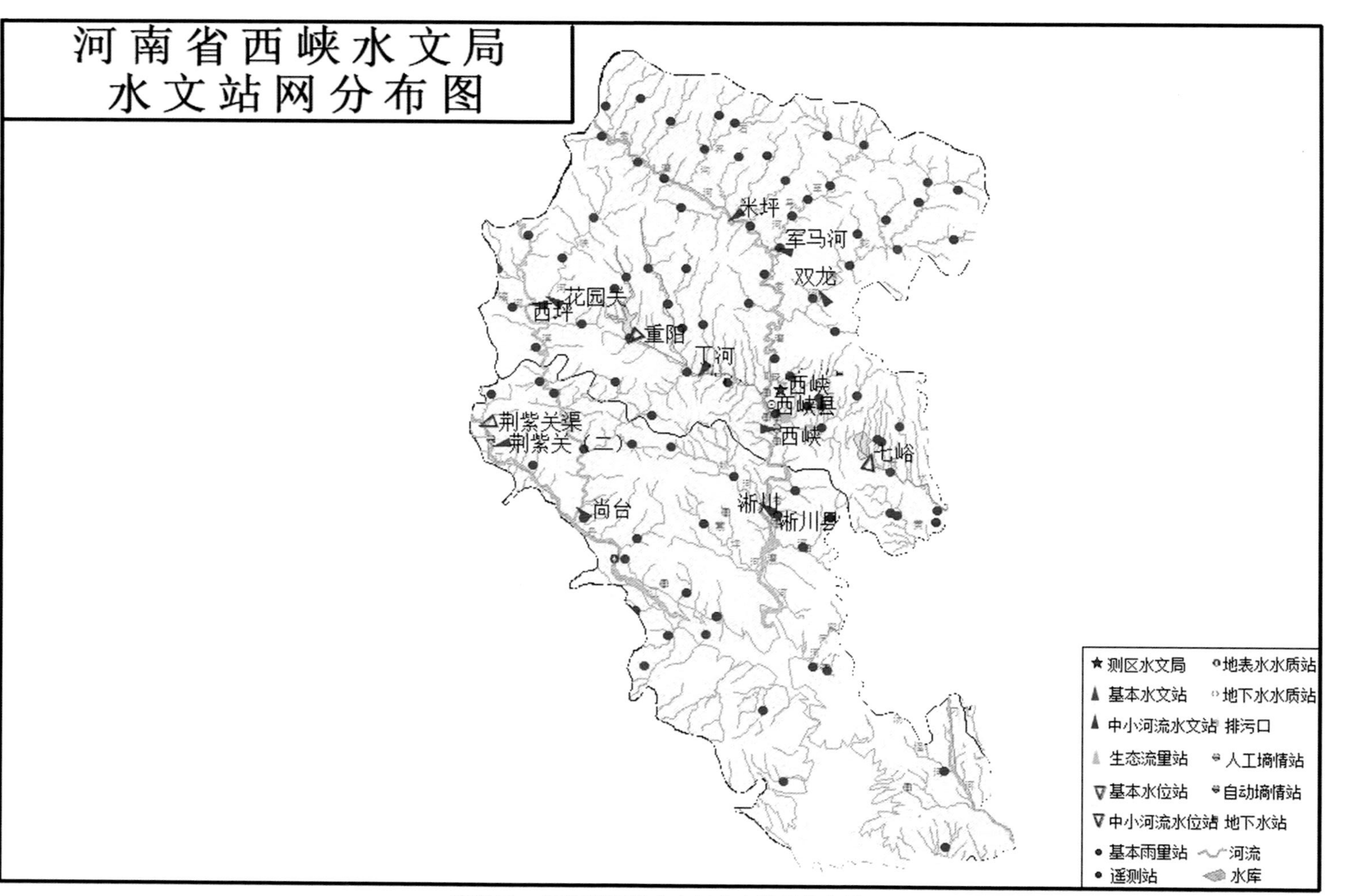

附图12　河南省西峡水文局水文站网分布图

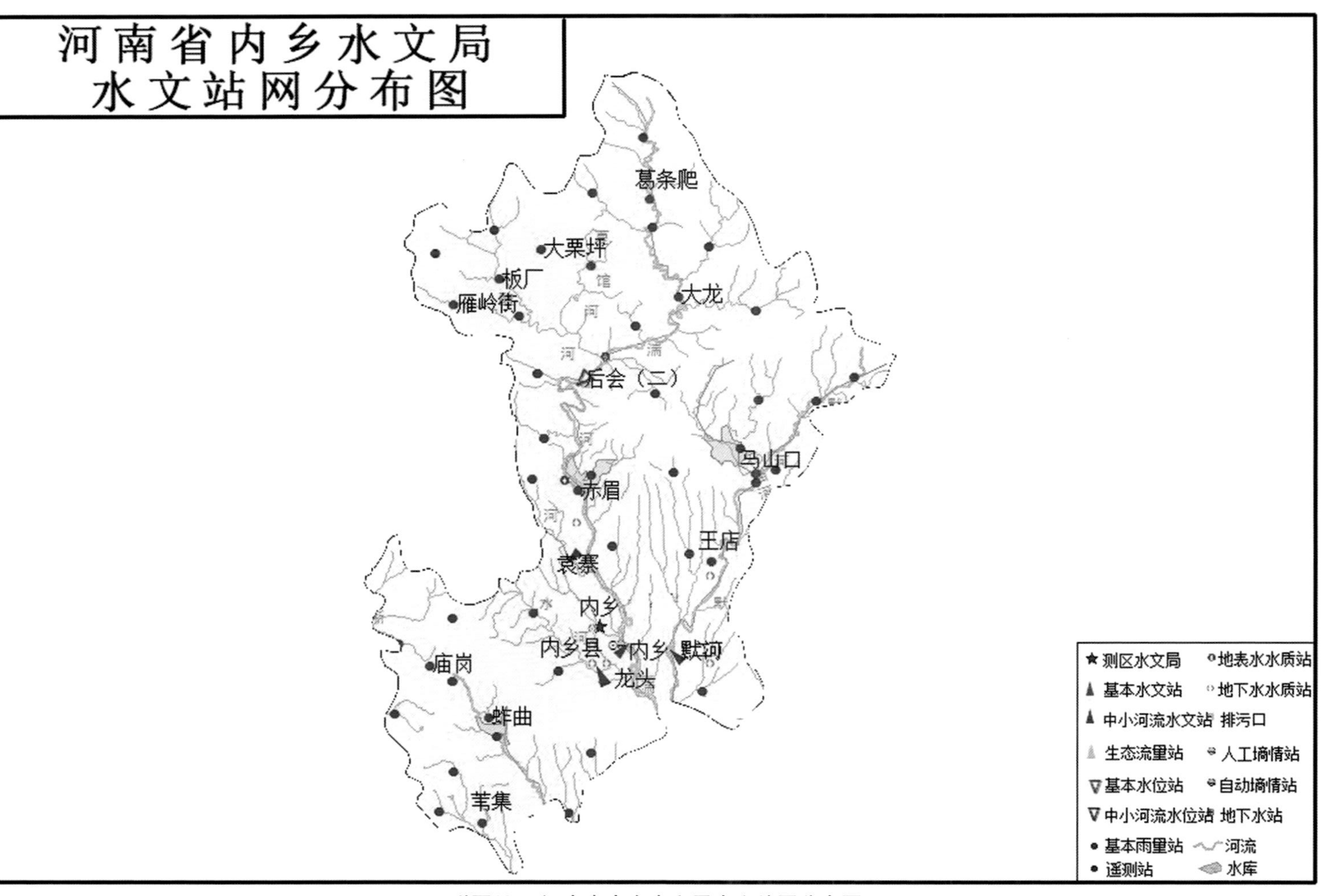

附图13　河南省内乡水文局水文站网分布图

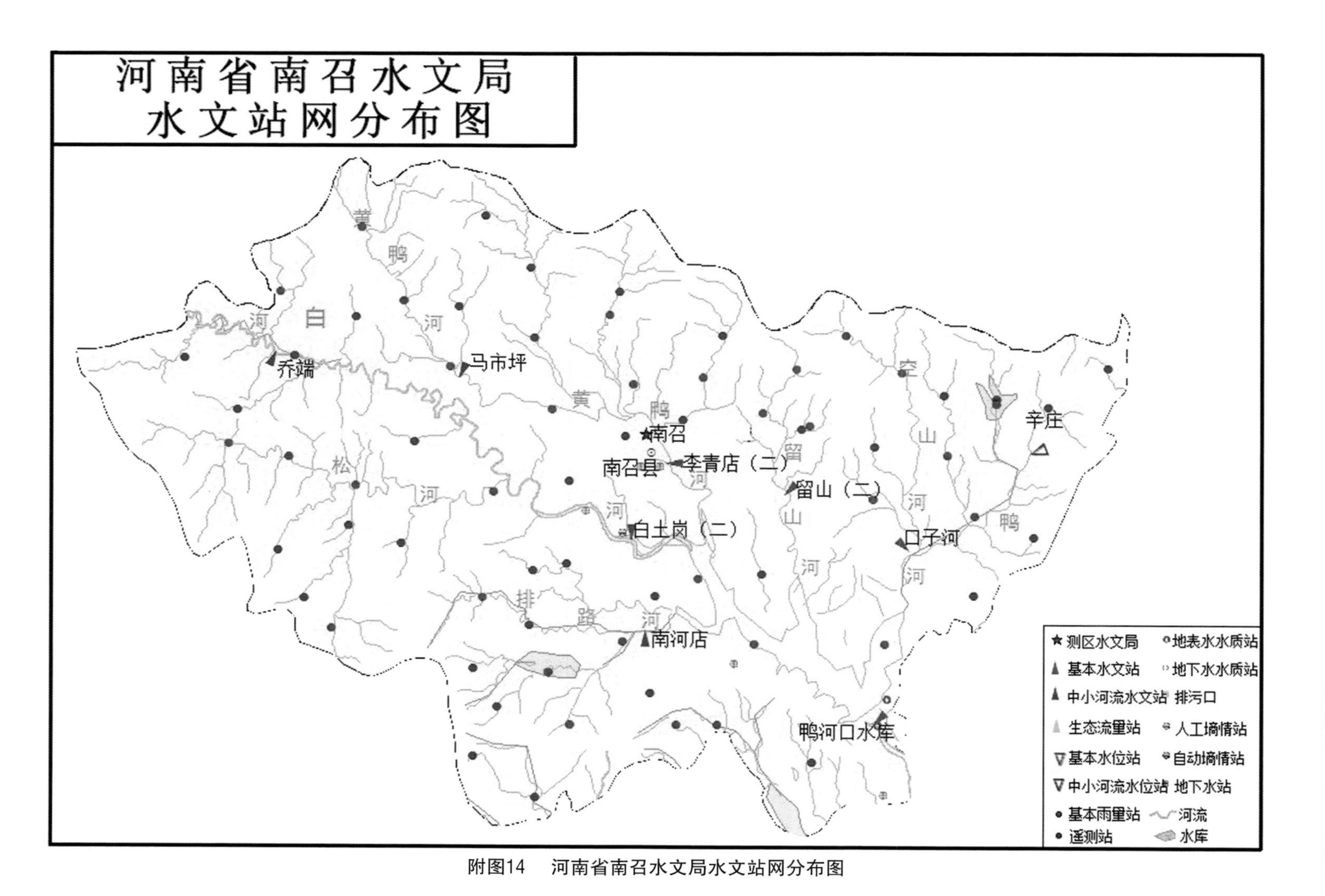

附图14　河南省南召水文局水文站网分布图

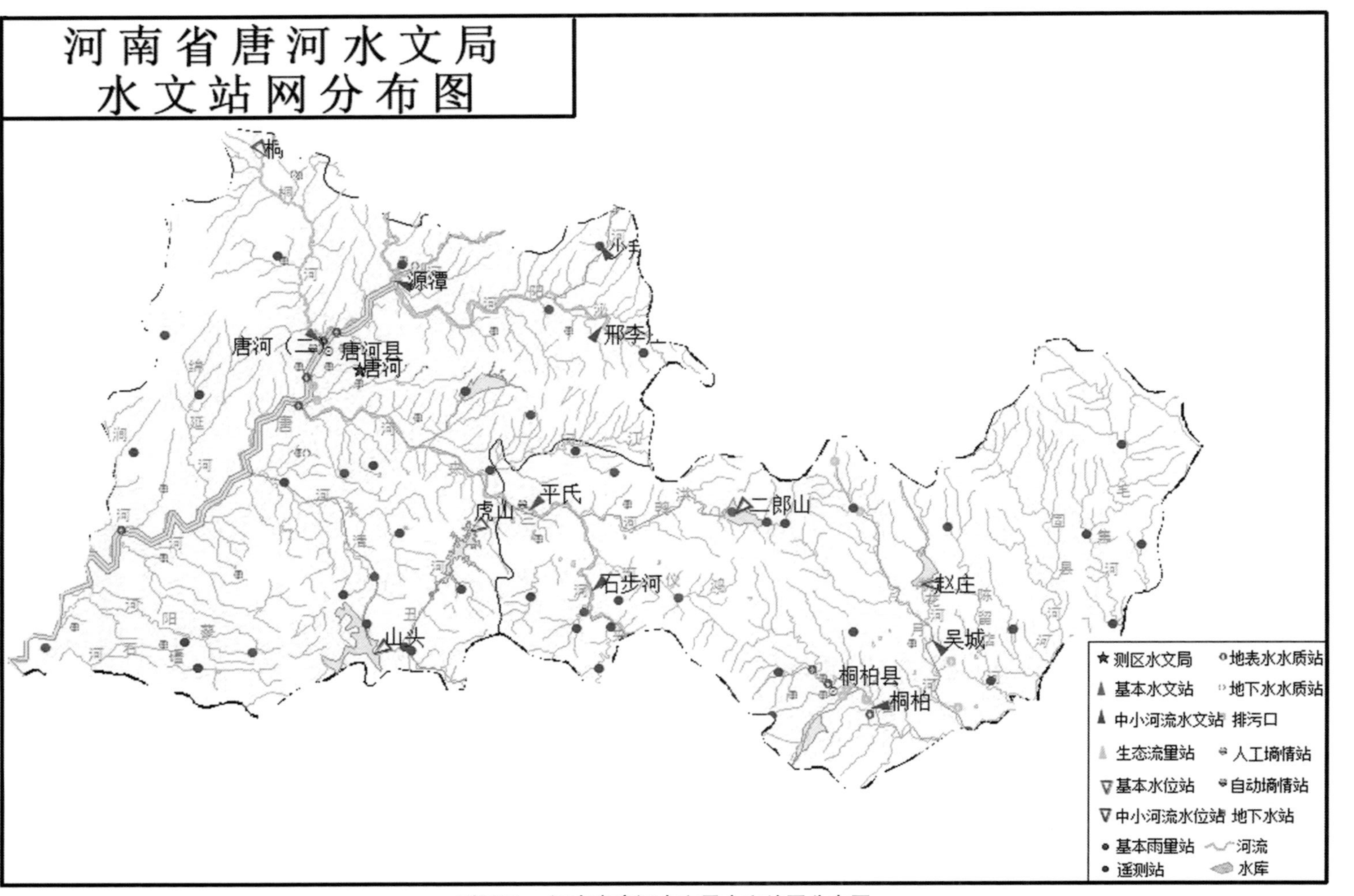

附图15 河南省唐河水文局水文站网分布图

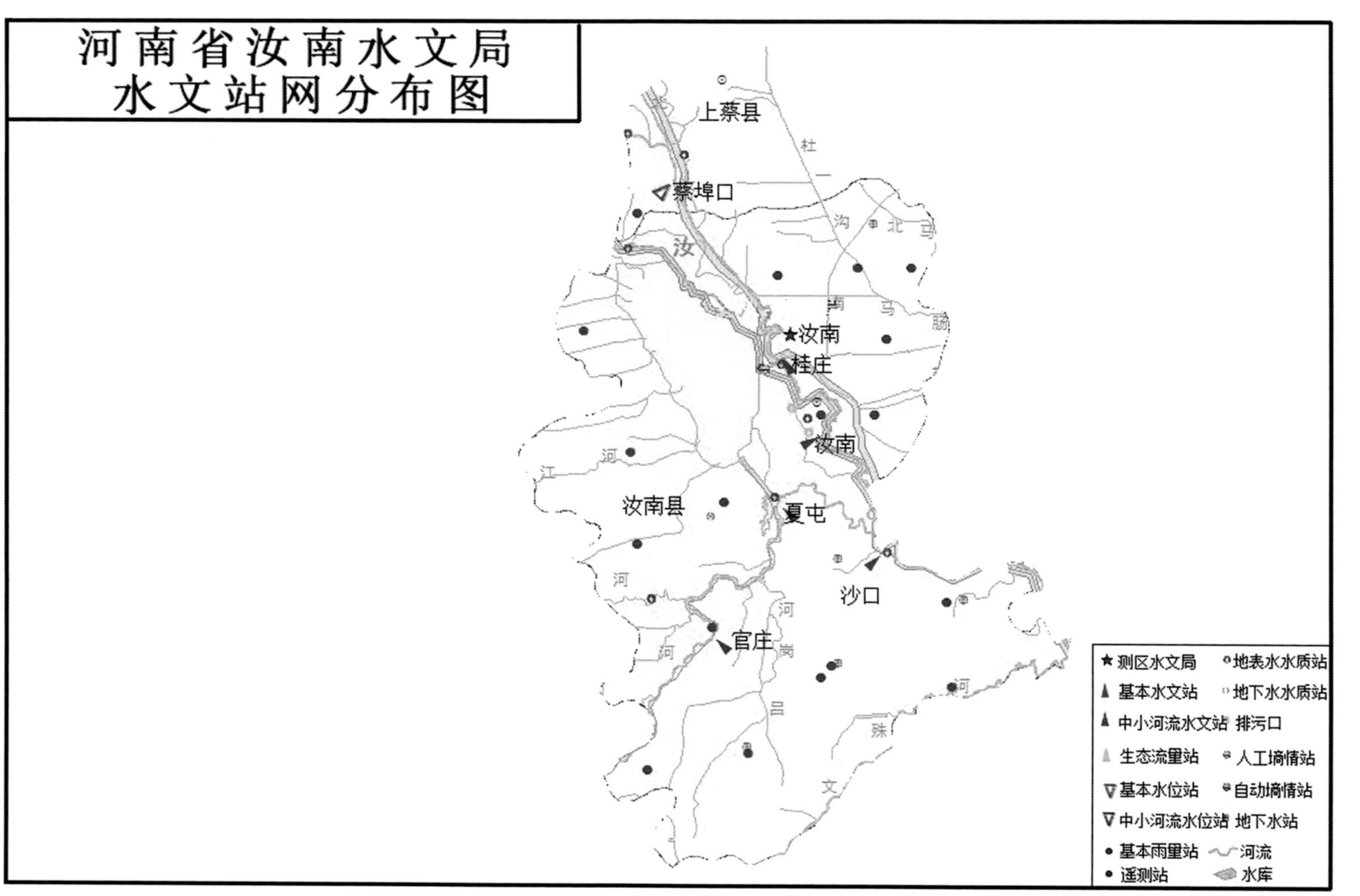

附图16 河南省汝南水文局水文站网分布图

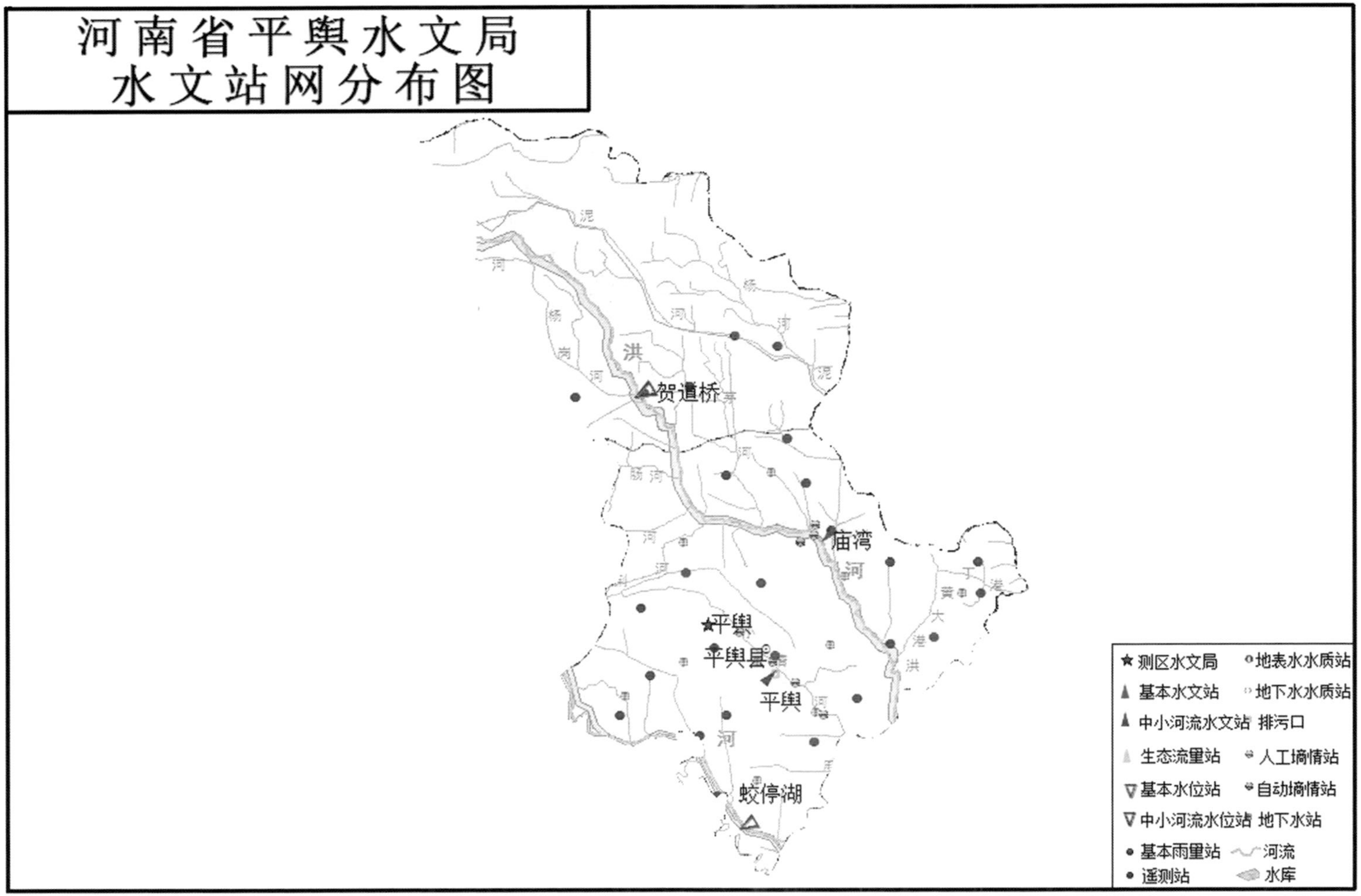

河南省平舆水文局水文站网分布图

贺道桥
庙湾
平舆
平舆县
平舆
蛟停湖

测区水文局
地表水水质站
基本水文站
地下水水质站
中小河流水文站
排污口
生态流量站
人工墒情站
基本水位站
自动墒情站
中小河流水位站
地下水站
基本雨量站
河流
遥测站
水库

附图17　河南省平舆水文局水文站网分布图

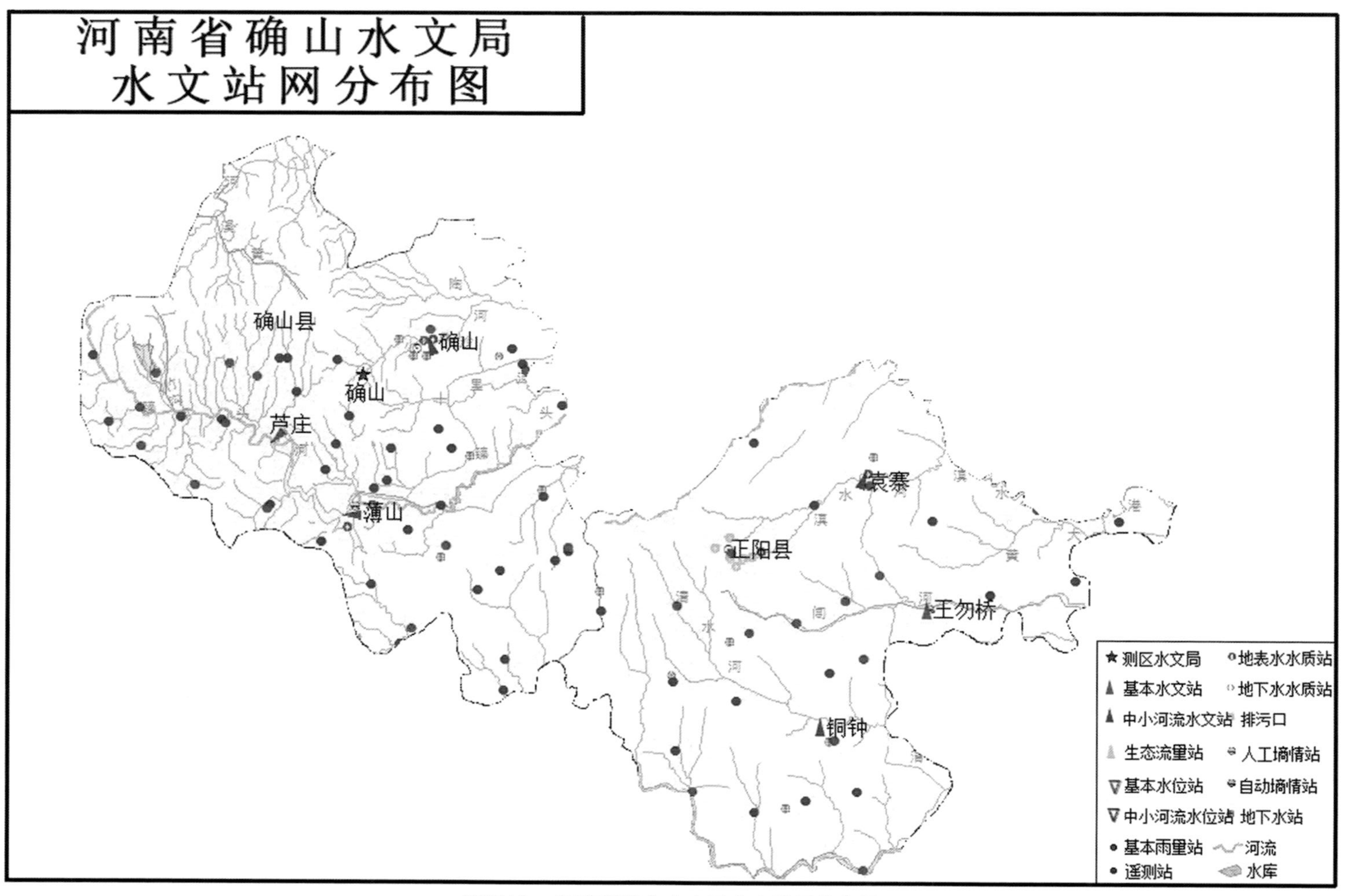

附图18　河南省确山水文局水文站网分布图

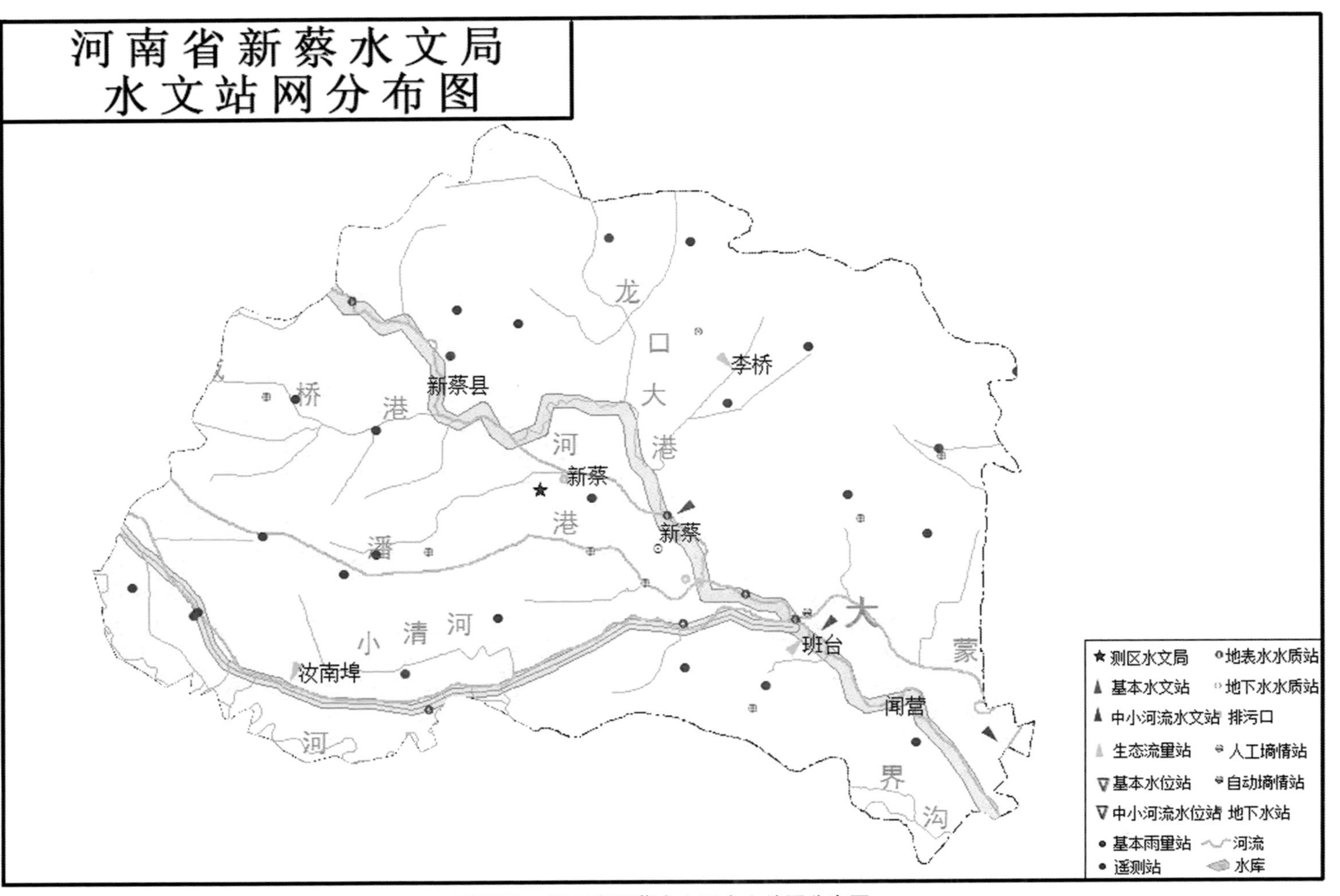

附图19　河南省新蔡水文局水文站网分布图

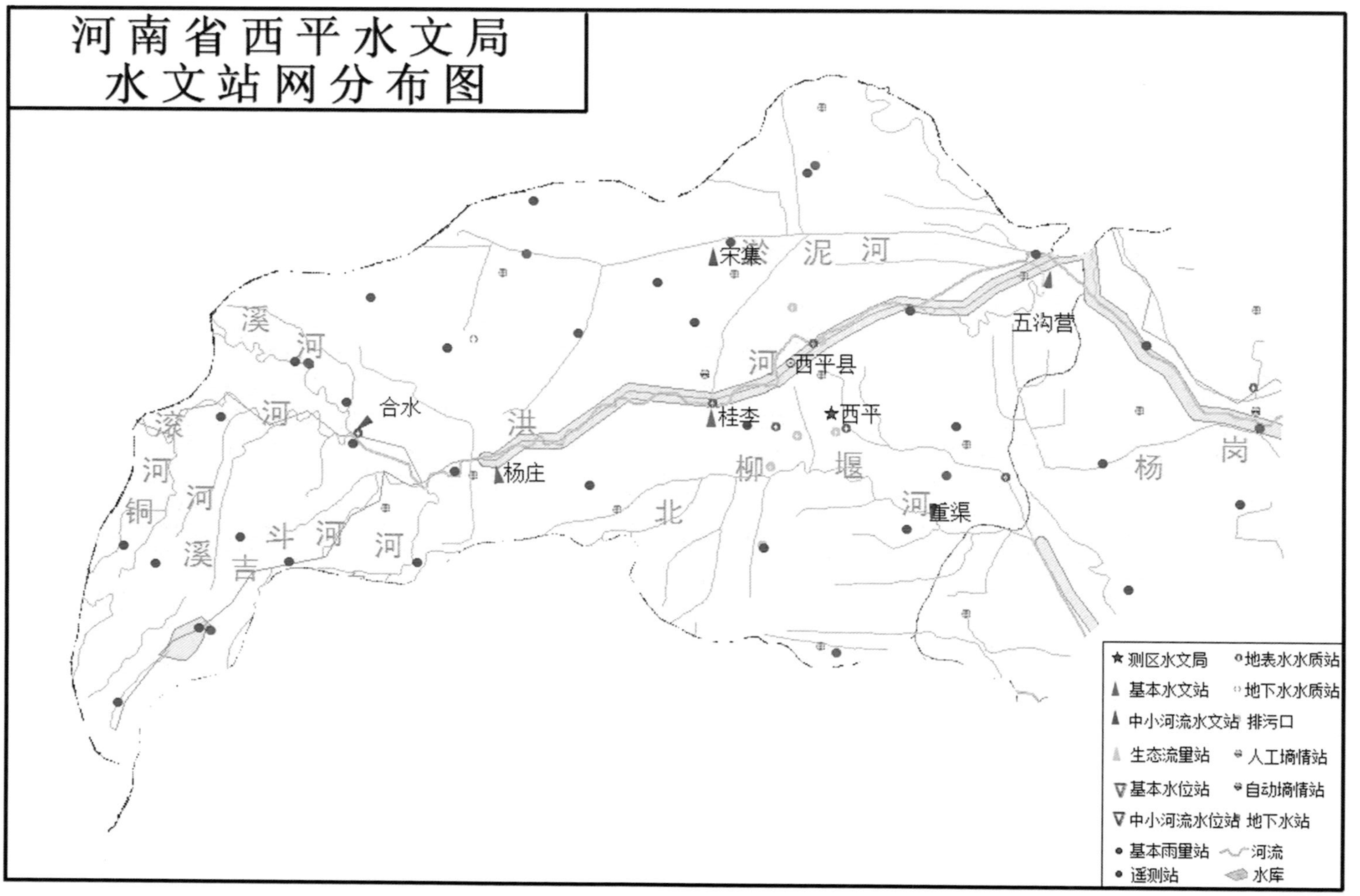

附图20 河南省西平水文局水文站网分布图

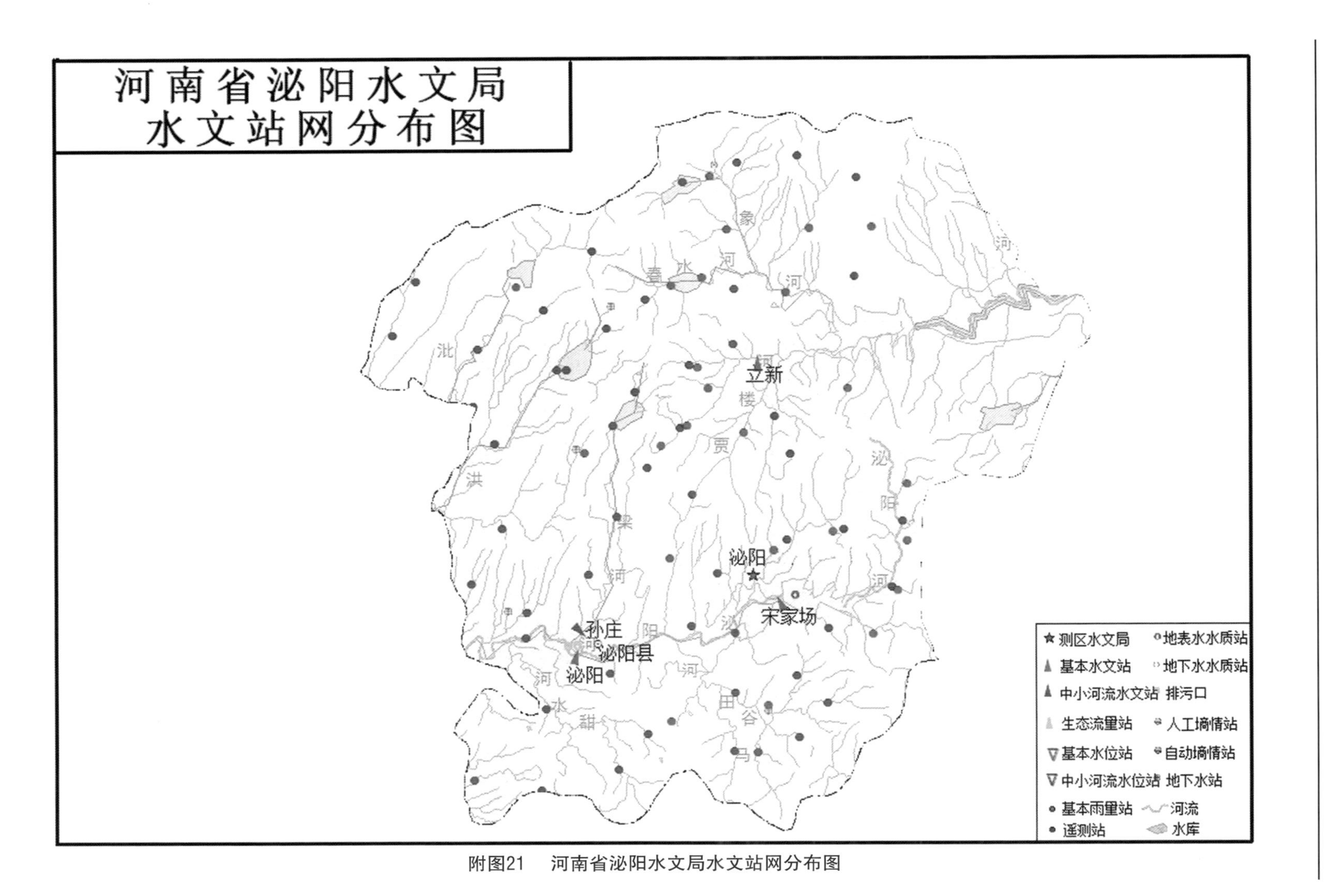

附图21 河南省泌阳水文局水文站网分布图

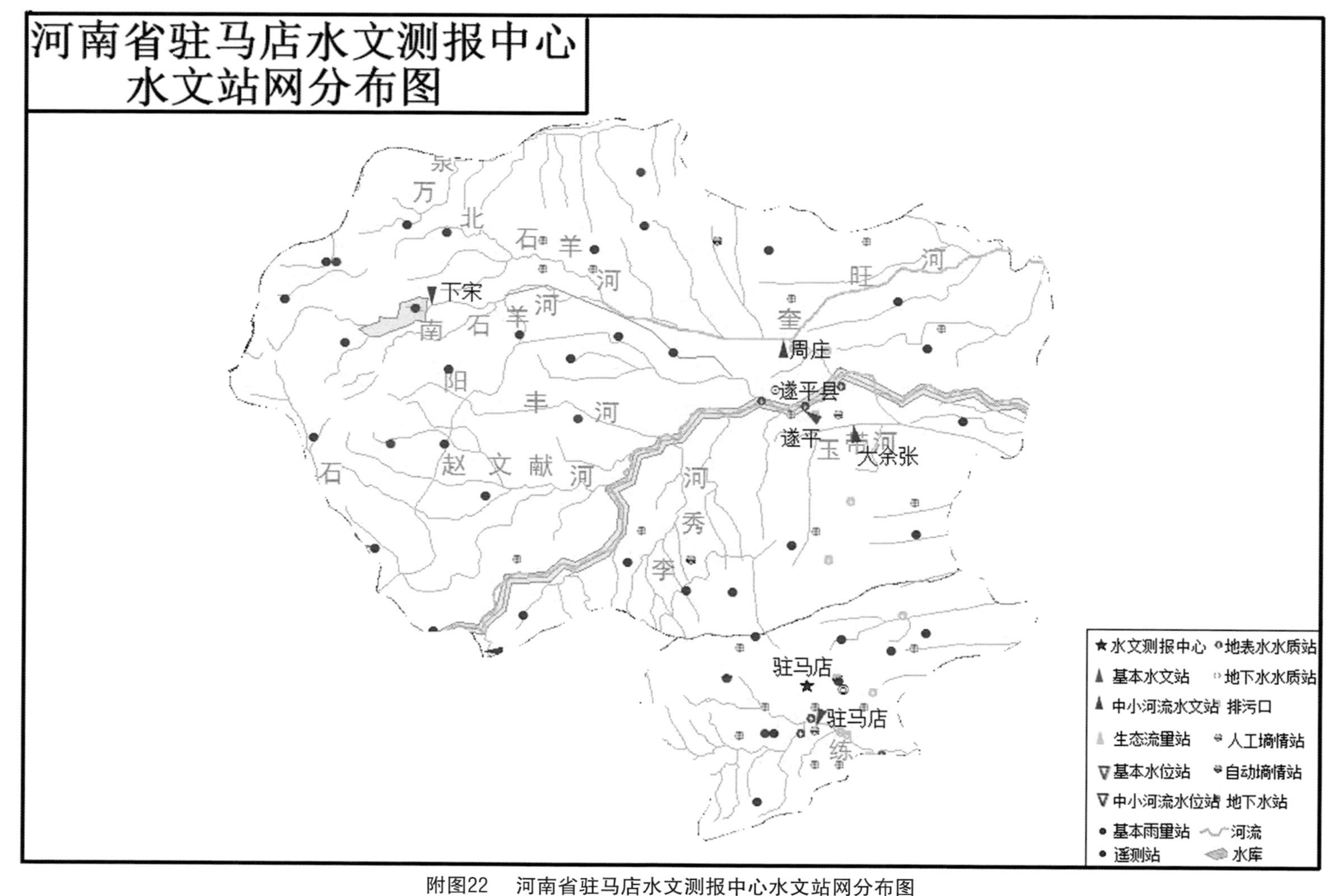

附图22　河南省驻马店水文测报中心水文站网分布图

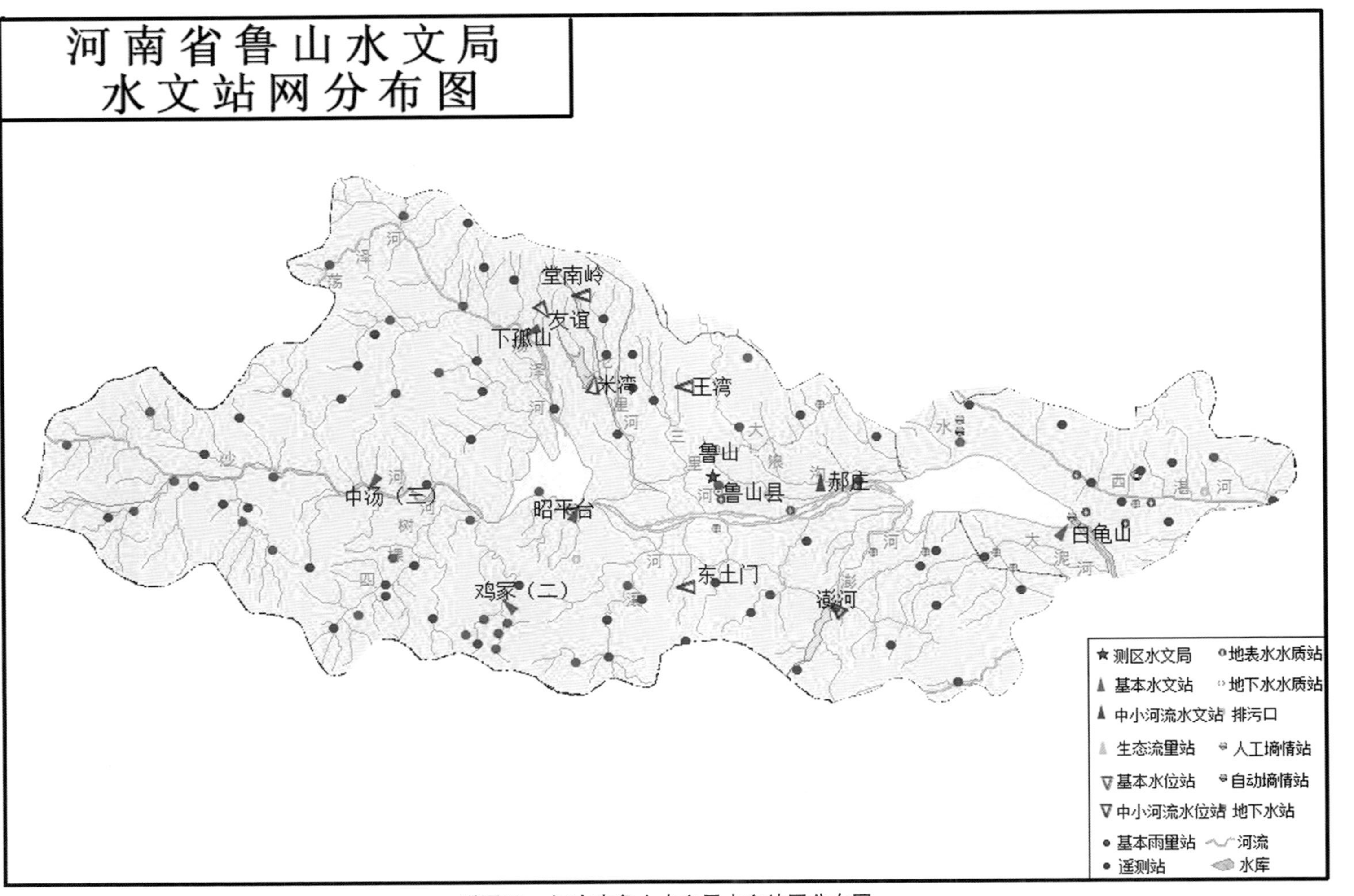

附图23 河南省鲁山水文局水文站网分布图

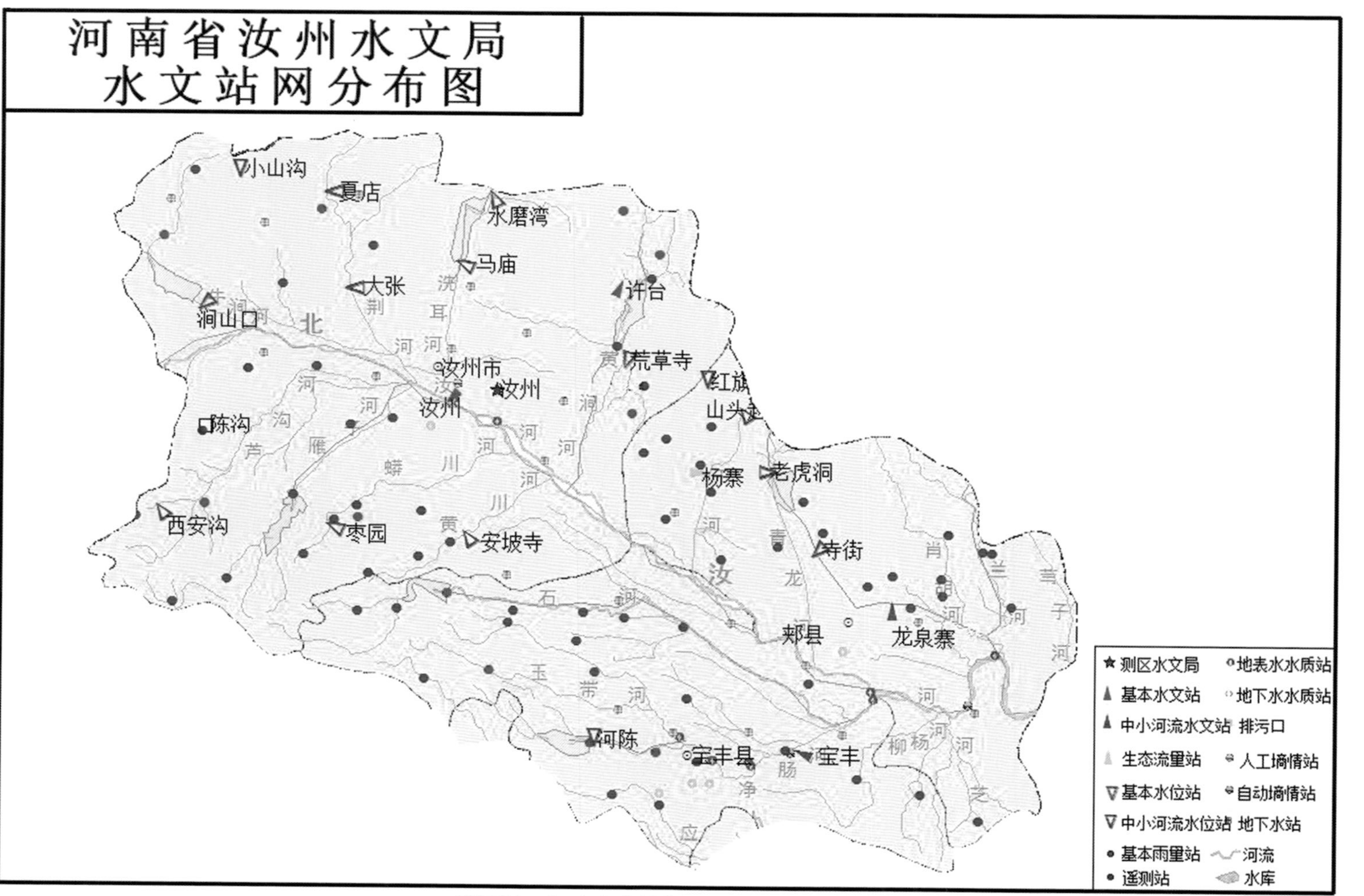

附图24　河南省汝州水文局水文站网分布图

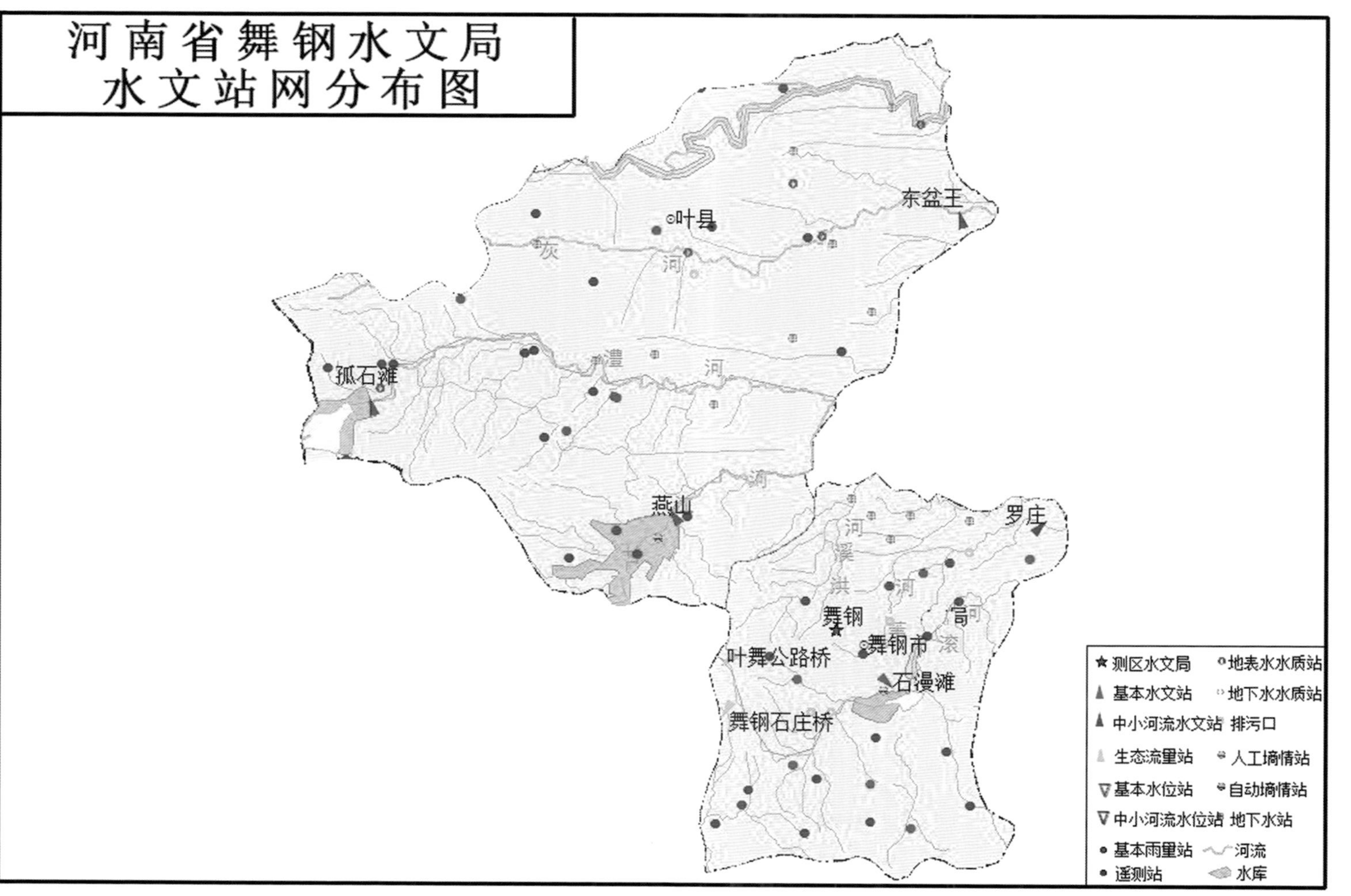

附图25　河南省舞钢水文局水文站网分布图

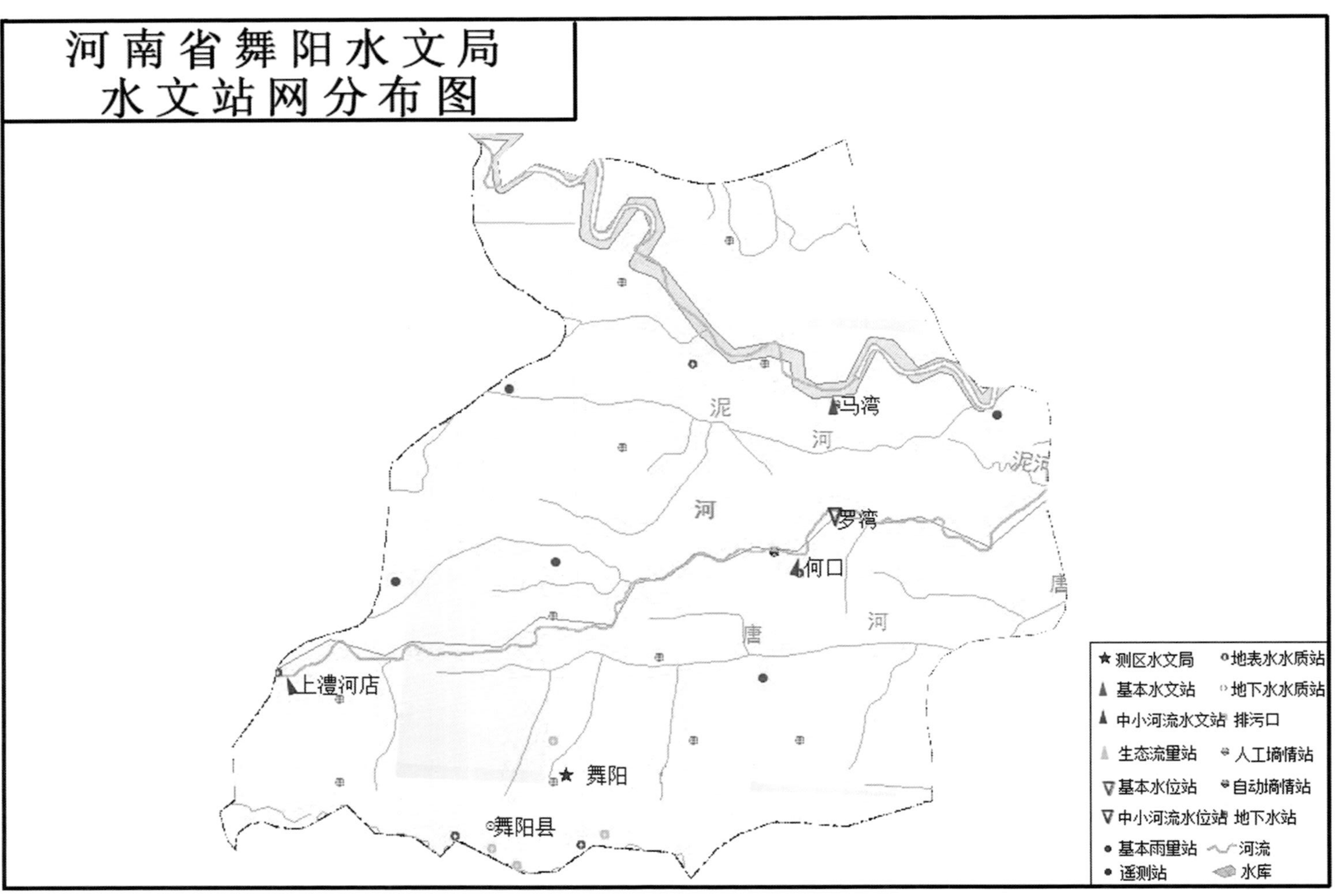

附图26　河南省舞阳水文局水文站网分布图

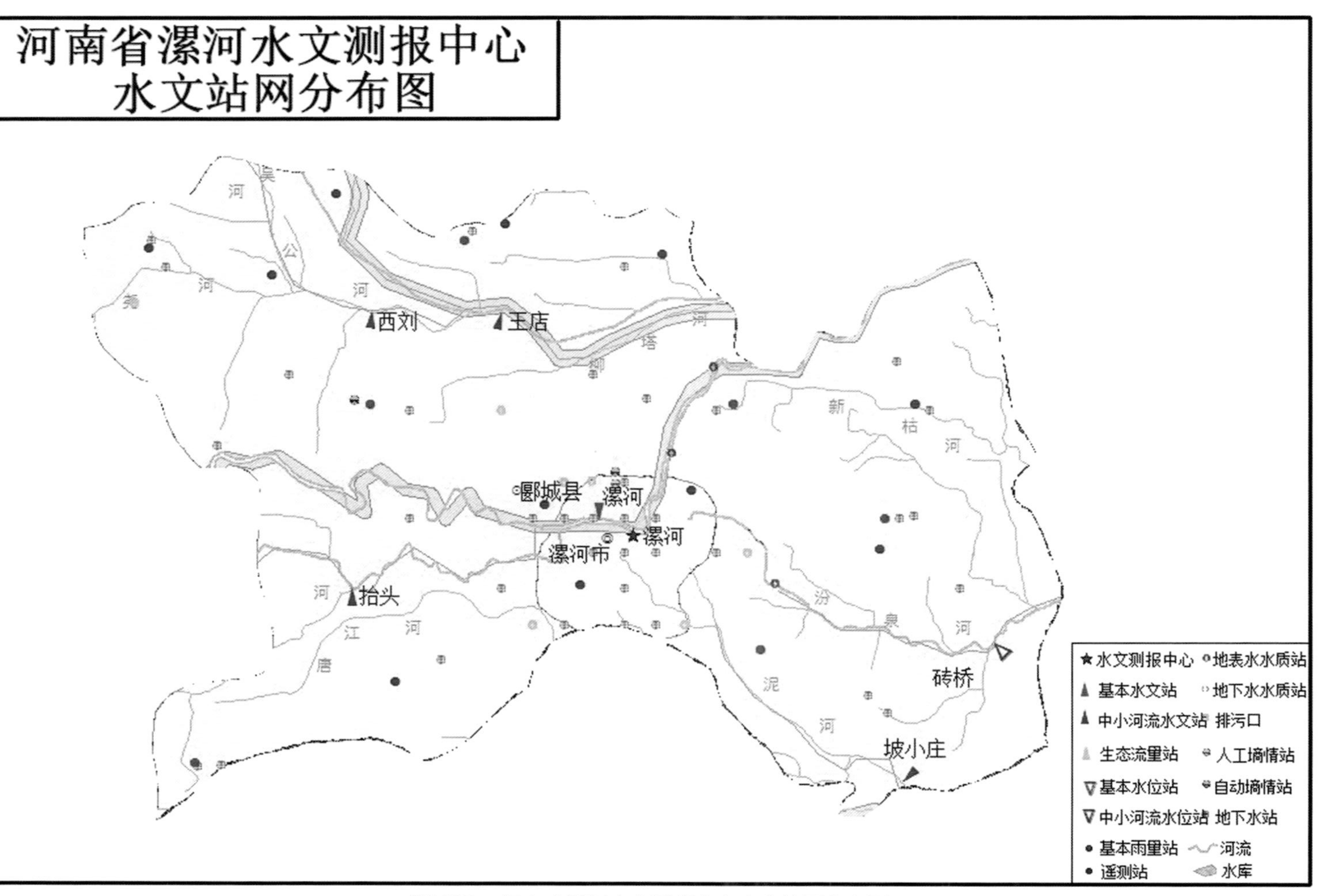

附图27　河南省漯河水文测报中心水文站网分布图

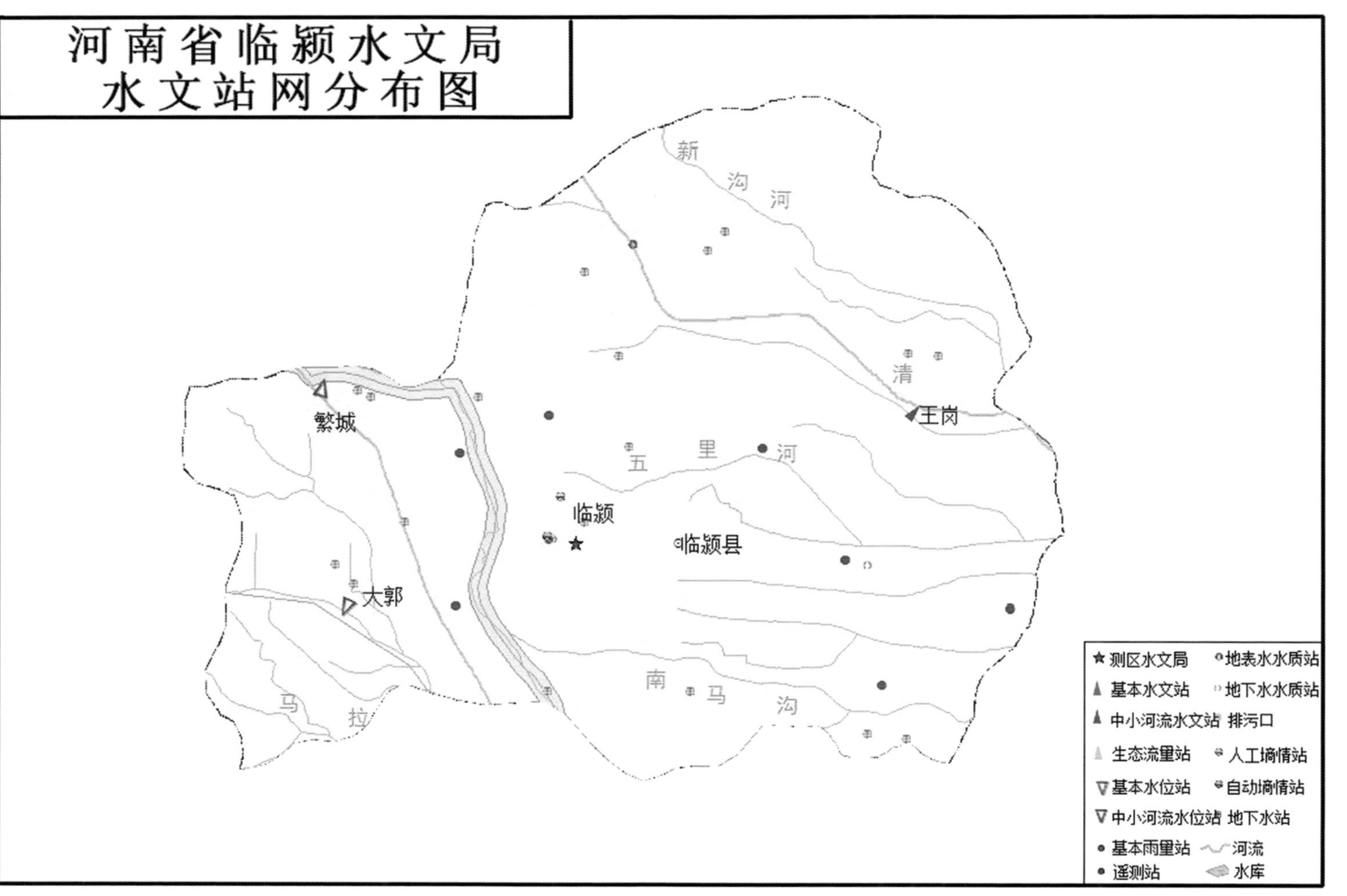

附图28 河南省临颍水文局水文站网分布图

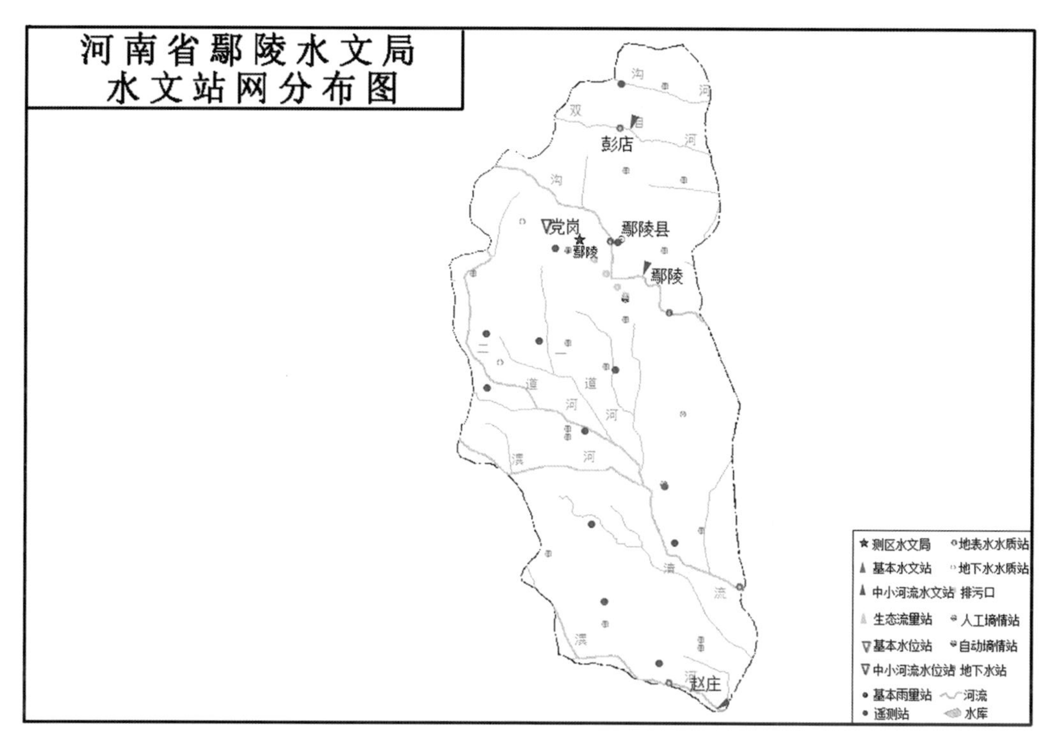

附图29 河南省鄢陵水文局水文站网分布图

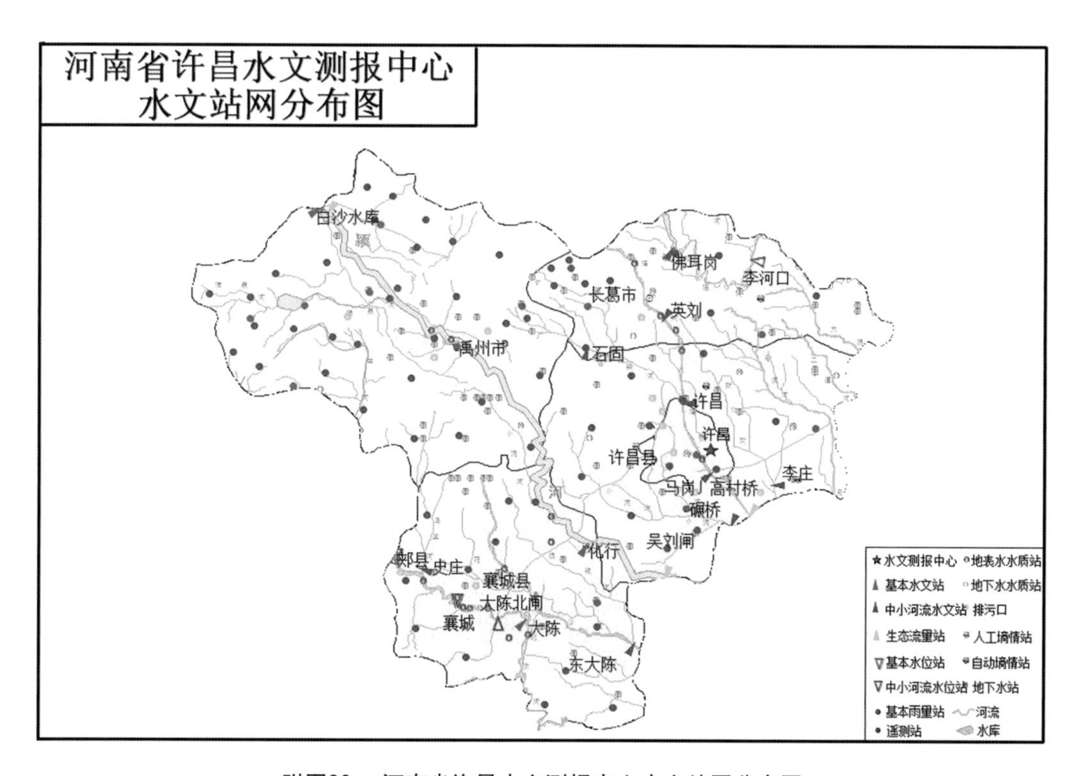

附图30 河南省许昌水文测报中心水文站网分布图

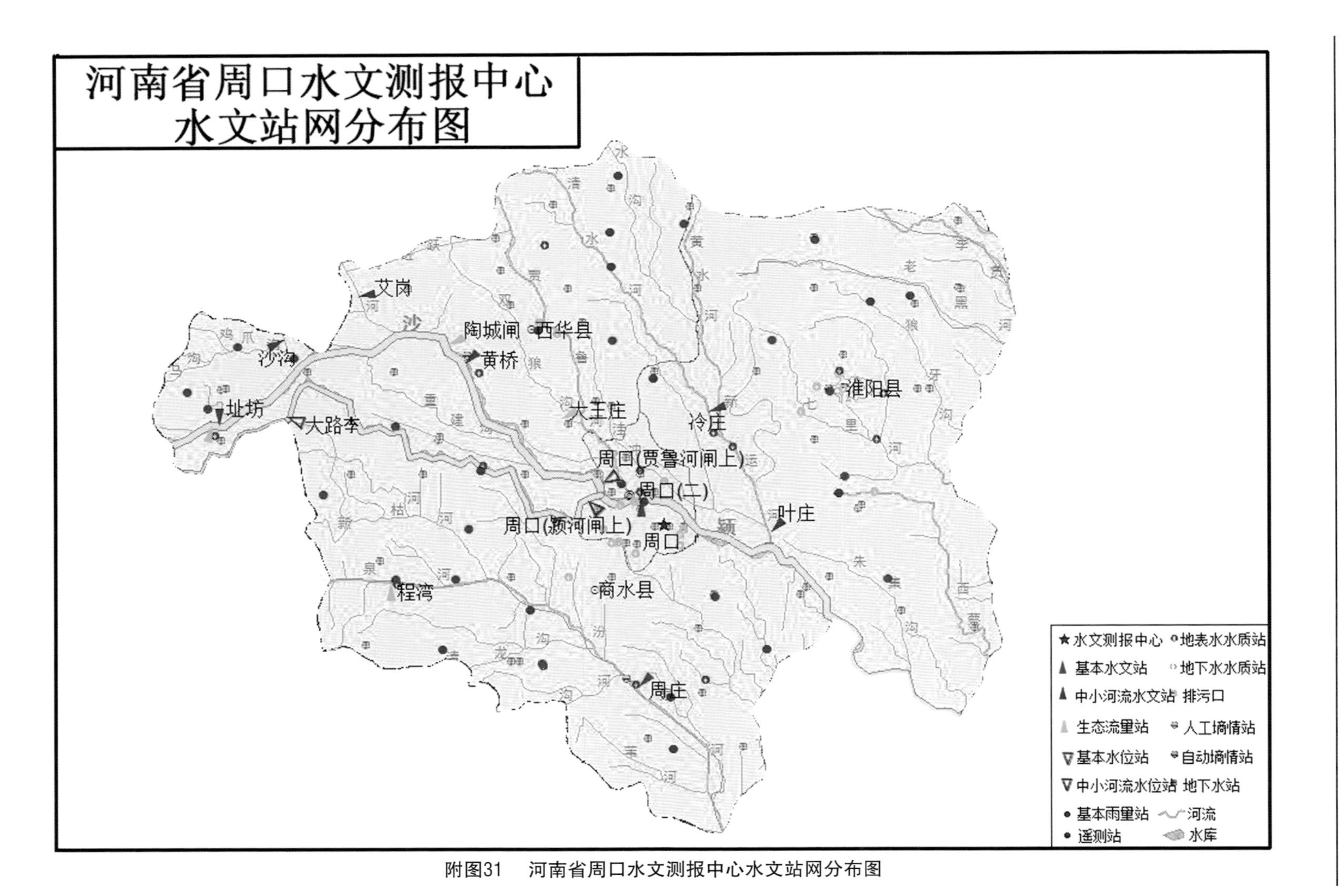

附图31 河南省周口水文测报中心水文站网分布图

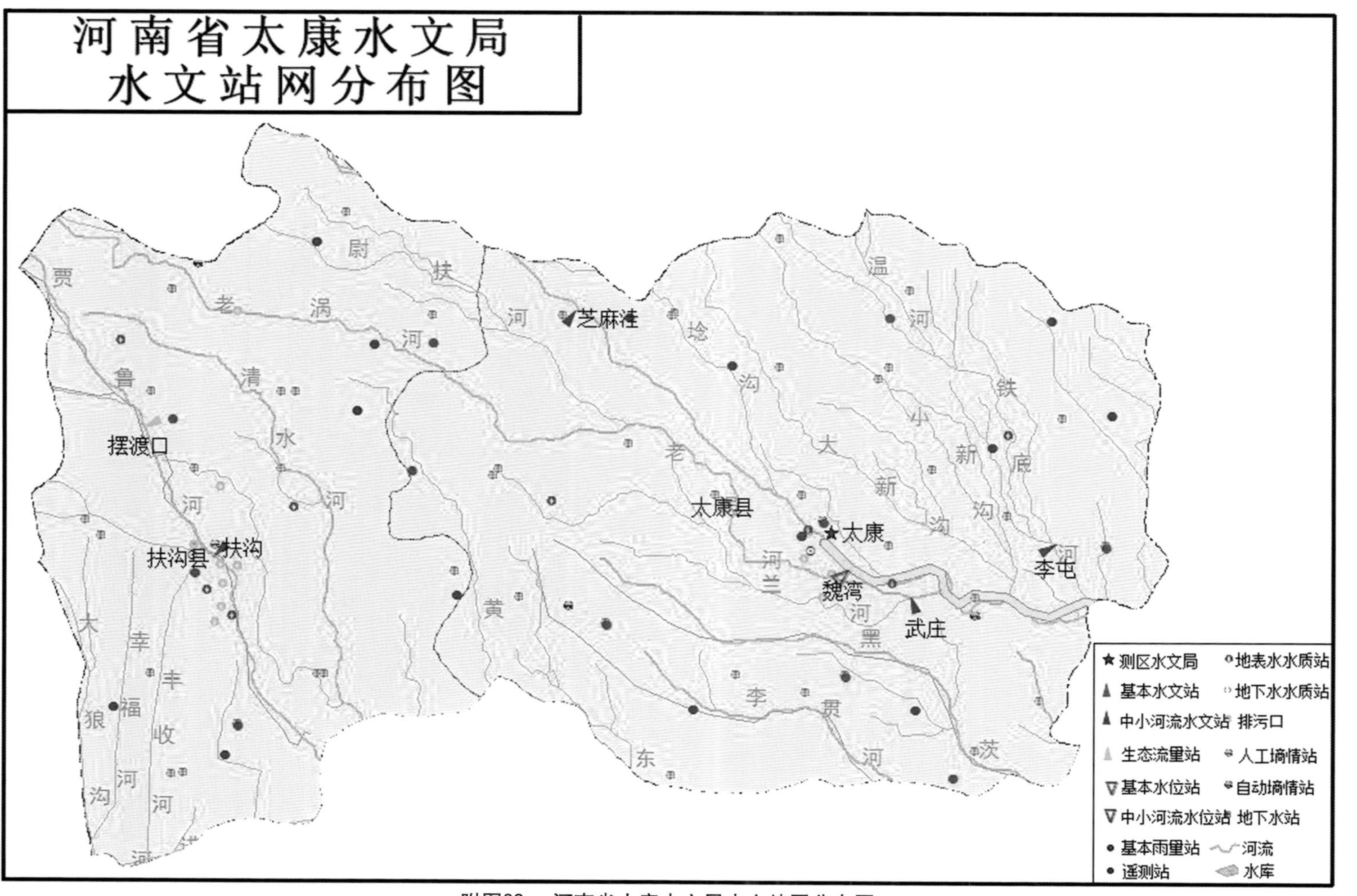

附图32 河南省太康水文局水文站网分布图

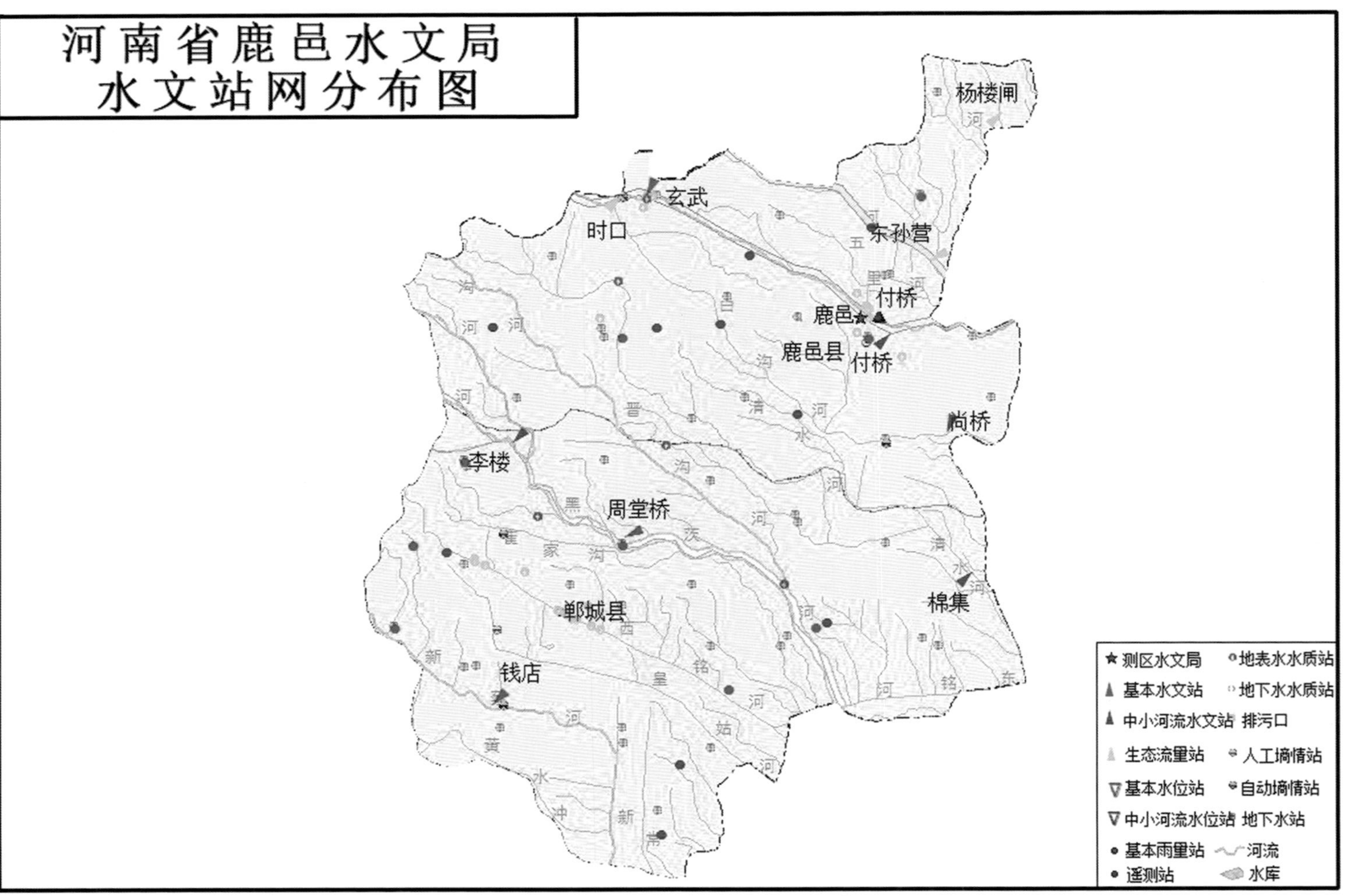

附图33　河南省鹿邑水文局水文站网分布图

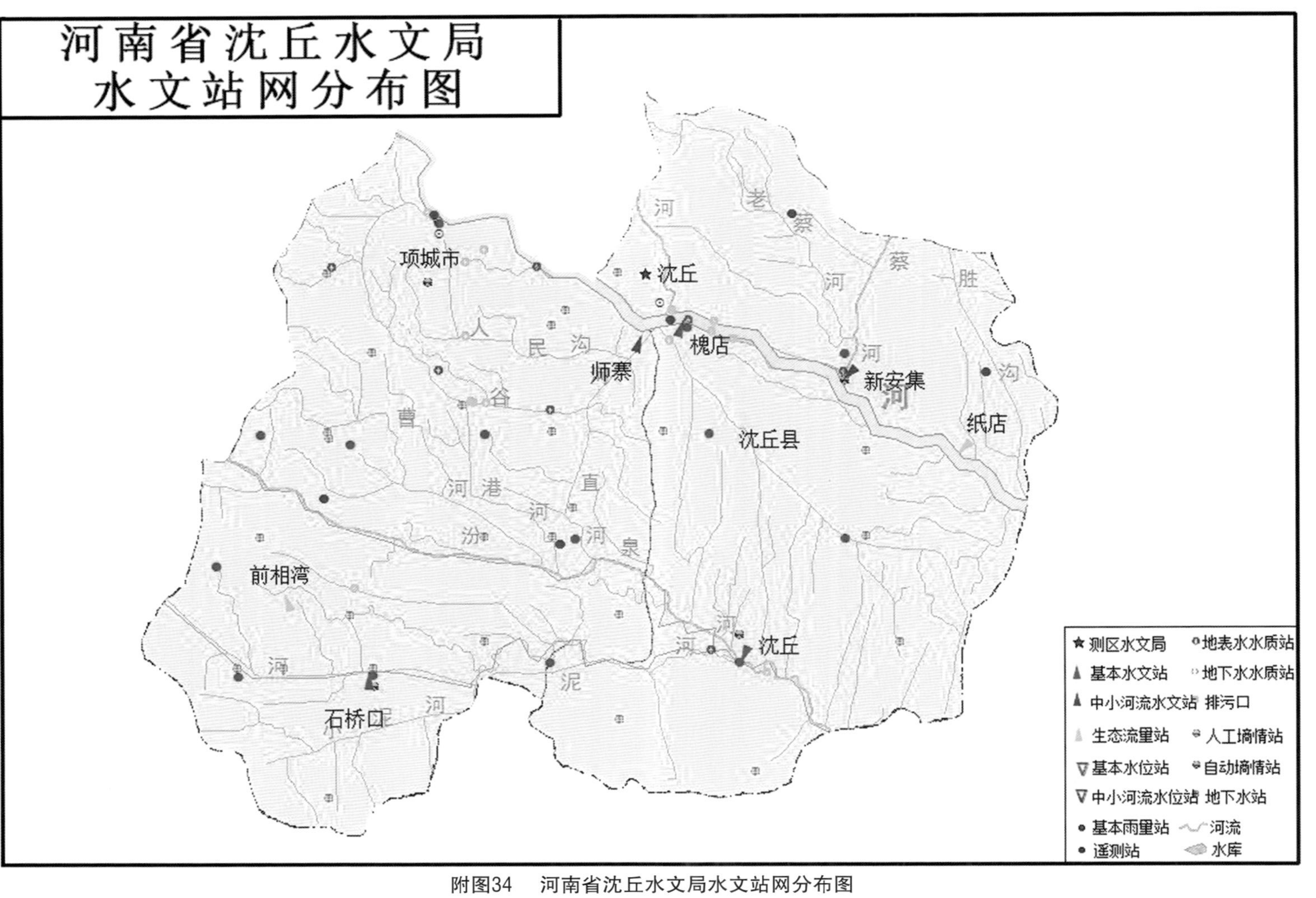

附图34 河南省沈丘水文局水文站网分布图

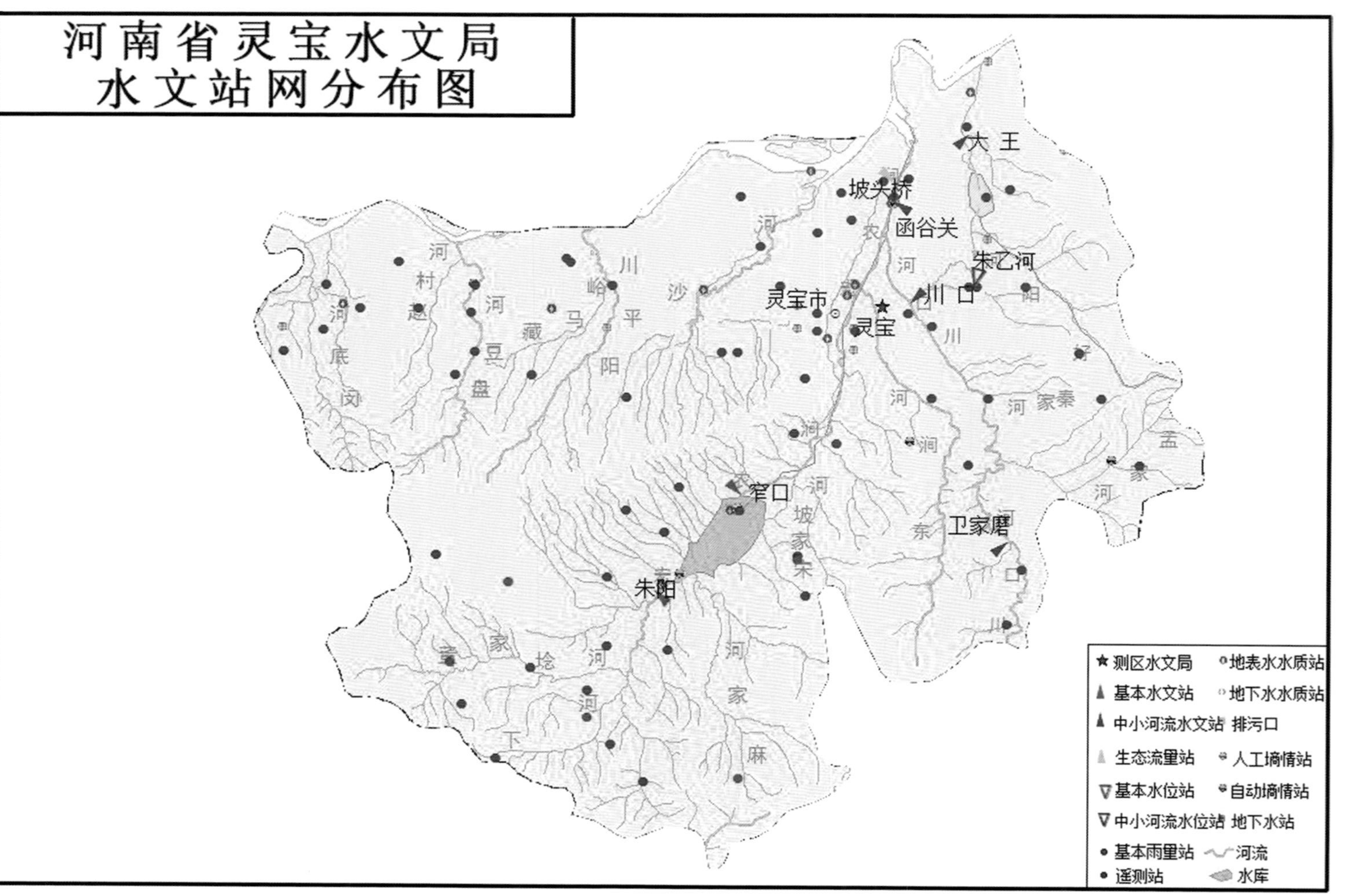

附图35 河南省灵宝水文局水文站网分布图

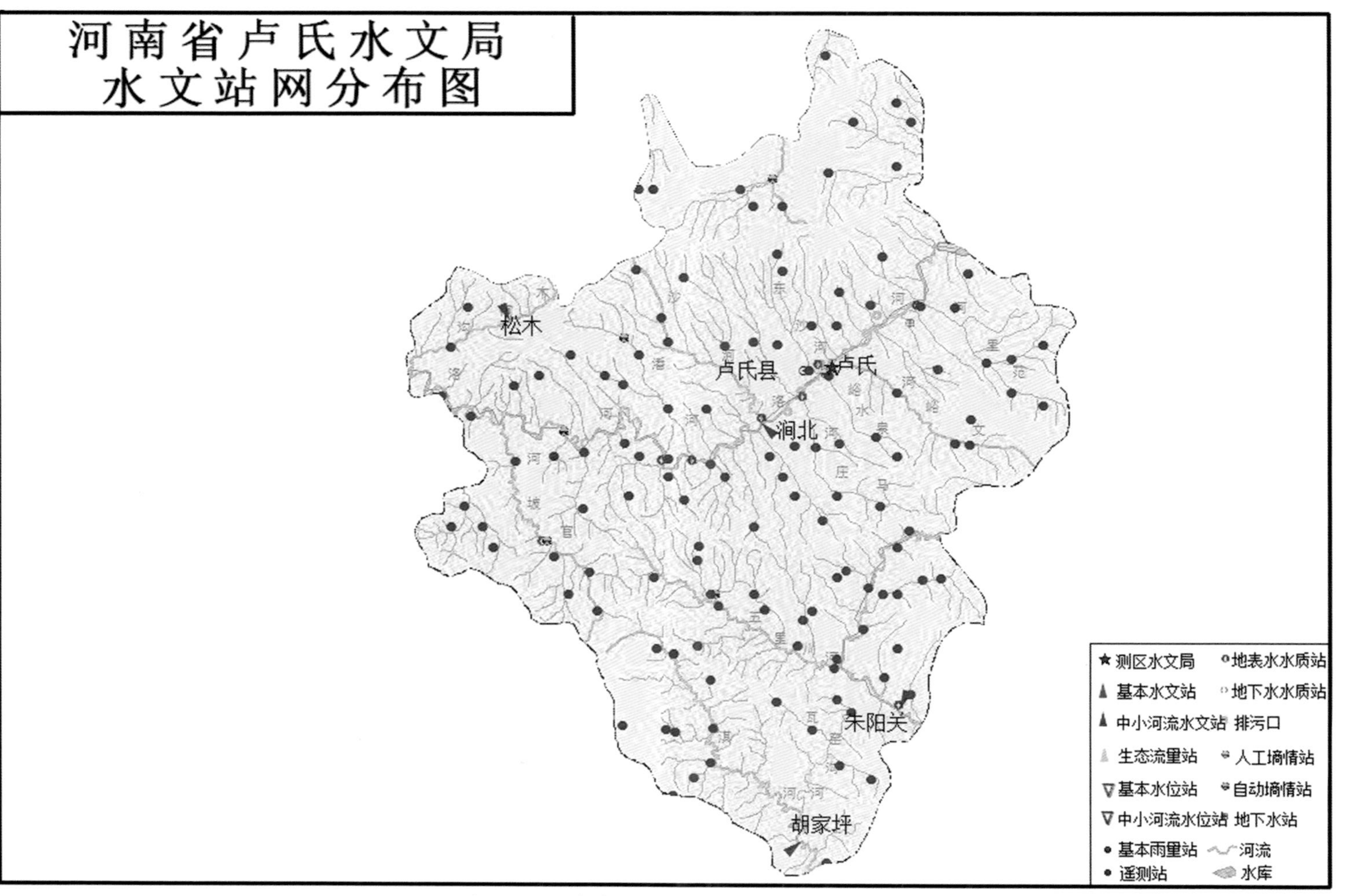

附图36 河南省卢氏水文局水文站网分布图

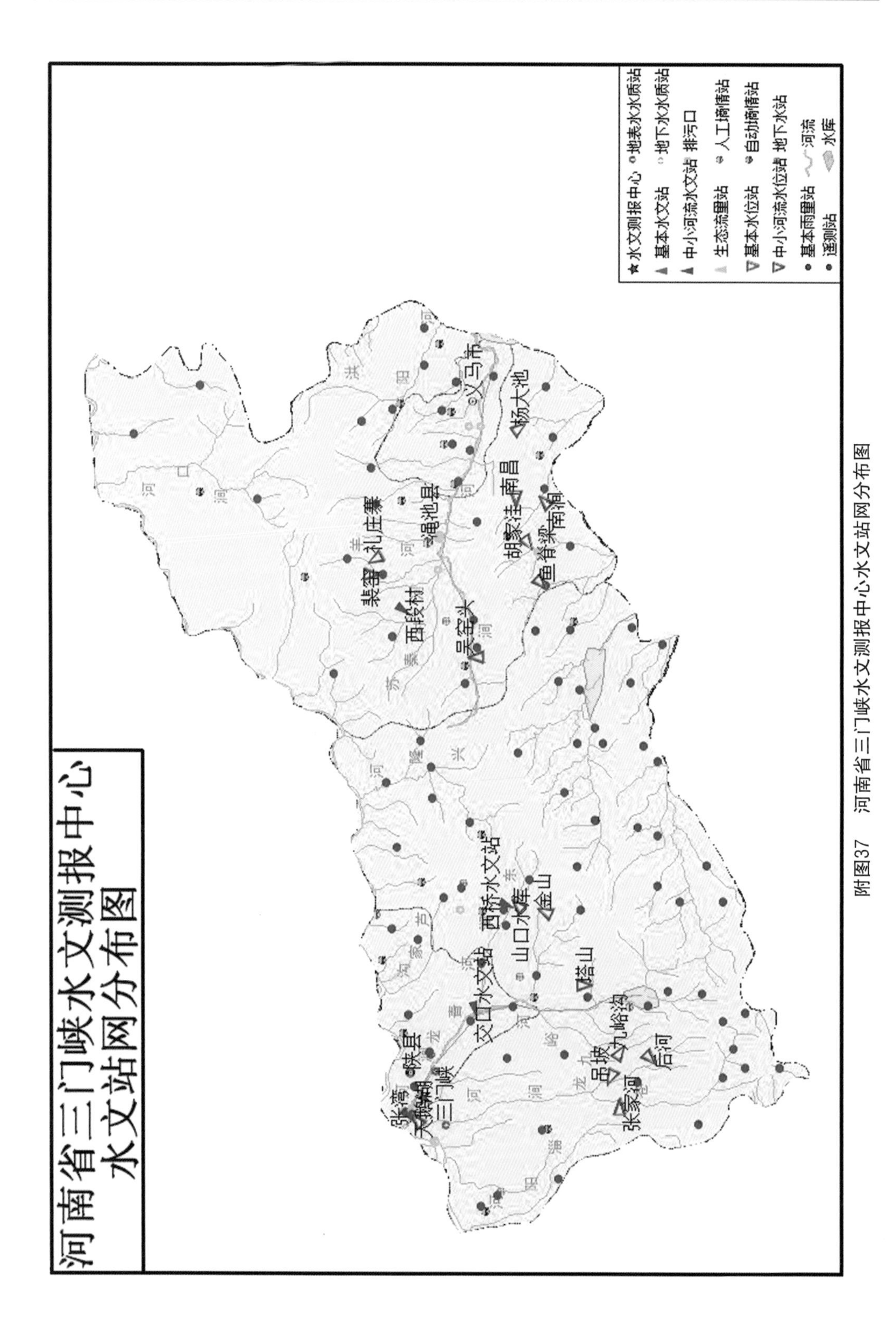

附图37　河南省三门峡水文测报中心水文站网分布图

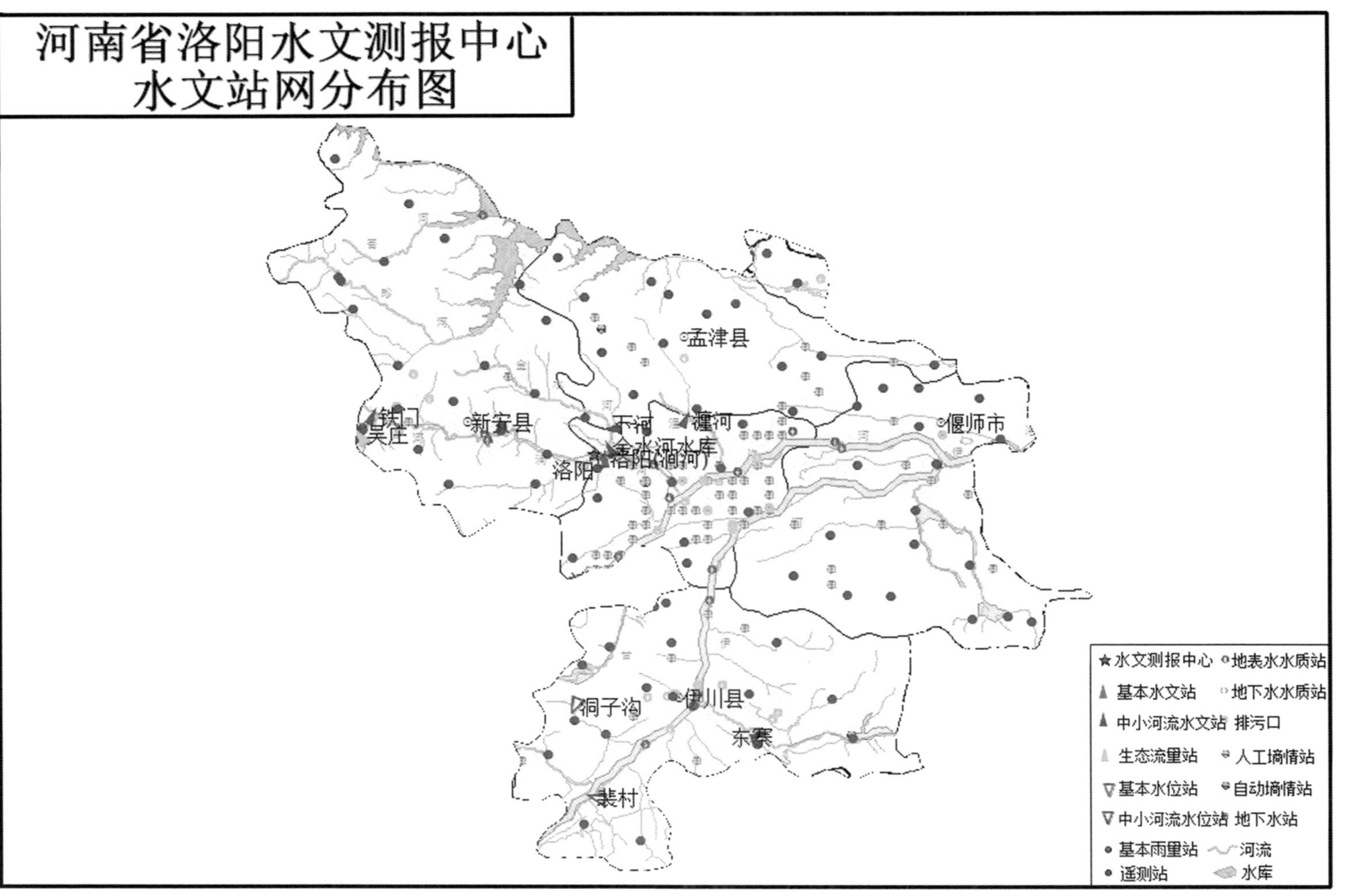

附图38　河南省洛阳水文测报中心水文站网分布图

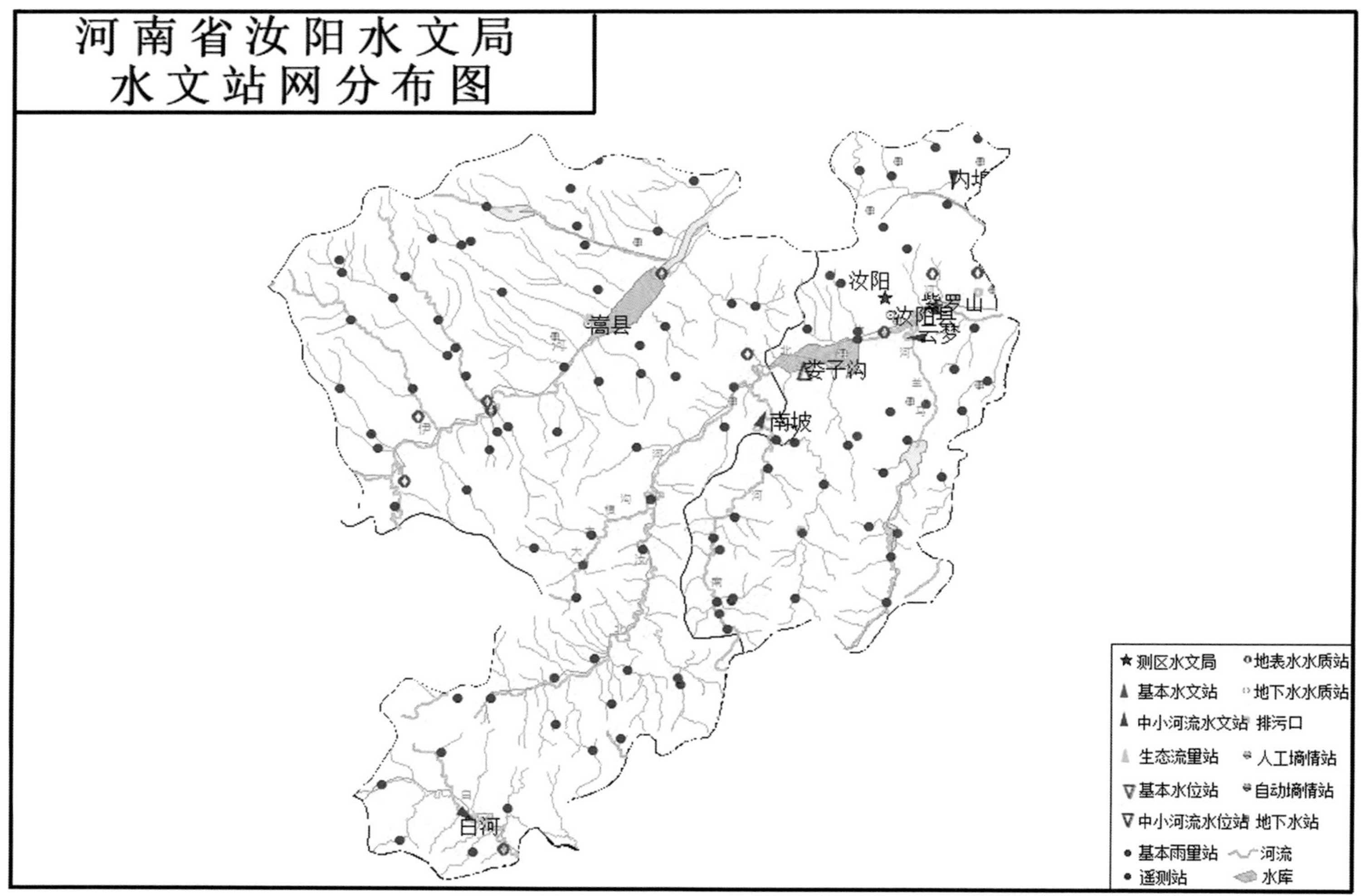

附图39 河南省汝阳水文局水文站网分布图

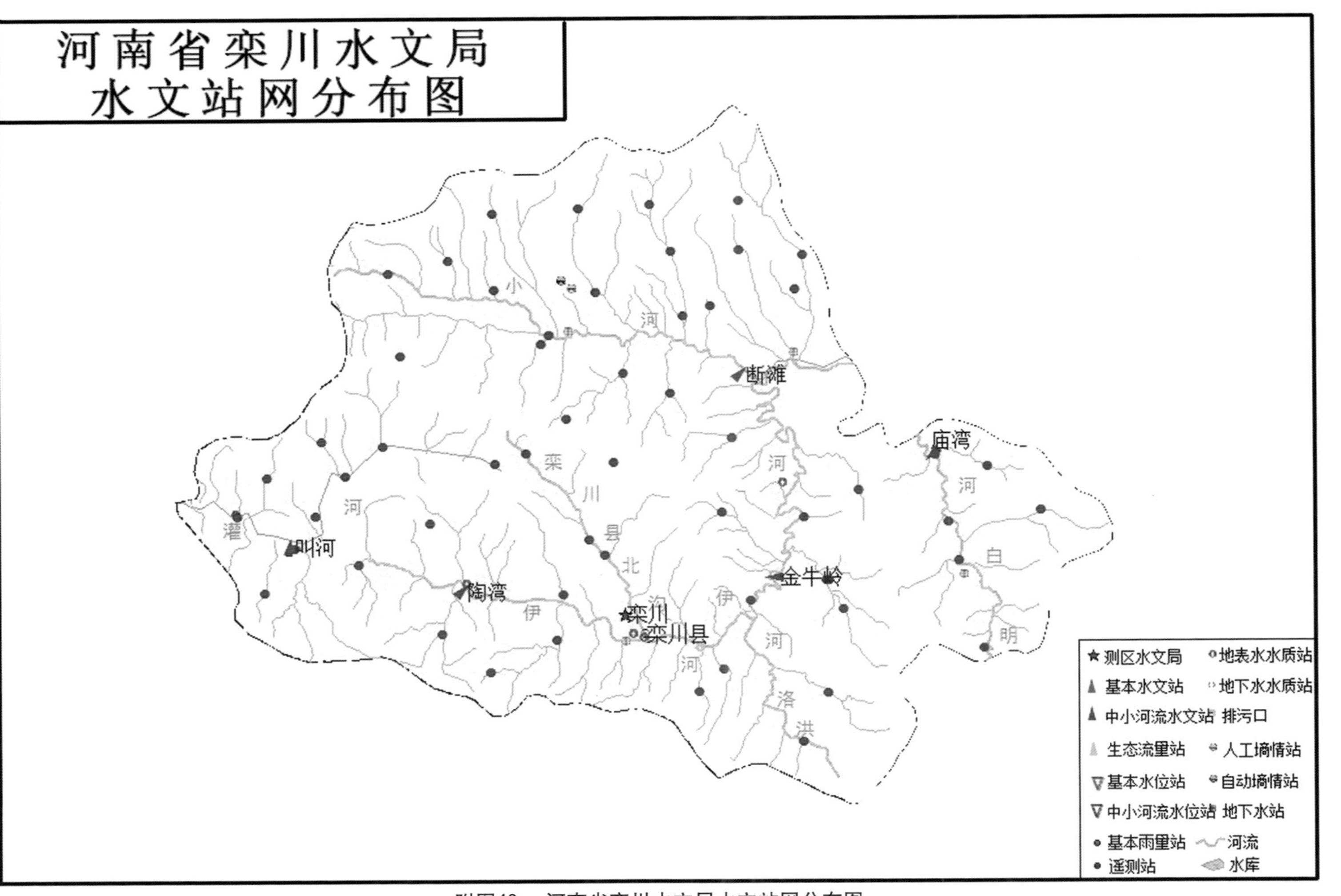

附图40　河南省栾川水文局水文站网分布图

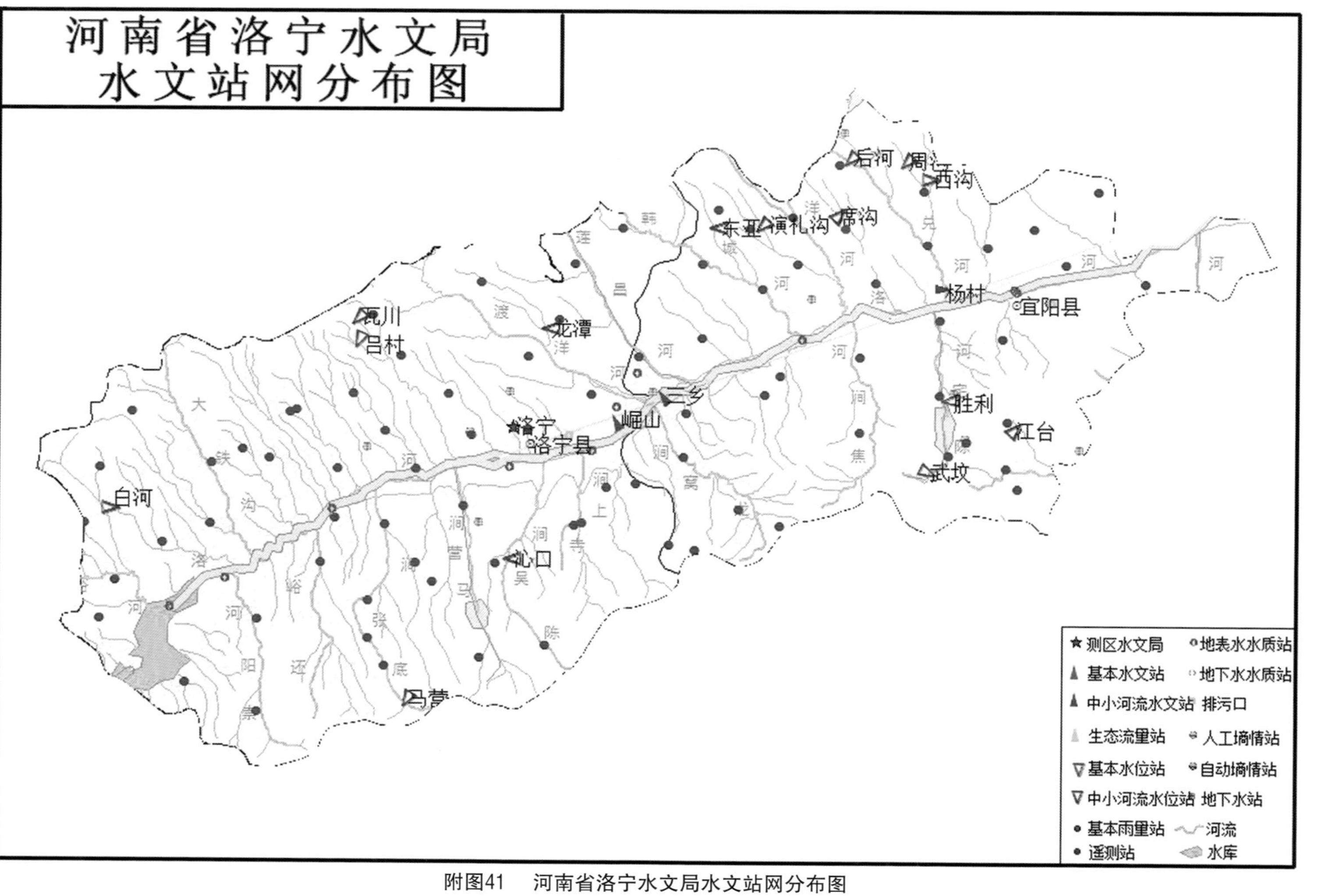

附图41　河南省洛宁水文局水文站网分布图

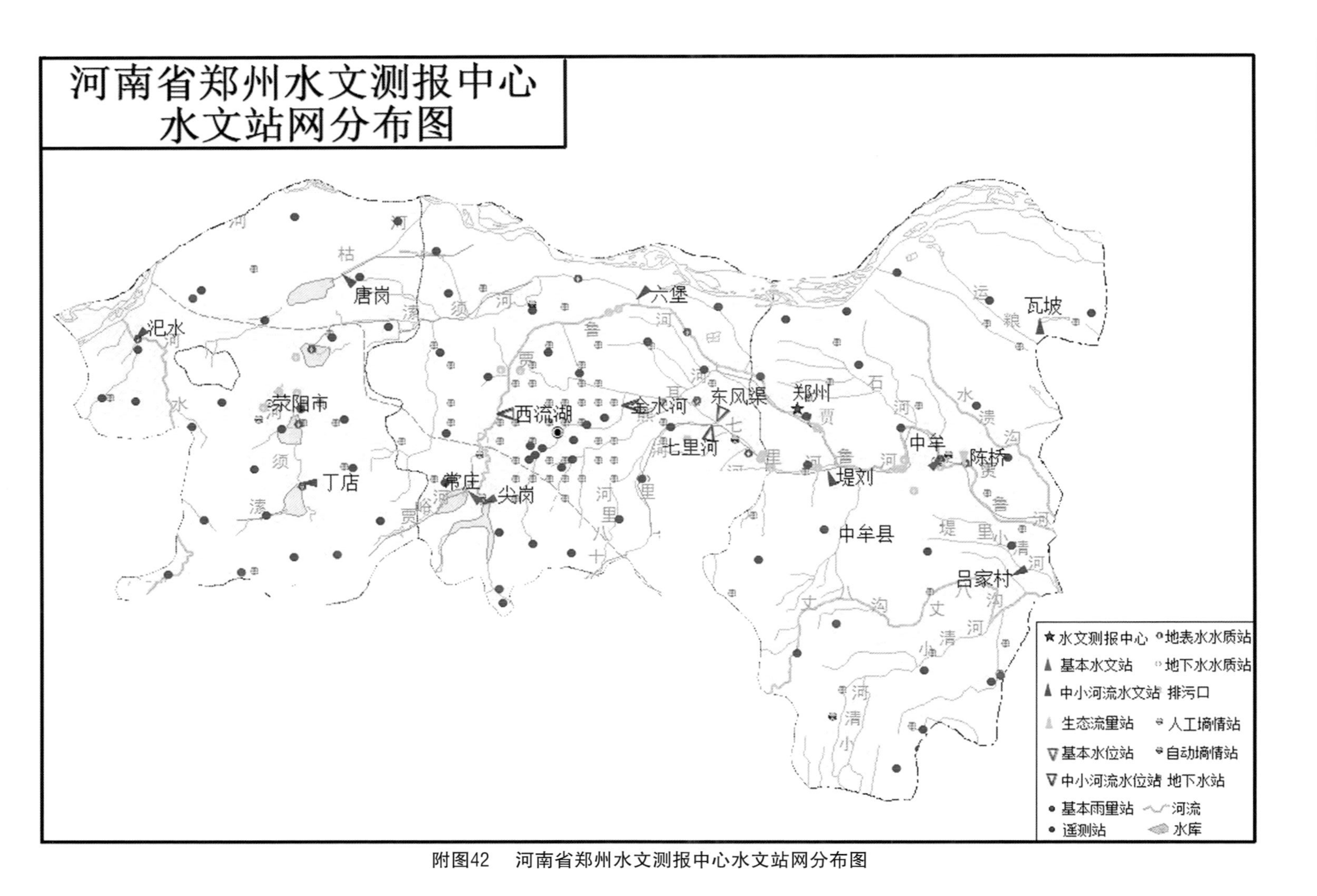

附图42　河南省郑州市水文测报中心水文站网分布图

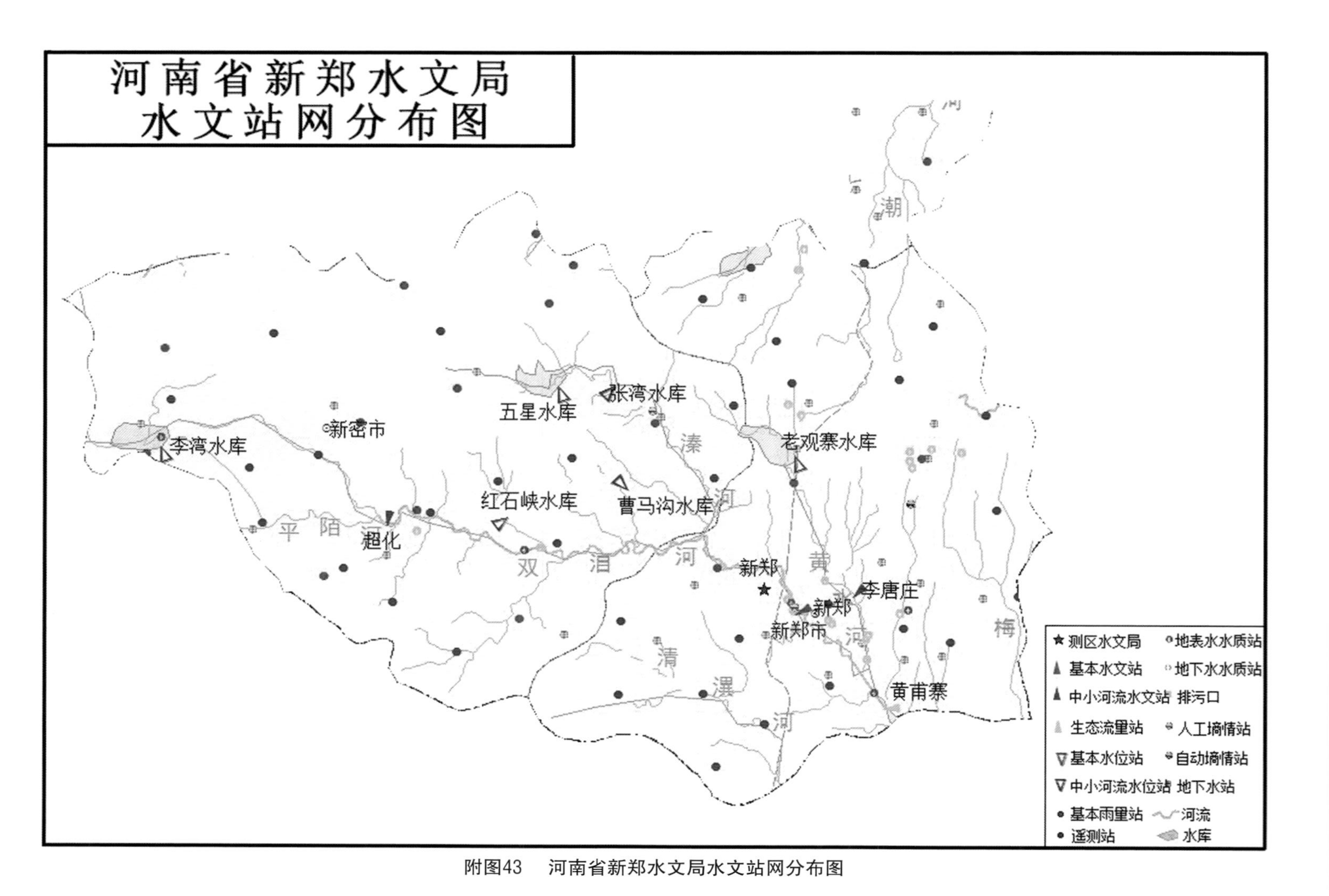

附图43 河南省新郑水文局水文站网分布图

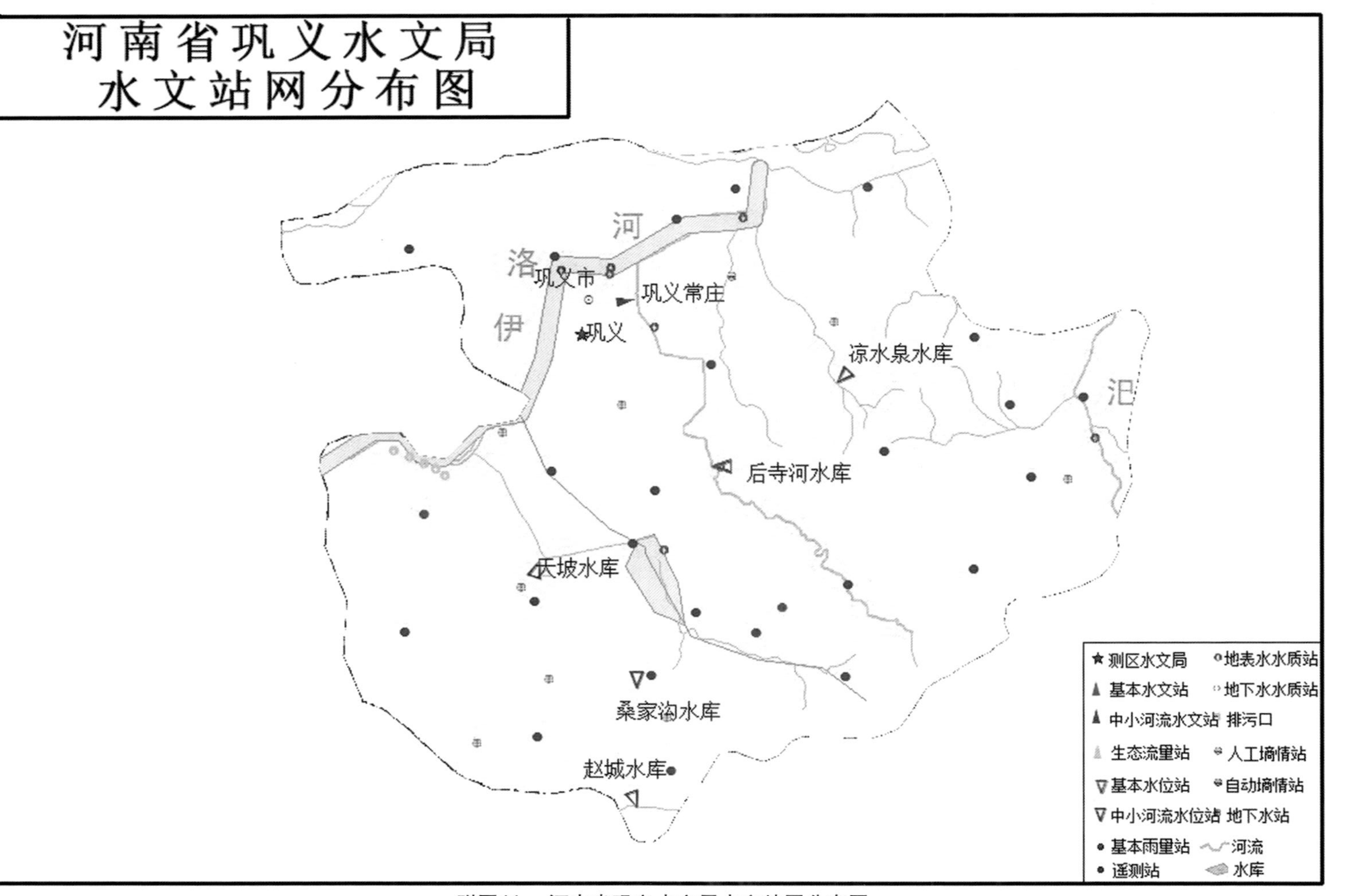

附图44 河南省巩义水文局水文站网分布图

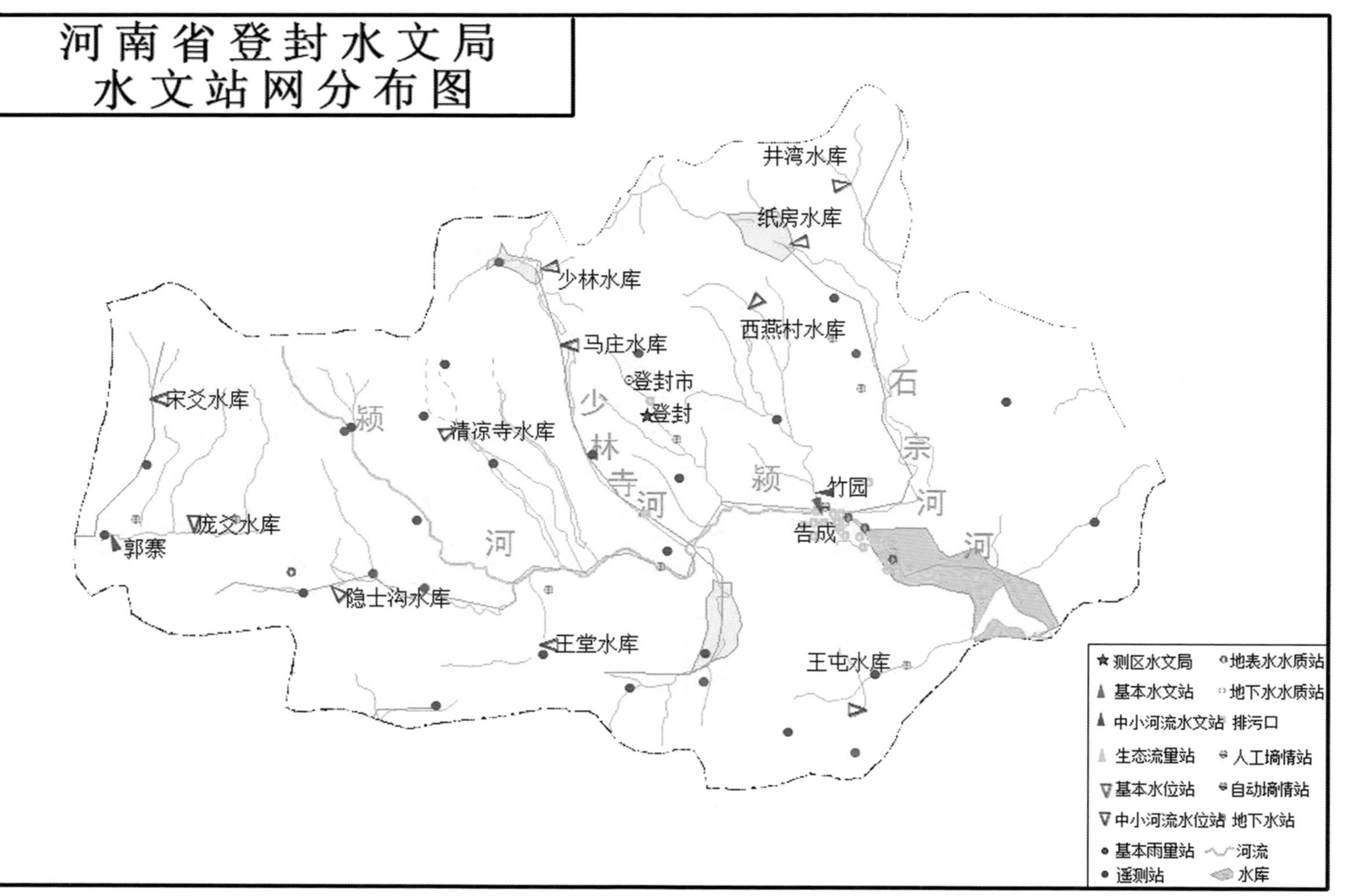

附图45　河南省登封水文局水文站网分布图

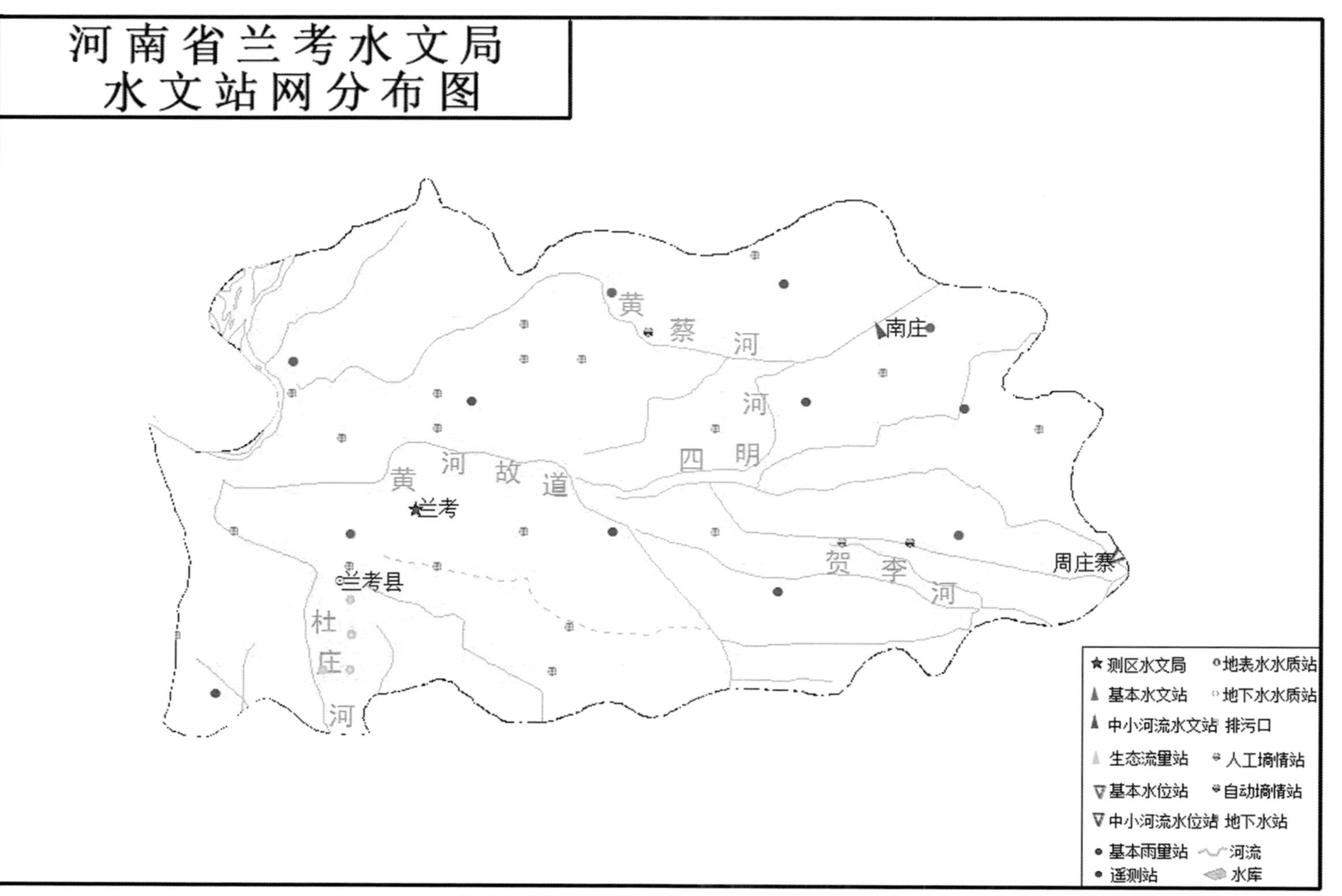

附图46 河南省兰考水文局水文站网分布图

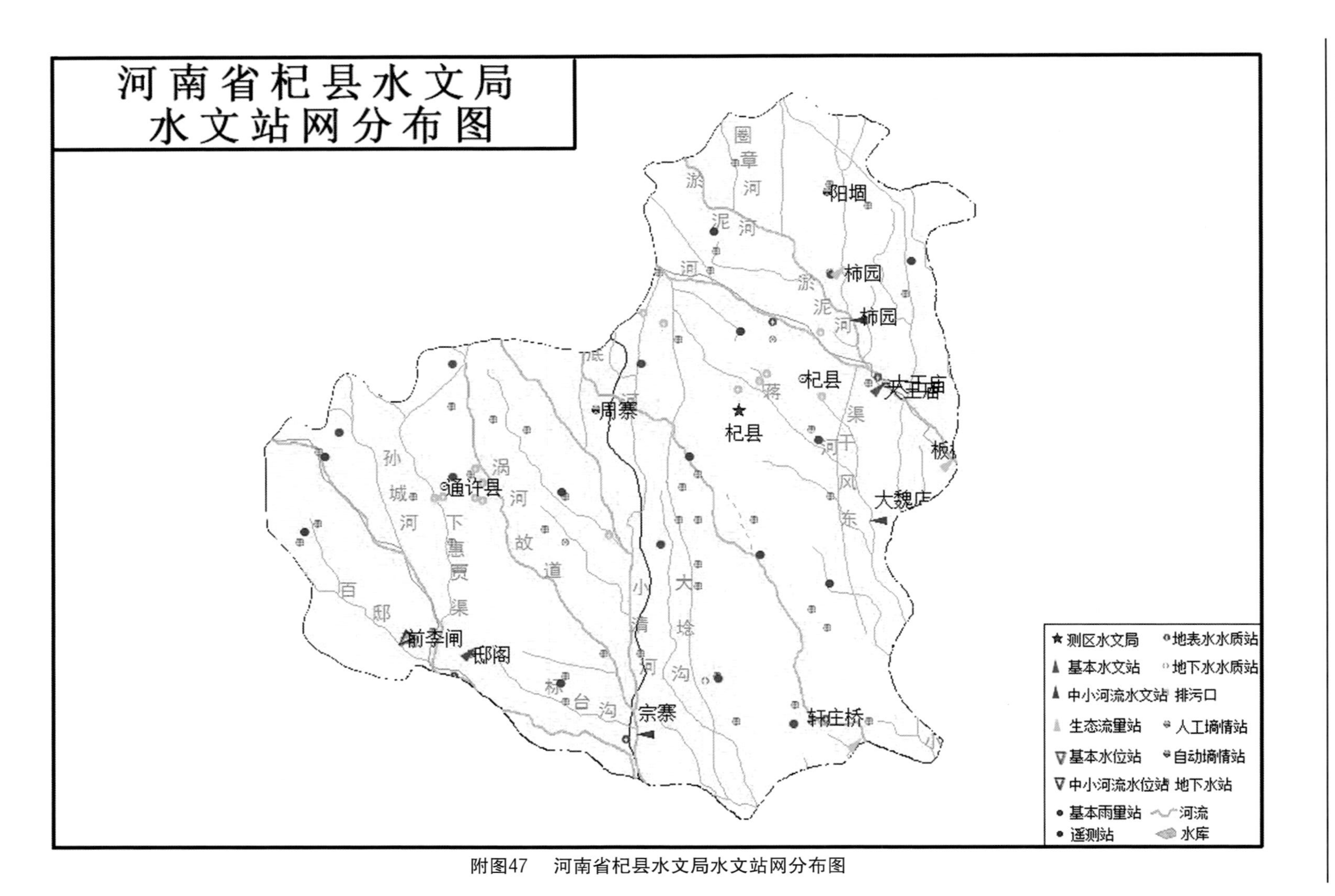

附图47　河南省杞县水文局水文站网分布图

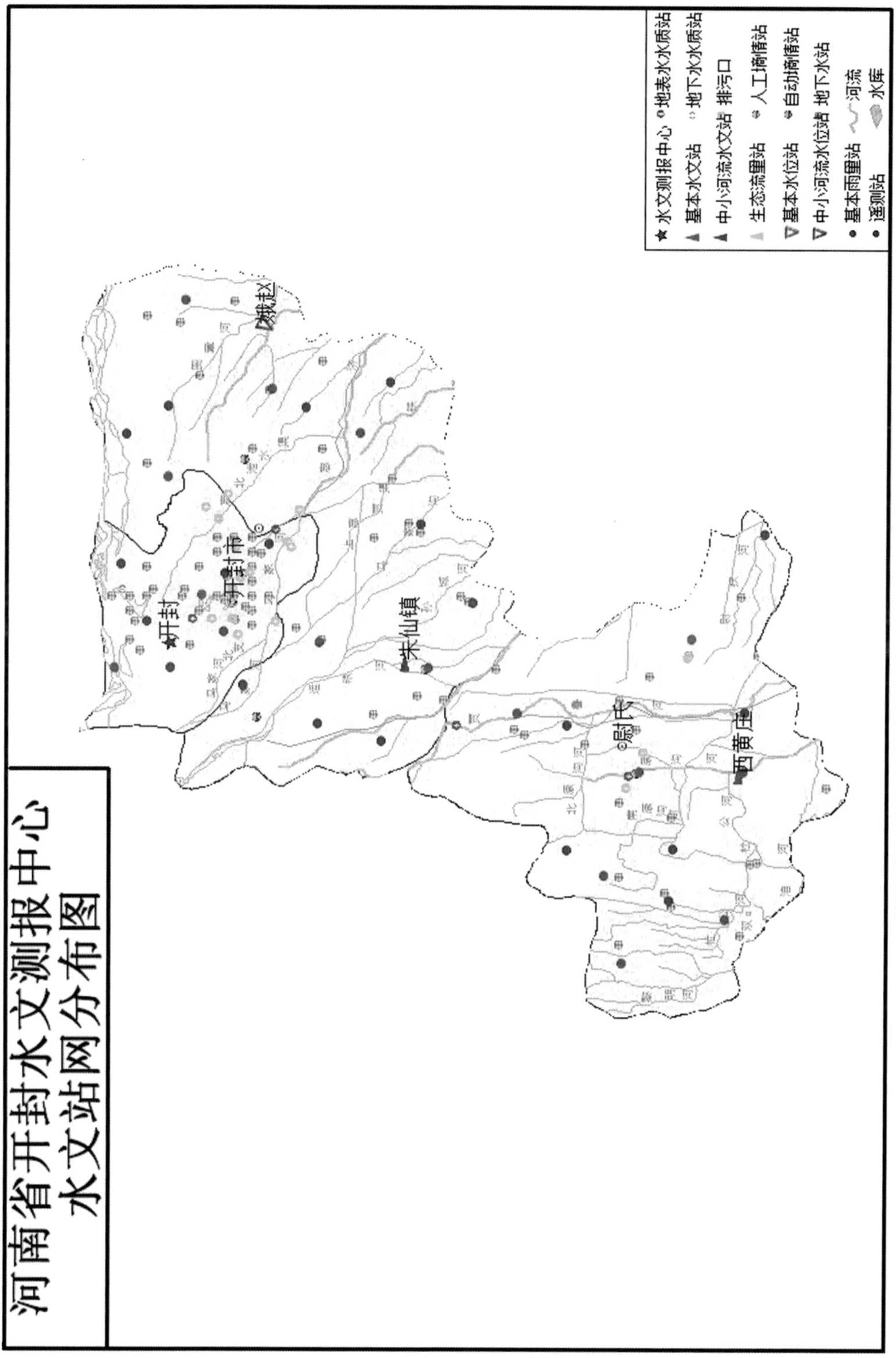

附图48　河南省开封水文测报中心水文站网分布图

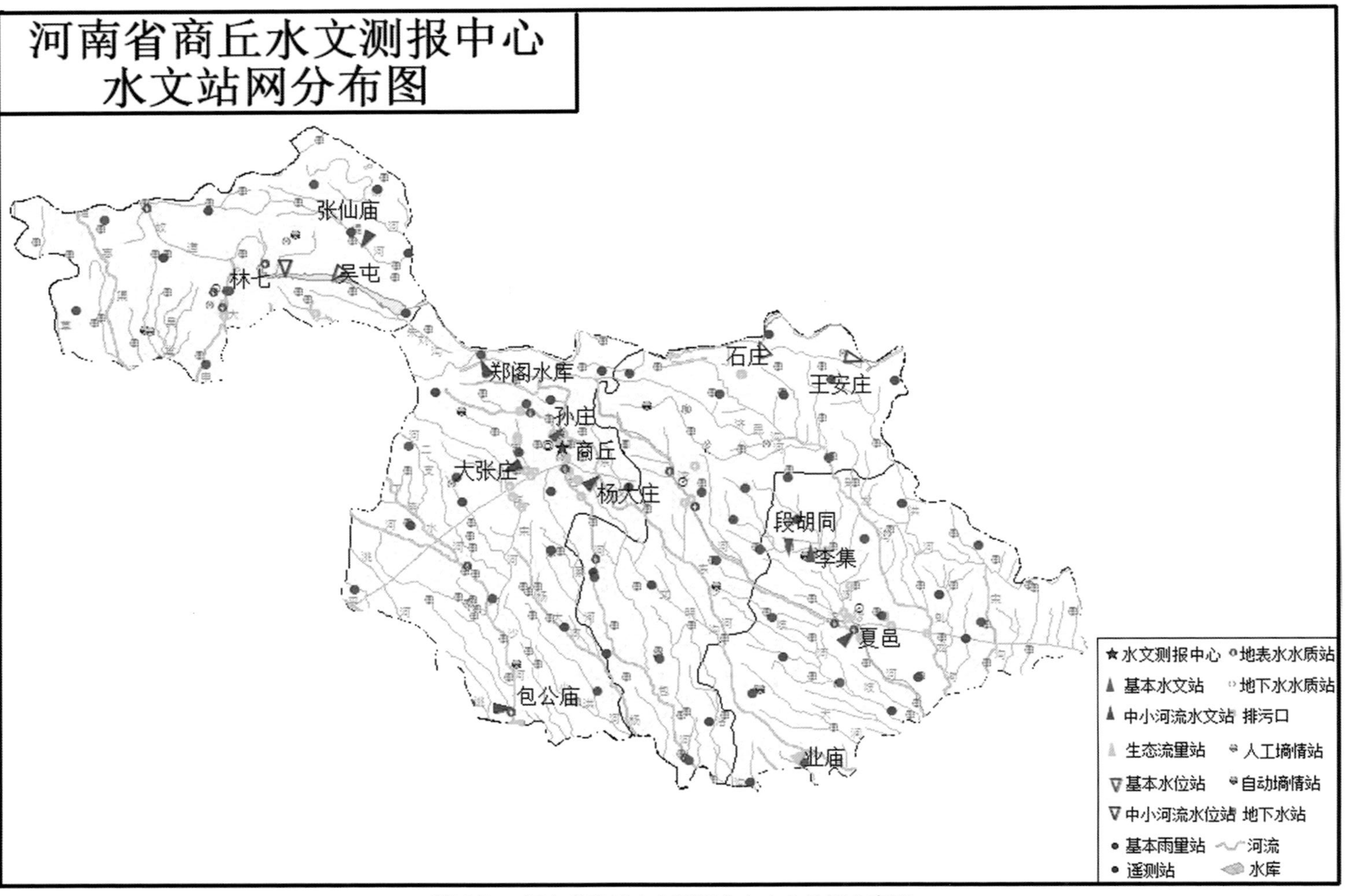

附图49　河南省商丘水文测报中心水文站网分布图

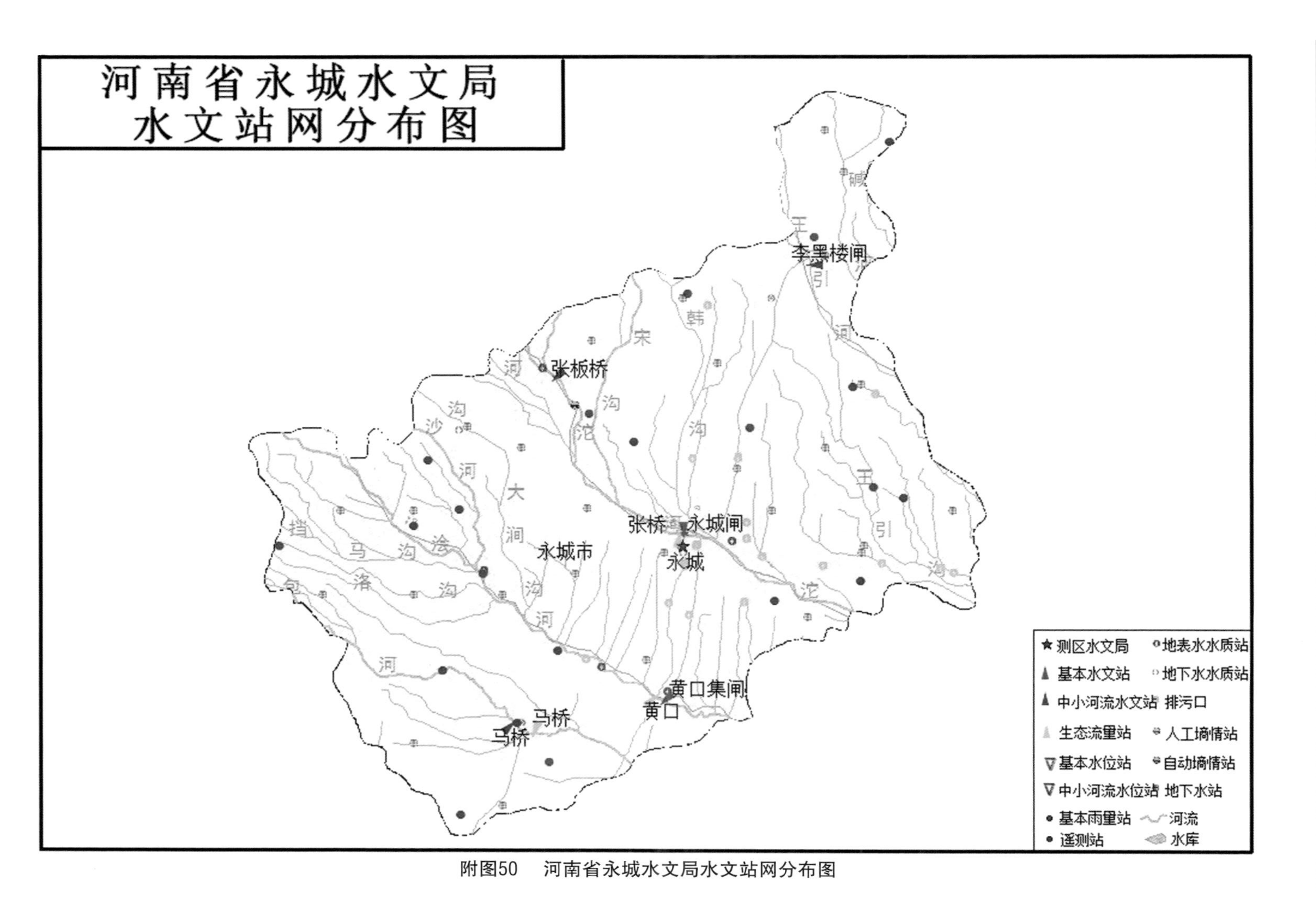

附图50 河南省永城水文局水文站网分布图

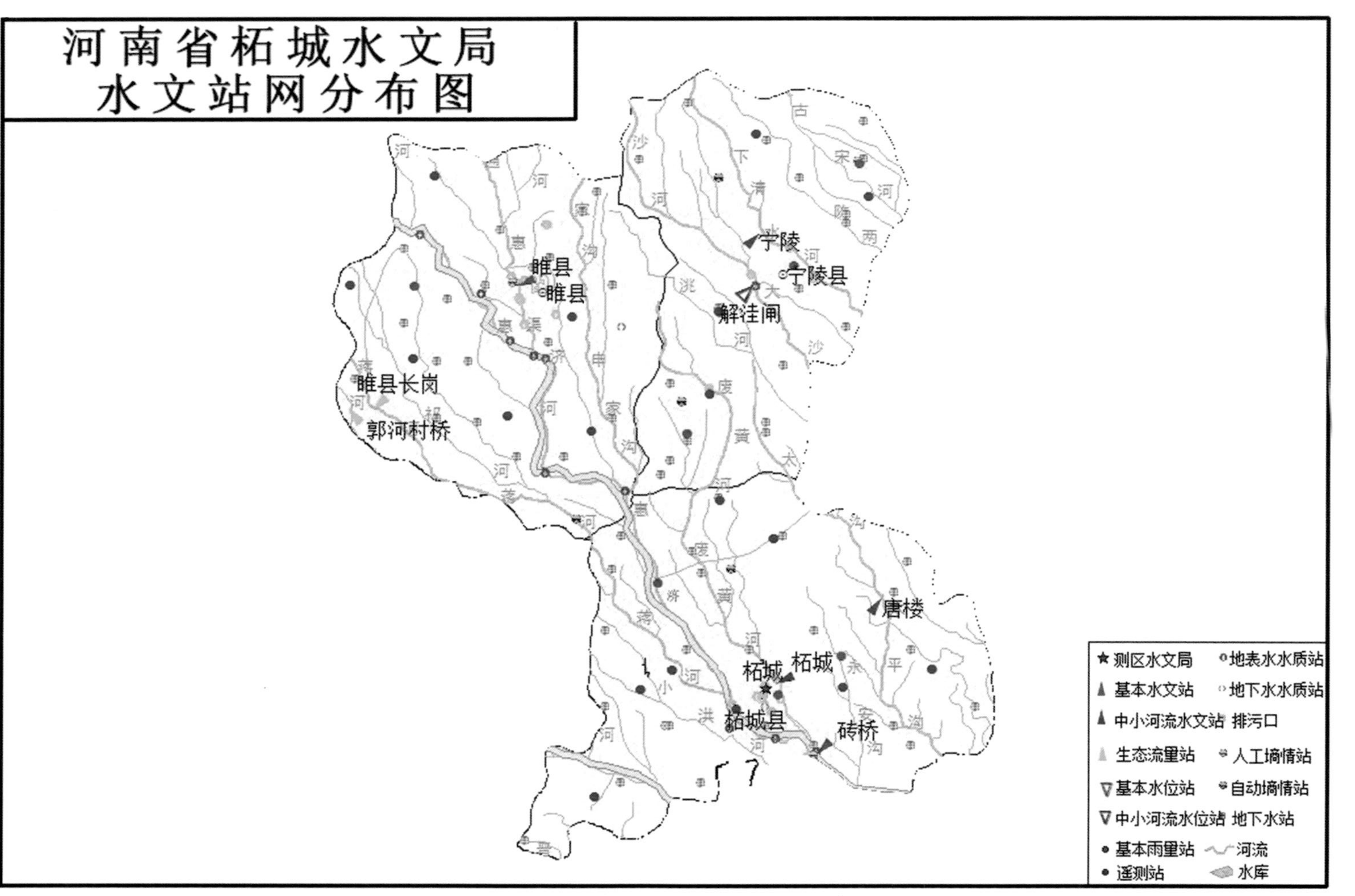

附图51　河南省柘城水文局水文站网分布图

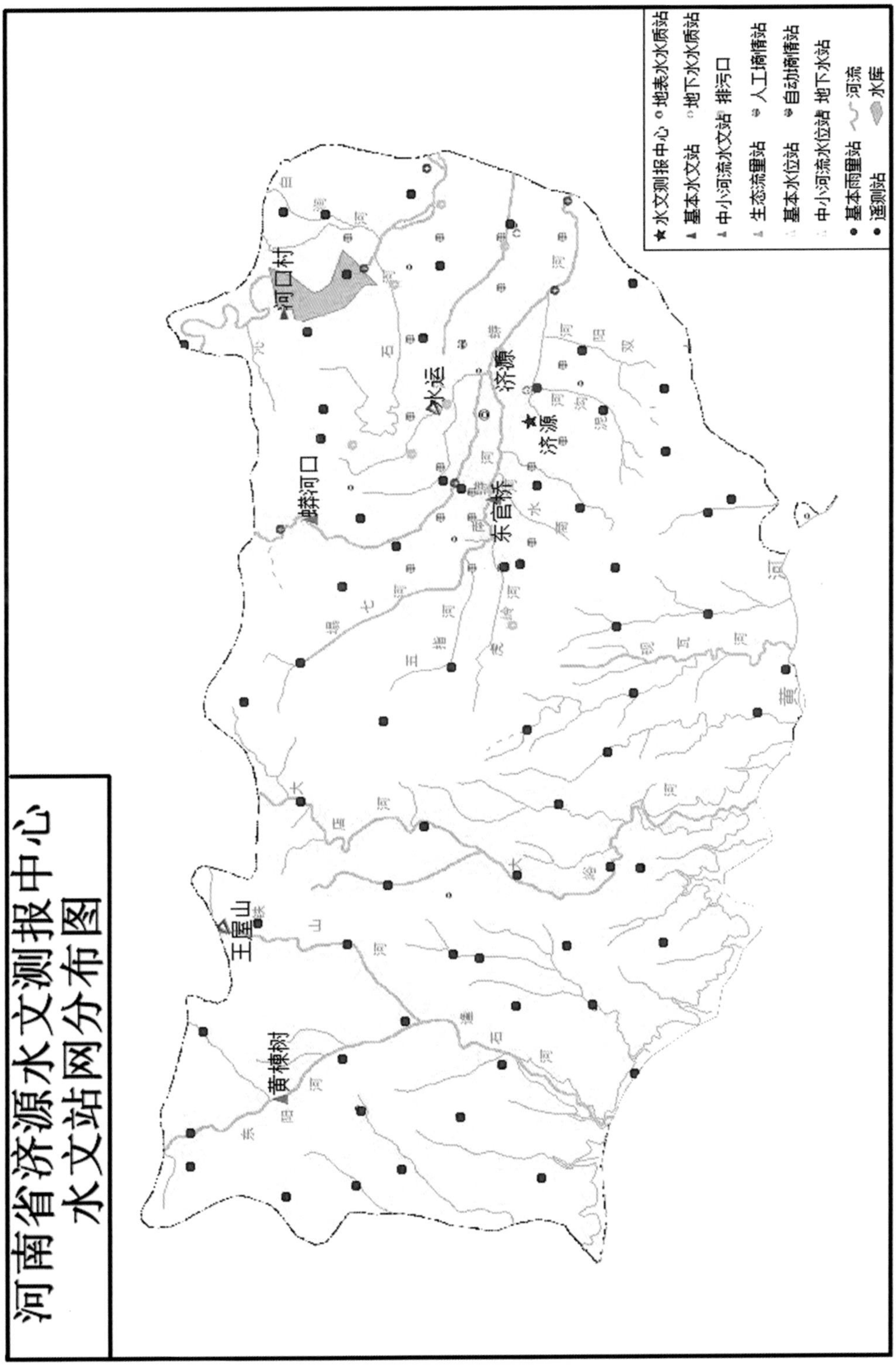

附图52　河南省济源水文测报中心水文站网分布图

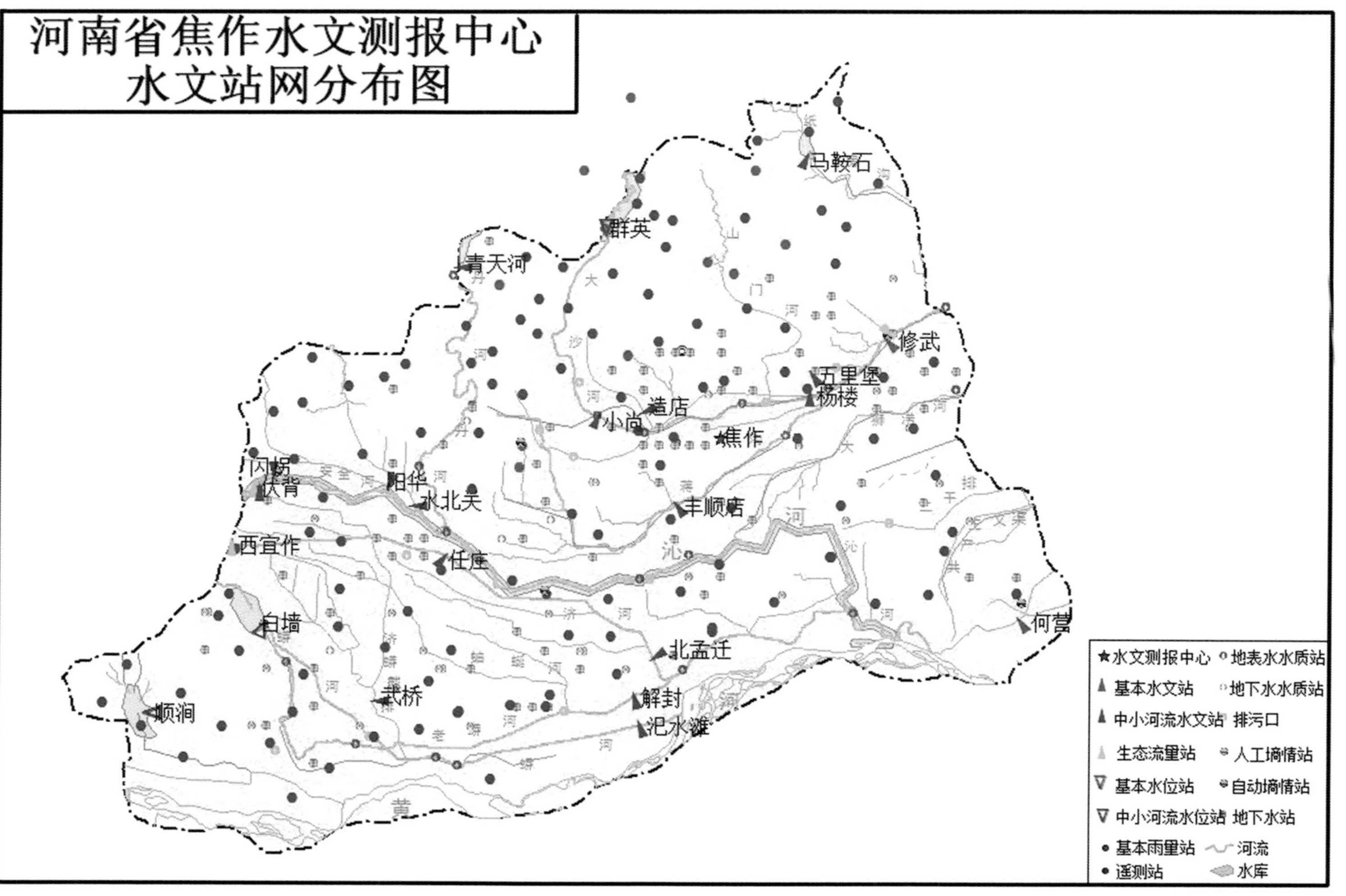

附图53 河南省焦作水文测报中心水文站网分布图

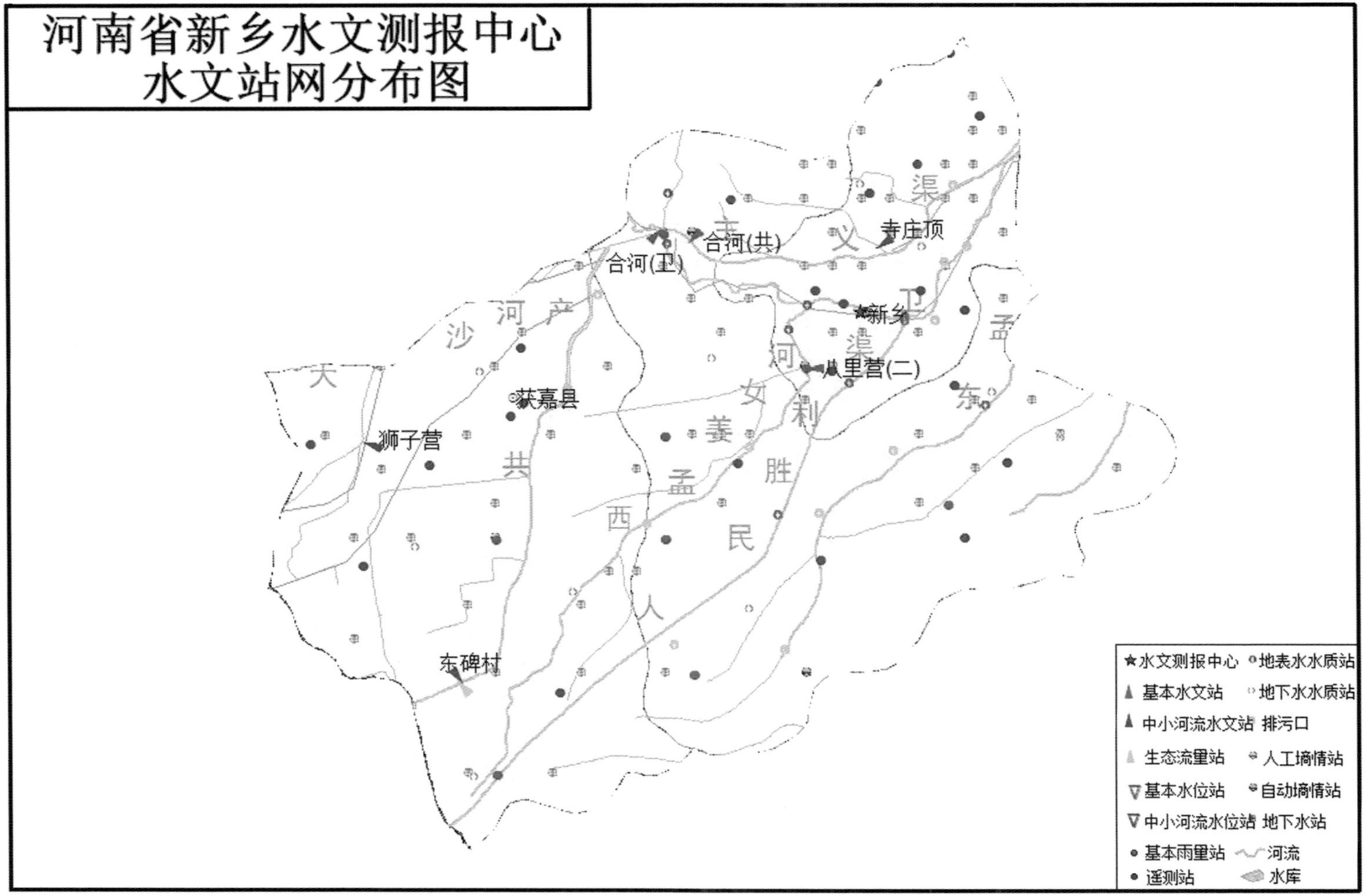
河南省新乡水文测报中心
水文站网分布图
寺庄顶
合河(共)
合河(卫)
新乡
八里营(二)
获嘉县
狮子营
东碑村
渠
义
卫
河
孟
东
产
沙
天
共
女
姜
利
胜
孟
西
民
人
水文测报中心
地表水水质站
基本水文站
地下水水质站
中小河流水文站
排污口
生态流量站
人工墒情站
基本水位站
自动墒情站
中小河流水位站
地下水站
基本雨量站
河流
遥测站
水库

附图54　河南省新乡水文测报中心水文站网分布图

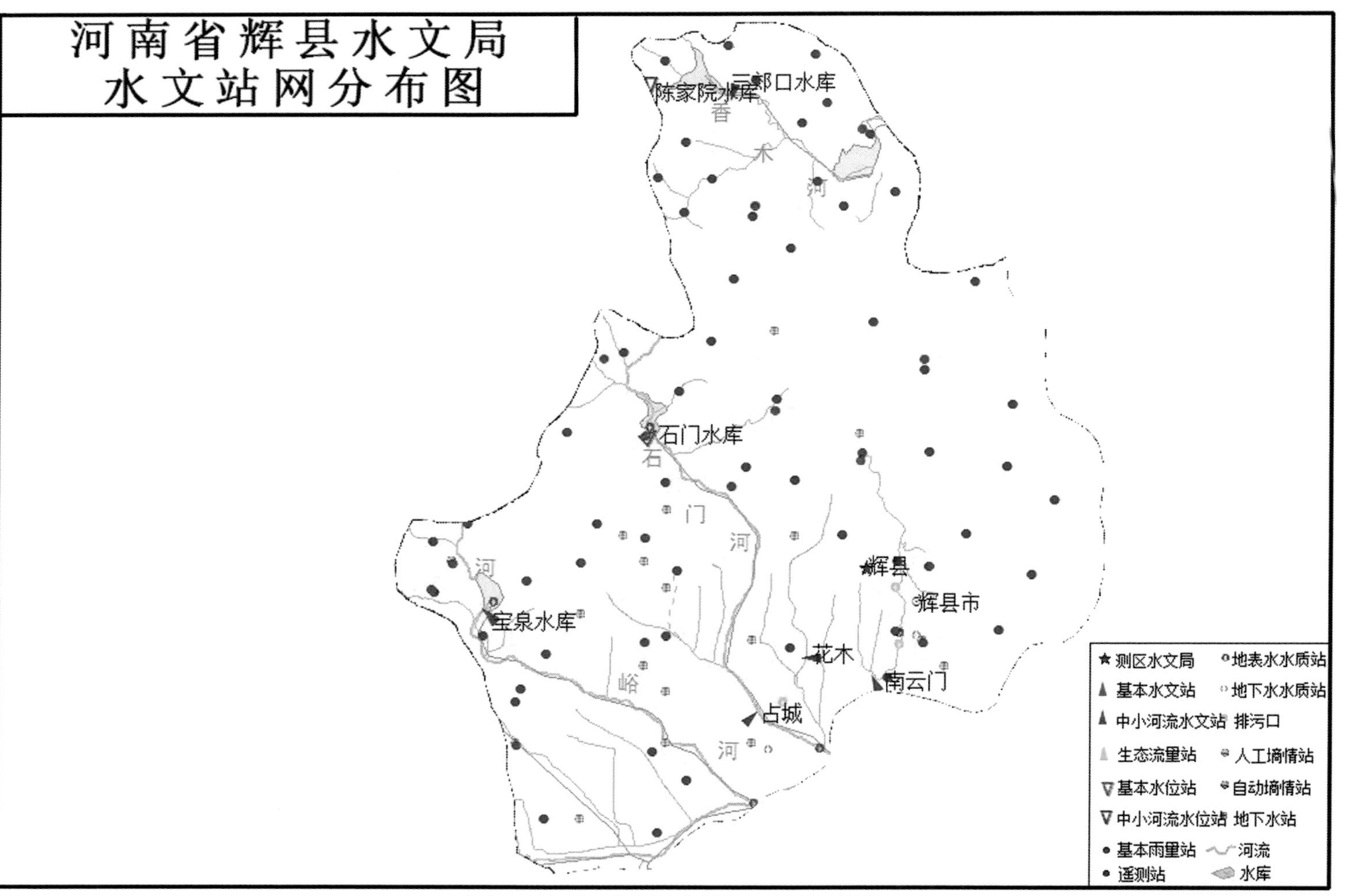

附图55 河南省辉县水文局水文站网分布图

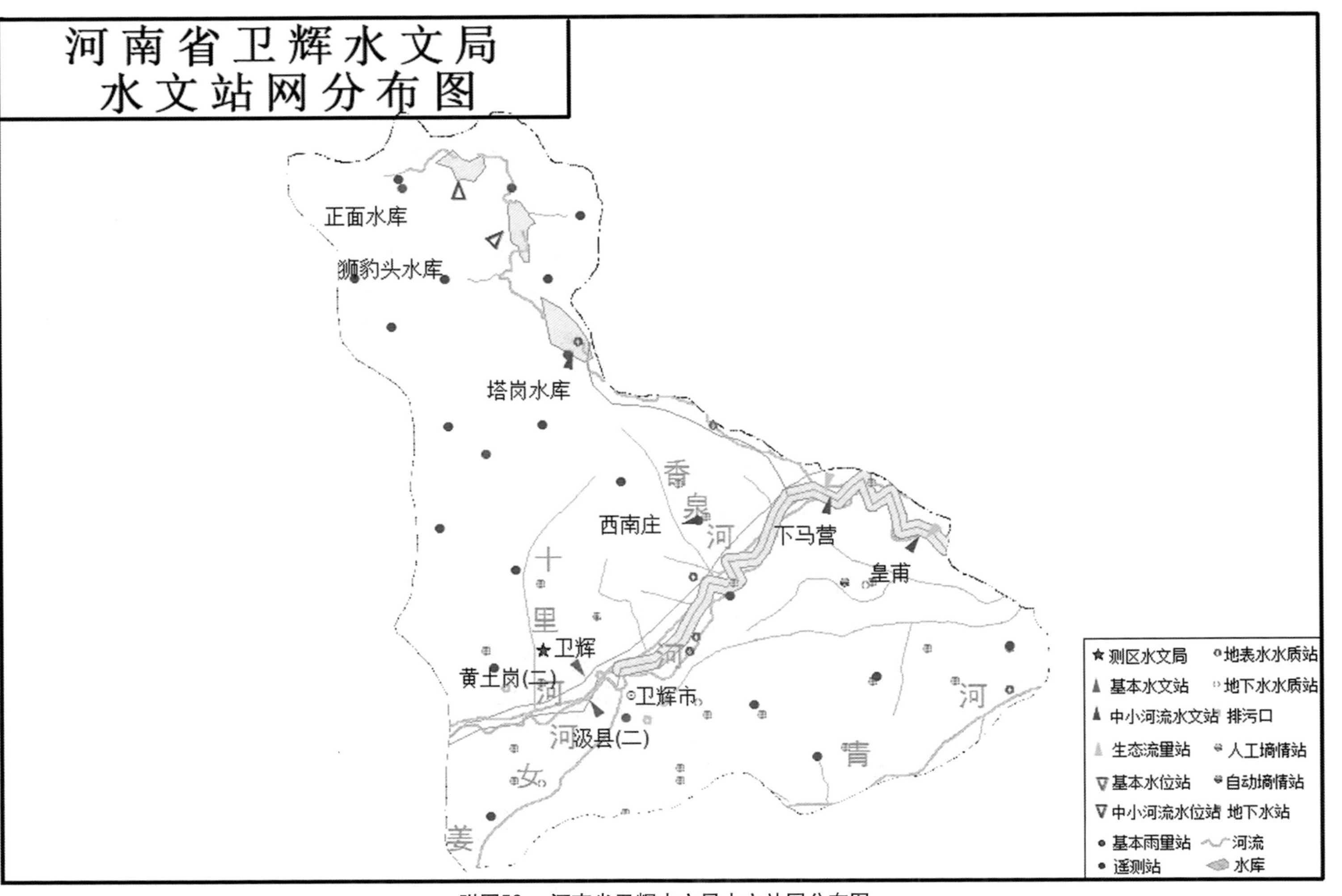

附图56　河南省卫辉水文局水文站网分布图

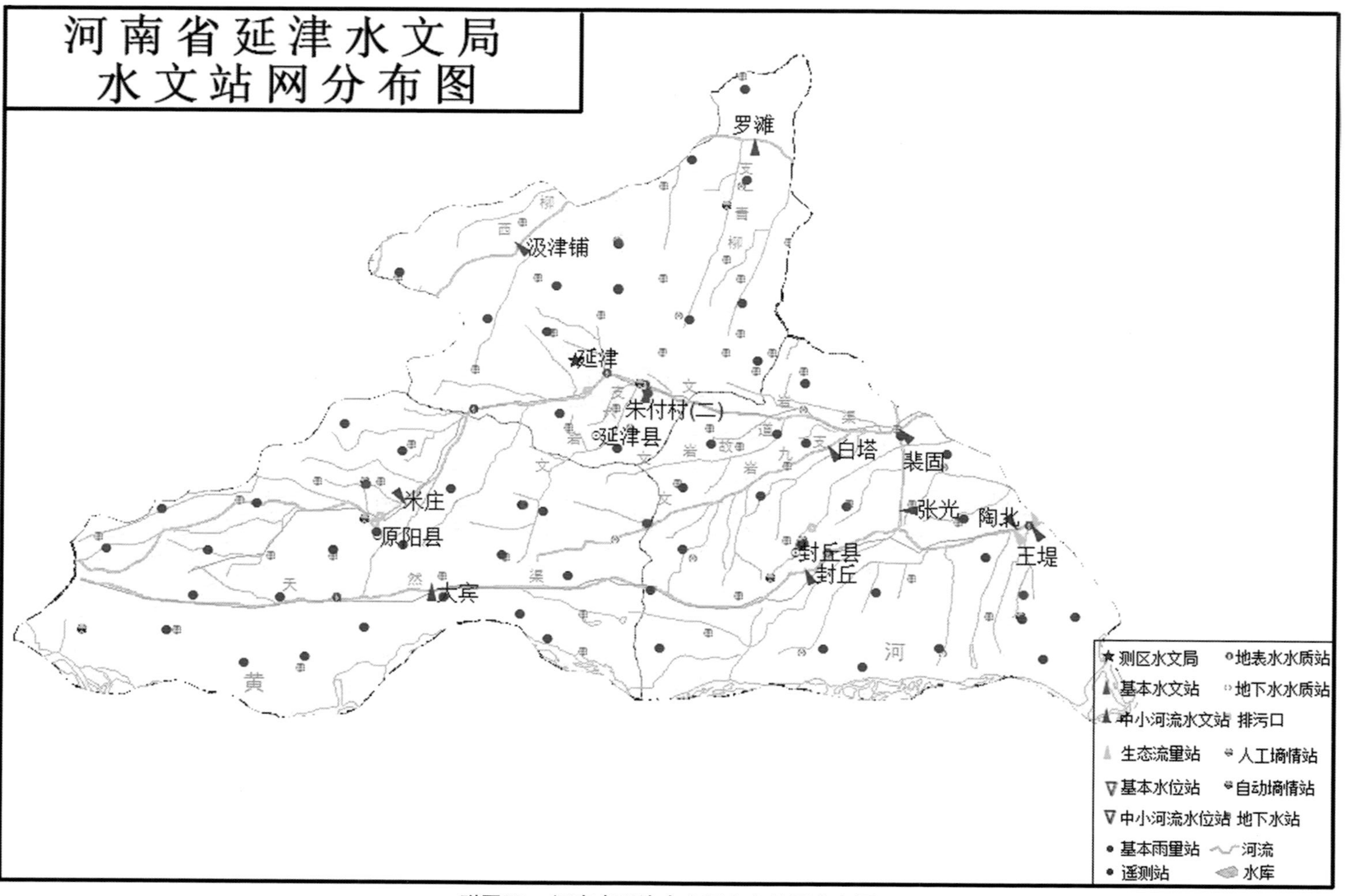

附图57　河南省延津水文局水文站网分布图

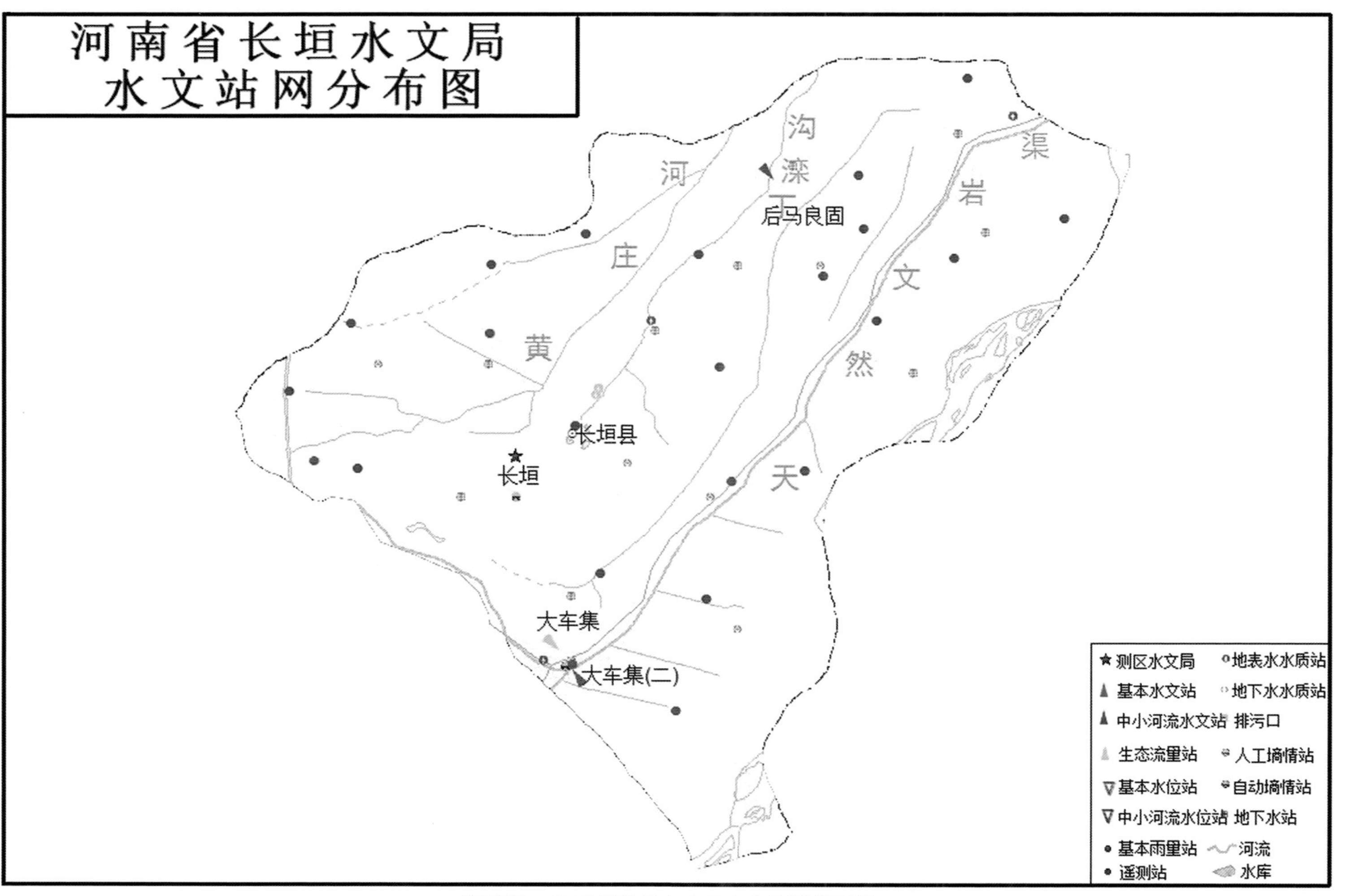

附图58 河南省长垣水文局水文站网分布图

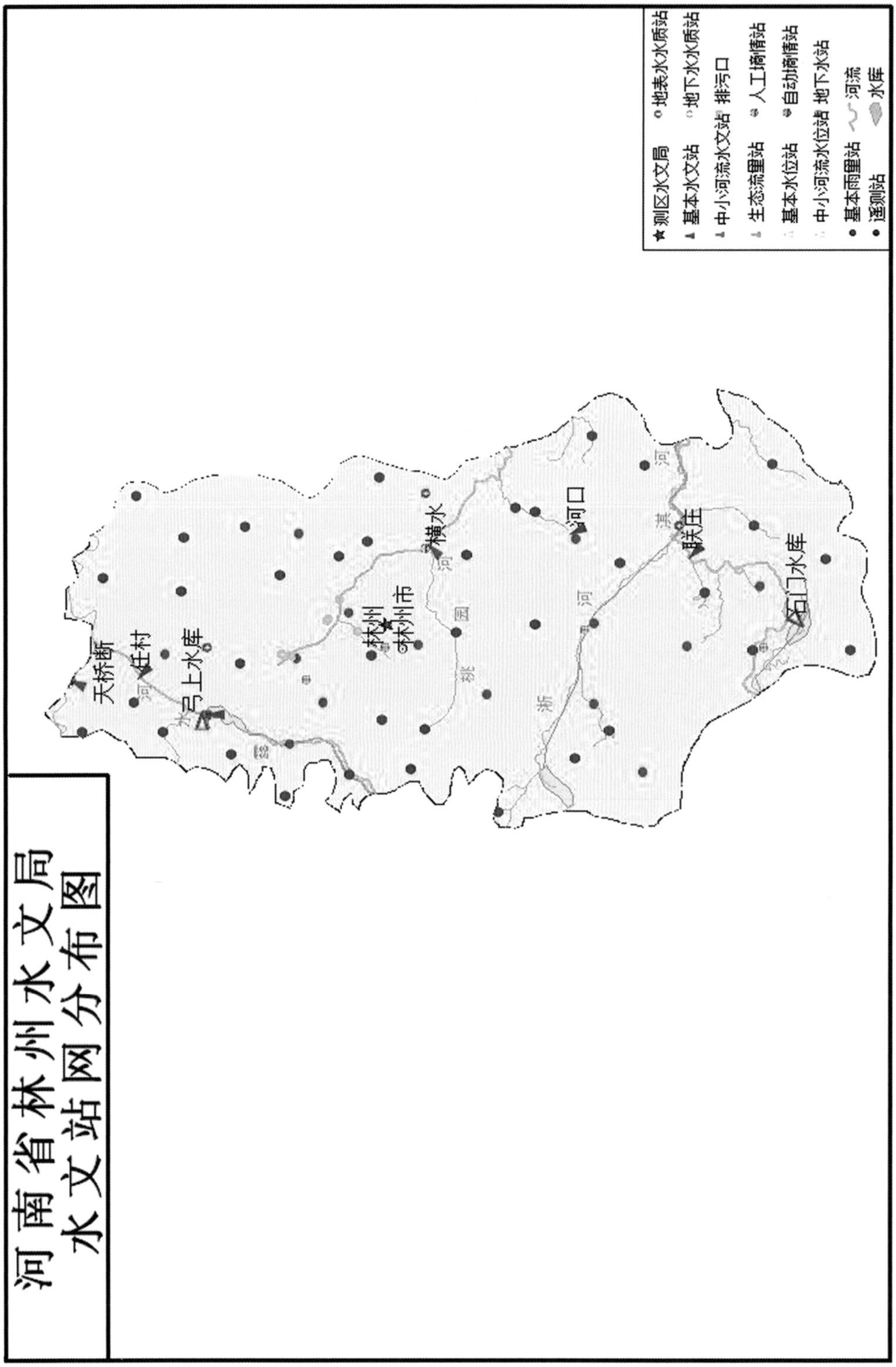

附图59　河南省林州水文局水文站网分布图

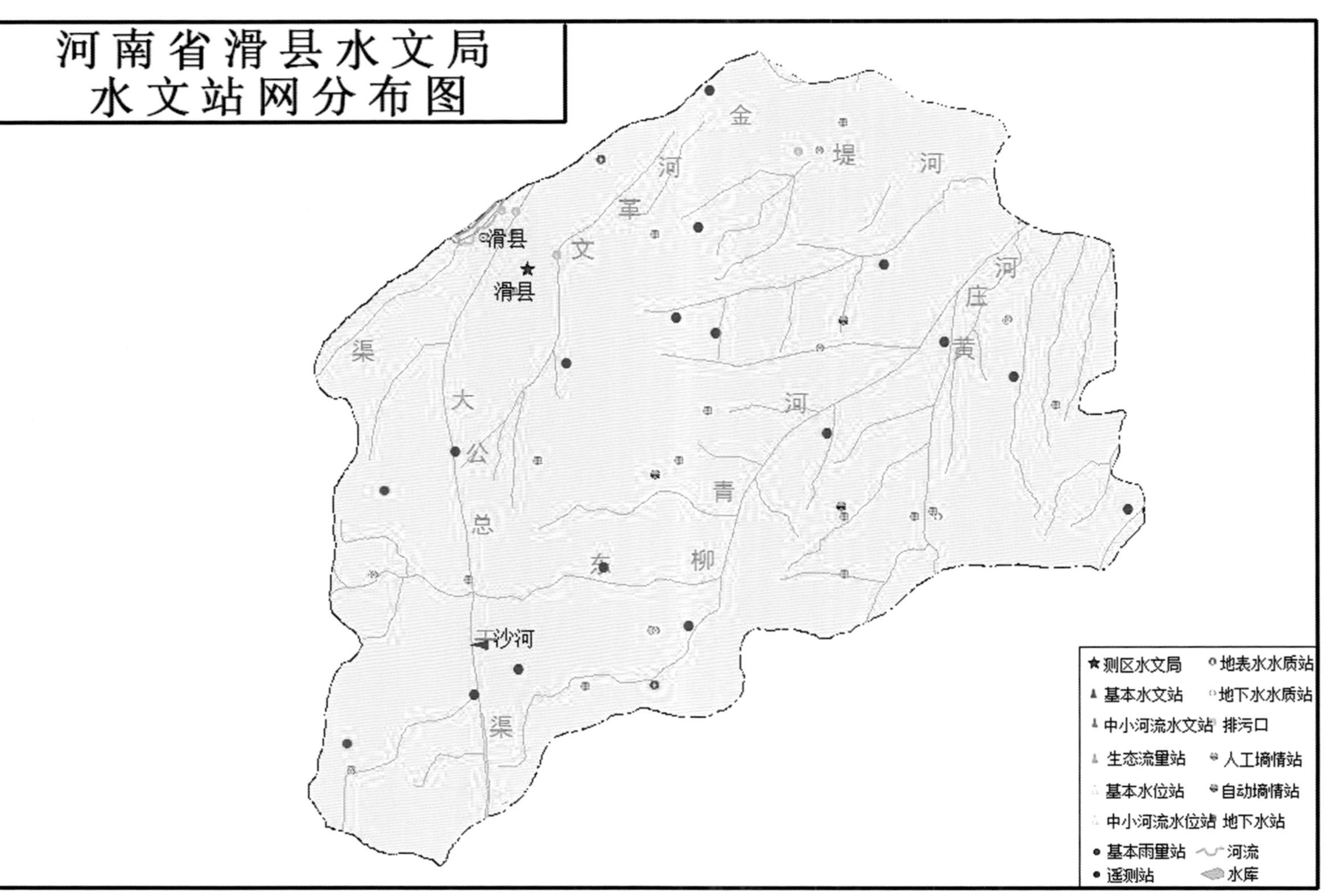

附图60 河南省滑县水文局水文站网分布图

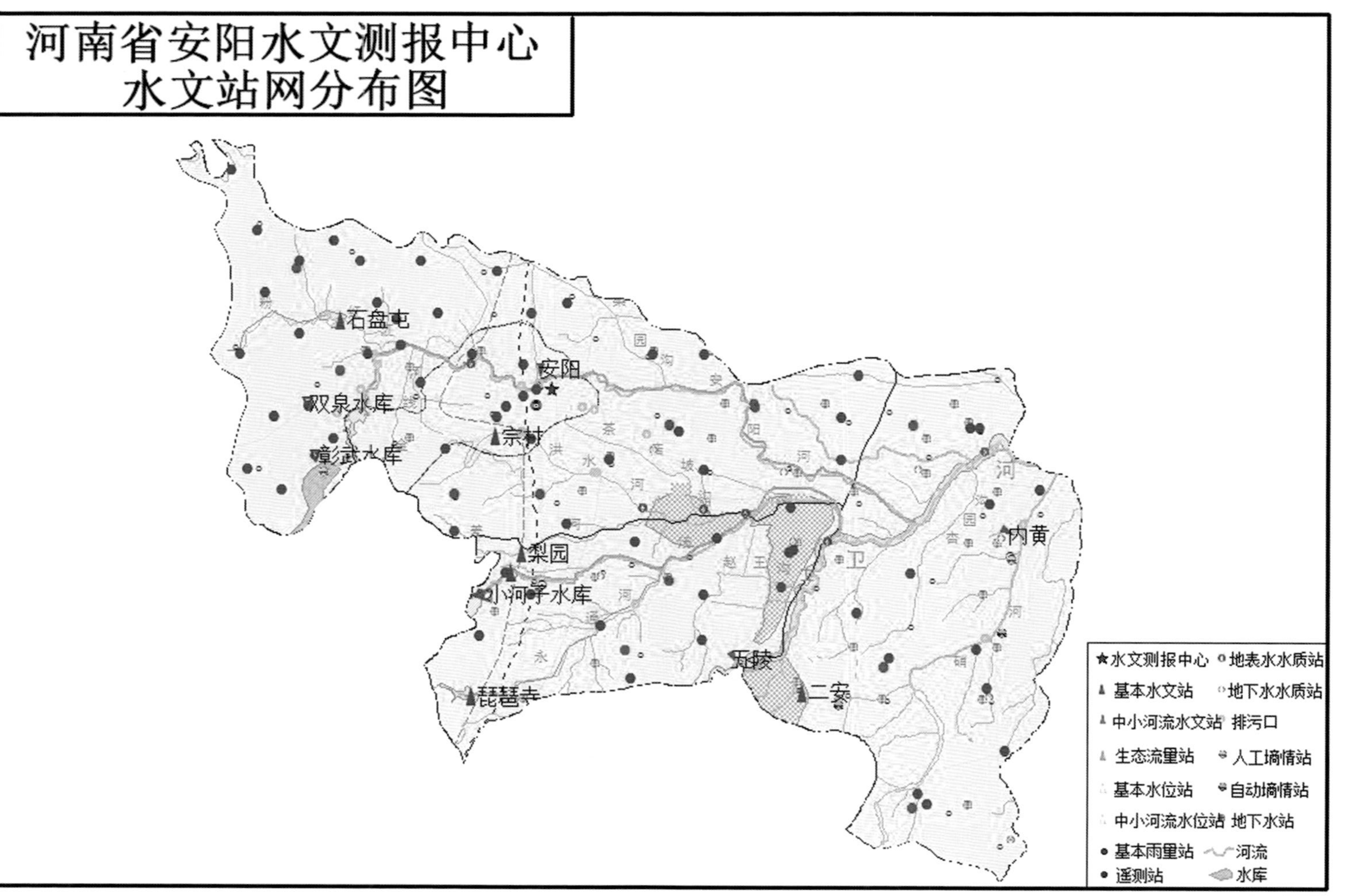

附图61　河南省安阳水文测报中心水文站网分布图

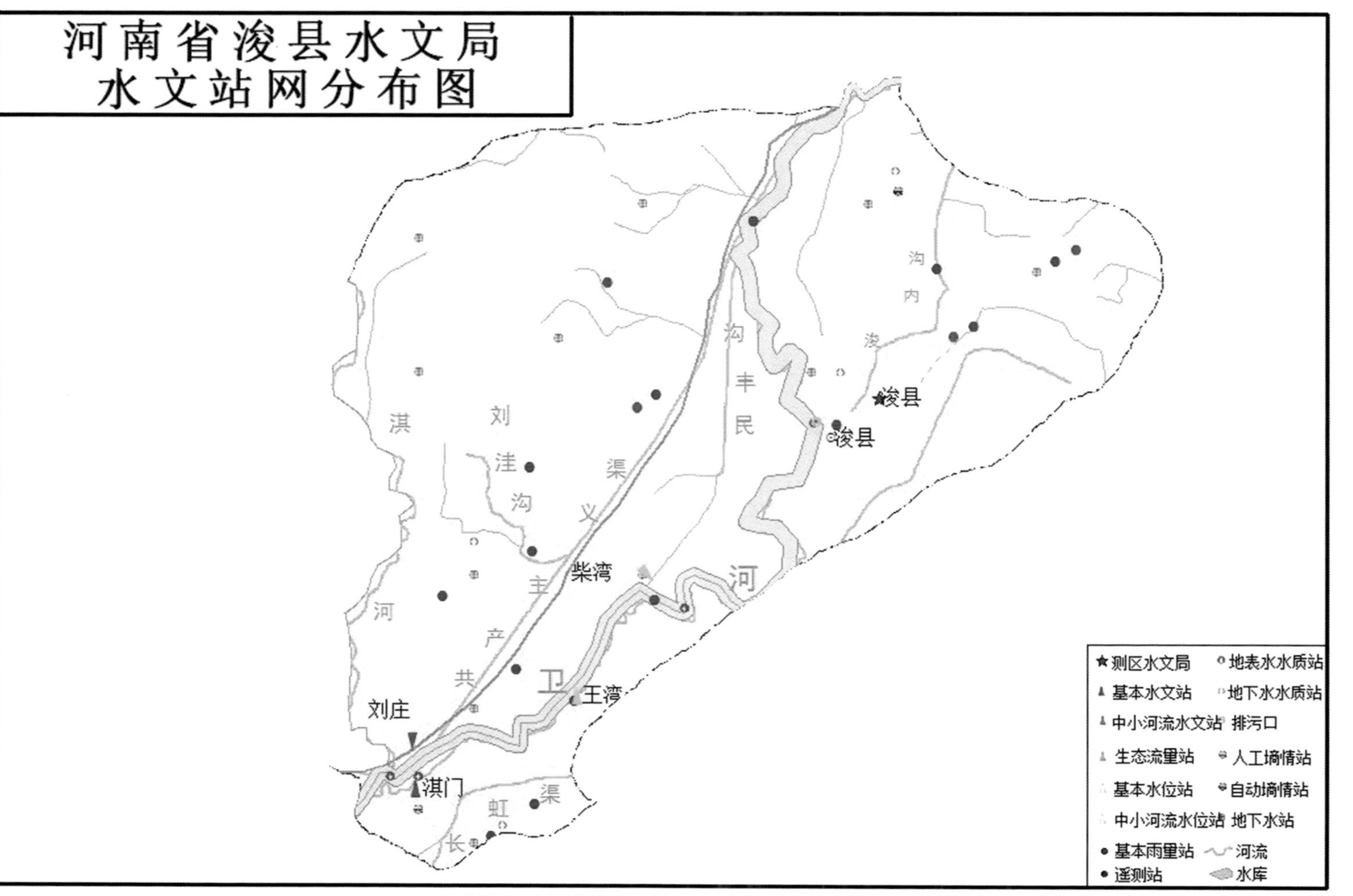

附图62　河南省浚县水文局水文站网分布图

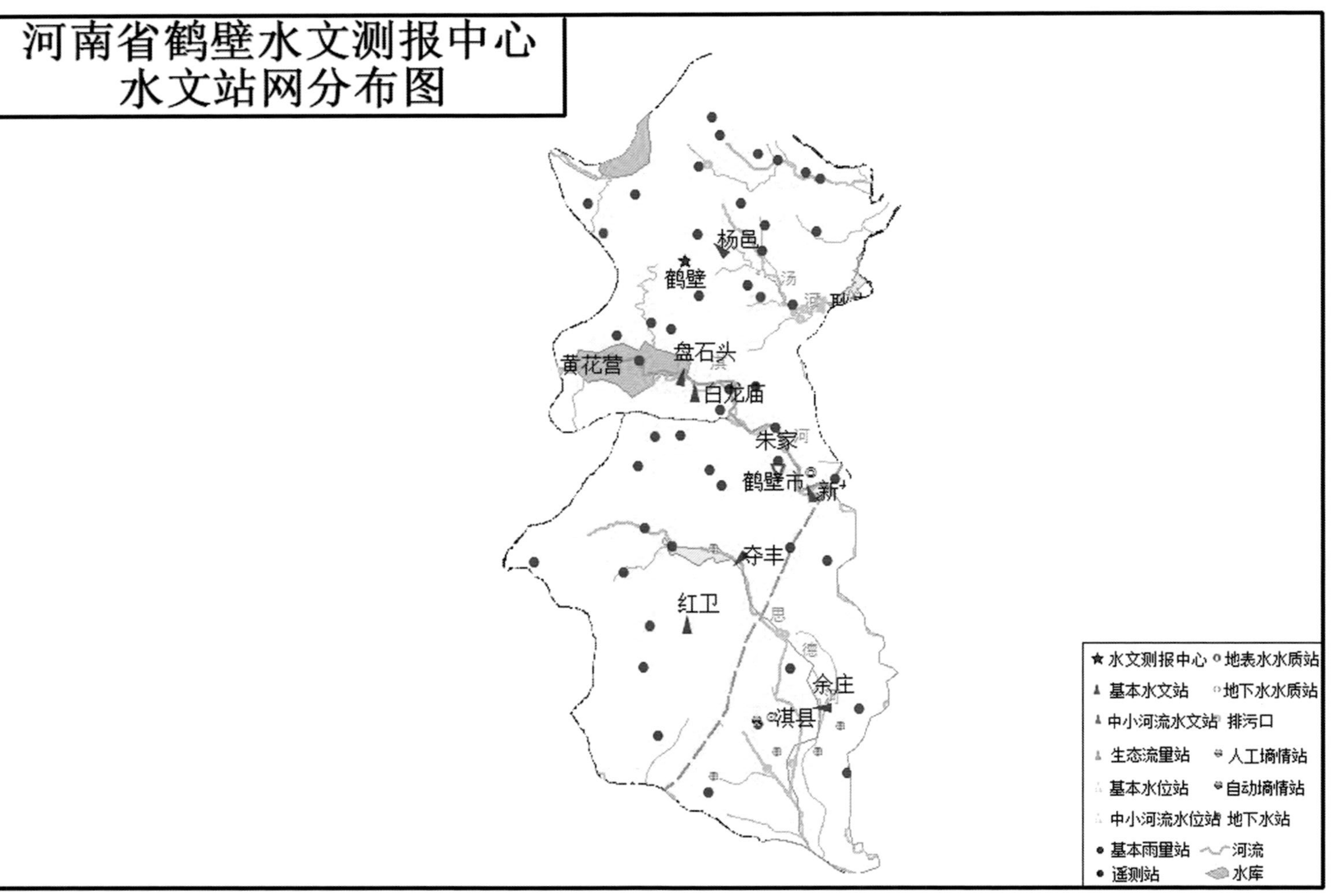

附图63　河南省鹤壁水文测报中心水文站网分布图

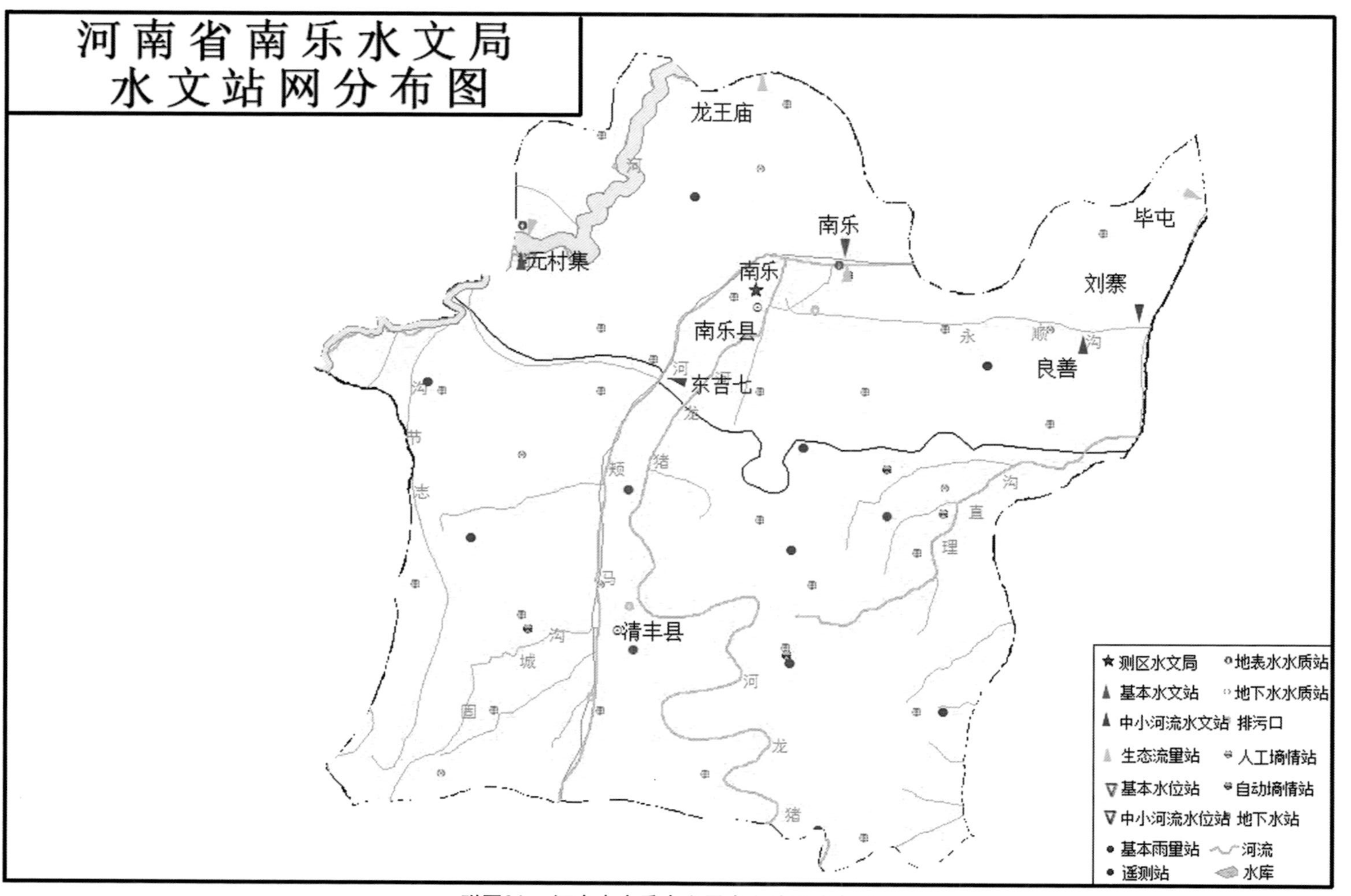

附图64　河南省南乐水文局水文站网分布图

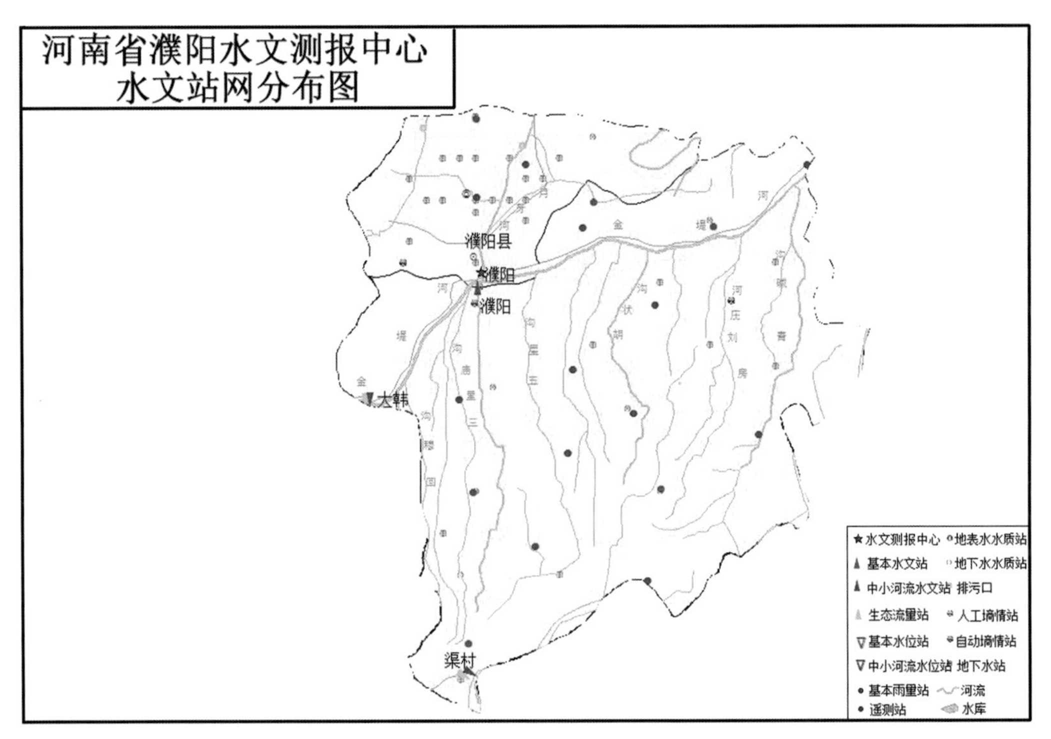

附图65　河南省濮阳水文测报中心水文站网分布图

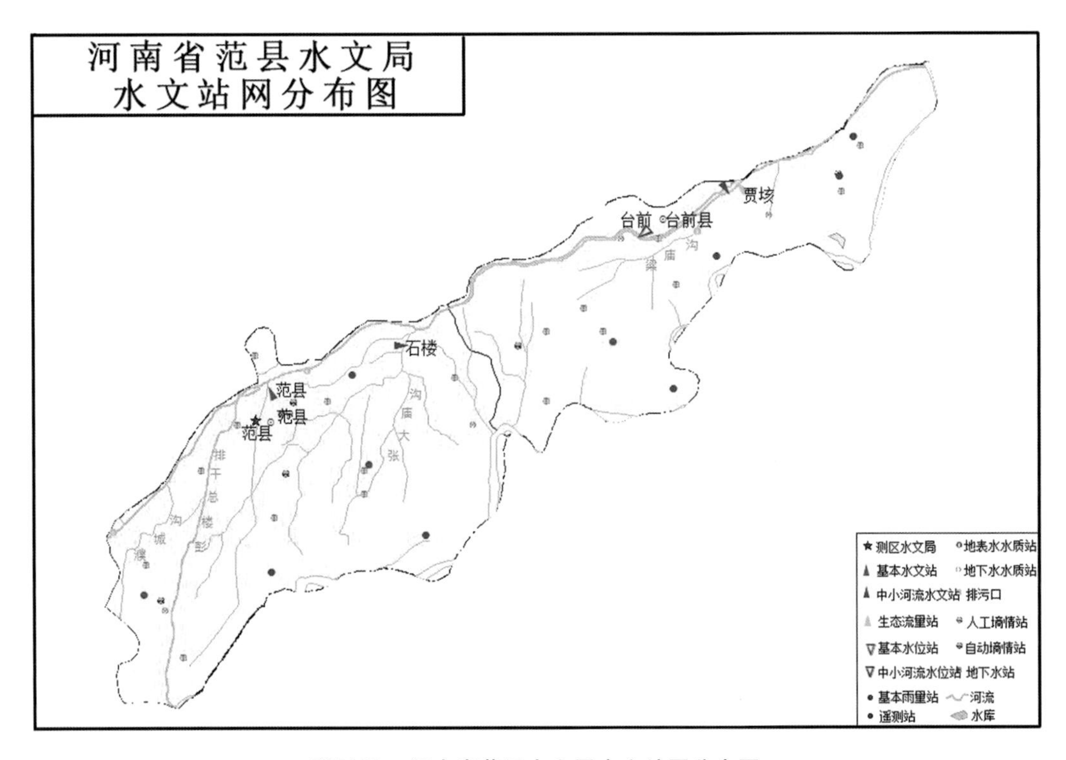

附图66　河南省范县水文局水文站网分布图